本书系湖北大学高等人文研究院

中华文化发展湖北省协同创新中心

湖北文化建设研究院资助出版

思 想 文 化 史 书 系 · 西 方 系 列

湖北大学高等人文研究院
中华文化发展湖北省协同创新中心 ◎编
湖北文化建设研究院

THE HISTORY OF WESTERN TECHNOLOGICAL THOUGHT

西方技术思想史

舒红跃 张清喆 著
强以华 审定专家

人民出版社

contents
目　录

绪　论

随着与科学关系之日益紧密，技术在人类社会生存、发展与（未来）命运中所起的作用越来越大，越来越关键。毫不夸张地说，在当今社会，除了资本之外，恐怕再也没有其他东西所扮演的角色能够超过技术的了。正是因为技术在整个人类历史发展中所起的作用日益重要，有越来越多的哲学家把关注的目光转向了技术。

不过，虽然今日有很多哲学家把反思的目光转向了技术，甚至对技术进行这样或那样的专题研究，然而，在海德格尔之前，把技术作为自己专门研究对象的哲学家在哲学史上还是非常少见的。鉴于整个西方思想史（包括哲学史）重灵魂、轻肉身（身体），重沉思、轻劳作的传统，关注技术的西方哲学家不多，把技术作为自己专门的研究对象——哪怕是专门研究对象之一的哲学家更少。在经典哲学家中，海德格尔可以说是第一个对技术进行专题研究的。由于海德格尔在哲学史上的地位——媲美于康德的地位，因而海德格尔的技术思想在整个西方技术思想史中起着非常重要的作用。故而，我们的这部《西方技术思想史》一书是以海德格尔的技术思想为"引线"来研究西方的技术思想的。它是一部西方技术思想简史，是一部以海德格尔的技术思想为"引线"来研究西方技术思想的简史。西方思想史上对技术有过论述的哲学家、思想家可以说不胜枚举，我们这里只是以海德格尔的技术思想为"钥匙"做一简要的梳理。

《西方技术思想史》一书一共有十一章，主要涉及十四位哲学家的技术思想。其中，古代一章"西方技术思想的源头：古希腊的技术思想"介绍苏格拉底、柏拉图和亚里士多德这三位古希腊哲学家的技术思想；近代一章"现代西方技术思想的创始人：培根和笛卡尔的技术思想"介绍培根和笛卡尔这两位近（现）代西方技术思想创始人的技术思想；从第三章"柏格森：作为生命冲动岔口的技术"到第十一章的"未来技术的预言者：凯文·凯利的技术思想"等九章介绍从柏格森到凯文·凯利等现当代西方哲学家（思想家）的技术思想。这十一章我们是按照时间顺序来探究西方不同时期不同哲学家的技术思想的，但是，正如前面所言，如果按照我们的研究思路来看，其中第五章"海德格尔：技术的追问"这一章才是《西方技术思想史》一书的"引线"或"钥匙"，我们下面从这一章开始对《西方技术思想史》这部著作的主要内容做一简要的介绍。

按照时间顺序来看，"海德格尔：技术的追问"这一章在《西方技术思想史》一书排在第五章，但是，这一章是我们理解西方技术思想史的"钥匙"。在海德格尔对技术进行一系列的追问之前，不管是在欧洲大陆，还是在英美或其他国家，把技术作为专门研究对象的哲学家寥寥无几。德国哲学家波塞尔在分析当今的技术哲学研究时，把已有的技术哲学研究路径分为三种不同的类型："它们是拉普的分析性解释，罗波尔的系统论解释以及步海德格尔之后的基础本体论解释。"[①] 其中，"拉普的分析性解释"从对技术概念的分析性澄清出发，以某种与科学论相近的思维方式试图阐明技术的范围与维度。"罗波尔的系统论解释"以现实的技术为中心，试图以工程师的观察方式概括技术与人、社会和生活世界的关系。"海德格尔的基础本体论解释"则是形而上学式的，它从人以及人在世界中的此在出发，指出与人和人的此在相对立的是"供使用的"工具式的技术。在我们看来，无论是在对技术本质的理解上，在对其他哲学流派和其他学科的影响上，还是在实践层面（如对当代环境保护运动的影响）的实际影响上，海德格尔基于其存在哲学对技术所进行的反思都是其他分析路径无法取代甚至是无法比拟的。海德格尔的技术思想是当今技术哲学最重要的理

---

① ［德］汉斯·波塞尔：《技术哲学的前景》，刘者渊、王续琨主编：《工程·技术·哲学》（2002 年卷中国技术哲学研究年鉴），大连理工大学出版社 2002 年版，第 220 页。

论资源之一。正如有的学者（日本学者安倍能成）所言，康德哲学是一个蓄水池，他之前的哲学之流流入，他之后的哲学由池中流出，海德格尔的技术思想在西方技术思想中可以享有康德哲学在西方哲学中的地位，它是西方技术思想（至少是欧洲大陆技术思想）的"蓄水池"。故而，我们可以说，如果不理解海德格尔的技术思想，我们是很难对当今西方任何一个重要哲学流派的技术思想有准确、全面的理解和把握的。

海德格尔在其哲学生涯的早期和晚期都对技术进行过分析。不过，虽然海德格尔在《存在与时间》一书有关用具对世界之为世界的组建作用的分析很精彩，但总体来说，对技术的分析在《存在与时间》这部长篇巨著中不是重点，海德格尔早期花在技术问题上的时间和精力都很有限。海德格尔晚期在技术研究上所花费的时间和精力比早期多得多，20世纪50年代初期他集中发布了一系列分析和研究技术的文章和著作，其中最有影响的主要有《技术的追问》（1950）、《物》（1950）、《筑·居·思》（1951）、《科学与沉思》（1953）等等。对于技术哲学这门学科，海德格尔的贡献可以说是"毁誉各半"：正是因为海德格尔的一系列追问，技术这一长期受到忽视的问题才逐渐进入哲学家的视野，成为当今哲学讨论的热门问题之一，他的技术思想也影响了一代又一代的哲学家；也正是因为海德格尔对（现代）技术的"座架"式评判，当代很多哲学家对技术的负面评价大于正面评价，对技术与肉身（身体）、生命的关系这一在柏格森、斯宾格勒那里非常重要的问题不那么重视和关注。比如说，当今技术哲学界影响甚广的三位"新海德格尔主义者"伯格曼、伊德和德里福斯就对技术与生命的关系这一技术哲学的重要问题基本上都没有涉及。

《西方技术思想史》一书按照时间顺序排列的，故而"西方技术思想的源头：古希腊的技术思想"是本书第一章。西方文明有两大源头——哲学与宗教，其中哲学这一源头在古希腊，古希腊的哲学思想中就包括科学思想和技术思想。如同当今西方社会的政治、经济、文化和制度深受古希腊的影响一样，西方国家现代科学、技术的发展也深受古希腊的科学、技术思想的影响。作为《西方技术思想史》的开篇之作，这一章介绍的是古希腊最有影响力的三位哲学家苏格拉底、柏拉图和亚里士多德的技术思想。苏格拉底是西方哲学的奠基者，他不仅在哲学（科学）、政治等方面提出了非常深刻的观点，而且对技术、艺术等提出了独到的见解。

虽然苏格拉底对技术有着独到的见解，但他并没有直接展开对技术的阐释和研究。与苏格拉底相比，柏拉图的技术思想不仅更为丰富，而且他对技术的论述更为直接。"在柏拉图的著作中，技术哲学由三方面组成：一是对技术的评价，二是技术人类学，三是技术本体论。这就是我们直到当代的技术哲学著作中依然可以找到的三个相互依存的论题。"① 柏拉图在西方技术思想史上的影响至少可以分为两个方面：一是他的具体的技术思想对其他哲学家、思想家的影响，一是他的技术研究方法和研究思路对西方后来技术思想的影响。

"西方技术思想的源头：古希腊的技术思想"所涉及的最后一位哲学家是亚里士多德。亚里士多德总结了泰勒斯以来古希腊哲学发展的成果，正是亚里士多德与苏格拉底、柏拉图一起创立了传承至今的西方哲学、科学和技术思想。古希腊的技术思想是从柏拉图开始，而由亚里士多德完成的。亚里士多德的著作是古代的百科全书，其中《工具论》、《形而上学》、《物理学》、《尼各马可伦理学》、《政治学》等著作中均涉及他对技术的认识。正如有哲学家所言，一个人，天生不是柏拉图主义者，就是一个亚里士多德主义者。同柏拉图一样，亚里士多德的技术思想也对后世产生了深远的影响。比如说，不管是亚里士多德的技术思想对现象学哲学家（或者说存在哲学哲学家）海德格尔的影响，还是它对生命哲学家柏格森的影响，我们都可以看到，如果没有古希腊哲学家们所提出的技术思想，那么就既没有今日海德格尔所提出的"解蔽"、"座架"等技术观点，也难以出现柏格森等现代西方哲学家那里所出现的各种技术理论。故而，正如古希腊哲学是西方哲学的摇篮，古希腊的技术思想也是当今西方各种技术思想、技术理论的发源地和动力根源。

学界公认的说法是，作为一个学科的技术哲学诞生于 19 世纪后半叶，以德国哲学家恩斯特·卡普的《技术哲学纲要》（1877）一书的出版为标

---

① ［法］让-伊夫·戈菲：《技术哲学》，董茂永译，商务印书馆 2000 年版，第 33 页。

志。事实上，关于技术的哲学思想源远流长，从哲学诞生之日起，哲学家们对技术的反思与追问就从未间断。在对古希腊三位哲学家苏格拉底、柏拉图和亚里士多德的技术思想的介绍之后，《西方技术思想史》第二章是"现代西方技术思想创始人：培根与笛卡尔的技术思想"。这一章介绍的是弗朗西斯·培根和勒内·笛卡尔这两位近（现）代西方技术思想的创始人的技术思想。之所以把培根和笛卡尔的技术思想作为单独的一章，因为作为近（现）代西方哲学的创始人，他们也是近（现）代西方技术思想的创始人，他们的技术思想在古希腊和现当代西方技术思想之间起着不可或缺的桥梁和纽带作用。

　　不同于古希腊、中世纪的哲学家大多喜欢研究政治和哲学问题，甚至喜欢研究宗教和诗歌这些"只开花，不结果"的学问，培根更喜欢研究那些既能够开花、又可以结果的具体现实问题。正因为如此，培根试图把人的注意力和人的能力优先转向对技术和实验的探究，而不是对政治和哲学的探究。培根在其《新工具》、《论科学的增进》、《新大西岛》、《学术的伟大复兴》等著作中均涉及对技术问题的分析。勒内·笛卡尔是"现代哲学之父"，堪称17世纪欧洲哲学界、科学界最有影响的巨匠之一，被誉为"近代科学的始祖"。笛卡尔的主要作品有《谈谈方法》、《第一哲学沉思集》、《哲学原理》、《屈光学》、《几何学》等。虽然笛卡尔并没有专门对技术进行过研究，但他在其很多的著作中均涉及对技术的探索和评价。可以说，笛卡尔不仅是欧洲文艺复兴以来第一个为人类争取并保证理性权利的人，而且他也是第一个（至少是与培根一起并列第一）为技术争得它在人类社会应有地位的人。

　　《西方技术思想史》第三章是"柏格森：作为生命冲动岔口的技术"。在当今学术界，对技术的研究影响最大、最深刻的哲学家当然是海德格尔。正如施皮尔伯格在《现象学运动》中所言，"作为哲学'一等星'，海德格尔是柏格森与胡塞尔的综合。"[①] 海德格尔的存在哲学是胡塞尔的现象学与柏格森（包括狄尔泰等）的生命哲学的集大成者。如果说海德格

---

① ［美］施皮格伯格:《现象学运动》，王炳文、张金言译，商务印书馆1995年版，第598页。

尔在方法上更接近他的老师胡塞尔，那么他在观点和立场上，比如说在对技术的看法上更接近柏格森等生命哲学家。事实上，在海德格尔之前半个世纪，法国哲学家柏格森就提出了后来海德格尔所提出的、为当今哲学界所熟知的一些技术思想。虽然技术并非柏格森工作（研究）的重点，但他既是出于哲学大师的敏锐，也是出于他的生命哲学的源源不断的创造（新）性，在技术的负面作用刚刚萌芽的时代就对技术作出了超出他的时代的研究。柏格森是最具原创性的法国哲学家之一，他的代表性著作有《论意识的直接材料》、《物质与记忆》、《创造进化论》和《道德与宗教的两个来源》等四部。在这四部著作中，其中有两部对技术作过专门研究，那就是《创造进化论》和《道德与宗教的两个来源》。《创造进化论》研究生命、宇宙的进化，在对进化过程的描述中柏格森对"作为生命冲动岔口的技术"①有专门的论述；《道德与宗教的两个来源》的最后一章"结语：机械设置与神秘主义"则提出了当今海德格尔广为人知的一些观点。

《西方技术思想史》第四章是"斯宾格勒：技术与西方的没落"。斯宾格勒是德国著名哲学家、历史学家和文学家，其主要著作除《西方的没落》之外，还有《普鲁士的精神与社会主义》、《人类与技术》等。《西方的没落》研究的是以西方为起源和代表的工业文明的兴起和没落的过程，其中涉及对技术的探究。不过，该书研究技术的"机器"一章非常薄弱，它不仅篇幅最为简短，而且论点暧昧不清。有鉴于此，斯宾格勒在1931年出版了《人类与技术：生命哲学文集》一书，从历史学、人类学角度继续追述技术与人的关系，进一步厘清技术在"西方"——实际上是以西方为代表的工业文明——的没落过程中所起的作用。斯宾格勒的技术思想既在某些方面与柏格森一脉相承，同时又与柏格森有很大的区别。与柏格森的乐观主义（包括他的技术乐观主义）不同的是，斯宾格勒是一个悲观主义者，他对技术的看法不仅是悲观的，而且是相当悲观的。"《人与技术》

---

① 让-伊夫·戈菲编写的《技术哲学》一书就是以"作为生命冲动岔口的技术"这一标题来介绍柏格森的技术思想的（［法国］让-伊夫·戈菲：《技术哲学》，董茂永译，商务印书馆2000年版，第86页）。

更像是对于西方文明的一首绝唱，其浓郁的悲观色调和过于主观的未来臆测更像是一个为末世幻象所纠缠的祭师的心灵谵妄。"[①]斯宾格勒的一个观点是，人类在技术面前是无能为力的。"以任何一种方式去改变机器—技术的命运，这要么超出了大脑的力量，要么超出了手的力量，因为机器—技术已经发展出了超出内在的精神上的必要性，它现在相应地朝向它的完成和终结迈进。"[②]在斯宾格勒看来，作为一个整体，人类的历史是悲惨的。创造物正在起来反抗它的创造者。正如人类这一小宇宙曾经反抗自然一样，今天机器这一小宇宙正在反抗北欧人。世界的主人正在变成机器的奴隶，这一机器正在迫使人类服从机器的目的。

《西方技术思想史》前四章介绍的古希腊苏格拉底、柏拉图、亚里士多德三位哲学家，近代培根和笛卡尔两位哲学家，以及现代柏格森、斯宾格勒两位哲学家的技术思想。这些哲学家的技术思想对海德格尔的技术追问有着直接的和强烈的影响。"海德格尔：对技术的追问"这一章虽然按照时间排序只是列为第五章，但这一章是我们的西方技术思想的"引线"和"钥匙"。《西方技术思想史》在海德格尔之前的这些哲学家都对海德格尔的技术思想产生过直接或间接的影响，而在海德格尔之后所涉及的不同哲学家的技术思想都深受海德格尔的影响（唯一例外的可以说是凯文·凯利的技术思想）。比如，作为海德格尔的学生，阿伦特有过这样一些话："这种破坏与暴力因素存在于所有制作活动之中，作为人类技能的创造者，技艺者同样也总是大自然的毁坏者。然而，凭借自身或借助于驯化的动物以维持生存的动物化劳动者，或许能够成为所有生物的统治者和主人，可他却仍然是地球和自然的仆人；而唯独技艺者才将自己塑造成整个地球的主宰。"[③]"问题并不在于我们究竟是机器的主人还是机器的奴隶，而在于机器是否仍在为客观世界及其事物服务，或者恰好相反，是否机器

①　［德］斯宾格勒：《西方的没落》第 1 卷，吴琼译，上海三联书店 2006 年版，译者导言第 7 页。

②　Oswald Spengler, Man & Technics, A contribution to a Philosophy of Life, Greenwood Press,1976, p.46.

③　［德］汉娜·阿伦特：《人的条件》，竺乾威等译，上海人民出版社 1999 年版，第 138 页。

和它的自动运转过程已经开始统治甚至摧毁世界及其事物。"①阿伦特的这些论述可以说是海德格尔技术思想的进一步表述。又如，哈贝马斯是法兰克福学派第二代主要代表，他的技术思想深受马尔库塞（法兰克福学派第一代主要代表人物之一）的影响，而马尔库塞的哲学思想又深受海德格尔的影响，故而哈贝马斯的技术思想在很多地方可以看到海德格尔的影子。"不仅技术理性的运用，而且技术本身（对自然和人的）统治，就是方法的、科学的、筹划好了的和正在筹划着的统治。统治的既定目的和利益，不是'后来追加的'和从技术之外强加上的；它们早已包含在技术设备的结构中。"②哈贝马斯的这一论述可以说是海德格尔座架技术观的又一种形态。再如美国哲学家伯格曼是海德格尔的再传弟子——伯格曼攻读博士学位师从的是 M.缪勒，而 M.缪勒是海德格尔的学生，伯格曼的技术研究是把海德格尔的技术追问从形而上的层面推向经验层面。法国哲学家斯蒂格勒的技术思想有两个主要来源：一个是以西蒙栋、吉尔、勒鲁瓦-古南等人类学、民族学和史前史学家为代表的技术进化理论，一个就是以海德格尔为代表的生存现象学。伊德等其他哲学家也深受海德格尔哲学（技术）思想的影响。《西方技术思想史》从第六章开始介绍与分析这些后海德格尔的哲学家的技术思想。

《西方技术思想史》第六章是"阿伦特：技术与人之为人的条件"。汉娜·阿伦特是当代西方著名的思想家、政治理论家，海德格尔的学生。阿伦特的代表作品有《极权主义的起源》、《人的条件》、《精神生活》。虽然汉娜·阿伦特不承认自己是哲学家，更非技术哲学家，而是以对政治世界、公共领域的研究闻名于世的思想家，但是，在其研究过程中，她还是涉及对技术这一从古到今对人类社会有着重要影响的现象的分析。阿伦特没有讨论技术问题的专著，这一章主要以《人的条件》为文献，通过该书对劳动、工作、行动、沉思等人类活动的论述，来探讨阿伦特的技术

---

① ［德］汉娜·阿伦特：《人的条件》，竺乾威等译，上海人民出版社 1999 年版，第147 页。

② 转引自［德］哈贝马斯：《作为意识形态的技术与科学》，李黎、郭官义译，上海学林出版社 1999 年版，第 40 页。

思想。

《西方技术思想史》第七章是"哈贝马斯：作为'意识形态'的技术与科学"。在晚期资本主义，不断进步着的技术和科学不仅成为社会发展的首要的生产力，而且还成为一种主流的意识形态。在无形之中，技术与科学一步步地操控着整个社会，社会政治、经济等子系统逐渐被侵蚀，权力和金钱成为人追求生活的主要动力。哈贝马斯技术思想最核心的观点是，现代技术与科学已经成为资本主义的"意识形态"。这一观点是从马克斯·韦伯的合理性理论发展而来的。合理化的含义首先是指服从于合理决断标准的那些社会领域的扩大。与此相对应的是社会劳动的工业化，其结果是劳动标准渗透到生活的其他领域，哈贝马斯所列举的是生活方式的城市化、交通和交往的技术化这两个当今社会的典型案例。这两种情况都涉及"目的理性活动"这一人类活动类型的贯彻和实现：在技术化中，目的理性活动的类型涉及工具的组织；在城市化中，目的理性活动的类型涉及生活方式的选择。在当今资本主义社会，社会的不断"合理化"是同技术和科学进步的制度化紧密联系在一起的。一旦技术和科学渗透到社会的制度层面从而使制度本身发生变化的时候，旧的合法性也就失去了它的效力。故而技术与科学成为晚期（国家）资本主义最重要的"意识形态"。

《西方技术思想史》第八章是"伯格曼：技术与生活世界"。阿尔伯特·伯格曼是当今世界最有影响的美国技术哲学家之一，他把技术哲学从形而上学和认识论的讨论推向伦理、政治的分析乃至包括日常实践的具体建议。伯格曼是继海德格尔、哈贝马斯之后技术哲学本质主义在美国的主要代表。伯格曼是海德格尔的再传弟子，他不是一般意义上的哲学家，而是专门研究技术问题的技术哲学家。同海德格尔的技术思想最大的不同在于，伯格曼的技术哲学重点不是对技术进行形而上的分析和论证，而是通过对现代技术不同于传统技术的特点的分析来探讨如何实现对现代技术的变革，可以说，正是伯格曼等人开启了技术哲学的"经验转向"。伯格曼的技术改革围绕着"聚焦物"、"聚焦活动"和"聚焦关注"展开，其中"聚焦物"是伯格曼技术哲学最有启发性的概念。伯格曼认为需要区分两种技术改革：一种是在技术范式之内的改革，一种是对技术范式本身的改革。技术范式之内的改革是对器具范式的修补，反而会增强技术的统治。只有对技术范式本身的改革才会提供对待技术的新态度和新方法。

《西方技术思想史》第九章是"伊德：技术、生活世界与工具实在论"。伊德的技术哲学属于现象学技术哲学流派，它建立在对以前的各种技术哲学理论的现象学还原的基础上，"还原"或"悬置"是伊德通达技术的基本途径。正是通过还原的方法，伊德将已有的赞成技术和反对技术的各种理论放入括号中存而不论，直接面向技术的实事本身。伊德的技术哲学著作很多，其中主要包括《技术与实践》、《技术与生活世界：从伊甸园到尘世》、《工具实在论》和《技术哲学导论》等等。伊德认为，不存在纯粹的技术本身，技术是一种关系性存在，技术就在于技术与人和世界的相关性。人与技术的关系是伊德技术观的基础和核心，他从这种关系开始他的技术研究，因而伊德的技术哲学是一种"人—技术（机器）关系"的现象学。伊德的技术哲学并没有研究技术的产生和形成，他的重点不是分析技术产生和形成的机制与条件，而是通过对人类使用技术的经验（知觉）与没有使用技术的经验（知觉）的对比，来研究技术对人类的经验（知觉），以及最后对整个人类世界和人类生活的影响。伊德的主要著作如《技术与实践》、《技术与生活世界》都是围绕着技术与生活世界的相关性而展开的。"技术哲学，如果研究人类生活中更为宽广的各种技术问题，必须实现一种转向：把它的重点转向日常生活问题，转向技术伦理上的影响……转向技术和生活世界界面的整个领域。"①

《西方技术思想史》第十章是"斯蒂格勒：技术与时间"。贝尔纳·斯蒂格勒是法国当代著名哲学家德里达的学生和好友，同时也是当代法国著名的马克思主义者，他在其多卷本的《技术与时间》中对技术问题进行了广泛而又深入的研究。斯蒂格勒的技术思想有两个主要来源：一个是以西蒙栋、吉尔、勒鲁瓦—古南等人类学、民族学和史前史学家为代表的技术进化理论，一个是以海德格尔为代表的生存现象学。斯蒂格勒借此对技术与时间在人类本性中的作用和地位进行了重新讨论，从而建立技术、时间

---

① Don Ihde. *Instrumental Realism: The Interface between Philosophy of Science and Philosophy of Technology*. Indiana University Press. Blooming and Inianapolis. 1991, p.140.

跟人的本性之间的关系。对于斯蒂格勒来说，他的技术哲学所追求的目标是把对此在的生存的分析技术化、代具化、义肢化。斯蒂格勒在《技术与时间：爱比米修斯的过失》中最后的追问是：如果把技术当作我们自己构成的存在者进入其存在者自身的入口的原始背景，那么，这是否意味着使生存论的时间分析非人类学化成为可能？如果此在的"有限"可以提供对时间现象的理解，那是因为这个理解的起点是"什么"的无限性，它给此在提供了先于它已经存在、并只能在此在视野之外的遗产。此在的有限在"什么"（技术）中构成，"什么"（技术）作为后种系生成的投射是不确定的，并由此属于超越此在之有限的推断的无限。在坚持海德格尔此在分析的立场上，斯蒂格勒通过海德格尔未能掌握的大量古生物学、历史学和民族学领域的原始技术资料，从技术"之上（外）"进入技术"之内"，用"延异"将被海德格尔割裂开来的技术与人、人与自然联系起来，从而提出了一种新的此在生存性论证。

《西方技术思想史》最后一章，也是第十一章是"未来技术的预言者：凯文·凯利的技术思想"。《西方技术思想史》之所以包括凯文·凯利的技术思想，是因为他把技术与生命联系起来，认为技术是生命的又一种形式：在三种微生物、植物、动物和人类之外的"第七种生命"。我们是以海德格尔的技术思想为"引线"来梳理西方技术思想史的，但是，虽然海德格尔的技术研究在现象学中是主流，可是在生命哲学中却属于"另类"。德语"Leben"有生命、生活双重意思，前者与身体、血肉有关，后者侧重于日常生活。在海德格尔这里"Leben"是后者。所以，虽然海德格尔的一系列追问引起了人们对技术问题的关注，但对于生命哲学技术研究，海德格尔是一个"罪人"——在他这里技术与有身体、有血肉的生命无关。故而，海德格尔技术思想最大的缺陷之一就是忽视肉身，忽视技术跟人类的身体、人类的生命之间的关系，而凯文·凯利的技术思想在某种程度上可以用来弥补海德格尔技术思想的这一缺陷，虽然凯文·凯利并没有直接对海德格尔的技术思想展开论述。凯文·凯利在其代表作、1994年出版的《失控》一书中预言的一些概念今天正在兴起或大热，如大众智慧、云计算、物联网、虚拟现实、敏捷开发、协作、双赢、共生、共同进化、网络社区、网络经济等等。故而，把距今20多年前出版的《失控》说成是一本"预言式"的书并不为过，并且其中还隐藏着很多我们至今还无法印证的对未来技术的"预言"。除《失控》之外，凯文·凯利的主要著作还有《技术想要什么》、《技术元素》等。凯文·凯利的技术思想可以说是属于生命哲学流派，人造与自然的联姻是凯文·凯利技术思考的主题。在他看来，正是现有技术的局限性与不足在促使着生命与机械的联姻。要想保证一切正常运转，我们最终制造出来的环境越机械化，可能越需要生物化。我们的未来是技术性的，但这并不意味着未来的世界一定会是灰色冰冷的钢铁世界。相反，我们的技术所引导的未来正是一种新的、人机相融的生物文明。

正如前面所言，西方思想史上很多思想家、哲学家都对技术问题做过这样或那样的论述，我们这本《西方技术思想史》仅仅涉及其中部分哲学家，还有很多哲学家，包括某些重要的哲学家的技术思想我们并没有涉及。比如说，作为西方技术哲学奠基人的卡普，工程—分析传统的德绍尔，人类学—文化批判传统的芒福德、盖伦，甚至包括马克思，他们的技术思想我们都没有专门介绍。这不仅是由于篇幅的限制，也更是由于作者水平的限制。我们主要着眼于欧洲大陆哲学传统，在某种程度上甚至是生命哲学传统，来梳理西方的技术思想史，故而，对于西方很多其他哲学流派，特别是其他流派的技术思想家，我们只能挂一漏万。不足之处，还请各位读者多提宝贵意见。

第一章　西方技术思想之源头：
古希腊的技术思想

西方文明之源头在古希腊。西方文明，它不仅包括西方的哲学、宗教、文学等思想，同样也包括西方的科学和技术思想。如同当今西方社会的政治、经济和制度深受古希腊的影响一样，西方国家现代科学、技术的发展也深受古希腊的科学、技术思想的影响。作为《西方技术思想史》的开篇之作，我们这一章介绍的是古希腊最有影响力的三位哲学家的技术思想，他们分别是苏格拉底、柏拉图和亚里士多德。

一、苏格拉底：最早追问技术的哲学家

苏格拉底（Sokrates，公元前468—前400）是著名的古希腊哲学家。苏格拉底、苏格拉底的学生柏拉图、柏拉图的学生亚里士多德被并称为"希腊三贤"。苏格拉底也被后人广泛认为是西方哲学的奠基者。苏格拉底的思想涉及的范围很广，不仅在哲学（科学）、政治等方面提出了非常深刻的观点，而且对技术、艺术等提出了独到的见解。

苏格拉底出生于雅典的中等阶级家庭。青少年时代，苏格拉底曾跟父亲学过手艺，熟读《荷马史诗》及其他著名诗人的作品，靠自学成了一名很有学问的人。苏格拉底以传授知识为生，三十多岁时做了一名既不取报酬，也不设馆的社会道德教师。苏格拉底有一句后世流传甚广的名言："我只知道自己一无所知。"苏格拉底喜欢在市场、运动场、街头等公共场

所与各式各样的人谈论各种各样的问题，如战争、政治、友谊、艺术、德性，等等。苏格拉底自称是无知的人，而不是自诩为有智慧的人。在苏格拉底看来，"爱智者"是指追求真理的哲人，而"智者"是指靠炫耀知识赚钱的伪智者。哲学对于苏格拉底来说不是纯思辨的私事，而是他对城邦所应尽的义务。

1. 苏格拉底技术思想的前提——"产婆术"

苏格拉底的母亲是一个接生婆。他从小跟着母亲到别人家去接生，帮助递递器械，打打下手。这一段生活经历在苏格拉底的心中留下了深刻的印象。后来，苏格拉底从助产中得到启迪，创立了一种教育方法，他称其为"产婆术"。苏格拉底形成了一种很独特的教育方法，其基本原则就是：回答问题必须非常简洁，明快干脆。回答对方所提出的问题，不能提出别的问题，不许反对对方的问法。两个人可以相轮换提问，但须双方都同意。这种方法包含有辩证的色彩，能帮助对方纠正错误观念并产生新的艺术。这一过程仿佛产婆帮助孕妇产下婴儿一样。我们可以通过苏格拉底的描述来品味他的"产婆术"的内涵，苏格拉底曾在《泰阿泰德》中说："我的助产术与她们的助产术总的说来是相同的，唯一的区别在于我的病人是男人而不是女人，我关心的不是处在分娩剧痛中的身体，而是灵魂。我的技艺最高明的地方就是通过各种考查，证明一位青年的思想产物是一个虚假的怪胎，还是包含生命和真理的直觉。"[①]

苏格拉底认为，就他本人不能产出智慧来说，他和产婆是一样的，人们对他的普遍责备是对的，说他只管向别人提问，但自己却由于没有智慧而不能作出任何回答。这里的原因就在于上苍强逼苏格拉底接生，但禁止苏格拉底生育。所以苏格拉底自己没有任何种类的智慧，也不会有任何堪称"灵魂之子"的发现。那些与苏格拉底为伴的人，有些人开始时显得笨拙，但随着他们不断地与苏格拉底讨论问题，他们全都蒙上天之青睐而取得惊人的进步。在苏格拉底看来，"别人感到奇怪，他们自己也感到惊讶，

---

① ［古希腊］柏拉图:《柏拉图全集》第2卷，王晓朝译，人民出版社2003年版，第662页。

不过有一点是清楚的，他们从来没有向我学到过什么东西。由他们生育出来的许多奇妙的真理都是由他们自己从内心发现的。但接生是上苍的安排和我的工作。"①

苏格拉底继续他的论述。"在考察你的论断时，我可能会把其中的一些判定为假胎。如果我对它引产，将它抛弃，请别像一位被夺走头生子的妇女那样说我残忍。人们经常对我怀有那样的感觉，并想指责我消除了他们孕育的某些愚蠢的观念。他们看不到我正在对他们行善。他们不知道神不会恶意对待人，也不知道我的行为并非出于恶意。我的所作所为只是因为我不能容忍对谬误的默认和对真理的压迫罢了。"②

基于以上苏格拉底对自己的"产婆术"的自述，人们通常把苏格拉底的产婆术分为四个步骤：第一步是反讽；苏格拉底通过不断提问，使对方陷入自相矛盾之中，承认对这个问题一无所知。第二步是归纳；在打破别人原有信念以后，通过双方对片面意见的层层否定，抵达相对普遍的、确定的真理。第三步是助产；苏格拉底认为智慧是神赐予的，每个人都有，只是有的人还没有发现；所以他就要对人进行启发和诱导，使蕴藏在人记忆深处的那些道理苏醒过来。最后，苏格拉底把得到的结论进行总结，对事物的共同性质作出概括性的说明即定义。反讽、归纳、助产、定义，这四个步骤苏格拉底认为是环环相扣、缺一不可的。故而，苏格拉底是通过提问引导学生思考从而得出正确的结论的。苏格拉底认为，和直接讲道理灌输相比，提问方式更能培养学生独立思考的能力，学生也更能理解和接受各种观点和结论。

2. 苏格拉底：最早追问技术的哲学家

技术哲学的奠基之作一般都被认为是德国哲学家恩斯特·卡普（Ernst Kapp，1808—1896）于1877年出版的《技术哲学纲要》，卡普是"技

---

① ［古希腊］柏拉图：《柏拉图全集》第2卷，王晓朝译，人民出版社2003年版，第663页。

② ［古希腊］柏拉图：《柏拉图全集》第2卷，王晓朝译，人民出版社2003年版，第663—664页。

术哲学"这一术语的创始人。事实上，对技术的研究和追问一直是伴随着哲学这一学科的，对技术的反思可以说一直是哲学家的"天命"，而最早开启这一追问和反思之路的就是苏格拉底。"从一开始，哲学就已对技术的东西进行质疑，而且这种质疑一直是哲学义不容辞的责任。请回忆一下苏格拉底对得自特尔斐神庙神谕的质疑所作的说明。"①

虽然特尔斐神庙的神谕说，没有任何人比苏格拉底聪明，但是，苏格拉底觉得自己并没有什么知识。所以，苏格拉底觉得同那些似乎有或者自称有知识的人交谈，以检验或者说明这些神谕的话。但是，在同政治家和诗人谈话之后，苏格拉底发现他们不能满足这方面的要求。最后，苏格拉底走到手艺人面前，因为他意识到他自己什么都不知道，就去与手艺人交谈，而且他知道，他会发现手艺人知道许多贵重的、制作精巧的东西。在这点上，苏格拉底并未失望，手艺人知道苏格拉底不知道的东西，而且就此而论，手艺人比苏格拉底聪明。但是，苏格拉底发现，好的手艺人似乎有和诗人一样的毛病，因为他们干手艺活都干得好，他们就把自己想象得在别的最重要的事情上也很聪明，他们这种毛病掩盖了他们已有的聪明智慧，所以苏格拉底代表神谕反问他自己，他是宁愿成为他之所是，即不如他们聪明的一面那么聪明，又不如他们无知的一面那么无知，还是宁愿两者具有。故而，就像追问政治家、诗人所得出的结论一样，苏格拉底从对古希腊当时并不受重视的手艺人的追问中得出的结论也是一样的。"那个神谕的用意是说，人的智慧在没有多少价值，或者根本没有价值。看来他说的并不真是苏格拉底，他只是用我的名字当作例子，意思大约是说：'人们哪！像苏格拉底那样的人，发现自己的智慧真正说来毫无价值，那就是你们中间最智慧的了。'"②

3. 苏格拉底的技术追问之一："技术能征服自然吗？"

苏格拉底是古希腊最早研究技术的人之一，他对技术提出了这样

---

① ［美］卡尔·米切姆：《技术哲学概论》，殷登祥、曹南燕译，天津科学技术出版社1999年版，第41页。

② 北京大学哲学系编写组：《西方哲学原著选读》上卷，商务印书馆1981年版，第68页。

一个疑问：技术能征服自然吗？苏格拉底对技术征服自然的说法是持怀疑态度的。苏格拉底的疑问是，既然学了人们所从事的手艺的人都希望自己能够用其所学，为自己服务或者为自己所愿意服务的别人服务，那么，那些研究天上的事物的人是不是想，在发现了支配每一件事物的规律后，能够随心所欲地制造风、雨、季节变化以及诸如此类的事物吗？

这种怀疑，与苏格拉底所处的时代有着紧密的联系。希腊哲学从探究客观世界的本质开始。"它最初主要是对外在的自然感兴趣（自然哲学），只是逐渐地转向内部，转向人类本身而带有人文主义性质。"①这一转变正是从苏格拉底开始的，他由"什么是自然，因而什么是人类"转到"什么是人类，因而什么是自然"。从自然到人类这一兴趣的转移导致对人类精神问题的研究开始凸显，"人"的问题开始成为哲学家们思考的焦点和出发点，成为哲学的首要问题与核心问题。这反映了当时的一种思想革命，即只有回到人本身解决人的问题才可能进一步解决外在宇宙的问题，而这正是希腊启蒙运动的人类学时期的问题。

毫无疑问，苏格拉底在批判前人的研究方向时所发出的这一追问在当时是超前的，后人在将技术认定为征服自然和改造自然的手段时，无不希望通过技术并最终通过科学来引导技术的发展来实现人类征服自然的梦想。问题是，人类最终"能够随心所欲地制造风、雨、季节变化以及诸如此类的事物"而达到征服自然的目的吗？在技术的力量远非古希腊所能比拟的今日，这至今仍然是一个悬而未决的问题。

因此，苏格拉底对技术功能的这一追问，可以被认为是当今人类在面临技术问题时所做出的各种反思的先声，这也为后世的技术人类学开辟了先河。毕竟，我们不能单纯地研究技术问题，而应该通过与人类未来命运的联系来思考技术问题。故而，苏格拉底对技术与自然之间关系的这种疑问，即使在当代的技术社会中，仍然是有积极意义的。因此可以说，苏格拉底是20世纪的各种技术批判理论的鼻祖。

----

① ［美］梯利、伍德：《西方哲学史》，葛力译，商务印书馆1995年版，第7页。

4. 苏格拉底的提问技术（艺术）

苏格拉底一生大部分时间是在户外度过的。他喜欢在雅典的街头，市场、运动场等公共场合与各方面的人谈论各种各样的问题，如战争、政治、友谊、艺术、伦理、道德等等。苏格拉底自诩是精神上的助产士，帮助别人产生自己的思想。苏格拉底认为，作为绝对真理的善是根植于自己心中与生俱来的。这种最高哲学原则源于一种神秘的力量。但人们经常意识不到它的存在，所以需要他去启发引导。

每当有什么人，或者是没有什么确定的话要说的，或者是并无证明地断言自己所举的某一个人（比苏格拉底所举的人）更为有智慧，或在政治事务上更为老练，或者更为有勇气，或在某些类似的方面上更为优秀，因而在某个论点上反对他（苏格拉底）的时候，他便大体上依照下面的方式把整个论证拉回到基本的命题上去：当苏格拉底自己要论证任何题目的时候，他总是从大家公认为真实的命题出发，以为这样就能让他的论证拥有一个稳固的基础。因此，每当他发言的时候，他是在我所知道的人之中最能迅速地使听众同意他的论证的；他常常说到荷马赋予乌利塞斯"一个战无不胜的雄辩家"的性格。因为乌利塞斯能够用人类所公认的论点来构成推理的缘故。例如，苏格拉底对"智慧"的理解，他会运用他的方法得出如下结论："人是在他们所知道的事物上成其为有智慧的人"，"然则知识就是智慧"，"一个人不可能知道一切存在着的东西"，"对一个人来说，在一切的事物上都成为有智慧的，是不可能的"。①

苏格拉底的提问技术其实就是他的诘问法，这种诘问法在本质上是一种辩证法。苏格拉底宣称自己根本就没有智慧。在研究苏格拉底诘问法时我们注意到：苏格拉底从来不关心客观事物的问题，也不会对别人提问这类问题，而是就道德问题对身边的人进行省察。他所省察的对象一般都是被认为很有智慧或自己认为自己很有智慧的。苏格拉底说：每次别人在给定的话题上都宣称自己有智慧，我都成功地证明这是错误的，旁观者就认

---

① 周辅成：《西方伦理学名著选辑》上卷，商务印书馆 1987 年版，第 66 页。

为我知道这话题的一切。先生们，其实不然，非常显然的是真正的智慧属于神。苏格拉底向世人证实了那些宣称自己有智慧的人不但把别人骗了甚至连他们自己也被骗了，人是没有智慧的。其实每一次的谈话苏格拉底都没有预设任何的前提，他也考虑不到在谈话中对方会提出哪些错误的观念。实际上并不是每一次谈话苏格拉底都能得出一个真理，但在苏格拉底的每一次谈话中他都会把对话指向明确的目的——达到最终的善，所以就算谈话没有得出一个确切的真理，谈话本身也是一个逼向真理的过程。苏格拉底的诘问法在证明他人想法有纰漏的时候不是为了要使对方难堪，而是双方在共同的探讨下最终启发出内心的智慧。他以无知的态度去寻求真理，以平等的态度去引导他人，最后以自己的生命证明了自己的信仰。

二、柏拉图技术思想的"三重遗产"

柏拉图（Plato，公元前 427—前 347），古希腊著名哲学家，苏格拉底的学生，亚里士多德的老师，"希腊三贤"中承上启下的人。整个欧洲哲学的传统，正如怀特海所说，其特征就像是柏拉图著作的一个系列脚注。

大约公元前 387 年，柏拉图在雅典创办学园（阿卡迪米亚），建立了"理念论"为核心的客观唯心主义体系，认为理念是事物的永恒不变的"范型"，是独立于个别事物和人类意识之外的实体。感性的具体事物是不真实的，它是完善的理念的不完善的"影子"或"摹本"。理念有等级之分，最高的理念是"善的理念"。认识只是一种回忆，是不朽的灵魂对理念世界的回忆，感觉是以个别事物为其对象，因而不可能是真实的知识的源泉。柏拉图认为"辩证法"是最高级的认识，他在哲学史上第一次将辩证法提到哲学高度。柏拉图的伦理学和美学建立在理念论的基础上，认为善的理念是道德的唯一根源，美的事物是相对的、变幻的，美的理念却是绝对的、不变的。在政治观上，他设计了一整套"理想国"方案，主张"哲学王"来治理国家，把"哲学王"看作天主的统治者、立法者。

柏拉图的这些思想，也渗透和影响着他对技术的认知。柏拉图著有

《理想国》(《国家篇》、《法律篇》、《巴门尼德篇》、《会饮篇》、《智者篇》、《斐多篇》、《泰阿泰德篇》、《蒂迈欧篇》、《政治家篇》等）等著作，其中，《国家篇》和《政治家篇》较多涉及柏拉图对技术的阐述。

与苏格拉底没有直接针对技术进行阐释相比，柏拉图有着更为丰富的技术思想，对技术有着更为直接的论述，他的这些思想和论述对当今人们如何认识现代技术有着非常重要的借鉴和启发意义。法国学者让·戈菲的《技术哲学》一书认为，"在柏拉图的著作中，技术哲学由三方面组成：一是对技术的评价，二是技术人类学，三是技术本体论。这就是我们直到当代的技术哲学著作中依然可以找到的三个相互依存的论题。"① 柏拉图的技术评价建立在对于人的行为的怀疑上，或者相反，建立在对行为及其潜在能力的信任上。柏拉图的技术人类学建立在需要与从属的观念上，或者相反，建立在统治与摆脱束缚的观念上。柏拉图的技术本体论建立在自然物体与人工制品的实在或者说非实在的区别上。我们下面就从这三个方面分别加以论述。

1. 柏拉图对技术的评价

当柏拉图在评价技术活动和技术人员的时候，他几乎没有超出当时的某些偏见。如果说在《高尔吉亚篇》中，柏拉图对油漆工、建筑师和军舰的建造者是从正面描述的（"你可以用画匠、建筑师、造船工以及其他所有匠人为例，你可以任意选，看他们如何精心选择，使每个要素都适合确定的程序，使每个部件都能相互和谐，直到造就某个精心设计和装配起来产品。"② ），那么，在大多数论述中柏拉图对待他们的态度是另当别论了。在《斐多篇》中，在被苏格拉底区分的九类生活中，手工业者的生活排在了第七位，只有诡辩家和僭主被排在手工业者这一等级之后。在《高尔吉亚篇》中，柏拉图对手工艺人的态度更加明显，在这里他直言不讳地表达了他对工匠或者手工艺人的看法："你们会斥责他和他

---

① ［法］让-伊夫·戈菲：《技术哲学》，董茂永译，商务印书馆2000年版，第33页。

② ［古希腊］柏拉图：《柏拉图全集》第1卷，王晓朝译，人民出版社2003年版，第397页。

的技艺，会称他为'筑城的工匠'，把这个词当作贬义词来使用，你们决不会把自己的女儿嫁给他的儿子，也不会娶他的女儿。"①我们在柏拉图的身上看到了一种非常明显的对手工艺人的蔑视，当然，这是一种在劳动没有价值的社会中普遍存在的蔑视（这一对手工艺人的蔑视在亚里士多德身上也存在着）。

尽管在柏拉图身上存在着当时的希腊社会上层（贵族）对社会下层（手工艺人）的蔑视，但是，作为西方哲学的创始人之一，柏拉图在技术问题上还是提出了一些远超当时的见解、在今天仍然具有很大影响力的技术思想。柏拉图在对技术活动作评判时，他首先对技术与技能进行了明确的区分与界定。柏拉图眼中的技术是与技能联系在一起的。"当你保管修枝刀的时候，正义于公于私都是有用的；但是当你用刀来整枝的时候，花匠的技术就更有用了……当你保管盾和琴的时候，正义是有用的，但是利用它们的时候，军人和琴师的技术就更有用了。"②在柏拉图看来，技术与技术物不是同一个概念，无论是刀还是盾和琴它们都是技术物，只有花匠、军人和琴师才拥有各自的技术，技术是存在于主体——相关的人之中的，只有他们在利用相关的技术物进行相关的活动时，一定的技术才能显现。柏拉图对技术与技能关系之间的把握，实际上反映了技术发展史上一个主要的阶段——以经验技能为主要表现形式的阶段。同时，柏拉图也看到了技术与人的活动有关。这种技术观为后来诸多的技术哲学领域的学者们所继承。

将技术看作人类的活动过程、技术以活动的方式存在，柏拉图的这一技术观点在整个技术哲学的历史影响非常广泛而又深远。美国技术哲学家卡尔·米切姆认为，技术的基本范畴是活动过程。"作为活动的技术是一种关键性的东西：在活动之中知识和意志一起创造人造物或对人造物加以利用；对于人造物自身而言技术活动是它们借以影响人的思想和意志的机

---

① ［古希腊］柏拉图:《柏拉图全集》第 1 卷，王晓朝译，人民出版社 2003 年版，第 408 页。

② ［古希腊］柏拉图:《理想国》，郭斌和、张竹明译，商务印书馆 1986 年版，第 10 页。

会……作为活动的技术因而能够与各种各样的人类行为联系在一起，只是这些行为的特点没有人造物或知识那么明显。"[1] 作为活动的技术种类很多：工艺、发明、设计、制造、生产、操作、维护等等。技术种类虽然很多，但都围绕着两个主题而展开：要么是制造，要么是使用。制造是始源性行为，为不断重复的使用建立可能性。但不管是制造还是使用，它们都围绕着人造物而展开。从最直观的感受上，技术是同人工制品联系在一起的。即使将技术看作是一种活动，也无非是一种将自然物变成人工物的活动。如果不产生出人工制品，技术（活动）就是不结果实的花。甚至可以进一步说，是否产生出人工制品，可视为划分一种活动是技术活动还是其他活动（如科学活动）的标准。受柏拉图技术是人类的一种活动过程这一观点影响的现代技术哲学家还有很多，比如，法国社会学家埃吕尔也认为技术是合理的、有效的活动的总和；荷兰技术哲学家 E. 舒尔曼则将技术定义为人们借助工具、为人类目的给自然赋予形式的活动；美国技术哲学家皮特的定义是，技术是在工作状态下的人性，而且在这一复杂的工作过程中，从以前的活动中所获取的知识，只有当它有利于达到某种特殊目标的时候才被看作是新知识和新活动。肇始于柏拉图的这一把技术看作是一种人性活动的思想是非常深刻而又富有启发意义的，它把我们研究技术的目光引向人类自身的本质属性，重现技术本来的面目，突出了技术中人的主体性和技术的社会性，以及技术的属人性。

柏拉图将技艺分为两种：一种是生产性技艺，一种是非生产性技艺。柏拉图肯定了神的技术性生产的重要性，否定了非生产性技艺的重要性。柏拉图将生产分为两类：一种是人的生产，即用人工从自然物中制造出来的东西，是人的技艺的生产；一种是神的生产即神的技艺的生产。而每一个这种产物都伴有不是真实理念事物的影像，这些影像也由于神工而拥有它们的存在。也就是说，两两成对的生产性活动所产生的两种产物，一种是真实的事物（即"理念"），一种是形象（理念的"摹本"）。柏拉图在《智者篇》中认为形象的生产又可分为两种，即产生相同和产生相似，产

---

① Carl Mitcham, *Thinking through Technology: The Path between Engineering and Philosophy*, The University of Chicago Press, Chicago and London, 1994, p.209.

生相似的又可分为用工具生产和生产者以其自身为工具进行生产。"而智者的技艺是制造矛盾的技艺，来自一种不诚实的恣意的模仿，属于制造相似的东西那个种类，派生于制造形象的技艺。作为一个部分它不是神的生产，而是人的生产，表现为玩弄辞藻。"①

柏拉图对技术进行了分类，在这种分类中透射着柏拉图的"技术体系"的理念。柏拉图认为，所有的技艺可以分为两个部分："一类是辅助性的技艺，另一类是实际生产的技艺。"②而与制作和手艺相关的技艺所具有的知识有其固有的运用，含有这类知识的技艺能够造出过去不曾有过的物品。柏拉图将技术分为生产性技术和获得性技术：生产性技术是使过去不曾存在的东西产生出来，包括农耕术、医疗术、建筑术、制作术等；获得性技术即通过语言和行动占有已经存在和已经做成的东西，包括学习获得术、知识获得术、利润获得术等。在柏拉图看来，纯粹的技艺又可分为判断的技艺和指挥的技艺，指挥的技艺又可分为命令出自自己的指挥技艺和命令出自某人的指挥技艺等。在《智者篇》中，柏拉图将所有的技术分为获取的和创造的两类。这样，柏拉图认为，"所有技艺中有一半是获取性的技艺；获取性的技艺有一半是征服，即用强力获取；征服的技艺的一半是猎取；猎取的技艺的一半是猎取动物……"③柏拉图从专门的技艺开始将技术进行一系列纵贯式的"二分"，明确地为人们指出了一条技术体系的发展路径，指出了技术之间的相互联系；也指明了技术不是孤立存在的，它需要其他辅助技术，各种不同层次的技术组合的结果是产生静态和动态的互相依赖关系，从而形成一种体系化的整体协调。

柏拉图指出了技术知识在技术中的重要性。柏拉图把知识分为技术知识以及与教育和文化相关的知识，而第一种知识最为纯粹，第二种知识不那么纯粹，因此，在任何技艺中除了数量、尺度、重量的成分外，

---

① ［古希腊］柏拉图：《柏拉图全集》第3卷，王晓朝译，人民出版社2003年版，第82页。

② ［古希腊］柏拉图：《柏拉图全集》第3卷，王晓朝译，人民出版社2003年版，第124页。

③ ［古希腊］柏拉图：《柏拉图全集》第3卷，王晓朝译，人民出版社2003年版，第9页。

剩余的部分就无足轻重了。柏拉图在《斐莱布篇》中有过这样的论述："建造这门技艺大量使用尺度和工具，追求精确性，这样一来也就使得建造比其他大多数种类的知识更科学。"[①]这反映出柏拉图对技术的认识存在着他自己的时代局限性。古希腊时期的技术基本上还是以手工工具为主，因此，柏拉图对技术的认识也就仅仅停留在"数量、尺度、重量"等成分上。古希腊时期所特有的技术状况影响了柏拉图对技术的更深刻认识。与此同时，柏拉图对技术的认识，又反映了他作为一位流芳百世的伟大哲人的思想的超前性。在他那个时代，技术是以一种技能和经验形态存在的，只有到近代科学出现并成为技术发展的先导的时候，严格意义上的技术知识才被人们认可。在现代社会，人们基本上认为技术主要是以知识形态存在的。

今日存在着"统治技术"与"治理技术"的区分，柏拉图是这一区分的始作俑者。柏拉图《政治家篇》的副标题就是"论君王的技艺（逻辑上的）"。柏拉图认为，"政治家应当被定义为一种专家"[②]，也就是具有专门技艺的人。柏拉图指出，身体和灵魂与体育和医学两种技艺相对应，与灵魂相关的技艺称之为政治的技艺，在政治中与体育相对应的是立法，而医学的对应物是正义。《高尔吉亚篇》中有这样一句话："在各门技艺下，医学对体育，正义对立法，这些组成部分是相互蚕食的，因为它们的领域相同，但是无论如何它们之间还有差别。这四种技艺总是关注最好的，一对技艺照料身体，另一对技艺照料灵魂。"[③]通过一系列的二分法，柏拉图把所有那些与政治家的专门技艺不同、不相似、不能相容的东西都排除了，剩下的是与它相近的珍贵东西，其中包括将军的技艺、法官的技艺和那种关联到国王技艺的演讲术。

至于一个国家（城邦）的最高统治者，柏拉图认为，"国王的技艺依

---

① ［古希腊］柏拉图:《柏拉图全集》第3卷，王晓朝译，人民出版社2003年版，第247页。

② ［古希腊］柏拉图:《柏拉图全集》第3卷，王晓朝译，人民出版社2003年版，第86页。

③ ［古希腊］柏拉图:《柏拉图全集》第1卷，王晓朝译，人民出版社2003年版，第341页。

靠相互和谐与友谊的纽带把两种类型的生活织成一种真正的同胞关系，赢得了这种统一。这块织物成为一切织物中最美好的、最优秀的。它把城邦里的所有居民都紧密地联结在一起，无论是奴隶还是自由民。这位国王纺织工保持着他的控制权和监督权，这个国家拥有获取人间幸福生活所需要的一切。"① 在柏拉图这里，政治技艺应该支配所有其他各种技艺。这种政治技艺不具有工具的职能，它们不是为了生产而制造的，它们是为了保存已经生产出来的东西而存在的。故而，柏拉图作出了这样的质问："但若这个问题涉及'有责任照料'整个社团的技艺，那么有哪一种技艺能比政治家的技艺能更好地完成这一功能或声称拥有优先权？其他哪一种技艺能宣称自己是一门君主统治的技艺，对全人类进行统治？"②。

有学者认为，把政治比作编织技艺是柏拉图的一大创造，也可以说，近代和现代的把国家比作机械装置和机器的做法就是对柏拉图创造的翻版。柏拉图的这种"统治技术"思想，后来的学者也有人提到，如法国学者埃吕尔就提到过"政治技术"、"社会心理技术"等。但是，若将"技术"的概念外延过分泛化，就会使得技术哲学的研究变得针对性不强。按照"社会技术"这种理解的思路，则人类社会中的一切都是技术。"这样一来，岂不认为权术、骗术和阴谋诡计都是技术？岂不是把投机取巧的'成功者'都视为技术专家？"③ 德国学者马克斯·韦伯也曾指出，如果在技术概念中包含了所有事物和人类精神的话，那么我们将处于无法理解任何东西的境地，这是危险的。马克斯·韦伯主张在规定技术的概念时，应该关注技术最本质的一面。"所谓最本质的东西，无非是指技术是与'创造'事物的行动相关的，是与生产相关的技术。"④ 故而，我们可以作出这

---

① ［古希腊］柏拉图：《柏拉图全集》第 3 卷，王晓朝译，人民出版社 2003 年版，第 174 页。

② ［古希腊］柏拉图：《柏拉图全集》第 3 卷，王晓朝译，人民出版社 2003 年版，第 116 页。

③ 陈昌曙：《技术哲学引论》，科学出版社 1999 年版，第 235 页。

④ ［日］仓桥重史：《技术社会学》，王秋菊、陈凡译，辽宁人民出版社 2008 年版，第 42 页。

样一种理解，也就是如果将概念的外延解释得过于宽泛，"技术"可能会变成一个没有自己独特内容的概念。

2. 柏拉图的技术人类学

技术分工是一种几乎伴随着整个人类文明历史的现象，柏拉图非常重视技术分工这一现象。柏拉图认为，一个人做一种手艺要比一个人干几种手艺好。因为一件工作不是等人有空了再慢慢去做，而是应该让一个人全心全意当作主要任务来做，一个人是不能随随便便、马马虎虎地去从事一件工作的。这样，"只要每个人在恰当的时候干适合他性格的工作，放弃其他的事情，专搞一行，这样就会每种东西都生产得又多又好。"①在柏拉图看来，技术与工具不是同一回事，技术是需要通过学习或练习才能够获得的。没有一种工具是能够让人一拿到手就立刻成为有技术的工人或者斗士的。如果拿到工具的人不懂得怎么用工具，没有认真练习过，他是不会成为一个有技术的工人或者斗士的。因此，一个人不可能同时擅长多种技艺，因而需要技术分工。在柏拉图看来，木匠做木匠的事，鞋匠做鞋匠的事，其他的人也都这样，各起各人的天然作用而不起别人的作用，这种正确的分工乃是正义的影子。

柏拉图肯定了技术对人和社会的作用。柏拉图认为，建立一个城邦最重要的是粮食，其次是住房，第三是衣服，以及其他等等，而要想充分供应这些东西，就得有农夫、瓦匠、纺织工人、鞋匠以及别的照料身体需要的人等等。但一个城邦又需要发展，人们也不满足于简单的生活方式，于是又需要扩大城邦，加进许多必要的人和物，如各种猎人、艺术家、医生、军人等等，而这些人所从事的都是一种技艺。所以，在柏拉图看来，技艺是一个社会得以存在和发展的基础。而且，柏拉图通过转述古希腊神话故事，也表达了技术与人的相关性和人的技术性生存。普罗米修斯从赫淮斯托斯和雅典娜那里偷了各种技艺和火，把它们作为礼物送给了人，因为没有火，任何人都不可能拥有这些技艺，拥有了也无法使用。通过神

---

① ［古希腊］柏拉图:《理想国》，郭斌和、张竹明译，商务印书馆1986年版，第60页。

的这种馈赠，人便拥有了生活的手段；由于拥有了技艺，他们马上就发明了有音节的语言和名称，并且发明了房屋、衣服、鞋子、床，从大地中取食①。自从有了技艺，人就有了一份神性，从而成为崇拜诸神的唯一动物。因此，人从某种意义上来说，是一种技术性存在。没有技术，则人在自然之中就什么都不是，甚至连基本的生存都难以保证。

3．柏拉图的技术本体论

柏拉图探讨了技术的本质问题。通过划分可感世界与可知世界，柏拉图认为可感世界有两部分，其第二部分是实物，是我们周围的动物以及一切自然物和全部人造物，第二部分则是第一部分的影像。这样，柏拉图就把辩证法所要研究的可知世界的实在和那些把假设当作原理的技术的对象区别开来，研究技术的人也不得不用理智而不用感觉，但由于他们的研究是从假设出发而不上升到绝对原理的，因此人们就不认为他们具有真正的理性，虽然这些对象在和绝对原理联系起来时是可知的。在此基础上，柏拉图认为，制造床或桌子的工匠注视着理念或形式分别地制造出我们使用的桌子或床，而理念或形式本身则不是任何匠人能制造得出的。因此，匠人们制造的就不是真正的床或床的本质的形式或理念，而只是一张具体特殊的床而已。这样——正如柏拉图的注释者普罗克洛斯（Proklos，412—485）所评价的那样，如果说神是形式的创造者，所有的产品从原则上讲都是低劣的，"技术无可挽回地被引向'真实的最末，这最末是不完全的，是存在的一些仿制品，而非真实的存在'"②。这就是说，技术产品，木匠所制作的床，它是理想的床之理念的"摹本的摹本"。神创造人造物的理念，而工匠则制造具体的人造物。以床或桌子为例，假如有许多的床或桌子，但概括这许多家具的理念只有两个：一个是床的理念，一个是桌子的理念。制造床或者桌子的工匠注视着理念或形式分别地制造出我们使用的桌子或床来，其他人造物也大都是如此。至于理念或形式本身则不是任何

---

① 参见［古希腊］柏拉图：《柏拉图全集》第1卷，王晓朝译，人民出版社2003年版，第442—443页。

② ［法］让-伊夫·戈菲：《技术哲学》，董茂永译，商务印书馆2000年版，第38页。

匠人能制造出来的。只有神这个万能的匠人能制作一切东西——各行各业的匠人所造的各种东西。而匠人们所制造的不是真正的床或床的本质的形式或理念，而只是一张具体的床而已。这样床就被柏拉图设想有三种：一种是自然的床，这是神造的；一种是木匠造的床，这是人造的；一种是画家画的床，是画家面对木匠所制作的床模拟的。神，或是自己不愿意，或是有某种力量，迫使他不能制造超过一个自然的床，因而就只造了一个本质的床，真正的床。木匠则是一个制造者，画家仅仅是一个模仿者，是对影像的模仿。

柏拉图还研究了一些技术伦理学的问题，比如他曾经指出过技术的目的性和不足性。在柏拉图看来，"每种技艺都有自己的利益，而每一种技艺的天然目的就在于寻求和提供这种利益。"[①] 所有匠人要想制造什么东西都不会随意选择材料，而总是对他们的产品应当具有什么样的形式有着具体的看法。"他们精心选择，使每个要素都适合确定的程序，使每个部件都能相互和谐，直到造就某个精心设计和装配起来产品。"[②] 这种观点，显然表明技术不是中立的，而是有价值取向的——以制作者的利益为取向。

但是，每种技艺又都不是尽善尽美的，而是有着自己的缺陷。"因此，就需要补充性技艺，而补充性技艺本身又存在缺陷，这就又需要别种技艺来补充，补充的技艺又需要另外的技艺补充，依次推展以至于无穷。"[③] 这里，柏拉图显然为我们道出了技术发展的一个重要的原因——弥补技术自身存在的缺陷，这是技术发展的自身内在动力；在这里，柏拉图似乎为我们揭示了现代技术问题的严重性——单单依靠技术来解决技术所产生的问题似乎是不可能的。这正如有的学者所指出的那样，在狭隘的自我中心的价值观和近视的国家制度的框架中实行的"技术性修补"，无补于世界问

① ［古希腊］柏拉图：《理想国》，郭斌和、张竹明译，商务印书馆 1986 年版，第 23 页。

② ［古希腊］柏拉图：《柏拉图全集》第 1 卷，王晓朝译，人民出版社 2003 年版，第 397 页。

③ ［古希腊］柏拉图：《理想国》，郭斌和、张竹明译，商务印书馆 1986 年版，第 24 页。

题的解决，并且也是非常危险的。柏拉图的这种技术思想无疑是值得今日的技术乐观主义者们深思的，也是值得关注人类未来命运的人们深思的：作为人类赖以生存、进化和发展之基础的技术最终要把人类带向何方？对技术有着严重的依赖性的人类能够有幸福美好的未来吗？

　　早在两千多年前，柏拉图就提出了这样一个非常重要的、对我们今天仍然具有启发意义的观点：一切技术都应当"适中"。柏拉图断言，所有技艺的共通的存在和技艺高低的测定，不仅与它们的相互比勘有关，而且也与"中"的标准的确立有关。因为，如果这一标准存在，它们也就存在；如果它们存在，则这一标准也存在。但是，如果另一个不存在，则两者在任何时候都不能存在。因为所有这些技艺无疑都注意到"过"和"不及"与"中"的标准的关系，它们不是把这些关系看作非存在，而是看作现实实践中的真正困难。"所有这些技艺显然都有过度或不足之处。但它们肯定不会把这些过度和不足之处当作毫无意义的——恰恰相反，它们会把这些过度与不足当作真正严重的危险来防范。事实上，正是由于这种努力，它们才保持了某种尺度，使它们的所有产品保持了有用性和美观。"①任何技艺之所以称其为技艺总是在于它有着人们感受到的那个"度"，舍此，人们就无法评价该种技艺的实现以及对它可能达到的状况的更高期待。可以这么说，任何一门技艺中的"度"的标准不是外在强加的，而是随着这门技艺的确立而本然存在的，并不因人的意向而改变。虽然柏拉图早在两千多年前就已经提出了这一具有前瞻性的思想，但是，柏拉图的这一技术思想却在后世技术发展过程中被人们一而再、再而三地遗忘，人们一味地追求"高、大、全"的、综合性的技术，同时带来了一系列的相应技术问题。直到20世纪70年代，英国的经济学家舒马赫才发现应当超越对"大"的盲目追求，提倡小型机构、适当规模、中间技术等等，其《小的是美好的》一书，成了声讨现代工业文明弊病的经典著作。这说明柏拉图这一古希腊哲人的技术思想具有很大的反思性和前瞻性。

---

　　① ［古希腊］柏拉图：《柏拉图全集》第3卷，王晓朝译，人民出版社2003年版，第129页。

三、亚里士多德：古希腊技术思想的集大成者

亚里士多德（Aristotle，公元前 384—前 322），古希腊著名的科学家和哲学家。亚里士多德生于希腊北部色雷斯地区的斯塔吉拉城，17 岁开始进入雅典的柏拉图学园，追随柏拉图学习和研究达 20 年之久。作为亚历山大大帝的"帝师"，亚里士多德公元前 335 年离开马其顿回到雅典，创建了吕克昂学园，他是西方科学史上第一个"百科全书"式的学者。公元前 323 年，希腊各地掀起反马其顿风暴，亚里士多德受到牵连，被迫逃离雅典，来到欧比亚的加尔西斯，次年在该地谢世。

亚里士多德总结了泰勒斯以来古希腊哲学发展的成果，正是亚里士多德与其前辈苏格拉底、柏拉图三人一起，创立了传承至今的西方哲学、科学和技术思想。这一哲学、科学和技术的思想是从柏拉图开始，而由亚里士多德完成的。作为整个希腊古典文化的总结者，恩格斯称亚里士多德是"最博学的人"。"自亚里士多德之后，没有人对如此之多的人类理智活动的领域，有如此提纲挈领的把握，也几乎没有人像他那样遭到敌友双方如此之多的误解。"[①] 亚里士多德的著作是古代的百科全书，据说有 400 到 1000 部，其中《工具论》、《形而上学》、《物理学》、《尼各马可伦理学》、《政治学》等著作中涉及了他对技术的认识。正如亚里士多德是古希腊哲学的集大成者一样，他同样也是古希腊技术思想的集大成者。

1. 技术在亚里士多德理论体系中的地位

活动，或者说人类的活动，是亚里士多德分析人的时候的出发点。活动，在最宽泛的意义上，亚里士多德认为它是属于每种存在物的。每种存在物的活动，就像其性质与能力一样都是属于它自身的。"每种技艺与研

---

① ［英］安东尼·肯尼:《牛津西方哲学史》，韩东晖译，中国人民大学出版社 2014 年版，第 50 页。

究，同样地，人的每种实践与选择，都以某种善为目的。"①故而，有人认为所有事物都是以善为目的的。无生命的物质也有其活动，但其活动主要是就它们对于有生命的物质而言的合目的性而言的。每种生命物都有其特有的活动，植物共同的活动是营养和发育，动物的活动是以它们各自种属的属性来感觉和活动。人的活动不在于他的植物性的活动如营养、生长等等，也不在于他的动物性的活动如感觉等等。人的活动在于他的灵魂的合乎逻各斯即理性的活动与实践。这个特别属于人的活动，被亚里士多德称之为实践的生命的活动。实践的生命的活动确定着人的种属的可能性的范围，但它只决定人的存在的可能方式，而不是存在的实现。人的实现活动就是实现人的实践生命的目的的活动。人的实践的生命的活动，在完全的意义上包括理论的、制作的、实践的三种方式。

在人的三种实践的生命活动之中，亚里士多德认为，理论的活动是最高的，实践的活动是最重要的。那么，亚里士多德是如何看待技艺或技术这一人的实践的生命活动的呢？亚里士多德认为，实践的研究是不同于制作的研究的。制作的科学包括技艺与修辞学等等。这种类型的研究之所以不同于实践的研究，是因为制作活动都有某种外在的目的，即作为活动的结果的某种产品，而凡是以某种活动以外的事物为目的的，那目的就显得比活动更重要，活动因此而打折扣，成为是外在目的的手段。比如说，各种技艺就因为它们能够制作出各种产品才是善的。所以，对于各种制作活动来说，既然它们只能以外在的善为目的，那么，它们自己本身就从本质上来说就不是善的，只是一种为达到某种其他的善的一种手段。这是亚里士多德对包括技术在内的各种制作活动的本质性规定。

2. 具有实践能力的"技艺"

在亚里士多德的伦理学中，技艺是灵魂的理智部分获得真或确定性的五种方式之一，是理智获得与那些不仅可变化而且可制作的事物相关的确定性的方式。其他四种方式则是科学、明智、智慧和灵魂。"我们假定灵

①　［古希腊］亚里士多德：《尼各马可伦理学》，廖申白译，商务印书馆 2005 年版，第3 页。

魂肯定和否定真的方式在数目上是五种，即技艺、科学、明智、智慧和努斯，观念与意见则可能发生错误。"①在人类的五种理智德性中，亚里士多德认为"技艺"是其中之一。那么，我们该如何理解技艺呢？亚里士多德首先从技艺制作的产品与自然而然地生长的事物的区别中探究技艺独有的特征。

与自然而然地生长的事物不同，技艺是制作部分必然如此的事物，是制作既可以这样产生，也可以那样产生的事物，在这一点上技艺同人的实践活动有相同之处。亚里士多德明确地把制作和实践这两种不同的活动区分开来。他认为，虽然只有在允许改变的事物上，才有制作和实践的可能，但是，这两者还是存在着区别的。"制作不同于实践（我们甚至从普通讨论中也能看出这种区别），实践的逻各斯的品质同制作的逻各斯的品质不同。其次，它们也不相互包含。"②因为，实践不是一种制作，制作也不是一种实践。亚里士多德以建筑术为例。建筑师的建筑术是一种技艺，是一种与制作相关的、合乎逻辑的品质。如果建筑师没有这种与建筑相关的品质，那么，他就没有这一建筑的技艺。同样，如果建筑师没有这一建筑的技艺，那么，他也就没有建筑这一品质。故而，亚里士多德由此得出这样一个结论（这一结论后来对海德格尔的技术思想产生了极其重要的影响）："技艺和与真实的制作相关的合乎逻各斯的品质是一回事。所有的技艺都使某种事物生成。学习一种技艺就是学习使一种可以存在也可以不存在的事物生成的方法。"③一种技艺之所以有效，其原因不在于被制作的事物，而在于掌握这一技艺的匠人，匠人的作用就在于让可以这样存在，也可以那样存在，甚至不存在的事物生成，也就是后来海德格尔所说的"解蔽"。

每一种技艺都是关于生产某种东西的，也就是设计如何使那些能存在

① ［古希腊］亚里士多德：《尼各马可伦理学》，廖申白译，商务印书馆 2005 年版，第169—170 页。

② ［古希腊］亚里士多德：《尼各马可伦理学》，廖申白译，商务印书馆 2005 年版，第171 页。

③ ［古希腊］亚里士多德：《尼各马可伦理学》，廖申白译，商务印书馆 2005 年版，第171 页。

或不能存在的东西变为存在的，这些东西的生产靠生产的人，而不靠这些被生产的东西。所以技艺不涉及那些依据必然或自然而存在或产生的东西，因为这些东西自有其来源。"技艺同存在的事物，同必然要生成的事物，以及同出于自然而生成的事物无关，这些事物的始因在它们自身之中。"①亚里士多德在《物理学》一书之中也有过这样的论述："人是由人产生，但床却不是由床产生……因为如果床能生枝长叶的话，长出来的不会是床而会是木头。"②根据亚里士多德的理解，人、木头都是依据必然或自然而存在或产生的东西，它们有其自己的来源；而技艺制作的东西，比如一张床，它不是必然或自然而存在或产生的东西，它不存在其自己的来源，它的产生依赖于外在于它的东西，也就是木匠的制作活动。故而，如果制作与实践是不同的，并且技艺是同制作相关的，那么，技艺就不与实践相关。所以，亚里士多德认为，技艺在某种意义上与运气是相关于同样一些事物的。他引起了在当时古希腊流行的一句话："技艺爱恋着运气，运气爱恋着技艺。"③

3. 亚里士多德"四因说"中所包含的技术思想

"四因说"是亚里士多德为探寻万物演化机理及其"始基"而提出的理论，亚里士多德这一理论包含了非常丰富的技术思想。根据亚里士多德的"四因说"，自然万物都是由质料因、动力因、形式因和目的因这四种原因所构成的，它们分别旨在回答"具体事物从何产生"、"它为何如此这般"等问题。就其实质而言，"四因说"可以说是一种关于造物活动和人工制品的理论，也就是说，它实际上是一种有关技术的理论。

那么，亚里士多德又是如何理解的呢？亚里士多德把"四因说"归为四种理解，它们分别是指：第一，事物所由产生的，并且在事物内部始终存在着的那种东西，这是第一种原因，例如塑像的铜，酒杯的银子，以

---

① 〔古希腊〕亚里士多德：《尼各马可伦理学》，廖申白译，商务印书馆 2005 年版，第 171 页。

② 〔古希腊〕亚里士多德：《物理学》，张竹明译，商务印书馆 2004 年版，第 46 页。

③ 〔古希腊〕亚里士多德：《尼各马可伦理学》，廖申白译，商务印书馆 2005 年版，第 171 页。

及包括铜、银这些"种"的类都是。第二，形式或者说原型，亦即表达出本质的定义，以及它们的"类"也是一种原因。第三，就是事物变化或者静止的最初源泉。比如说出主意的人是原因，父亲是儿子的原因。第四，也就是最后一个原因是终结，是目的。比如说，健康就是散步的原因。一个人为什么会去散步，因为他是"为了健康"。我们说出"为了健康"，就是指出了他为什么散步的原因。由别的推动者所完成的一切中间的措施也都是达到目的的手段。比如，亚里士多德认为消瘦法、清泄法、药物或外科手术都是达到健康这一目的的手段。①

亚里士多德首先把世界上万事万物分为自然产生的和人为产生的两种不同的类型。"凡存在的事物有的是由于自然而存在，有的则是由于别的原因而存在。"②"由于自然"而存在的有动植物和各种各样简单的物体，因为这些事物的存在是自然而然的存在。这些自然存在的事物和那些不是自然存在的事物有着质的区别。"一切自然事物都明显地自身有一个运动和静止的……根源。反之，床、衣服或其他诸如此类的事物，在它们各自的名称规定范围内，亦即在它们是技术制品范围内说，都没有这样一个内在的变化的冲动力的。"③没有一个人工产物内含有制作它自己的根源。虽然人工产物，例如，房屋和其他一切人工产物的根源存在于该事物以外的别的事物当中，当有一些人工产物自身内有这种根源，不过这并非这一事物的本性该当如此，而是因为偶然的原因才会如此的。比如说，如果种下一张床，如果这张床能够发芽生长的话，那么生长出来的将会是一棵树而不是一张床。根据亚里士多德的理解，根据技术的规则形成的结构仅仅是偶然的，而真实的自然则是在这个过程中始终保持不变的那个东西。

让我们来看看"质料因"，也就是技术制作的质料因。亚里士多德认为，质料是技术产品之所以能够得以生成的载体，是万事万物（既包括自然物品，也包括人工制品）赖以构成的基质。没有质料，一切事物都

---

① 参见［古希腊］亚里士多德:《物理学》，张竹明译，商务印书馆2004年版，第50页。

② ［古希腊］亚里士多德:《物理学》，张竹明译，商务印书馆2004年版，第43页。

③ ［古希腊］亚里士多德:《物理学》，张竹明译，商务印书馆2004年版，第43页。

将无从谈起，技术发明也将成为无本之木。一种技术产品的诞生，或者说生成，可以分为下列不同的情形：有些是事物形状的改变，如从青铜生成为（或者说被雕刻为）雕像；有些是增加，如被生长的东西；有些是减少，如从一块石头制成赫尔墨斯雕像；有些是组合，如由泥土、木头、石头、砖头和瓦等等建造房屋。所有这些被制作之物，或者说这些生成的东西都是从某些载体中生成的。比如说，没有各种各样的石料便没有房屋，没有各种各样的金属材料便没有各种铜器和铁器。质料是一种无灵性、无活力的材料，其根本性质是"承受"，是承受制作者施加于其上的各种改变。故而，亚里士多德指出了质料的本质属性，即质料的"潜在属性"是技术产品赖以构成的内在根据。可以说，质料是技术产品潜在的存在即"潜能"。

再来看技术制作的"形式因"。形式构成事物的本质，是一事物区别于他事物的根本所在。每个事物都由质料和形式构成，二者虽然不可分割，但形式是第一位的，是其所是，质料则是第二位的，是受动因素。亚里士多德认为，技术制作中最重要、起决定作用的不是质料而是形式。使质料成为某物而不是另一物的原因不是质料而是形式。只有人用确定的形式来加工某种质料，这种质料才能形成确定的东西。技术制作的过程就是对质料进行加工并赋予其具体形式的过程。在亚里士多德看来，有两种不同的形式：一种是内在的，一种是外在的。在自然生长的过程中，形式对事物来说是内在的，如树木自然生长、鸡蛋变成小鸡。而在技术制作过程中形式是外在的，是人赋予技术产品以形式。这种外在的形式首先存在于人的头脑中，而后才赋予事物。

亚里士多德"四因说"中的第三种原因是"动力因"。所谓动力因，"一般地说就是那个使被动者运动的事物，引起变化者变化的事物。"[①] 赋予质料以形式的技术制作过程不是自动完成的，木头不会自动地变成床，是木工使它成为床的。制作者是技术过程中的推动者和主体，其活动就是创制、制作和塑造。制作者主体的制作能力，是受动者质料所没有的。这

---

① ［古希腊］亚里士多德：《物理学》，张竹明译，商务印书馆 2004 年版，第 50 页。

就是制作者作为动力因的内在根据。

亚里士多德"四因说"中的最后一种原因是"目的因"。在亚里士多德看来，技术制作的过程就是制作者为了一个明确的目的而有计划、有意识的活动过程。"每种技艺与研究……都以某种善为目的。"① 对于一种技术制作活动，质料固然重要，但是，如果没有具有某种必然本性的质料，制作便成为"无米之炊"，被制作之物品之生成也就不可能。制作物之生成并非质料自为的运动，而是制作者在某一目的的推动下来实现这一目的的制作活动。亚里士多德以锯为例。锯之所以是具有这种形式（形状）的物品，是因为只有被赋予这种形式之后它才能够用于锯这种活动，而且这样做也是为了这一锯的活动。因此，形式与目的更为接近，它们二者在本质上是一致的，尽管它们本身存在差别。从形式与目的的关系上说，是目的决定形式，故而可以说，了解事物的"目的"更为根本。失去了目的，形式将成为盲目的。从整个技术产品的制作过程来看，在技术制作活动中占据主导地位的技术目的，或者说"目的因"才是最重要的和起决定作用的，其他的技术目的都是从属的和手段性的。

4. 亚里士多德：从"求知"到技术

亚里士多德在《形而上学》一书第一卷第一章中的第一句话就是——"求知是人类的本性。"对感觉的喜爱就是证明。人们甚至离开实用而喜爱感觉本身，喜爱视觉尤胜于其他。"除了人类，动物凭现象与记忆而生活着，很少相关联的经验。但人类还凭技术与理智而生活。"② 人们从记忆得到经验，同一事物的众多记忆导致单一的经验。经验很像知识与技术，但实际是人类由经验得到知识和技术。亚里士多德引起了当时的一句谚语："经验造就技术，无经验就凭机遇"。③ 从经验之中所得到的许多要点使人产生对一类事物的普遍判断，而技术就是由此而得以产生的。亚里士多德

---

① ［古希腊］亚里士多德：《尼各马可伦理学》，廖申白译，商务印书馆 2005 年版，第 3 页。

② ［古希腊］亚里士多德：《形而上学》，吴寿彭译，商务印书馆 1997 年版，第 1 页。

③ ［古希腊］亚里士多德：《形而上学》，吴寿彭译，商务印书馆 1997 年版，第 2 页。

举例说明。张三得过这种病，这对他有益；李四、王五与其他许多病例也是如此，这便是经验。但是，如果想作出这样一个判断：所有具备某一类型体质的人沾染过这种病，例如粘液质的或者胆液质的人因病发烧都于他有益，这在亚里士多德看来就是技术。

对实际活动来说，经验和技术似乎并无差别，而我们看到，那些有经验的人比那些只懂道理而没有经验的人有更多的成功机会。其原因在于"经验为个别知识，技术为普遍知识"①。一切实际活动，一切生成都与个别相关，除非是在巧合的意义上，医生所治疗的并不是人，他，或者是"卡里亚"，或者是"苏格拉底"，或者是如此称谓的其他人，而这些恰巧都是"人"。如果只有理论而无经验，只是认识普遍的事理而不知道其中所蕴含的个别事物，这样的医生通常是治不好病的。因为对于医生来说，他所治疗恰恰是那些"个别的人"。"我们认为知识与理解属于技术，不属于经验，我们认为技术家较之经验家更聪明（智慧由普遍认识产生，不从个别认识得来）；前者知其原因，后者则不知。"②之所以如此，是因为有技术的人知道原因，有经验的人却不知道。有经验的人只知道其然，而不知道其所以然。有技术的人则知道其所以然，知道原因。所以说，每一行业中的大匠师更应受到尊敬，因为他们比一般工匠知道得更为真切，也更聪明，他们知道自己一举手一投足的原因。与此相反，一般工匠凭习惯而动作（这些动作与非生物的动作相似，比如说火之燃烧按照风的方向而去），从事着各自的机能活动，但是对于自己的动作是不知道其内在原因的。故而，亚里士多德认为，我们之所以说大匠师更聪明，并不是因为他们动作灵敏，而是因为他们具有理论，知道原因。"知其所以然者能教授他人，不知其所以然者不能执教；所以，与经验相比，技术才是真知识；技术家能教人，只凭经验的人则不能。"③

总而言之，知与不知的标志是能否传授。所以，亚里士多德认为技术比经验更接近科学，技术能够传授而经验不能传授。由此亚里士多德

---

① ［古希腊］亚里士多德：《形而上学》，吴寿彭译，商务印书馆1997年版，第2页。
② ［古希腊］亚里士多德：《形而上学》，吴寿彭译，商务印书馆1997年版，第2页。
③ ［古希腊］亚里士多德：《形而上学》，吴寿彭译，商务印书馆1997年版，第3页。

断言："我们不以官能的感觉为智慧"①。尽管要知道个别事物主要通过感觉，但它们不告诉关于任何事物的为什么，例如火为什么热，而只知火是热的。

那些超越人们所共有的感觉而最初发现技术的人，他们之所以使人们感到惊讶，不仅由于某一发现之实用，而且由于其智慧的与众不同。在被发现的越来越多的技术中，有的为生活必需，有的供消磨时间。与前者相比较，后者总被当作更加智慧的，因为这些技术的科学，并不是为了实用。只有在全部生活必需都已具备的时候，在那些人们有了闲暇的地方，那些既不提供快乐、也不以满足必需为目的的科学才首先被发现。在这一章的最后，亚里士多德给予智慧一个明确的定义，也限定了技术在各种智慧中所具备的地位："有经验的人较之只有些官感的人为富于智慧，技术家又较之经验家，大匠师又较之工匠为富于智慧，而理论部门的知识比之生产部门更应是较高的智慧。这样，明显地，智慧就是有关某些原理与原因的知识。"②

5. 亚里士多德《政治学》中的技术思想

亚里士多德在其《政治学》一书，不仅提出了他独特的政治哲学思想，而且还对技术（问题）提出了一些深刻的论述。亚里士多德认为，政治是不同于技术（自然技术）的，他并由此提出了他的"政治技术"的观点。"就技术作业而论，当然以坚守本业为贵，而恒心恒业的愿望要是也适用于政治，那么，就可以让某些人好像鞋匠的终身不离线革，木匠的终身不离斧头那样，终身作为统治者从事的治理工作。可是，由于全体公民都天赋有平等的地位，政治上这种恒业就不可能施行，而且根据公正的原则……无论从政是一件好事或是一件坏事……也应该让全体公民大家参与政治。"③亚里士多德已经意识到社会群体共同参与政治的这一"政治技术"的特点。每一个（政治的）参与者都是具有共同人性的人，只是每个

---

① ［古希腊］亚里士多德：《形而上学》，吴寿彭译，商务印书馆 1997 年版，第 3 页。
② ［古希腊］亚里士多德：《形而上学》，吴寿彭译，商务印书馆 1997 年版，第 3 页。
③ ［古希腊］亚里士多德：《政治学》，吴寿彭译，商务印书馆 1965 年版，第 46 页。

人在技术（分工）中分处于不同的位置而已。

亚里士多德提出国家政权构成的"三要素"观点，即一切政体都要有三个要素：其一为议事机构；其二为行政机构；其三为审判（司法）机构。按现代社会的理解来看，"三要素"相当于现代社会的立法、行政和司法三个体系。亚里士多德这一国家构成"三要素"的观点与近代资产阶级的"三权分立"理论是非常相似的。而"三权分立"既是一种政治理论，也是一个立法、司法、行政三者如何相互制衡、如何协调的"政治技术"。亚里士多德所提出的这一"三要素"的真正精髓在于权力的平衡。权力之间的平衡，不仅需要获得理念的支持（善），而且更需要制度层面上的现实支撑（技术或者说技艺）。

亚里士多德认为，不仅仅个人的行为要有法律上的规范，与对个人行为的法律规范相比，把国家行为纳入法治的轨道则更为重要，因此他提出了他的"法律技术"的思想。亚里士多德非常看重法律，十分注意法律技术对社会整体所发挥的作用。"因为法律失去其权威的地方，政体也不复存在了。"① 在亚里士多德看来，法律的统治才是最好的统治。法律应有绝对的权威性和至上性，必须获得人们的普遍服从。这是实现亚里士多德法治国家的根本和核心。法律至上是亚里士多德理想国家的标志。亚里士多德的法律技术思想是作为管理社会这一客体的技术而存在的。

除了提出"法律技术"这一观点之外，亚里士多德还提出了"战争技术"这一观点："如何依照合法手续获得奴隶……这应该归属为战争技术"②；"战争技术的某一意义本来可以说是在自然检获的生活资料（财产），战争就导源于狩猎，而狩猎随后则称为广义的战争的一部分；略去野兽以维持人类的温饱既为人类应该熟悉的技术，……人类向它进行战争（掠夺自然奴隶的战争），也应该是合乎自然而正当的"③。很明显，古希腊的家主和政治家各自都熟悉这种技术，而我们也应该认识到这种技术（家庭对于狩猎，邦国对战争）早在亚里士多德时代就已存于世。人们在与外

---

① ［古希腊］亚里士多德：《政治学》，吴寿彭译，商务印书馆1965年版，第238页。
② ［古希腊］亚里士多德：《政治学》，吴寿彭译，商务印书馆1965年版，第20页。
③ ［古希腊］亚里士多德：《政治学》，吴寿彭译，商务印书馆1965年版，第23页。

界抗争时，即或者是在与敌人作战的时候，或者是在征服、改造自然以获取物品的时候，分工协作以形成一定的结构是有效的。军事技术在于获得胜利，而社会技术便是涉及如何形成这样的结构，以实现这样的社会目的，如对敌作战、经济建设等等。

亚里士多德十分看重技术在社会中的各种调节作用，这一方面的论述主要集中在他的有关经济技术和管理技术的思想之中。和当时许多哲学家一样，亚里士多德认为，人类社会是由简单向复杂、由不完善向完善发展的。人和人结合的最初方式是丈夫和妻子组成的家庭，在家庭中又有主人和奴隶、父与子的关系，这就涉及了家务管理的一系列技术。因此，亚里士多德谈到了"家务管理的技术"。他认为家务管理必须照顾到三个要素：一为主人与奴隶的关系，这涉及有关管理奴隶的技术（如何做好家主的技术）。二为配偶或夫妻关系，这涉及运用夫权的技术（如何做好丈夫的技术）。这种统治又好像共和政体，男女在家庭的地位虽属平等，可是类似民众对那轮流执政的崇敬那样，丈夫就终身受到妻子的尊重。三为亲嗣关系，这涉及运用父权的技术（如何做好父亲的技术）。它好像君王的统治，父权对于子女就类似于王权对于臣民的性质，父亲和他的子女之间不仅由于慈孝而有尊卑，也因年龄的长幼而分高下，从而父亲在家庭中成了严君。

在当时的历史条件的限制下，亚里士多德提出了经济技术思想——"致富技术"。"所谓致富技术，有些人认为整个'家务'就在于致富，另一些人则认为致富只是家务中的一个主要部分；这种技术上的性质我们得加以研究。"①在"致富技术"之外，亚里士多德还提出了"获得财产的技术"。在亚里士多德看来，"获得财产的技术"有两种方式：其一，家主和政治家应该各自熟悉获得财产的"自然技术"（获得财产的一种自然方式），如家庭对于狩猎、邦国对于战争的技术。其二，获得财产的技术还有另一类，即通常所谓的获得金钱（货币）的技术。亚里士多德主张家务管理的技术不同于获得财产的技术，因为家务管理的技术的职务是运用，即运用家财所供应的事物；而获得财产的技术的职务是供应，也就是提供工具或

① ［古希腊］亚里士多德：《政治学》，吴寿彭译，商务印书馆1965年版，第10页。

给予材料。从这个角度说，致富的技术只是家务管理技术的一个部分。

四、结语：西方技术思想的源头

正如文章开篇所言，整个西方文化的源头在古希腊，古希腊的哲学、科学和技术等方面的思想对整个西方社会产生了广泛而又深远的影响。不管是苏格拉底、柏拉图，还是亚里士多德，虽然这些希腊哲学大师的技术思想已经提出了两千多年，他们提出这些思想的时候古希腊还是处于奴隶社会，而今天人类已经进入了工业社会乃至后工业社会，但是，他们所提出的这些思想至今仍然影响着当代社会的人们，包括当今的哲学家们对技术的看法、感受和认知。下面就以亚里士多德（古希腊哲学思想，包括古希腊技术思想的集大成者）的技术思想对海德格尔（海德格尔不仅是当今西方世界影响最大的哲学家之一，而且也是对当今技术哲学的研究方法和研究内容具有巨大影响力的技术思想家）、柏格森（他不仅是生命哲学的创始人，而且还提出了很多非常深刻的生命哲学技术观）等哲学家的影响为例做一简单说明。

在思考技术问题的时候，人们大多数时候只注意到它的实用、生产手段、专业经验、生产方式、效率、收益等等方面的具体问题，甚至还包括与此相关的环境。这就是说，我们对技术性因素是如此着迷，以至于我们没有去探究其技术中实际情况到底如何，技术的本质究竟是什么。海德格尔则尝试追问技术的本质。海德格尔认为，不仅手工制作，不仅人工创作的"使……显露"和"使……进入"图像是一种生产，甚至自然地从自身中涌现也是一种生产。因为涌现着的在场者在它本身之中具有产出之显突，比如说花朵显突入开放之中。"产出从遮蔽状态而来进入无蔽状态中而带出。唯就遮蔽者入于无蔽领域带来而言，产出才发生。这种带来基于并且回荡于我们所谓的解蔽（das Entbergen）中。"[1]

海德格尔对技术的本质的理解是：技术是一种解蔽的方式，现代技术

---

[1]　孙周兴主编：《海德格尔选集》下，上海三联书店1996年版，第930页。

的本质居于"座架"之中。海德格尔对技术的这一理解毋庸置疑是当代技术哲学最经典的解读之一。海德格尔的这一技术思想与古希腊哲学，或者说与古希腊的技术思想有没有关系呢？在希腊思想中，正如上面在论述亚里士多德的技术思想时所言，技术与知识是相互包含的，二者都是人们认知事物的方式、熟悉事物的方式。技术与知识之间的关系不是海德格尔任意虚构的，我们可以在亚里士多德《尼各马可伦理学》第六卷第三、四章中找到证据。在亚里士多德这里，技术和知识被明确地当作去蔽的方式。"这段文章，我们说过，早为海德格尔发现并推动着他的技术思想。可以说，它是海德格尔思想发展的最初源泉和动力。"① 在这里，亚里士多德是这样看待技术的：它是对尚未生产出来，不在场，因而一会儿是这个样子，一会儿是那个样子的事物的去蔽和揭示。"所有的技艺都使某种事物生成。学习一种技艺就是学习使一种可以存在也可以不存在的事物生成的方法。"② 在这个过程中，起决定性作用的并非操作，也不是什么加工、处理，而是对所要达到的结果的预测，比如说在房子、船只、装备等的制作过程中，就需要对所欲达到的形态作出预测。在预测中包含了去蔽，它被构建并接着生成，从材料的加工到产品的使用的整个过程中起着基础性的作用。

德国哲学家施莱格尔（F.Schlegel,1772—1829）曾经说过这样一句话："一个人，天生不是柏拉图主义者，就是一个亚里士多德主义者。"柏拉图是理想主义者的鼻祖，重视"理想"，亚里士多德则重视现实，重视生命，主张返回自然。柏拉图以数学为范式建立他的形而上学，亚里士多德则以生物学、植物性来推演他的形而上学，认为世间每一事物都是由内部力量所推动的，注意潜能与现实的关系与转变。如果说亚里士多德对技艺（技术）是什么的理论深深地影响了海德格尔的技术思想，那么，亚里士多德对生命、对植物特别是动物的重视则影响了生命哲学家柏格森的技术思想。

亚里士多德是如何影响柏格森对技术的看法的呢？有人声称人类身

---

① ［德］比梅尔：《海德格尔》，刘鑫、刘英译，商务印书馆1996年版，第125—126页。

② ［古希腊］亚里士多德：《尼各马可伦理学》，廖申白译，商务印书馆2005年版，第171页。

体结构不好，比其他动物都糟糕，根据是人类跣足、裸体、缺少自卫武器。对于这一观点，亚里士多德并不赞同。"所有其他动物只有一种防卫方式，且不能变换为其他方式，比如它们不得不永远穿着'鞋'睡觉和完成所有的活动。它们永远不能剥掉自己的防卫武器，也不能转换这种武器。"① 最早把技术分为身体技术与体外技术两种形式的是亚里士多德：动物装备的武器和盔甲不能在睡觉时脱下来，它们以无法改变的方式记录在它们的解剖学结构中；人类可以支配躯体之外的各种工具。再来看柏格森是如何把技术分为"有机技术"和"无机技术"两种类型的。人类可以制造和使用工具，没有理性的动物有没有工具？对于这一问题大多数人的答案是否定的，但柏格森给出了肯定的回答：动物也有工具，但它们的工具是它们使用工具的身体的一部分。与这种工具相对应的是它们知道如何使用工具的本能。柏格森把理性和本能的区别与对不同工具的使用联系起来："完善的本能是一种使用、甚至是构建有机化工具（organized instruments）的机能；完善的智能是制作和使用非有机化工具的能力。"② 故而，我们可以看到，不管是柏格森的创造进化论的哲学思想，还是柏格森"作为生命冲动岔口"的技术、技术分为有机和无机两种形式的思想，到处都可以看到亚里士多德的影子。

总而言之，不管是亚里士多德的技术思想对现象学哲学家（或者说存在哲学哲学家）海德格尔的影响，还是亚里士多德的技术思想对生命哲学家柏格森的影响，我们都可以看到，如果没有古希腊哲学家所提出的技术思想，譬如上面所言的亚里士多德的有关技术论述，那么就既没有今日海德格尔所提出的"解蔽"、"座架"等技术观点，也难以出现柏格森乃至现代西方很多哲学家提出的各种技术理论。故而我们可以给出一个结论：正如古希腊哲学是现代西方哲学的摇篮，古希腊的技术思想是当今各种技术思想、技术理论乃至各种技术哲学的发源地和动力根源。

---

① ［古希腊］亚里士多德：《亚里士多德全集》第 5 卷，苗力田译，中国人民大学出版社 1997 年版，第 131 页。

② Bergson, H.L., *Creative Evolution*, Translation by Arthur Mitchell, Westport Connecticut: Greenwood Press, 1911, p.155.

第二章 现代西方技术思想创始人：培根与笛卡尔的技术思想

学界公认的说法是，作为一个学科的技术哲学诞生于 19 世纪后半叶，以德国哲学家恩斯特·卡普（Ernst Kapp，1808—1896）的《技术哲学纲要——从新观点考查文化发生史》（1877）一书的出版为标志。事实上，关于技术的哲学思想源远流长，从哲学诞生之日起，哲学家们对技术的反思与追问就从未间断。作为《西方技术思想史》的开篇之作，我们在前面一章介绍了古希腊三位著名哲学家苏格拉底、柏拉图和亚里士多德的技术思想，现在这一章介绍现（近）代西方技术思想的创始人弗朗西斯·培根和勒内·笛卡尔的技术思想。之所以把培根和笛卡尔的技术思想作为单独的一章，因为作为现（近）代西方哲学的创始人，他们也是现（近）代西方技术思想的创始人，他们的技术思想在古希腊和当代西方技术思想之间起着不可或缺的桥梁和纽带作用。

一、培根：作为对大自然的拷问的技术

古希腊哲学家，一方面，他们承认技术归属于人的需要；另一方面，他们又否认技术是建立在艺术与自然之间的比较之上的。与此不同，现代西方哲学家则自觉地把技术建立在人的需要和欲望之上，有意识地从人的需要或者欲望这一人类学的领域来研究技术，从而对技术作出了一种不同于古希腊和中世纪的新的评价和看法。最先作出这种改变的哲学家有两

位，其中一位是弗朗西斯·培根这位英国经验主义哲学的创始人，另一位是勒内·笛卡尔这位欧洲大陆理性主义哲学的创始人。培根与笛卡尔，虽然一个是经验主义者，一个是理性主义者，但是，他们对技术的看法都作出了不同于古希腊时期的，更符合近代社会的经济、政治、文化等方面的实际情况的改变。我们先来看弗朗西斯·培根这位把技术与对大自然的拷问联系起来的近代英国唯物主义创始人的技术思想。

1. 唯物主义本体论：培根技术思想的哲学基础

不同于古希腊、中世纪的哲学家大多喜欢研究政治和哲学问题，甚至喜欢研究宗教和诗歌这些"只开花，不结果"的学问，培根更喜欢研究那些既能够开花、又可以结果的具体现实问题，特别是实验和技术问题。"弗朗西斯·培根（Francis Bacon，1561—1626）试图把人的注意力和人的能力优先转向对技术的探究，而不是对政治和哲学的探究（更不用说宗教和诗歌了）。这种尝试本身是借助于哲学的辞藻华丽的语言进行的。"[①] 培根是英国唯物主义哲学传统的鼻祖，近代实验科学（某种程度上也就是技术科学）的创始人，他被马克思誉为"英国唯物主义和整个现代实验科学的真正始祖"[②]。培根的主要著作有《新工具》、《论科学的增进》、《新大西岛》、《学术的伟大复兴》等。

培根哲学思想的产生也有其独特的历史和时代背景，那就是资本主义在英国的迅速发展和工业技术在英国社会的广泛使用。培根认为，在他所生活的时代，英国存在着两个方面的严重困境：一方面是学术传统的贫乏，因为当时英国的学术研究大多数没有和经验紧密接触；另一方面，英国当时的工匠传统在科学上也没有充分发挥它的力量，因为工匠传统中的许多东西都没有被记载下来。故而当时的英国有可能出现这样一种情况，那就是一旦有经验（具有工匠等方面的经验）的人学会读书写字，就有可能在英国社会产生更好的东西。这些"更好的东西"，培根认为，就是新

---

① ［美］卡尔·米切姆：《技术哲学概论》，殷登祥、曹南燕译，天津科学技术出版社1999年版，第17页。

② 《马克思恩格斯全集》第2卷，人民出版社1957年版，第163页。

的科学原理和新的技术发明。当时的英国社会产生了一种新的思想观念，这种观念认为，人的认识源自经验，人的感觉经验比人的理性知识更可靠，人所认识的对象是客观的物质世界，认识的主体是人。这种思想观念就是日后在英国乃至美国占主导地位的经验主义，它的创始人就是弗朗西斯·培根。正如吉尔伯特接受了13世纪马里古特的实验一样，培根把13世纪的罗吉尔·培根的理想接受下来，后者认为实验方法的运用将会产生许多伟大的技术发明。弗兰西斯·培根也认为，对自然的理论解释和实际控制将会导致一系列的发明，这些发明会在一定程度上克服人类当时所感到的贫乏和痛苦。

作为英国近代唯物主义的鼻祖，培根非常重视从自然、世界的本来面貌来认识自然，认识世界，而不是像传统哲学，特别是经院哲学那样"高高在上"，看不起那些所谓的"污秽"的事物，看不起所谓的"底层"的工匠。培根以传统哲学眼中卑贱的、污秽的，甚至有些人认为必须先道歉然后才能说出口的事物为例。在培根看来，所谓的这些污秽的事物也必须容纳在自然史当中，它们的重要性不亚于那些华美而又贵重的事物，自然史也不会因此而蒙上污点。对于培根来说，他并不是要建立一座"万神殿"或"金字塔"以资人矜夸，而是要在人类理解中按照客观世界的模型来给神圣的庙宇奠定一个基础。故而，培根得出这样一个结论："凡值得存在的东西就值得知道，因为知识乃是存在的表象；而卑贱事物和华贵事物则同样存在。并且，正如某些腐烂的质体——例如麝鹿和香猫——有时会产生最甜的香味，同样，从卑贱可鄙的事例中有时也会发出最好的光亮和消息。"[①]

正是在对自然的重新认识，对自然的各种事物，包括那些所谓污秽的东西的重新认识和评价之中，培根开启了一种新的对待技术、对待工匠的态度。培根认为，我们应该寻找一种新的、能够促进科学和技术发展的科学方法。我们又该如何做到这一点呢？首先要做的，就是去寻找新的原理、新的操作程序和新的事实。这类原理、程序和事实，既可在技术知识

---

① ［英］培根：《新工具》，许宝骙译，商务印书馆1984年版，第93页。

中找到，也可在实验科学中找到。当我们理解了这些原理和知识以后，它们就会导致技术和科学上的新应用。有很多原理蕴藏在工匠的日常操作之中，工匠的日常操作方法是科学知识的可贵源泉。特别值得注意的是，这些操作方法对自然界的事物具有主动揭示的作用和实验操作的性质，它们能够主动地让自然发生变化。在发生变化的时候，自然界就把自身以前对于人类隐蔽着的方面暴露出来，并迫使人们注意到这些变化。在被动察看自然现象的时候，人们总是太容易把各种先入见解拈出来。根据培根的理解，对自然的研究可以分为两类：一种是为了其本身而进行的对自然的研究，一种是为了给理论提供事实、以便在哲学（科学）上建立对自然的研究。在这两种不同的研究中存在着许多不同之处，前者所展现的是事物的各种自然性质，后者涉及对事物的主动的、技术性的、实验性的探究。"前者仅仅包含着各式各样的自然种属，而不包括着机械性方术的各种实验。而正如在生活事务方面，人的性情以及内心和情感的隐秘活动尚且是当他遇到麻烦时比在平时较易发现，同样，在自然方面，它的秘密就更加是在方术的扰动下比在其自流状态下较易暴露。"[1] 由此一来，在作为自然哲学的基础的自然历史一旦在较好的计划上被纂成之后，也就是只有到了那个时候，我们才可以对自然哲学抱有美好的希望。

隐蔽在自然中的事理，只是在技术的挑衅下，而不是在任其自行游荡下，才会被暴露出来。然而，并不是所有的工艺操作方法都是一样的。能够使自然的隐蔽方面暴露出来的，是那些"揭露、改变和配制自然物体和材料的工艺"，而不是那些主要依靠手工或工具的灵巧动作的工艺，也不是那些缺乏科学原理指导的经验。在培根看来，由理论上的辨析而建立起来的原理不会对新事物的发现有什么效用，不过，那些由特殊的东西适当地、循序渐进地形成起来的原理，它们会轻而易举地发现通向新的特殊的东西的道路，并因而能够使各门科学活跃起来。因此，仅仅是由贫乏的、手工性的经验，以及很少一些最普通常见的特殊东西提示而来的原理，是不会导向新的特殊的东西的。改正公理本身才是真正有效的通向新科学的

---

① ［英］培根：《新工具》，许宝骙译，商务印书馆 1984 年版，第 78 页。

途径。

为了建立一种新的哲学（科学）方法，在对以前的经验哲学进行批判之后，培根把他批判的矛头对准了在当时的英国颇为流行的经院哲学。培根认为，围困人们心灵的假象共有四类，他分别命名为"族类假象"、"洞穴假象"、"市场假象"和"剧场假象"。"族类假象"植基于人类的本性之中，也即植基于人这一族或这一类中。若断言人的感官是事物的量尺，这是一个错误的判断。恰恰相反，"不论感官或者心灵的一切觉知总是依个人的量尺而不是依宇宙的量尺；而人类理解力则正如一面凹凸镜，它接受光线既不规则，于是就因在反映事物时掺入了它自己的性质而使得事物的性质变形和褪色。"① 由此产生的假象培根称之为"族类假象"。

第二类假象培根称之为"洞穴假象"，这是每个个人所具有的假象，之所以会如此，是因为每一个人都各有其自己的"洞穴"，都有自身所具备的个性，这一"洞穴"会使自然之光屈折和变色。"这个洞穴的形成，或是由于这人自己固有的独特的本性；或是由于他所受的教育和与别人的交往；或是由于他阅读一些书籍而对其权威性发生崇敬和赞美；又或者是由于各种感印，这些感印又是依人心之不同（如有的人是'心怀成见'和'胸有成竹'，有的人则是'漠然无所动于中'）而作用各异的；以及此类等等。"② 每个人都具有自己独特的"精元"，这一"精元"实际上是一种易变多扰的东西，又似为机运所统治着。为此培根引用了赫拉克利特曾经说过的一句话，那就是人们之追求科学总是求诸他们自己的小天地，而不是求诸公共的大天地。

第三类类假象是由人们相互间的交接和联系所形成的，培根称之为"市场假象"，取人们在市场中有往来交接之意。人们是靠相互交谈来联系的；而人们所利用的文字则是依照大众的一般理解来使用的。因此，选用文字之失当害意就惊人地障碍着人们的正确理解力的发挥。有学问的那些人在某些事物中所惯常使用的定义或注解对此也是毫无作为、无能为力。人们惯常使用的文字仍然统辖着大众的理解力，并把大众岔引到无数

---

① ［英］培根：《新工具》，许宝骙译，商务印书馆1984年版，第19页。
② ［英］培根：《新工具》，许宝骙译，商务印书馆1984年版，第20页。

空洞的争论和无谓的幻想上去。

第四类假象是从哲学的各种各样的教条以及一些错误的论证法则移植到人们心中的，培根将这种假象称之为"剧场假象"。在培根看来，"一切公认的学说体系只不过是许多舞台戏剧，表现着人们自己依照虚构的布景的式样而创造出来的一些世界。"① 培根所说的还不仅限于当时流行的一些体系，亦不限于古代的各种哲学和宗派，他认为以后还会有更多的同类的剧本编制出来，并以同样人工造作的方式排演出来。

正如现有的科学不能帮助我们找出新的事功一样，培根认为，现有的逻辑亦不能帮助我们找出新的科学。现在所使用的逻辑，与其说是帮助人们追求真理，毋宁说是帮助人们把建筑在流行概念上面的许多错误固定、巩固起来。培根以亚里士多德为例。亚里士多德以他的逻辑败坏了自然哲学：他不仅以各种范畴范铸出世界，而且还把无数其他武断的限制强加于物体的性质之上。虽然亚里士多德关注实验，比如说在亚里士多德有关动物的著作，以及其他一些论著当中固然常常涉及实验，但亚里士多德所做或所提及的这些实验不值得我们高度重视。"因为他是先行达到他的结论的；他并不是照他所应做的那样，为要构建他的论断和原理而先就商于经验；而是首先依照自己的意愿规定了问题，然后再诉诸经验，却又把经验弯折得合于他的同意票，像牵一个俘虏那样牵着他游行。"② 在培根看来，在错误对待实验这一条罪状上，亚里士多德甚至比其追随者（经院哲学学者）之根本抛弃经验所犯的过错还要大得多，因为亚里士多德把其自然哲学做成他的逻辑的奴隶，从而变成一种富于争辩而于实事无用的东西。

跟亚里士多德等古希腊哲学家相比，培根特别推崇经验，特别是以实验为基础的经验。"最好的论证当然就是经验，只要它不逾越实际的实验。"③ 培根认为，如果把经验照搬于其他被认为类似的情节，除非经过了正当、有秩序的程序，否则就是一种很荒谬的事情。问题是，人们在大多

---

① ［英］培根:《新工具》，许宝骙译，商务印书馆1984年版，第21页。
② ［英］培根:《新工具》，许宝骙译，商务印书馆1984年版，第37页。
③ ［英］培根:《新工具》，许宝骙译，商务印书馆1984年版，第45页。

数情况下做实验的办法是盲目的、蠢笨的。就一般情况来看，人们做试验
总是粗心大意，只把已知的实验略加变化，而一当事物无所反应，就感到
烦倦而放弃所做的实验或操作。即使有些人是较为严肃地、诚恳地和辛勤
地投身于实验，他们也只是将其人力、物力和财力专注于个别的实验。一
个事物的性质若仅就个别事物本身去查究，那是不会成功的。科学的探索
必须放大才能成为具备普遍性的。

人们要想支配自然、征服自然，首先得认识自然。培根把人类的野心
划分为三个种类，或者说三个等级。第一是要在本国之内扩张自己的权
力，这种野心被培根认为是"鄙陋"和"堕落"的。第二是要在人群之间
扩张自己国家的权力和领土，这种野心虽然有较多尊严，但是却非较少贪
欲。培根推崇的是第三种类型。"如果有人力图面对宇宙来建立并扩张人
类本身的权力和领域，那么这种野心（假如可以称作野心的话）无疑是比
前两种较为健全和较为高贵的。而说到人类要对万物建立自己的帝国，那
就全靠方术和科学了。因为我们若不服从自然，我们就不能支配自然。"①
大凡走路，如果目标本身没有摆正，要想取一条正确的途径是不可能的。
而科学真正的、合法的目标来说不外是这样的，那就是把新的发现和新的
力量惠赠给人类生活。

为了建立一种新的实验科学，培根反对中世纪经院哲学对待科学的态
度。那些经院哲学家，出于信仰之心，把自己的哲学与神学糅合起来。其
中有些人的虚妄竟歪邪到这种地步，以致他们要在精灵神怪当中去寻找科
学的起源。"迷信以及神学之糅入哲学，这对哲学的败坏作用则远更广泛，
而且有着最大的危害，不论对于整个体系或者对于体系的各个部分都是一
样。"② 人类理解力之易为想象的势力所侵袭，这不亚于其易为普遍概念的
势力所侵袭。好争的、诡辩的哲学用陷阱来困缚理解力；经院哲学，由于
它是幻想的、浮夸的和半诗意的，则是多以谄媚来把理解力引入迷途。在
培根看来，一些经院哲学家因极度地轻浮而深溺于这种虚妄，竟至企图
从《创世纪》第一章、从《约伯记》以及从《圣经》的其他部分来建立一

① ［英］培根:《新工具》，许宝骙译，商务印书馆1984年版，第104页。
② ［英］培根:《新工具》，许宝骙译，商务印书馆1984年版，第38页。

个自然哲学体系。"正是这一点也使得对于这种体系的禁止和压制成为更加重要，因为从这种不健康的人神糅合中，不仅会产生荒诞的哲学，而且还要产生邪门的宗教。因此，我们要平心静气，仅把那属于信仰的东西交给信仰，那才是很恰当的。"① 就当时的情况而论，培根认为，由于有了经院学者们的总结和由此所建立起来的体系，就使得关于自然的谈论更为困难、更为危险，因为那些经院学者已经尽其所能地把神学归并成为极有规则的一套体系，并还把亚里士多德的好争、多刺的哲学很不相称地和宗教的体系糅合在一起。

不同于传统哲学特别是经院哲学，培根特别重视自然，特别重视对自然的认识。那么，我们如何认识自然呢？不同于亚里士多德的三段论，培根提倡用新的方法来认识自然。这一新的方法，就是培根在《工具论》中所提出的、完全不同于亚里士多德的三段论的归纳法。根据培根的理解，人们正是通过归纳法来认识自然，发现自然的真理的。在培根看来，迄今为止的科学发现是邻于流俗概念，很少钻过表面。为要深入到自然的内部和底层，必须使概念和原理都是通过一条更为坚实、更有保障的道路从事物中引申而得，必须替智力的动作引进一个更好、更准确的方法。至于钻求和发现真理，培根认为只有两条道路。一条道路是当时流行的方法，这种方法是从感官和特殊的东西飞越到最普遍的原理，其真理性即被视为已定而不可动摇，然后由这些原则进而去判断，进而去发现一些中级的公理。"另一条道路是从感官和特殊的东西引出一些原理，经由逐步而无间断的上升，直至最后才达到最普遍的原理。"② 培根认为这才是正确的方法，但遗憾的是，它迄今为止还没有被真正地实行过。

上述两条道路都是从感官和特殊的东西出发，都是止息于具有最高普遍性的东西。然而，二者之间有着极大的区别：前者对于经验和特殊的东西只是蜻蜓点水式的一带而过，后者则适当地、按序地贯注于它们；前者是从一开始就一下子建立起某些抽象的、无用的、普遍的东西，而后者则是逐渐循级上升到自然秩序中为人们知道得较明白的东西。为区别清楚起

---

① ［英］培根：《新工具》，许宝骙译，商务印书馆1984年版，第39页。
② ［英］培根：《新工具》，许宝骙译，商务印书馆1984年版，第12页。

见，人类理性以上述那种通用方式应用于自然问题而得出的结论，培根称之为"对自然的冒测"；至于另一种经由一个正当的、有方法的程序而从事实抽出的理论，培根称之为"对自然的解释"。① 培根所推崇的方法只有一条：我们必须把人们引导到特殊的东西本身，引导到特殊的东西的系列和秩序；而在人类自己这一方面，人们必须强制自己暂把他们的概念撇在一边，逐渐开始使自己与事实熟习起来。

我们如何才能够做到这一点呢？培根认为，我们实应遵循一个正当的上升阶梯，不打岔、不蹦等，一步一步地由特殊的东西进至较低的原理，然后再进至中级原理，一个比一个高，最后上升到最普遍的原理。只有这样，我们才能对科学有好的希望。最低的原理与纯粹经验相差无几，最高、最普遍的原理是概念的、抽象的。在建立公理的过程中，我们必须规划一个有异于迄今所用的、另一形式的归纳法，其应用不应仅在证明和发现一些所谓第一性原则，也应用于证明和发现较低的原理、中级的原理，也就是一切的原理。那种以简单的枚举来进行的归纳法是幼稚的，其结论是不稳定的，大有从相反事例遭到攻袭的危险；其论断一般是建立在为数过少的事实上面的。"对于发现和论证科学方术真能得用的归纳法，必须以正当的排拒法和排除法来分析自然，有了足够数量的反面事例，然后再得出根据正面事例的结论。"②

关于归纳法，培根认为，他建立这一方法的目的在于认识客观事物，发现客观真理。在《工具论》一书，培根处理的是逻辑而不是哲学。但是，由于培根的逻辑对理解力的教导，宗旨不在使它以心灵的纤弱卷须去攫握一些抽象概念，而在使它可以真正地剖解自然，可以真正地发现物体的特点和活动，连同其在物质中被规定的法则，所以，"这个科学的源头就不是仅仅出自心灵的性质，而亦是出自事物的性质；因而其中随处都点画着对于自然的揣想和实验以作我所宣教的这门技术的例子，那也就无足怪了。"③

① ［英］培根：《新工具》，许宝骙译，商务印书馆1984年版，第14页。
② ［英］培根：《新工具》，许宝骙译，商务印书馆1984年版，第82页。
③ ［英］培根：《新工具》，许宝骙译，商务印书馆1984年版，第289页。

2. 培根的技术思想

通过对传统哲学思想，既包括对当时英国所流行的经验哲学的批判，也包括对当时在整个欧洲包括英国都占主导地位的经院哲学的批判，培根提出了一种在当时影响不大，但却逐步成熟并发挥其影响的新的哲学思想，这就是后来在英美占主导地位的经验主义哲学思想。这一哲学思想最重要的特点便是特别重视实验在科学发展过程中的重要性，重视技术（包括工匠的技术）在人类社会发展中所起的作用。

（1）技术之作用

与古希腊、中世纪普遍存在的对工匠的蔑视，对技艺（技术）的轻视相反，以其唯物主义本体论为依据，培根对技术在人类社会中所起的作用给予了新的阐释。培根主要从以下四个方面论述了技术在人类社会中所起的作用。

第一，技术对于人类最重要的作用，在于它能够改善人类在自然中的地位，提高人类对于自然的权力。培根认为，在失去伊甸园的同时，人类也失去了他们的天真状态和对于自然万物的统治权。不过，这件事情是能够得到部分补救的。对于人类的天真状态，补救依靠的是宗教信仰；对于自然万物的统治权，补救依靠的是技术和科学。所以，人类要对万物建立自己的帝国，那就得全靠技术和科学了，因为我们若不服从自然，我们就不能支配自然。在对技术发明人类生活的影响这一问题的分析上，无论是分析的深度还是分析的广度，与培根同时代的人没有第二个能够与其匹配，在随后的二百年里能够与培根相匹配的人也是寥寥无几。这正是我们今天将现代社会种种由技术所引发的负面效应在思想渊源上归咎于培根的原因。在今天，很多人将现代技术的负面效应的源头归咎到培根所倡导的人类对于自然的统治（权）。

第二，除了改善人类的地位、提高人类的权力之外，技术还可以改变人们的生活，改变人们所生活的世界。如果我们比较一下在欧洲最文明的区域和世界上落后的地区（比如新印度最野蛮的地方）之间人们生活的巨大差异和不同，那么，我们就会感到"人是人的上帝"这句话乃是有道理的。这不仅从人们所得到的帮助和福利来说是如此,从不同国家、地区人们的生活情况的比较来说也是这样。这个差别从何而来?培根认为,这无关于土壤、气候和人种,这个差别只在于技术。培根提醒人们注意技术发现的力量、效能和后果,这几点再明显不过地表现在古人所不知、较近才发现、而起源却还暧昧不彰的三种发明上(培根并不知道这几大方面来源于东方,来源于中国),那就是印刷、火药和磁石。这三种发明已在世界范围内把事物的全部面貌和情况都改变了:第一种是在学术方面,第二种是在战事方面,第三种是在航行方面;并由此又引起难以计数的变化来,以至于任何一个帝国、任何一个教派、任何一座星辰对人类事务的力量和影响都仿佛无法超越这些机械性的发明了。

第三,技术还有一个非常明显的作用,那就是它能够提高人们的行动效率。正如赤手做工,不能产生多大效果一样,理解力如听其自理,也是一样。事功是要靠工具和助力来作出的,这对于理解力和手是同样的情况。手动的工具不外是供以动力或加以引导,同样,心用的工具也不外是对理解力提供启示或示以警告。譬如,在机械力的事物方面,如果人们赤手从事而不借助于工具的力量,同样,在智力的事物方面,如果人们也一无凭借而仅靠赤裸裸的理解力去进行工作,那么,纵使他们联合起来尽其最大的努力,他们所能力试和所能成就的东西恐怕总是很有限的;而且,每一巨大的工作,如果没有工具和机器而只用人的双手去做,无论是个人用力或者是大家合力,都显然是不可能的。不同于赤手做工不能产生多大的效果,人类在劳动中的效率是可以通过工具来提高,并且是极大地提高的。

第四,虽然在培根所生活的年代对于人类的作用还不那么突出,但是培根已经预先看到的技术的一个作用,那是它能够帮助人类发现事物之中所隐蔽着的结构和秘密。培根认为,就发现复合物体之中的真正结构这一工作来说,解剖不过是其很小的一部分;真正的结构是一个精微得多、细密得多的事物,若单凭火炼这一类的动作,那只是把它弄乱而不会把它揭示出来并弄清楚。因此,培根转向工艺之神,他认为,我们若想揭露物体的真正组织和结构——那是事物中一切隐秘的性质和所谓种属性质与种属性的依附，也是每一有力的变化和转化的规律所从出——我们必须由火之神转为工艺之神才行。

（2）对技术的重新评价

虽然苏格拉底、柏拉图、亚里士多德和中世纪的哲学家也多多少少地看到了技术在人类生活中所起的作用，对工匠的技艺也给予了一定的积极的评价，但总体而言，在他们那里，工匠的工艺活动是下贱的、上不了台面的。从培根开始，技术在人类的眼中开启了一种新的面目。

在培根看来，技术在未来美好社会的构建中起着重要的作用，它是构建理想社会的前提、基础和手段。比如说，新大西岛上的居民之所以能过着一种世外桃源的美好生活，很重要的一个原因就是"所罗门之宫"的居民重视技术，并不断地应用（新）技术。"所罗门之宫"的人每 12 年就得外出一次，他们的任务就是，"研究要去访问的那些国家里的一切事物和情况，特别是全世界的科学、艺术、创造和发明等等，而且还要带回来书籍、器具和各种模型。"[1] 通过吸收、学习世界各地的技术成果，新大西岛上的居民能仿造各种天然矿物，能够生产出人造金属，更是有人用技术把淡水变成盐水、用机器来增加风力、实施人工降雨等。正是由于技术的发达，"所罗门之宫"的居民的生活水平才比外面的世界要高得多。正是因为如此，"所罗门之宫"的人对于技术发明者是很尊敬的，他们"对于每一个有价值的发明都为它的发明者建立雕像，给他们一个优厚的和荣誉的奖赏。"[2]

在整个人类的学术史上，培根是第一个把技术史作为学术史列入百科全书的，这足以看出他对技术的重视。在《工作计划》中，培根提出，百科全书不仅要记载自由而无所羁绊的自然，更要研究那些受到人类控制和扰动之后的自然。因此，必须首先重视那暴露、改变与制作自然物体和物质的那些技术，如农业、烹调、化学、染色术，以及玻璃、搪瓷、糖、火药、烟火、纸张的制造术等等。在整个人类的思想、技术史上，这都是培根的首创。

---

[1] ［英］培根：《新大西岛》，何新译，商务印书馆 1959 年版，第 18 页。
[2] ［英］培根：《新大西岛》，何新译，商务印书馆 1959 年版，第 37 页。

　　培根不赞同有些人对于技术所持的反对意见。他呼吁，如果有人以技术和科学会被滥用到邪恶、奢侈等等的目的为理由来加以反对，请人们不要为这种说法所动。因为若是那样说，则对人世一切美德，如智慧、勇气、力量、美丽、财富、光本身以及其他等等，莫不可同样地加以反对了。我们只管让人类恢复那种由神所馈赠，为人类所固有的对于自然的权利，并赋以一种权力，至于如何运用，可以交由自由健全的理性和真正的宗教来加以管理。培根把技术与技术的应用区分开来，他应该是一个技术价值中立主义者。根据这一观点，如果技术要受到责备，受到责备的不应该是工具，而是制造工具和使用工具的人。在技术（应用）的背后，我们可以找到本应受到谴责的利益，特别是这些利益的受益人。

　　培根还解释了技术的发展问题。一方面，各种机械性的技术之所以不断地得到发展，这是由于它们是建筑在自然上面、经验上面的，它们一贯地在繁荣着、生长着。它们初看很粗糙，然后又便利些，后来又得到润饰，它们是时时都在进步着的。另一方面，培根强调科学的理论和科学的方法的指导对于技术发展路径的重要性。培根特别强调归纳法，认为归纳法是人类技术活动的理性基础。虽然培根不否认，一旦把一切方术的一切实验都集合起来加以编列，并尽数塞入同一个人的知识和判断之中，那么，借着"能文会写"的经验，只需把一种方术的实验照搬到另一些方术上去，就会发现许多有助于人类生活的新事物，但是，培根仍然认为，从这种方法之中不可能有希望得到伟大的东西。"只有从原理的新光亮当中——这种新原理一经在一种准确的方法和规律之下从那些特殊的东西抽引出来，就转过来又指出通向新的特殊东西的道路——方能期待更伟大的事物。我们的这条路不是一道平线，而是有升有降的，首先上升到原理，然后降落到事功。"①也就是说，过去一切被偶然地列入比较高贵一类的发现，都不是由方术（技术）的经营和开展所揭示出的，而是完全出于偶然。除了发现的方法之外，我们是无法把偶遇提前或预支的。

　　在认为技术能够增加人类改变自然、征服自然的能力的同时，在对于

_____

　　① ［英］培根:《新工具》，许宝骙译，商务印书馆1984年版，第80—81页。

技术能否做到自然所能做到的对物质的改变这一问题上，培根表现出了有异于常人的合理的谨慎。如果有人追问，到底有没有什么方式能够从最细小处改变物体、转换物质的更精微的结构，以便使技术能够在短时间内做到自然要以许多迂回才能完成的事情，那么，培根认为，这一问题是他没有确切的证据能够给予说明的。因为，在培根看来，"自然的精微较之感官和理解力的精微远远高出若干倍，因此，人们所醉心的一切'像煞有介事'的沉思、揣想和诠释等等实如盲人暗摸，离题甚远，只是没有人在旁注视罢了。"① 而且，人作为自然界的臣相和解释者，他所能做、所能懂的只是如他在事实中或思想中对自然进程所已观察到的那样多，也仅仅那样多。在此以外，他是既无所知，亦不能有所作为的。当人们把征服自然、改造自然的技术理性观念归之于培根（包括笛卡尔）等人的时候，似乎忘记了几百年前培根就已作出的对于人与自然之间关系的这一谨慎表述。

因此，培根在一方面对新技术充满无限希望并为之摇旗呐喊的同时，另一方面也曾以一个人所共知的"代达罗斯"② 古希腊神话表达了他对这种人类以前的历史上从未有过的新力量的疑虑。培根把"代达罗斯"神话转换成了一个关于技术的双重性质，或者说，技术与人类命运的隐喻性寓言。在培根看来，技术在有助于人类社会的物质文明与精神文明进步的同时，它所带来的负面效应，如战争、环境污染、气候问题等等远比人类历史上的任何时期更加残酷、更加野蛮，也更加难以解决。然而，长期以来，这种担忧却在一次又一次的工业、技术革命凯旋般的胜利面前消弭于无形，以至于大多数人视技术为自由、平等、博爱，乃至进步、幸福等等的同义语。然而，随着现代技术所带来的一系列问题，技术的负面效应日益昭彰，一种在培根那里早已萌芽的担忧开始扰动着大部分人的心灵，那

---

① ［英］培根：《新大西岛》，何新译，商务印书馆 1959 年版，第 9—10 页。

② "代达罗斯"，希腊神话人物，墨提翁的儿子，厄瑞克透斯的曾孙，伊卡洛斯的父亲，一位伟大的艺术家、建筑师和雕刻家。因为在家乡杀死了人（他的一位技艺比他还要好的徒弟，也是他的侄子），代达罗斯为躲避惩罚逃离到西西里岛。国王让他在岛上建造了那个著名的牛头怪居住的迷宫。他的儿子叫伊卡洛斯，后来在逃离西西里岛的时候，代达罗斯给伊卡洛斯穿上羽毛制作的翅膀，准备从空中逃走。因为飞得太高，太阳强烈的阳光融化了翅膀的封蜡，用蜡封在一起的羽毛松开，双翼从伊卡洛斯的双肩上滚落下去。于是伊卡洛斯浮不起来，一头栽落下去，最后掉在汪洋大海中淹死了。

就是我们是否会重蹈伊卡洛斯当年的命运。这便是当今时代人类的技术之忧，一种随着技术的不断进步日益增长做的忧虑。当然，没有哪个技术思想或技术理论是完美无缺的，也没有哪种技术解释是毫无破绽和漏洞的，我们不能一味地将现代技术问题产生的思想渊源归之于培根。培根无法预见，更不可能解决在他的时代不会产生、只是在我们这个时代才会出现的各种技术问题。

二、笛卡尔：使人类成为大自然的主人和所有者的技术

勒内·笛卡尔（René Descartes，1596—1650）是"现代哲学之父"（黑格尔语），也是二元论哲学最著名的代表。笛卡尔提出"普遍怀疑"的主张，并由此推出其最著名的哲学命题——"我思，故我在"。笛卡尔的哲学思想深深影响了之后几百年的欧洲人，开启了欧洲大陆理性主义的哲学传统。笛卡尔的哲学自成体系，融唯物主义与唯心主义于一体，堪称17世纪欧洲哲学界、科学界最有影响的巨匠之一，被誉为"近代科学的始祖"。笛卡尔的主要作品有《谈谈方法》（即《方法论》，1637）、《第一哲学沉思集》（即《形而上学的沉思》，1641）、《哲学原理》（1644）、《屈光学》（1637）、《几何学》（1637）等。虽然笛卡尔并没有专门对技术进行过研究，但他在其很多的著作中均涉及对技术的探索和评价。如果说笛卡尔是欧洲文艺复兴以来第一个为人类争取并保证理性权利的人（刻在笛卡尔墓碑上的一句话），同样也可以说，笛卡尔也是第一个（至少是与培根一起并列第一）为技术争得它在人类社会应有地位的人。

1. 心物二元论——笛卡尔技术思想的哲学基础

可以说，正是笛卡尔开启了西方哲学的一个新的时代，也正是笛卡尔开启了西方哲学中真正的抽象思维。近代西方哲学是以思维（也就是笛卡尔所说的"我思"）为第一原则的，真正独立的思维在笛卡尔这里正式与进行哲学论证的神学分道扬镳。笛卡尔固然也在一定程度上保留了经院哲学中的许多东西，但是，他并没有全盘接受前人奠定的基础，而是另起炉

灶，努力缔造一个完整的哲学体系。正是在这个新的哲学体系中，笛卡尔同培根一样，对技术作出了不同于古希腊和中世纪哲学的重新定位和评价。在笛卡尔的哲学思想中，他的心物二元论是其技术思想的哲学基础。

作为近（现）代西方哲学的奠基人，笛卡尔的思想在同中世纪经院哲学作斗争的同时，仍然保留了中世纪哲学的一些东西，上帝在他的哲学体系中仍然起着不可或缺的作用。对于笛卡尔来说，人类不仅追求新的观念和知识，而且追求观念、知识的真实性和可靠性，而这一真实性和可靠性是由上帝来保证的。上帝的存在，不仅在认识论上保证了我们的观念和知识的真实可靠性，而且也在本体论上成为整个世界——既包括外在的物质世界，也包括内在的精神世界——由以确立的逻辑基点。在人类的一切真实可靠的天赋观念之中，上帝是第一个主要的观念。"一切知识的可靠性和真实性都取决于对于真实的上帝这个唯一的认识，因而在我认识上帝以前，我是不能完满知道其他任何事物的。而现在我既然认识了上帝，我就有办法取得关于无穷无尽的事物的完满知识，不仅取得上帝之内的那些东西的知识，同时也取得属于物体性质的那些东西的知识。"[①]笛卡尔的哲学具有双重性：一方面，笛卡尔在其"物理学"中坚持物质是唯一的实体，是存在和认识的唯一根据，把机械运动看作是物质生命的表现，从而奠定了近代机械唯物主义的基础；另一方面，笛卡尔在其"形而上学"中又承认思想独立于物质。笛卡尔以"我思故我在"作为其形而上学最基本的出发点，由此推导出上帝的存在，认为宇宙中有两个不同的实体，即精神世界和物质世界。这两者都源自于上帝，上帝是独立存在的，就使笛卡尔的二元论最终立足于其唯心主义唯理论。

笛卡尔的心物二元论，包括他的上帝的观念是如何产生的呢？它是从笛卡尔的"普遍怀疑"开始的。我们每一个人在心智成熟之前都有很长一段时间是儿童。虽然在这段时间里我们还不能完全运用自己的理性，但是，我们仍然已经对于感官所见的对象构成各种判断，因此，就有许许多多的偏见在阻碍着我们对于真理的认知。在一生之中，如果我们不能够把

---

① ［法］笛卡尔：《第一哲学沉思集》，庞景仁译，商务印书馆1986年版，第74—75页。

自己发现多多少少有些可疑的事物进行过一次怀疑，那么，我们就似乎不可能排除这些偏见。现在，既然我们打算研究真理、追求真理，那么，我们首先就不得不怀疑。"落于我们感官之前的一切事物，和我们所想象的一切事物，其中是否有一种真是存在的。"① 我们之所以有如此的怀疑，至少有两个方面的原因：第一，因为我们凭借经验就能够知道，各种感官有时是会犯错误的，因而，如果过分信赖曾经欺骗过我们的事物，那是非常鲁莽和愚蠢的。第二，因为我们会做梦，而在梦中我们虽然不断地想象或知觉到无数的物象，可是这些物象实际上并不存在。故而，如果一个人既然这样决心怀疑一切，那么，他就看不到有什么标记（标准）他可以借之精确地分辨睡眠和觉醒的状态。

此外，笛卡尔认为，我们还要怀疑我们一向认为最确定的那些事物，甚至于要怀疑数学的论证，以及我们一向认为是"自明"的那些原理。我们之所以要这样的怀疑，首先，是因为我们曾经看见人们在这些事情上犯过错误，而且还把我们认为虚妄的事物认为是绝对确定而自明的。不过，笛卡尔认为，最主要的原因是，我们知道创造我们的那位上帝是全能的，因为我们还不知道，上帝是不是有意地把我们这样创造出来，使我们即使在自己认为最熟悉的事物方面也永远受到欺骗。"因为我们的观察既然指教我们，我们有时是要受骗的，那么我们为什么不能永久受骗呢？如果我们认为全能的上帝不是我们人类的创造者，而认为我们是自己存在的，或依靠其他办法存在的，那么，我们愈认为自己的创造者没有权力，我们愈有理由相信我们并不十分完美，以至不会继续受骗。"②

由于很久以来我们都感觉到，我们自从幼年时期起就把一大堆错误的意见当作真实的见解接受下来，而从那时以后，我们根据一些非常靠不住的原则建立起来的东西都是十分可疑的、十分靠不住的。故而，笛卡尔认为，"如果我想要在科学上建立起某种坚定可靠、经久不变的东西的话，我就非在我有生之日认真地把我历来信以为真的一切见解统统清除出去，

---

① ［法］笛卡尔：《哲学原理》，关文运译，商务印书馆 1959 年版，第 1 页。
② ［法］笛卡尔：《哲学原理》，关文运译，商务印书馆 1959 年版，第 2 页。

再从根本上重新开始不可。"① 直到现在，凡是被我们当作最真实、最可靠而接受过来的东西，我们都是从感官或通过感官得来的。尽管如此，我们有时还是觉得这些感官是骗人的。为了小心谨慎起见，笛卡尔要求我们，对于一经欺骗我们的东西就决不能毫无怀疑地加以信任。

由此一来，笛卡尔就把我们的理性、思维看作是判断事物是否真实可靠的最后的，也是最高的标准。"我思故我在"是笛卡尔哲学的阿基米德支点。我们既然排斥了稍可怀疑的一切事物，甚至想象它们是虚妄的，那么，我们的确很容易假设，这个世界上没有上帝，没有苍天，也没有物体。我们也很容易假设我们甚至没有手，没有脚，最后甚至身体也不存在。不过，我们在怀疑这些事物的真实性时，我们却不能同样假设我们是不存在的，那是一种矛盾。因此，"我思故我在的这种知识，乃是一个有条有理进行推理的人所体会到的首先的、最确定的知识。"②

如果我们在这些方面进一步细想，如果我们在心里把这些东西反复地思考，我们是不会找到其中任何一个是我们可以说存在于我们心里的。用不着我们一一举例，比如就拿灵魂的属性来说，看看有没有一个是在我们心里的。首先两件事情是吃饭、走路。可是，假如我们真是没有身体，我们就真是既不能走路，也不能吃饭。再有一个是感觉。可是，如果没有身体，也就不能有感觉，除非我们以为以前我们在梦中感觉到很多东西，可是醒来之后我们弄清我们实际上什么都没有感觉到。再者是思维。现在我们觉得思维是属于我们的一个属性，只有它不能跟我们无法分开。有我，我在（存在），这是靠得住的；可是，有我多长时间？我在多长时间？我思维多长时间，我就存在多长时间。因为，假如我停止思维，也许很可能我就同时停止了存在。我们现在对不是必然真实的东西一概不予承认。"因此，严格来说我只是一个在思维的东西，也就是说，一个精神，一个理智，或者一个理性，这些名称的意义是我以前不知道的。那么我是一个真的东西，真正存在的东西了；可是，是一个什么东西呢？我说过：是一个

---

① ［法］笛卡尔：《第一哲学沉思集》，庞景仁译，商务印书馆1986年版，第14页。
② ［法］笛卡尔：《哲学原理》，关文运译，商务印书馆1959年版，第2—3页。

在思维的东西。"①

笛卡尔继续描述理性灵魂，表明理性灵魂决不能来自物质的力量。"我们不能光说它住在人的身体里面，就像舵手住在船上似的否则就不能使身体上的肢体运动，那是不够的，它必须更加紧密地与身体联成一气，才能在运动以外还有同我们一样的感情和欲望，这才构成一个真正的人。"② 这就是发现人心本性的最好方法，也就是发现心灵与身体之间的差异的最好方法。因为我们既然假设，除了我们的思想以外，没有其他的事物真正存在，那么，我们在考察自己的本来面目时就能看到，凡是身体所具有的广袤、形相、位置的移动，以及其他相似的情节，都不属于我们的本性，唯一例外的只有思想。"因此，我们对自己的心所具有的意念，是在我们对任何物质事物所具有的意念以前存在的，而且它是较为确定的，因为我们在已经知道自己是在思想时，我们仍然在怀疑有任何身体存在。"③

笛卡尔认为，凡是我们清楚、分明地领会的东西，它们都能就像我们所领会的那样是上帝产生的，所以只要我能清楚、分明地领会一个东西而不牵涉到别的东西，就足以确定这一个东西是跟那一个东西有分别或不同的，因为它们可以分开放置，至少由全能的上帝把它们分开放置。从而，就是因为我们确实认识到我们的存在，同时除了我们是一个在思维着的东西之外，我们又看不出自己是有什么别的东西必然地属于我们的本性（本质）的，故而，我们就确有把握断言我们的本质就在于我们是一个在思维着的东西，或者就在于我们是一个实体，这个实体的全部本质（本性）就是思维。另外，虽然我们有一个肉体，我们和这一肉体非常紧密地结合在一起；不过，因为一方面我们对自己有一个清楚、分明的观念，即我们只是一个在思维的东西而没有广延，而另一方面，我们对于肉体有一个分明的观念，即它只是一个有广延的东西而不能思维。所以，结论只能是："这个我，也就是说我的灵魂，也就是说我之所以为我的那个东西，是完

---

① ［法］笛卡尔：《第一哲学沉思集》，庞景仁译，商务印书馆 1986 年版，第 26 页。
② ［法］笛卡尔：《谈谈方法》，王太庆译，商务印书馆 2000 年版，第 46 页。
③ ［法］笛卡尔：《哲学原理》，关文运译，商务印书馆 1959 年版，第 3 页。

全、真正跟我的肉体有分别的，灵魂可以没有肉体而存在。"①

虽然我们充分相信物质事物的存在，不过对于这一点在以前已经怀疑过，而且我们曾一度把这种存在的信念列于幼时的偏见中，那么，笛卡尔认为，我们必须思考，凭借什么样的根据，我们可以确知这个真理。首先，我们不能怀疑，我们所有的每一种知觉都是由外在于我们心灵的一种物象而来的。我们没有能力使自己经验一种知觉而不经验另一种知觉，而每一种知觉都是完全依靠那个触动我们感官的对象的。不过，既然我们明白、清晰地感知到有某种具有长、宽、高三向的物质，如果上帝自动地、直接地把这个有广袤的物质观念呈现在我心中，则上帝确乎可以被看作是一个骗子。因为我们分明设想这个物质是完全异乎上帝，异于我们自己和我们的心灵的。我们还明白地察知，这个观念之所以能够在我们心中形成，乃是起因于我们心外存在的对象，而这个观念和那些对象在各方面都是相似的。"不过就上帝的本性来说，他既然不能欺骗我们，我们就必须毫不迟疑地断言，一定有一种具有长、宽、高三向的对象存在，而且它一定具有我们在有广袤的事物方面所明白见到的一切特性。这个有广袤的实体，就是我们所谓物体或物质。"②

人造物品，如机器等等，它们对于我们认识自然的奥秘是有帮助的。一方面，我们认为物体中不可觉察的分子是具有确定的形相、体积和运动的；另一方面，我们又承认它们是不被感官所知觉的，那么，我们是如何知道它们的呢？笛卡尔的答复是，我首先概括地考察了在我们的理解中存在的一切关于物质事物的明白而清晰的意念，人类对自然的知识，必然都是由这个根源得来的。这样，我们就以自然在我们心中所灌输的最简单、最易明白认识到的原理作为我们的推论根据，并且考究那些由于微小而不可得见的物体的体积、形相和运动之间可能会有什么主要的差异，而且在它们以各种方式发生接触时，会产生什么明显的结果。在凭感官而知觉的物体方面，我们也有同样的结果，我们由此得以判断，它们只能由这种途径来产生。"在这问题上，由人工所造的一切物体对我很有帮助。熟

① ［法］笛卡尔:《第一哲学沉思集》，庞景仁译，商务印书馆1986年版，第82页。
② ［法］笛卡尔:《哲学原理》，关文运译，商务印书馆1959年版，第34页。

悉自动机的那些人，在知道了一架机器的用途，并看到其各部分以后，就容易由此推断出别的未经见过的机械的制造法，因此，我在考察了自然物体的明显可感的部分和结果以后，我也就试着来确定它们的原因和不可觉察部分的特征。"①

在发现了物质性东西的真正本原之后，笛卡尔一般地考察宇宙是怎样构成的，接着又特殊地考察这个地球的本性是什么，考察出现在地球周围的一切形体，如气、水、火、磁石以及其他各种矿物是怎么一回事。当然，我们还需要特殊地考察各种植物、动物，尤其是人的本性，这样才能发现那些对人有益的其他学问。因此，哲学好像是一棵树，树根是形而上学，树干是物理学，从树干上生出的树枝是其他一切学问，这些学问归结起来主要有三种，即医学、机械学和道德学。在笛卡尔的整个哲学体系之中，和道德学一样，机械学也是占有不可或缺的一席之地的。

2. 上帝: 技术活动的依据

尽管笛卡尔的哲学是哲学史上典型的、影响极大的二元论，在他看来存在着精神与物质这两个具有完全不同属性的实体，但是，笛卡尔的技术观却是一元的，他强调技术所具有的统一性。在笛卡尔看来，技术是有个体性的，技术产品的完美更是要遵循一元原则。"一件由许多块拼成和由不同的工匠之手做成之物，其完美往往不如那些由一人做成之物。如此，由一位工程师设计和完成的建筑，通常比那些为别的目的而改建，由多人协助修砌的旧垣，更美、更一致。"②更重要的是，在笛卡尔看来，就技术产生的最终渊源来说，"有一个第一原因"③。就他是一个思维着的主体而言，技术人员追寻技术产品得以产生的原因，他在自己头脑中许许多多的观念之间，发现其中存在着一个至上完满的存在体的观念，正是这一观念首当其冲地导致技术产品的产生。这个观念在笛卡尔眼中就是上帝。对于

---

① [法]笛卡尔:《哲学原理》，关文运译，商务印书馆1959年版，第59—60页。
② [法]笛卡尔:《笛卡尔思辨哲学》，尚新建译，九州出版社2004年版，第10—11页。
③ [法]笛卡尔:《笛卡尔思辨哲学》，尚新建译，九州出版社2004年版，第218页。

笛卡尔而言，上帝已经不再是最高的善，而是被他改变为第一位的原因，这与法国当时盛行的柏拉图、亚里士多德和经院哲学家的见解存在着根本性的区别。

对于一切技术产品而言，上帝是其存在的"第一原因"。在某种程度上来说，这"第一原因"是外在的。所有技术产品的产生，除了上帝这个"外在"的第一原因之外，笛卡尔认为还有一个内在的原因，它的最终目的是生产出一个能够被人感知的结果（在空间中存在着的某一个具体的技术产品）。笛卡尔将之视为技术物得以存在的内在原因。一般而言，一个匠人所做的两块表，虽然都一样正确地指示时间，虽然外表都一样，可是，它们的齿轮的构造也许会全然各异。因此，崇高的造物者拥有无数的（技术）方法供技术人员应用，后者随便用一种方法就可以制造出一种技术产品，不过，他的内心深处却不知道他到底选用的是哪种方法。尽管如此，笛卡尔相信，如果造物者所指出的各种原因及其结果与自然中一切现象都相符合，那么，尽管他没有武断地断定它们确实是由这些原因产生的，但那也足够了。因为以医学、机械学以及物理学为基础的一切技术，都只以那些可感知的结果为目的，都只在于使一些可感知的物体相互结合，使它们在一长串自然的原因中产生出一些可感知的结果来。①

笛卡尔的技术思想有一个重要的观点（对于这一观点，今日之中国人大多数是觉得难以理解的），那就是，笛卡尔认为技术的概念是从上帝那里而来的。笛卡尔是如何论证这一观点的呢？他的论述是这样：如果有人在心里产生了一个什么非常精巧的机器的观念（比如说古代人的一张床的观念，现代人的一辆汽车的观念），人们有理由会问，这个观念为什么会产生？也就是产生这一观念的原因是什么呢？对于产生这一观念的原因，不同的人当然会有不同的回答。有人认为，这个观念在人的理智之外什么都不是，故而，它不可能是被什么别的原因所引起的，它只能是被人所领会。因为人们在这里问的不是别的问题，而是这个东西之所以被领会的原因是什么。当然，也有人会说，理智本身就是这一观念得以产生的原因，

---

①　参见［法］笛卡尔：《笛卡尔思辨哲学》，尚新建译，九州出版社 2004 年版，第 129—130 页。

原因就在于产生这样的观念只是理智的各种各样的活动之一。这样的说法同样也不会令人完全满意，因为人们对于理智会产生各种观念这一点并不怀疑，而追问的只是在机器里面的客观技巧，这些技巧的产生毫无疑问是需要一个原因的，而客观技巧在观念这个方面是和上帝观念的客观实在性或完满性是一样的。因此，尽管人们可以给这个技巧指定各种原因，但是，笛卡尔认为，"任何技巧都必然应该形式地或卓越地存在于它的原因之中，不管这种原因可能是什么。同样也必须想到在上帝的观念之中的客观实在性。"①

所以，笛卡尔大胆地断言，他不仅找到窍门，"在很短的时间内满意地弄清了哲学上经常讨论的一切主要难题，而且摸出了若干规律，它们是由神牢牢地树立在自然界的，神又把它们的概念深深地印在我们的灵魂里面。"②的确，当时的神学家们也一致公认，神一直保持着让世界的行动就是他当初创造世界的那个行动。既然如此，即便神当初给予世界的形式只是混沌一团，只要神建立了自然规律、向世界提供协助，使它照常活动，我们还是可以相信，仅凭这一点，纯粹物质性的东西是能够逐渐变成我们现在看到的这个样子的，这跟创世奇迹并不冲突。

笛卡尔还认为，上帝创造的自然高于人工自然。"在我们看来这是一点都不奇怪的，我们知道人的技巧可以做出各式各样的自动机，即自己动作的机器，用的只是几个零件，与动物身上的大量骨骼、肌肉、神经、动脉、静脉等等相比，实在很少很少，所以我们把这个身体看成一台神造的机器，安排得十分巧妙，作出的动作十分惊人，人所能发明的任何机器都不能与它相比。"③如果有那么一些机器，其部件的外形跟猴子，或者说，跟某种无理性动物一模一样，我们无法知道它们的本性与这些动物有什么不同。可是，如果有一些机器跟我们的身体一模一样，并且尽可能不走样地模仿着我们的动作，那么，我们能不能判断它们是不是真正的人呢？

笛卡尔认为，我们还是有两条可靠的标准用来判明这些外形跟人类一

---

① ［法］笛卡尔:《笛卡尔思辨哲学》，尚新建译，九州出版社2004年版，第215页。
② ［法］笛卡尔:《谈谈方法》，王太庆译，商务印书馆2000年版，第34页。
③ ［法］笛卡尔:《谈谈方法》，王太庆译，商务印书馆2000年版，第44页。

模一样的机器并不因此而就是真正的人。首先，这些机器决不能像人类这样使用语言，或者使用其他由语言构成的讯号，向别人表达自己的思想。比如说，我们可以设想一台机器，它被设计得能够吐出几个字、甚至某些字来回答我们扳动它的某些部件的身体动作，例如在某处一按它就说出我们要它说的要求，在另一处一按它就喊痛之类。尽管如此，这一机器决不能把这些字排成别的样式，恰如其当地回答人家向它说的意思，而这是一件哪怕再愚蠢的人也能办得到的事情。再看第二条标准。虽然那些外形像人的机器可以做许多事情，做得跟我们人一样好，甚至更好，但是它决不能做别的事情。"从这一点可以看出，它们的活动所依靠的并不是认识，而只是它们的部件结构；因为理性是万能的工具，可以用于一切场合，那些部件则不然，一种特殊结构只能做一种特殊动作。由此可见，一台机器实际上绝不可能有那么多的部件使它在生活上的各种场合全都应付裕如，跟我们依靠理性行事一样。"[①]在人工智能技术没有出现之前，笛卡尔的这些论述似乎是毋庸置疑的，但是，随着人工智能技术的出现和不断成熟，笛卡尔的这些将人和机器区分开来的标准在今天并不成立。故而，不管是哪一位哲学家，包括笛卡尔在内，他们的技术思想是需要随着时代的发展而不断地受到修正或发展的。

3. 技术使人成为大自然的主人

笛卡尔认为，一切人工的事物同时也是自然（物），技术（产品）与自然属同一范畴。在人造的物体和自然的物体之间，笛卡尔只承认一种差异，那就是机械产品大部分依靠工具的运用才能够得以产生。这些工具需要和制造、使用它们的人类的手成比例，因此，它们总是很大，以致它们的形相和运动都是人类能够感知到的。至于自然物体的运作，它们只有依靠某些小得难以察觉的器官才能够被人类感知到。我们知道，机械学的规则属于物理学的，它们只是物理学的一部或一种，因此，一切人工的事物也同时是自然的。"因为由一定数目的轮子所构成的钟表，其标时作用是

---

① ［法］笛卡尔：《谈谈方法》，王太庆译，商务印书馆2000年版，第45页。

很自然的，正如一棵树由某一粒种子生出后，结下特种的果实，是一样自然的。"①

根据笛卡尔的理解，技术也是属于自然的，其目的则在于扩大人类对自然的控制，从而造福于人类。在笛卡尔看来，如果对某一项技术产品秘而不宣，那就严重地违反了社会公律，不是贡献自己的一切为人类谋取福利了。因为这些看法使我们认识到，我们有可能取得一些对人生非常有益的知识，我们可以撇开经院中讲授的那种思辨哲学，"凭着这些看法发现一种实践哲学，把火、水、空气、星辰、天宇以及周围一切物体的力量和作用认识得一清二楚，就像熟知什么匠人做什么活一样，然后就可以因势利导，充分利用这些力量，成为支配自然界的主人翁了。"②

我们可以指望的，不仅是数不清的技术可以使我们享受着地球上的各种矿产、便利，而且最主要的是可以保护我们的健康。"如果我们充分认识了各种疾病的原因，充分认识了自然界向我们提供的一切药物，我们是可以免除无数种身体疾病和精神疾病，甚至可以免除衰老，延年益寿的。"③在《折光学》一书，笛卡尔试图表明，我们在哲学（自然哲学，即今日意义上的科学）上向前推进一步，就能用它的方法进而认识一些有益于人生的技艺，因为笛卡尔正是利用这些知识发明了望远镜，而望远镜的发明是当时的科学家所研究过的最难的课题之一。笛卡尔还认为，只要我们研究了这些技艺，我们就能发现许多我们以前并未弄清的真理，这样一点一点地从一个真理（原理）进到另一个真理（原理），在经过一段时间后就能获得对于整个哲学的完备认识，进而上升到最高级的智慧。故而，笛卡尔眼中的技术应该有一个逐步完善的过程。"因为，正如我们在各种技艺里看到的，它们起初是粗糙的、不完善的，可是由于包含着某种真东西，而且经验也表明它们有效，它们就通过使用一点一点完善起来。"④

在对待技术人造物上，笛卡尔有这样一个观点，那就是不管技术人造

---

① ［法］笛卡尔：《哲学原理》，关文运译，商务印书馆1959年版，第60页。

② ［法］笛卡尔：《谈谈方法》，王太庆译，商务印书馆2000年版，第49页。

③ ［法］笛卡尔：《谈谈方法》，王太庆译，商务印书馆2000年版，第50页。

④ ［法］笛卡尔：《谈谈方法》，王太庆译，商务印书馆2000年版，第73页。

物有多么完善，也不管其中渗透着多少人类的价值和期盼，但是它们还是没有自然物完美。这也就是说，同亚里士多德一样，笛卡尔也认为人工自然不如天然自然完美，天然自然无论是在完美性上还是在价值上都要高于人工自然。运用人类的技术，固然可以造出许许多多的"自动机"或运动机器，但它们毕竟都不是上帝创造的机器。我们可以看到，运用人类的技术所制造出来的机器所用的零件，与动物身体中的骨骼、肌肉、神经、动脉以及其他一切部分相比，它们只是很少的一点。如果把动物的身体（包括人的身体）看作一架机器，这架机器是由上帝亲自制作出来的，所以这具身体被安排得比人所发明的任何机器不知精致多少倍，其中所包含的运动也巧妙得多。

在论述人类与技术的关系的时候，笛卡尔还讲到了机器（自动机器）与人的差别，认为人要比自动的机器自由。人是有意志的，而且人的意志有较广的范围，这正合乎意志的本性。人之所以能借助意志自由行动，这是因为人具备高度的完美性，只有这样他才能在特殊方式下支配自己的行动。虽然自动的机器可以精确地进行其所适宜的运动，但是，它们并不因此而为人所称颂，因为它们所进行的运动是必然的。"只有创造它们的工程师乃是可以称赞的，因为他把它们造得十分精确，而且他的行动不是必然的，乃是自由的。"[①]笛卡尔对于自动的机器能否胜过人类是持否定态度的。不过，笛卡尔仍然把人和动物的肉体看成机器，并且表达了"动物是机器"的思想。因为在笛卡尔看来，动物是完完全全地受物理定律支配、缺乏情感和意识的自动机器。人类则不同，人有灵魂，人的灵魂蕴藏在松果腺内。在这里灵魂与"生命精气"发生接触，通过这种接触灵魂和肉体之间相互作用。在18世纪，法国哲学家拉美特利继承了笛卡尔的"动物是机器"的思想，进一步得出"人是机器"的结论。直至当代，德勒兹进一步得出了"万物都是机器"的更加激进的结论。

正如前面所言，笛卡尔将哲学比做一棵树，树根是形而上学，树干是物理学，从树干上生长出来的树枝是其他各门具体的学问。人们不是从树

---

① ［法］笛卡尔：《笛卡尔思辨哲学》，尚新建译，九州出版社2004年版，第76页。

根和树干上，而是从树枝的末梢上摘取果实的，所以，人们认识哲学的主要途径要靠认识它的部分的用途，人们只能学习后者。"我们在哲学上向前推进一步，就能用它的方法进而认识一些有益于人生的技艺。"[①]这是笛卡尔对哲学、技术与人生的关系的看法，那就是哲学指导技艺（技术），而技艺（技术）则造福于人生。

三、结语：影响与启示

作为现代（近代）西方技术思想的创始人，培根和笛卡尔的技术思想不仅在古希腊的技术思想和当代（现代）西方技术思想之间起着桥梁和中介的作用，而且他们所提出的一些技术观点、分析技术的方法对后世产生了深远的影响。比如培根，他认为技术能够给予人类力量，技术赋予人类的力量中最重要的一个方面就是使自然的那些隐蔽的方面暴露出来，从而使人类能够认识自然、控制自然。培根特别看重那些能够揭露、改变和配制自然物体和材料的工艺。培根的这种对技术的看法深得黑格尔的认同："人类有了种种需要，对于外界的'自然'，结着一种实用的关系；为着要靠自然来满足自己，便使用工具来琢磨自然。"[②]德国生命哲学家斯宾格勒也将实验的方法归功于培根。"同样，实验方法，它的发展归功于培根的"科学实验"——实验是在用支架、杠杆和螺丝钉的拷问之下对自然的询问，归功于（experimentum enim solum certificat），正如大阿尔伯图斯所写下的。"[③]事实上，培根对技术的这种看法已经触及到了技术（现代技术）的本质问题。对现代技术本质认识最深刻的哲学家可以说是海德格尔，而海德格尔对技术（现代技术）本质的看法也可以说是深受培根的影响。"解蔽贯通并统治着现代技术。在现代技术中起支配地位的解蔽乃是一种促逼，此种促逼向自然提出蛮横要求，要求自然提供本身能够被开采和贮藏

---

① ［法］笛卡尔:《谈谈方法》，王太庆译，商务印书馆 2000 年版，第 71 页。

② ［德］黑格尔:《历史哲学》，王造时译，三联书店 1956 年版，第 285 页。

③ Oswald Spengler, *Man & Technics, A contribution to a Philosophy of Life*, Greenwood Press, 1976, p.41.

的能量。"① 因此，培根的技术思想是具有超前性的，在现代技术远远没有充分发挥它的力量的时候，培根就已经对它将来要起的作用做了非常超前性的预见、描述和分析。

再来看笛卡尔技术思想的影响。技术，或者说技术产品在价值上是中立的；一把菜刀，是用来切菜还是用来砍人，关键在于使用菜刀的人，而不是菜刀本身。这是当今社会绝大多数人对技术的看法。这一看法能否成立？笛卡尔认为，技术（产品）是渗透着伦理的，伦理是技术活动能够继续下去的一个保证性条件。正如建造房屋，仅是将它拆毁、购置材料、聘请工程师是远远不够的。建造者还必须准备好其他一系列的事情，比如说让建造者在建造期间能够有一处能够让其建造生活得以进行的住所。再者，当建造者在建造过程中陷于悬疑或在多种方案之中进行选择之时（在现实的技术活动中，从来就没有哪一个建造活动从始至终只有唯一的建造手段、建造工艺和建造目的），为了使建造行动能够得以继续，建造者必须有一定的目的，也就是伦理原则②。这就是技术活动的伦理原则。笛卡尔的这一技术思想实际上是秉承了古希腊的思想，因为，亚里士多德曾经说过，"每种技艺与研究，同样地，人的每种实践与选择，都以某种善为目的。"③ 肇始于亚里士多德，经过笛卡尔充分阐释的技术是赋有价值的、技术产品是价值的载体的观念，对于我们当今如何看待现代技术是非常富有启发性的。另外，很多学者认为（甚至海德格尔也是这么认为的），笛卡尔哲学所主导的主客二分的思维模式支配了西方思想并导致了现代的技术世界。在这些学者看来，世界越是被理解为被征服的对象，那么这一对象就越客观地显现，主体也就越主观地显现。问题是：仅仅根据笛卡尔的心物二元论、身一心二元对立的思想，就由此断定笛卡尔是现代技术、现代世界和现代性问题的思想之根源，这种观点并没有对笛卡尔的技术思想作出符合事实的、恰如其当的评价和定位。

---

① 孙周兴主编：《海德格尔选集》下，上海三联书店1996年版，第932—933页。

② 参见［法］笛卡尔：《笛卡尔思辨哲学》，尚新建译，九州出版社2004年版，第21页。

③ ［古希腊］亚里士多德：《尼各马可伦理学》，廖申白译，商务印书馆2003年版，第1—2页。

第三章　柏格森：作为生命冲动岔口的技术

柏格森（Henri Bergson 1858—1941）是最具原创性的现代法国哲学家之一，他在世时已被看作是现代法国哲学的代表，名声如日中天。柏格森的代表性著作有四部：《论意识的直接材料》（英译本为《时间与自由意志》，1889）、《物质与记忆》（1896）、《创造进化论》（1907 年）、《道德与宗教的两个来源》（1932）。这四部著作中有两部对技术做过专门研究，那就是《创造进化论》（1927 年，正是因为该书，柏格森获得诺贝尔文学奖）和《道德与宗教的两个来源》。《创造进化论》研究生命、宇宙的进化，在对进化过程的描述中柏格森对"作为生命冲动岔口的技术"有专门的论述；《道德与宗教的两个来源》的最后一章"结语：机械设置与神秘主义"则提出了当今海德格尔广为人知的一些观点。下面就以柏格森的这两部著作为主来介绍柏格森的技术思想。

一、生命、创造与进化：柏格森技术思想的哲学基础

现在学术界有一个观点，认为对技术的研究影响最大、最深刻的哲学家是海德格尔。实际上在海德格尔之前半个世纪，法国哲学家柏格森早就提出了海德格尔所提出的、为当今哲学界所熟知的一些技术思想。虽然技术并非柏格森工作（研究）的重点，但他既是出于哲学大师的敏锐，也是出于他的生命哲学的源源不断的创造性，在技术的负面作用刚刚萌芽的

时代就对技术做出了远远超出他的时代的研究。法国当代著名哲学家吉尔—德勒兹在20世纪后半期提出了"回归柏格森"这一口号。德勒兹认为，"'回归柏格森'并不仅仅是说重新歌颂一位伟大的哲学家，而是相应于生活和社会的变化，相应于科学的变化，在今天重新复活和扩展他的工作。"[1]

生命哲学，是在20世纪整个西方哲学上具有重大影响的哲学流派，柏格森正是这一流派的创始人之一，他对生命提出了不同于传统哲学的、非常具有原创性的看法。如何看待生命？"凡是柏格森看到质的连续的地方，其他人看到的却是量的中断；反之，凡是他看到质的中断的地方，其他人看到的却是量的连续。"[2]我们可以沿着这一思路来理解柏格森的哲学思想，也进而沿着这一思路来理解柏格森的技术思想。

虽然整个生命进化的历史实际上还尚未完成，但是这已经让我们看到智力是如何通过一个不间断的进程，沿着脊椎动物的系列直到人类的上升路线以形成自身的。生命进化史向我们指出，在理解能力（这一能力是行动能力的附属物）之中，有一种生物的意识对为其所设的生存条件的越来越准确、越来越复杂和灵活的适应。柏格森由此可以得出一个结论："在狭义上，我们的智慧旨在保证我们的身体完美地适应其所处的环境，再现外部事物之间的相互关系，归根结底是对物质的思考。事实上，这将是本书（指《创造进化论》——作者注）的结论之一。"[3]可以看到，只要人们将其智力运用到无机物中，特别是固体中——这些固体是我们行动的支撑点，我们劳作的劳动工具——人的智力就感到像在自己家里一样自在；我们的概念就是根据这些固体的形象形成的，我们的逻辑首先就是这些固体的逻辑。因此，人类的智力在几何学中取得了胜利，在这里就揭示出了逻辑思维和无机物之间的亲缘关系，并且在这里，当智力同经验稍有接触之后，只需依靠自身的自然运动，便可达到一个又一个的发现和发明。

---

[1]　［法］德勒兹：《康德与柏格森解读》，张宇凌、关群德译，社会科学文献出版社2002年版，第206页。

[2]　［法］让-伊夫·戈菲：《技术哲学》，董茂永译，商务印书馆2000年版，第96页。

[3]　［法］柏格森：《创造进化论》，姜志辉译，商务印书馆2004年版，第1页。

我们可以用理性的方法对待物质，那么，我们能不能用同样的方法对待生命呢？是否应该放弃深入研究生命的本质？是否应该坚持知性提供给我们的对生命的机械论解释，必须是人为的和象征的解释？柏格森对这种说法给予否定，因为这种解释把生命的整个活动归结为人类活动的某种形式，而事实上这种形式只不过是生命的部分和局部表现，只不过是生命活动的结果和残余。不同于物质，我们人类就是我们自己的所作所为，我们在连续地创造我们自己。"对于一个有意识的生命来说，存在在于变化，变化在于成熟，成熟在于不断地自我创造。"①更重要的是，不仅作为个体的人类生命是创造，对于一般意义上的存在，柏格森也可以给予同样的说法。

柏格森的生命哲学在理论上代表了从 18 世纪 90 年代开始便席卷了整个欧洲的"现代主义"或"新浪漫主义"趋向。这种新趋向抨击的主要目标是哲学中的机械论和决定论，伦理学中的功利主义，进化论中的乐观主义信念。"'生命'是那个时代最强有力的口号，'生命'不仅反对呆滞的物质，而且也反对理性计算的至上性和分析精神的垄断地位。"、"无论理想主义者怎样界定理性，理性本身都只是一种生命的器官，而不是区分铁一般的实在与想象的虚构物的最高评判者。"②在柏格森眼中，生命是宇宙的一个基本事实，生命不仅指个人的生命，也不仅指有机物质的生命，而且是指宇宙内在的生命力；这个生命是永恒的生成，它永不中断、不可分割，因而就叫作"绵延"。生命就是意识或意识的绵延。故而柏格森的"意识"不能归结为某个"主体"的意识。如果说在柏格森的早期文本里意识还是专门指人类意识的话，那么在《创造的进化》中意识已经完全扩展到了整个宇宙范围。宇宙绵延就是一种巨大的意识之绵延，世界之生命就是世界之意识。意识同生命相连，哪里有生命哪里就有意识。所以与其说意识是人脑的属性，它附属于某种主人，不如说意识就是一个主人，它是它自己的主人。

---

① ［法］柏格森：《创造进化论》，姜志辉译，商务印书馆 2004 年版，第 13 页。
② ［波兰］拉·科拉柯夫斯基：《柏格森》，牟斌译，中国社会科学出版社 1991 年版，第 16 页。

生命或绵延是一个不断变化的、异质的整体，但这种相异不是外在的而是内在的。一旦用语言或符号来表达生命，那就是在将它从变动不居的东西变为静止的东西，将它空间化。在对待理性和知识的问题上，柏格森与叔本华、尼采和美国的实用主义哲学家如出一辙，都是与传统理性主义的知识观相反，坚决主张实用主义的理性观和知识观。康德也对传统形而上学不满，但他不满不是因为形而上学不能认识生命的本质，而是因为形而上学未能澄清知识的基础。对于康德来说，建立科学的形而上学就是通过批判来确定理性知识的基础；柏格森则正好相反，他不满传统形而上学、建立新的形而上学，是要超越理性的范围，将形而上学建立在直觉而不是理性的基础上。柏格森的直觉并不是一刹那间灵光闪现的洞见，而是一种在绵延中思维的方式，一种渐进的活动，它的范围就像生命一样可以被无限地拓宽和加深。因而，生命，"它不是一个认识论的概念，而是一个存在论的概念。它是一种方法，但不是狭义的技术意义上的方法，而是像释义学在海德格尔那里那样，是一种存在论的方法"。①

柏格森在 1923 年的一封信中是这样解释他的研究的全部主要思想的："必要的可见行动构成我们全部自然感知能力和想象能力，依靠这些能力，我们相信静止如运动一样真实（我们甚至相信，前者是根本的，并先于后者，运动是'附在'静止之上的）。但只要我们逆转这些思维习性，连接在流动性中看到的唯一被给定的实在，我们并能发现一种解决这些问题的方法。静止仅仅是一幅由我们的心灵摄取实在的图画（在照片一词的意义上）。"② 当我们只专注于我们的内心体验，撇开我们生活于其中的世界万物和心灵的实践定向，而代之以一种不偏不倚的沉思态度时，我们便能感受到纯粹的绵延。但我们的理智在这样一种意义上被构成，以至于其能适当地对付呆滞的物质，依据生命的需要来组织物质。理智主要是一种生存和发展技艺的工具，其趋向是把质的区别归结为量的区别，新的现象归结为旧的模式，独一无二性归结为重复和抽象，时间归结为空间。由于真实

① 张汝伦：《现代西方哲学十五讲》，北京大学出版社 2003 年版，第 71 页。
② ［波兰］拉·科拉柯夫斯基：《柏格森》，牟斌译，中国社会科学出版社 1991 年版，第 20 页。

的时间是我们意识生命所特有的形式，我们不得不赋予事物一种时间维度以支配它们，于是我们构造出这种依赖于我们的可测度的时间。物质是没有真实的时间的。柏格森的第一本著作《论意识的直接材料》（英译本为《时间与自由意志》）的基本观点是：真实时间和抽象时间之间的区别等于特殊的人和肉体的人的对立，等于意识和呆滞的物质之间的对立。这种区别是一种简单的经验事实：我们一旦意识到时间是意识所特有的生命形式，过去—现在—未来结构是意识的特性，我们便立刻看到，意识事件绝对不能被归结为物理事件，尽管理智的实用性质试图这么做。

我们有两种方式认识一个事物：一是停留在事物的外部，认识结论取决于我们的观点，并且我们只能用符号来表示这种结论；一是我们移情于事物内部，与事物交融一致，使我们领悟到事物的生命。后一种方法是直觉，这种方法是"一种共鸣，借助共鸣便能把自己输送进事物内部，与事物的独一无二性交融一致，因而这种交融的共鸣是不可言传的。"[1]分析主要是选择，我们的心灵关注的是那些在实践上重要的方面，而对其他方面弃之不理。不可否认，分析方法是我们生存的一个条件，假若没有一个供我们所用的手段，凭借该手段再根据事物同我们实际生活有机联系的价值等级把事物切割成许多方面，那么我们就不能生存和行动。抽象概念的价值在于把世界分解成种种与人的需求相关的要素，但它们在认知的意义上为我们提供的是影子而不是骨骼。直觉是普遍的生命冲动的一种表现。自然为了制造各种最高形式的心灵，不得不利用可利用的材料即呆滞的物质，活着的生物为了生存和进化不得不使自己的精神资质（equipment）适应于怀有敌意的环境。因此自然的主要目标是，保证一切使人有效地应付和支配物质的能力中的最高和最完善的能力。语言、科学、技艺和分析理性是这种资质的组成部分，而这种资质又以物质强化的需要为基础。正是由于这些需要，直觉几乎成了牺牲品。

与传统的物质定义不同，柏格森把物质定义为物象的集合："我把物象的集合叫作物质，而把与一个能够行动的特定物象（即我的身体）相关

---

[1] ［波兰］拉·科拉柯夫斯基：《柏格森》，牟斌译，中国社会科学出版社1991年版，第36页。

联的那些物象叫作对物质的知觉。"①传统知识论认为知觉只是大脑或人类身体器官的功能而已，它的作用在于反映或再现事物。柏格森则认为，大脑神经系统实际上并不是一架能够制造表象的机器；它是一个接受—反馈的器官，它的根本功能不是制造表象，而是行动。知觉作为我们身体和世界的交界点，其功能也不是制造主观表象，它完全指向行动，而不是指向纯粹的认知。知觉的功能只是一种选择。它不创造任何东西；相反，它的作用在于从众多物象中过滤掉那些我无须把握的物象，然后从留下的每一个物象中过滤掉所有那些同我称作身体的这个物象的需求无关的东西。柏格森还认为，事实上不存在没有渗透着记忆的知觉。纯粹知觉只是一种理想状态下存在的东西，任何知觉都是跟我们的意识这个广阔世界相关联的，它首当其冲是被记忆所渗透。这个知觉才是我们真正切身直接接触摸到的具体知觉。

柏格森把记忆分为两种：习惯记忆和物象记忆。前者是一张机械记忆，它形成了一种习惯机制，它遗忘了中间过程和过去的细节，只记住"结果"；后者才是真正的记忆，可以称之为原初记忆，它完全记录着记忆过程的每一个细节，每一个伴随的背景。记忆实际上就是"知觉—物象"的一种"凝缩"的存在方式，我们的知觉过滤出来的物象在不断地增加，不断地"经过"，在我们的知觉点（身体）这个地方总是有新的物象涌现，所有这些物象在经过"之后"依次以原初的细节的方式"压缩"成为记忆，以原初记忆的方式继续"存活"下去，这就是柏格森的"物象的存活"。记忆就是这种物象的存活。我们的身体则是一个选择器官，通过它被我们认为是"物质"的物象被过渡为精神的"记忆"。正是这一过渡使我们人类与世界的交往不仅是一种"物质"和"肉身"的生活，而且还是一种"精神"的生活。在柏格森看来，"在物质与充分发展的精神之间存在着无数的程度差别"②，或者说，物质与精神之间不是势不两立的东

---

① ［波兰］拉·科拉柯夫斯基：《柏格森》，牟斌译，中国社会科学出版社1991年版，第44页。

② ［波兰］拉·科拉柯夫斯基：《柏格森》，牟斌译，中国社会科学出版社1991年版，第49页。

西，它们从某种意义上说只是"程度"差异，纯粹知觉（属于物质）只是最低程度的精神，所以说物质从根本上说其实就是最低程度的绵延，也就是最低程度的记忆。正因为如此，我们才发现物质之物象可以经由身体成为"记忆"。也就是说，面对从物质到记忆这个巨大的跨度，可以认为物质是最低程度的记忆，而记忆则是物质（象）的一种压缩的存在方式。物质是膨胀的一端，记忆是压缩的一端。记忆是最绵延的一端，物质是最空间化的一端。

柏格森写作《创造的进化》的最终目的，就是"用一种真正的进化论来取代斯宾塞的伪进化论。斯宾塞的伪进化论是把已经进化的现实切割成不再进化的碎片，然后把这些碎片组合在一起，事先设定要解释的一切东西，而真正的进化论着眼于现实的生成和发展。"① 我们最确信和最熟知的存在是我们自己的存在。感觉、情感、意志、表象，就是我们的存在所分享的变化，它们使我们的存在具有不同的色调。事实上我们在不断变化，我们的各种状态也在不断变化之中。一个不变化的我是不能持续下去的，一种与自身保持同一的心理状态只要不被后来的状态取代，就不能持续下去。

人们一般认为，对于有意识的生命来说，存在在于变化，变化在于成熟，成熟在于不断地自我创造。与此相反，对于无机物的全部信念都建立在时间不对他们产生影响的观念之上。柏格森的观点是，"宇宙在绵延。我们越深入研究时间的本质，我们就越会领悟到绵延意味着存在，形式的创造，意味着全部新事物的不断产生。由科学界定的体系只是因为与宇宙的其余部分紧密地联系在一起，才绵延着。"② 因此，只要我们把科学分离出的体系重新归入整体，那么没有任何东西能阻止这一种绵延，因而把一种与人类的存在形式类似的存在形式赋予它们。一个完美的定义只能用于一种完成的现实：而生命的属性不可能完全实现，它们永远处于完成的过程中；与其说它们是一些状态，还不如说它们是一些倾向。

柏格森创造进化论的最重要目的就是反驳机械论对生命的解释。"对

---

① ［法］柏格森：《创造进化论》，姜志辉译，商务印书馆2004年版，第5页。
② ［法］柏格森：《创造进化论》，姜志辉译，商务印书馆2004年版，第16页。

于我们的思想从整体中人为分离出来的体系，机械论的解释是有价值的。但是，对于整体本身，对于在整体中和根据整体自然地构成的体系，我们并不能先验地同意它们能被机械地解释，因为这样一来，时间就是无用的和非实在的。实际上，机械论解释的本质是把将来和过去看作是可以根据现在计算出来的，因而认为一切都是给定的。"① 绵延完全是另一种东西。我们把绵延感知为我们无法追溯的一种流动。我们不能为了一种体系（数学）而牺牲经验，这就是为什么要摒弃彻底的机械论的理由。在天文学、物理学和化学中，命题意味着现在的某些方面可以照最近的过去计算出来。生命领域与这种情况完全不同。在生命领域，计算充其量只能用于有机体解体的某些现象。相反，关于有机的创造，关于真正构成生命的进化现象，我们无论如何都不能对它们进行数学处理。生物的目前状态不能在最近的过去中找出其原因，而是应该考察有机体的整个过去，它的遗传，以及他的整个漫长的历史。数学家处理的世界是一个每时每刻都在消灭和重新产生的世界，在这样的世界里是难以想象进化的。"进化意味着过去通过现在的一种实在连续，意味着像连接符号一样的绵延。换句话说，关于一个生物或一个自然体系的认识是建立在绵延的间隔本身之上的，而关于一种人为体系的或数学体系的认识是建立在终端之上的。"②

出于同样的理由，柏格森认为彻底的目的论也是不能被接受的。极端形式的目的论如莱布尼茨的理论，意味着事物和生物只是实现一个预定的计划。但是，如果一切都能被预见，那么宇宙中就没有任何发明和创造，时间又变得毫无用处。正如机械论的假设，目的论也设定一切都是给定的，因此目的论只是反向的机械论。彻底的目的论和彻底的机械论一样，把我们的智慧的自然概念引得太远。最初我们只是为了行动才思维，我们的智慧只是被注入行为的模子里。当行为成为必然时，思辨就成了多余。然而，为了行动我们给自己提出一个目标，制定一个计划，然后转向实现这个计划的具体步骤。我们必须从自然中汲取能使我们预知未来的相

---

①　［法］柏格森：《创造进化论》，姜志辉译，商务印书馆 2004 年版，第 38 页。

②　Bergson, H. L., 1911, *Creative Evolution*, Translation by Arthur Mitchell, Westport Connecticut: Greenwood Press, p.27. 译文根据英译本对中译本有所改动。

似性。"因此,作为人类活动的需要而形成的人类智慧是意图和计算、手段对目的的调整、对越来越多的几何图形的机械描绘所产生的智慧。不管我们把大自然看作是一架受数学规律支配的巨大机器,还是在大自然中看到一个计划的实现,在这两种情况下,我们只是贯彻互补的和在其生命的必然性中有其共同起源的两种精神趋向。"①

柏格森为什么那么坚决地反对机械论和目的论呢?原因就在于机械论和目的论都把时间排除在外。"实际的绵延咬住事物,并在事物上留下它的牙印。如果一切都在时间之中,一切都内在地发生变化,那么同样的具体现实事物永远不会重复。因此,重复只有在抽象中才是可能的:重复的东西是我们的感官,尤其是我们的智慧从现实事物中离析出来的某个方面,这完全是因为我们的智慧的全部努力都指向我们的行动,而我们的行动只能在重复中进行。"②智慧厌恶流动的东西,把它接触到的一切凝固化。我们不思考实际的时间。但我们经历实际的时间,因为生命超越智慧。机械论和目的论只不过是对我们的行为的外部看法。它们从我们的行为中提取智慧性。但是我们的行为从这两种理论之间溜过且延伸得很远。因为我们的真正行为不是试图模仿智慧,而是处在进化之中的一种意志的行为,它通过逐渐成熟导致智慧能使之无限地分解为理智因素但又永远不能完全做到的行为。

不同学者所提出的各种进化论现实都遇到了同一种不可克服的困难。它们中的每一种都以大量的事实为依据,都自以为是真实的。它们中的每一种都与进化过程的某个观点相对应。但是所有这些理论以局限的观点看待现实,现实必然超越所有这些理论。柏格森认为,真正能够解释进化的是"原始冲动"这一概念。"我们兜了一个大圈子,又回到了我们由此出发的概念,这就是生命的原始冲动概念。"③这种冲动在它经过的进化路线上保存下去,是变异的内在原因,至少是有规律地遗传、积累和创造新物种的变异的内在原因。当物种从共同的祖先分离后,其差异将在其进化过

---

① [法]柏格森:《创造进化论》,姜志辉译,商务印书馆2004年版,第44页。
② [法]柏格森:《创造进化论》,姜志辉译,商务印书馆2004年版,第45页。
③ [法]柏格森:《创造进化论》,姜志辉译,商务印书馆2004年版,第77—78页。

程中不断增加。但是，如果人们接受共同冲动的假设，物种可能在一些确定的点上共同进化。必须超越机械论和目的论的观点，它们都是人类精神受人类工作指引的观点。

既然不能用机械论和目的论来解释生命，生命的存在又在于什么原因呢？"生命在于两类原因：一是生命遇到的无机物质的抗力，二是生命自身包含的爆炸力——取决于倾向的不稳定的平衡。"[①]生命似乎有一种以屈求伸的力量，使自己变得十分渺小，屈从物理和化学的力量。虽然最初出现的生命形态极其简单，但是它们具有一种神奇的内在冲动，是这种冲动把它们提高到生命的最高形态。在生命进化的过程中有许多岔道，在两三条大路的旁边也有不少死路，在这些道路中只有一条是比较宽阔的，允许生命的主流自由通过，这就是从脊椎动物通向人类的那条大路。柏格森并不怀疑进化的必然条件是对环境的适应，但是，承认外部环境是进化必须依赖的力量是一回事，主张外部环境是进化的直接原因是另一回事，后者是机械论观点，完全排除原始冲动的假设。适应能解释进化运动的曲折过程，而不是进化运动的一般方向，更不是进化运动本身。

进化研究不是像博物学家那样试图找出不同物种的连续顺序，而仅仅试图确定物种进化的主要方向。"所以，我们在一个一个地考察这些路线时，不会看不到问题在于确定人与整个动物界的关系，以及动物在整个有机界的位置。"[②]适合于生命科学的定义与数学和物理学定义相去甚远。任何生命现象都基本的、潜在的包含大多数其他现象的基本特征。植物生命的任何属性都能在某些动物身上被找到，动物的任何典型特征也都能在植物界的某些物种身上被找到。不同之处在于比例，比例的不同足以确定种群的区分。然而种群不是由它拥有的某些性状确定的，而是由这些性状的倾向确定的。这种不同首先表现在进食方式上。植物直接向空气、水和土壤吸取维持生命所必需的元素；空间性或空间的运动性不强。相反，只有当这些元素处在植物或其他动物的有机物质中时，动物才能吸收它们。虽然这个规律在植物界也有例外，如捕蝇草是食虫植物，但这种区分能提供

---

① ［法］柏格森：《创造进化论》，姜志辉译，商务印书馆2004年版，第86页。
② ［法］柏格森：《创造进化论》，姜志辉译，商务印书馆2004年版，第92页。

植物界和动物界的动态定义的出发点，因为它标明了动物和植物的不同发展方向。动物不能直接摄取到处存在的碳和氧，为了生存它们不得不移动。从随意伸出伪足以捕获分布在水滴中的有机物的变形虫，到拥有感觉器官以识别猎物，拥有运动器官以捕捉猎物，拥有神经系统以协调感觉和运动的高等动物，动物的生命在总的方向上以空间的运动性为特征。从低等植物到高等植物，不能运动的倾向越来越明显。"如果运动性和不动性在植物界和动物界共存，那么在植物界，天平向不动性倾斜，在动物界，天平向运动性倾向。这两种对立的倾向明显地导引两种进化，以至人们能用这两种倾向来定义动物界和植物界。"①

然而，柏格森认为不动性和运动性只是更深刻的倾向的表面现象，在运动性和意识之间有一种明显的关系。高等有机体的意识与大脑的某些结构密切相关。神经系统越发达，它能选择的运动就越多、越精确，伴随着这些运动的意识就越高明。越低等的动物其神经中枢越简单。神经系统并不创造功能，而仅仅使功能强化和精确，给予功能反射活动和自主活动的双重形式。然而，如果神经系统成为没有形成通道，也没有聚集成一个系统，就只有通过分裂形成反射运动和自主运动的某种东西，这种东西既没有反射运动的机械精确性，也没有自主运动的智慧犹豫。因而即使是最低等的有机体在其自由活动时都是有意识的。如果意识在那些退化为不动的寄生动物中沉睡，那么，反过来意识也能在重新获得运动自由的植物中觉醒，"意识和无意识依然标志动物界和植物界发展的两种方向……我们可以用感觉性和觉醒的意识来定义动物，用沉睡的意识和无感觉性来定义植物"。② 总之，植物直接用矿物质制造有机物质，这种能力通常使植物不能运动，因而不能感觉；动物则不得不四处觅食，不得不在运动的方向上进化，因而在越来越丰富、明晰的意识方向上进化。

柏格森对生命进化的过程进行了详细描述。最初的生物应该是一方面不断地储存来自太阳的能量，另一方面又在运动中以不连续的和爆发的形式来消耗这些能量（如带有叶绿素的纤毛虫）。后来的动物界和植物界的

---

① ［法］柏格森：《创造进化论》，姜志辉译，商务印书馆 2004 年版，第 95 页。

② ［法］柏格森：《创造进化论》，姜志辉译，商务印书馆 2004 年版，第 97 页。

互补特征最终源于它们展开最初合在一起的两种倾向。原始的和唯一的倾向越发展，它就越难以把在原始状态中相互包含的两种成分结合在同一个有机体之中。因此出现了岔道，出现了两种不同的进化，出现了在某些方面对立、某些方面互补的两类特征。动物朝着越来越自由地消耗不连续能量的方向进化，植物则完善其就地储存能量的系统。构成动物的是这样一种能力，这种能力可利用一种发动机制，以便将积蓄的潜能尽可能转化为"爆炸力"。开始时爆炸只是偶然发生，不能选择方向如变形虫。随着动物系列的上升，身体形态本身呈现出某些十分确定的方向，这些方向由许多前后相连的神经成分链表示。神经成分一旦出现，它和其附属物就有了突然释放积蓄能量的能力。动物一切都在于利用能量来移动，或者说，一切都始于感觉—运动系统，一切都汇集于这个系统，有机体的其他部分都是为它工作的（比如说，被饿死的动物大脑几乎完整无缺，其他器官则多少失去了分量，它们的细胞也有了极大的变化）。"似乎身体的其他部分支撑着神经系统，直至最后的一刻，只是把自己当作手段，神经系统则是其目的。"①

　　虽然由于资料的缺乏不能重建进化历史的各种细节，但是我们可以分辨出其中的主线。"动物和植物必然很快从它们的共同祖先那里分离出来，植物在不动性之中沉睡，动物则相反，越来越觉醒，走向神经系统的获得。"②动物界的努力终于创造了仍然很简单、但具有某些运动性的有机体（就像今天的蠕虫）。不管是脊椎动物还是节肢动物，它们的进化首先在于感觉—运动神经系统的进化。动物寻求运动性，寻求灵活性，但是这种寻求是在不同的方向上完成的。节肢动物的进化在昆虫，特别是膜翅目昆虫中达到最高点，脊椎动物的进化在人类中达到最高点。"如果人们注意到本能的发展在昆虫世界为最，任何其他昆虫没有膜翅目昆虫那样完善，那么可以说，动物界的全部进化，除了植物生命倒退，是沿着两条不同的道路进行的，一条通往本能，另一条通往智慧。"③

---

① ［法］柏格森：《创造进化论》，姜志辉译，商务印书馆 2004 年版，第 106 页。
② ［法］柏格森：《创造进化论》，姜志辉译，商务印书馆 2004 年版，第 110 页。
③ ［法］柏格森：《创造进化论》，姜志辉译，商务印书馆 2004 年版，第 114 页。

根据柏格森的生命理论，自亚里士多德以来理论界的一个致命的错误就是把植物生命、本能生命和理性生命看作同一倾向相继发展的三个阶段。这一错误大大腐蚀了绝大多数的自然哲学。其实，它们是同一种生命的三个不同的发展方向。柏格森不仅按照同一个生命的不同发展阶段来看待植物生命、本能生命和理性生命，而且也是按照同一个生命发展的不同阶段来看待技术，把有机技术（身体技术）和无机技术（人造技术）都看成是生命在自己发展过程中演化出来的不同的技术形式，它们的目的都是服务于或服从于生命在世界中存在的需要。下面我们先来看看柏格森在《创造进化论》这一生命哲学的经典著作中是如何描述技术在生命进化过程中所起作用的。

二、《创造进化论》中的技术思想

柏格森的生命进化不仅是一个形而上学的过程，也是一个生物学的过程。虽然柏格森并不赞同当时的进化论的很多看法，但进化论对柏格森的思想仍然具有极大的影响，这首先表现在柏格森对人的看法上。柏格森认为，人生在世首先就是要适应自己的环境，使得自己的生命得到发展和延续。人首先是行动的主体，而非认识的主体，人类的理性是在适应和对付严酷的生存环境中产生和发展的。作为动物的人类，其生存能力是跟他们的身体有关的。在传统哲学中基本上处于次要地位的身体，在柏格森眼中却是实践活动的中心。"我们的身体并不单单指这具肉体，而是指进入身体生命过程中的一切要素。"[1]柏格森不是把人看作纯粹的生物，而是把一切实践的因素纳入身体。身体立足在意识的极端状态中，身—心在生命活动中是统一而非分离的。正是对身体的重视，从而导致了柏格森对技术问题的重视——正如身体是有机的技术，技术则是人类无机的身体。

既然生命是一个不断演化的过程，那么，人类，或者说人类的进化又是从何开始的呢？柏格森的观点是人类是从制造原始武器和原始工具的

---

① 尚新建:《重新发现直觉主义》，北京大学出版社 2000 年版，第 161 页。

时代开始的。从理性的观点看，仅仅次于人类的动物是猴子和大象，它们在一定场合会使用人造的工具。再次是那些能识别人造物品的动物，比如狐狸能识别陷进。凡是存在推理的地方都存在理性，但是推理就是把过去的经验纳入现在的经验分享，柏格森认为这已经是发明的开始。当发明体现在一种制造的工具上的时候，这种发明就是完完全全意义上的发明。"关于人类的智慧，人们还没用注意到机械发明首先就是其基本活动，今天，我们的社会生活依然以人造工具的制造和使用为中心，标出进步之路的发明指出了这条道路的方向。"① 人们在历史上几乎没用看到这一点，因为人类的变化通常迟于其使用工具的改变。历史和史前史所告诉我们的是，人类应该是"工人"（homo faber）而不是"智人"（homo sapiens）："总之，从似乎是其原初的特征看，智能就是一种制作人造对象（尤其是制作用以制作工具的工具）的机能，就是一种将这种制造品无限变化的机能。"②

　　人类可以制造和使用工具，那么没用理性的动物有没有工具和机器呢？柏格森认为答案是肯定的。动物也有工具，但它们的工具是它们使用工具的身体的一部分。与这种工具相对应的是它们知道如何使用工具的本能。柏格森对于理性和本能相区别的观点是这样的："完善的本能是使用，甚至制造有机工具的一种机能；完善的智慧是制造和使用无机工具的一种能力。"③ 本能与理性这两种不同活动方式的优点和缺点都是显而易见的。本能随时能使用相应的工具：这种工具能自我制造，自我修复，如同大自然的所有作品，它具有细节上的无限复杂性和功能上的极其简单性，在需要的时候，它能马上毫无困难地和很好地完成要做的工作。本能只是为了特定的目的使用特定的工具，它的结构几乎不变。与此相反，通过理性制造的工具是一种不完善的工具，只有付出努力才能获得它。不过，由于这种工具是由无机物质制成的，因而它可以采取任何形式，用于任何目的，使生物摆脱不断出现的各种新困难，从而给予生物无限的力量。无机

---

① ［法］柏格森：《创造进化论》，姜志辉译，商务印书馆 2004 年版，第 117 页。

② Bergson, H. L., *Creative Evolution*, Translation by Arthur Mitchell, Westport Connecti-cut: Greenwood Press, 1911, p.118. 译文根据英译本对中译本有所改动。

③ ［法］柏格森：《创造进化论》，姜志辉译，商务印书馆 2004 年版，第 118 页。

工具虽然在满足直接需要的时候不如天然工具，但当需要不是很紧迫的时候，它比天然工具更优越，尤其是它对制造它的生物有一种反作用，因为它要求制造者行使一种新的功能，可以说，给予制造者一种更丰富的组织，作为自然有机体的一种人造器官。它在满足已有的各种需要之后又创造出一种新的需要，从而给使用它的生物开辟一个无限的领域，使生物的活动越来越自由。然而，"智慧对本能的优越性只是在以后才显露出来，此时，智慧把制造推到更高的程度，去制造用于制造的机器。最初，制造的工具和天然的工具的优劣摇摆不定，所以，很难说两种工具中的哪一种能保证生命最大限度地支配自然"。①

柏格森推测，理性和本能最初相互包含：原始的精神活动同时包含理性和本能，或者说，昆虫的本能更接近理性，脊椎动物的理性更接近本能——低级的理性和本能均受制于它们不能支配的物质。然而生命很难同时在几个不同的方向作出更大的发展，它必须作出选择，也就是在对无机物质的两种作用方式之间作出选择："它可以创造出一种有用的有机工具，直接作用于无机物质；或者间接地通过有机体作用于无机物质，有机体本来不拥有所需的工具，而是通过对无机物质的加工自己制作工具。"②柏格森认为，虽然理性和本能在演化过程中逐步分离，但它们不可能做到完全的分离。一方面昆虫的最完美的本能已有某种理性之光，尽管只是表现在时间、地点和材料的选择上；另一方面，理性对本能的需要比本能对理性的需要更多，因为所有动物只有借助于本能的翅膀才能飞行。在柏格森看来，在本能和理性之间是前者构成动物精神活动的基础，虽然后者倾向于取代本能，但只有在人类身上理性才完全得到体现。"同样确实的是，大自然仍在两种精神活动方式之间犹豫，一种能确保直接的成功，但局限于其结果；另一种是偶然的，一旦能独立，其成功可无限延伸。在这里，取得最大成功仍在于冒最大的危险。因此，本能和智慧代表了对同一问题的两种不同的有效解决。"③

---

① ［法］柏格森：《创造进化论》，姜志辉译，商务印书馆 2004 年版，第 119 页。
② ［法］柏格森：《创造进化论》，姜志辉译，商务印书馆 2004 年版，第 120 页。
③ ［法］柏格森：《创造进化论》，姜志辉译，商务印书馆 2004 年版，第 120—121 页。

　　理性和本能是两种完全不同的认识，那么究竟在何种程度上本能是有意识的？柏格森的回答是：在某些情况下本能或多或少是有意识的，在其他情况下本能是无意识的。对于意识柏格森是这样理解的："意识就是内在于可能行为或潜在活动领域的理性，理性围绕生物实际完成的行动。意识意味着犹豫或选择。"① 在许多行动可能性存在、需要作出抉择的地方，意识是强烈的；在实际行动是唯一可能行动的地方意识就成为无。"从这个观点看，我们可以把生物的意识定义为在可能的活动和实际的活动之间的算术差。它能测定表现和行动之间的差异。"②

　　柏格森由此得出的结论是理性朝向意识，本能朝向无意识。因为只要使用的工具是由自然安排的，应用点是由自然提供的，获得的结果是符合自然的，可供选择的余地就很小，这时起作用的就是本能。在意识出现的地方，意识没有指明本能本身，而是指明本能受其支配的障碍："是本能的缺陷，行为和意念之间的距离变成了意识，因此，意识只不过是一种偶然性。"③ 与此相反，缺陷是理性的正常状态。遭遇障碍是理性的本质。因为制造无机工具是理性最初的功能，所以理性必须越过重重困难为这项工作选择地点和时间、内容和形式。理性永远不会完全自我满足，因为每一个新的满足都会创造出新的需要。"总而言之，如果本能和智慧都包含认识，那么认识在本能之中是作用的和无意识的，在智慧之中是思维的和有意识的。"④

　　柏格森对于理性和本能区别的一个非常重要的观点是："如果我们考察本能和智慧所包含的先天认识成分，我们就会发现，在本能中，这种先天认识以事物为基础，在智慧中，这种先天认识以关系为基础。"⑤ 柏格森认为，如果我们为智慧和本能的区别作一个比较精确的表述，那就是："就其先天方面而言，智慧是对一种形式的认识，本能则意味着对一种内

---

① ［法］柏格森：《创造进化论》，姜志辉译，商务印书馆 2004 年版，第 122 页。
② ［法］柏格森：《创造进化论》，姜志辉译，商务印书馆 2004 年版，第 122 页。
③ ［法］柏格森：《创造进化论》，姜志辉译，商务印书馆 2004 年版，第 122 页。
④ ［法］柏格森：《创造进化论》，姜志辉译，商务印书馆 2004 年版，第 122—123 页。
⑤ ［法］柏格森：《创造进化论》，姜志辉译，商务印书馆 2004 年版，第 125 页。

容的认识。"① 就后者而言，认识可以是丰富的和充实的，但仅限于一个确定的对象；就前者而言，认识不再限制其对象，是一个可以包含无限内容的抽象的形式。这两种最初相互包含的倾向必然因发展而相互分离，最终分别到达本能和智慧。

如果本能是利用自然的有机工具的一种能力，是对物体的先天认识（当然是潜在的或无意识的），那么，智慧是制造有机工具，即人造工具的能力。大自然之所以不再给予生物可利用的工具，是因为生物能够根据处境改变其制造。因而理性的基本功能是在任何环境中找出摆脱困境的办法。理性针对的是某个具体情景和利用该情景的手段之间的关系。理性的先天成分就是建立关系的倾向，这种倾向意味着对某种非常普遍的关系的认识。"一旦活动定向于制造，认识就必然针对关系。但是，智慧的这种纯形式认识与本能的具体认识相比，具有无比的优越性。"② 正因为形式是空洞的，所以能够被无数的东西填充。形式的认识不局限于实际有用的东西，有智慧的生物本身具有超越自我的东西。

理性的功能是建立关系，人类的理性与行动的必要性有关。只要有行动，理性的形式本身就能被推断出来。而行动首先是制造。"制造完全是对无机物的加工，从这个意义上说，即使制造使用了有机物质，也只是把它们当作无机物质，不考虑赋予其形式的生命。制造仅保留无机物质中的坚固部分，其余部分因其流动性而被排除在制造之外。"③ 如果理性以制造为目的，生物中的本质东西将全部被排除在制造之外。我们的智慧一旦摆脱自然的控制，就以无机的坚实物质为主要对象。既然智慧只有对无机物质进行加工时才感到自在和轻松，那么无机物质最一般的特征是什么呢？无机物质是有广延的，我们可以把每一个物体当作可任意分割的，而且每一部分也是可任意分割的，如此类推以至无穷。但是，从我们的现实操作看，我们有必要把我们所处理的实在物体或我们所分解的某部分当作暂时确定的东西，当作一个"单位"。这样一来，我们的理性就在无限可分的

① ［法］柏格森：《创造进化论》，姜志辉译，商务印书馆 2004 年版，第 125 页。
② ［法］柏格森：《创造进化论》，姜志辉译，商务印书馆 2004 年版，第 127 页。
③ ［法］柏格森：《创造进化论》，姜志辉译，商务印书馆 2004 年版，第 129 页。

物质中发现了不连续性或可分性。或者说，"智慧只能清晰地想象不连续的东西。"①

另一方面，我们的行动所作用的对象是运动物体，而理性所关注的是运动物体现在或将来的位置，它不关注物体从一个位置到另一个位置的具体运动。当理性想象运动时，它通过静止来建构运动。因此，一旦自然状态中的理性追求实用目的的时候，它就用并列的静止代替运动。我们的智慧根据其自然倾向偏爱稳定和不变的东西。我们的智慧只是明晰地想象静止的东西。"制造在于在内容中琢磨出一个物体的形式。"② 对于理性来说，最重要的是将要获得的形式。不仅如此，旨在制造的智慧不是一种停留在物体目前形式上、把形式看作是最终的智慧，而是一种把所有内容看作是可以任意切割的智慧。一种始终如此行事的智慧实际上是一种指向思辨的智慧。这种智慧把自然的形式看作是人为的和暂时的，甚至希望人们把物体，哪怕是有生命物体的内容看作是与其形式没有关系的。"因此，整个内容在我们的思想看来就像一块巨大的织物，我们可以按照自己的意愿裁剪它，并按照自己的意愿缝合它。"③ 根据这种理性的理解，某个空间就是一个同质的、空洞的、无限可分的环境，它能无差别地适应任何分解方式的能力。而在柏格森看来，这样的环境是不能被人类感知的，它仅仅是被理性构想出来的。可感知的具体东西是有颜色的，有阻力的。但是，当我们想象我们对物体的能力，即我们随意分解和重组物体内容的能力时，我们把所有可能的分解和重组投射在实际空间后面。因而这种空间首先是我们对物体的可能作用的图式，或者说，物体有一种进入图式的倾向——在精神的观点看来。"观念是象征人类智慧的制造倾向的表现……智慧的特征是按照任何规律进行分解和在任何体系中重组的无限能力。"④

既然智慧是我们对物质进行重构或重组的能力，那么这种能力的作用何在？"智慧的一切基本力量在于把物质转变成行动的工具，也就是

---

① ［法］柏格森：《创造进化论》，姜志辉译，商务印书馆 2004 年版，第 130 页。
② ［法］柏格森：《创造进化论》，姜志辉译，商务印书馆 2004 年版，第 131 页。
③ ［法］柏格森：《创造进化论》，姜志辉译，商务印书馆 2004 年版，第 132 页。
④ ［法］柏格森：《创造进化论》，姜志辉译，商务印书馆 2004 年版，第 132 页。

说，在词源学的意义上，把物质转变成'器官'。生命不满足于制造有机体，还想把无机物质当作附件给予有机体，无机物质通过生物的劳动可转变为巨大的器官。这就是生命最初为智慧指定的任务。"[1]智慧是注视外面的生命，外在于自己，原则上采用无机性质的方式，以便在实际上指导它们。"不管智慧做什么，都把有机物分解为无机物，因为不改变自然倾向，不自我变化，智慧就不能思考真正的连续性，实在的流动性，相互的渗透性，总而言之，这种创造进化，即生命。"[2]不管是什么物体，智慧都进行抽象、分离和排除，在必要时用一种类似的等同物取代物体。智慧不承认彻底的变化，更不承认全新的东西，因而智慧不能把握生命的基本面貌。

理性劳动的机制又如何？智慧在处理无生命的物体时十分娴熟，但当它遇到有生命的物体时就显得十分笨拙。在处理身体生命或精神生命时，智慧呆板地、僵硬地和粗鲁地使用不是用来派这种用处的一种工具。"我们总是把有生命的物体当作无生命的物体，用完全静止的观点来思考变动不居的现实。我们只能对付不连续的、静止的和没有生命的东西。智慧的特点是天生不理解生命。"[3]与此相反，本能是按照生命的形式形成的。当理性机械地处理所有物体时，本能有机地进行活动。小鸡用嘴啄破蛋壳是一种本能行为，它只限于遵循推动它通过胚胎生命的运动。科学和现有的解释方法能否完全分析本能是值得怀疑的。原因在于，"本能和智慧是同一个本原的两种不同发展，这种本原在一种情况下内在于自己，在另一种情况下外化和同化在无机物质的使用中：这种连续的差异证明了智慧和本能的不相容性，以及智慧吸收本能的不可能性。在本能中的本质东西不能用智慧来表示，因而也不能被分析。"[4]

生物学最明确的结果之一是进化是沿着不同的路线进行的。在这些路线中的两条主要路线的尽头，我们能找到几乎纯粹形式的智慧和本能。智

① ［法］柏格森:《创造进化论》，姜志辉译，商务印书馆 2004 年版，第 136 页。
② ［法］柏格森:《创造进化论》，姜志辉译，商务印书馆 2004 年版，第 136 页。
③ ［法］柏格森:《创造进化论》，姜志辉译，商务印书馆 2004 年版，第 139 页。
④ ［法］柏格森:《创造进化论》，姜志辉译，商务印书馆 2004 年版，第 141 页。

慧首先是把空间的这一点和空间的另一个点，把一个具体的物体和另一个具体物体联系在一起的能力。而本能是"感应"。"智慧和本能是朝着两个相反的方向，智慧朝着无机物质，本能朝着生命。智慧通过作为其产物的科学越来越完整地告诉我们物理过程的秘密，但不告诉我们生命的秘密，或仅仅为我们而用无生命的东西解释生命……但是，直觉能把我们引到生命的内部，即本能是无偏向的，能自我意识，能思考其对象和无限地扩展其对象。"①生命，即穿越物质的意识，或者把注意力集中在自身的运动，或者把注意力集中在它所穿过的物质。因此，生命或者朝着直觉的方向，或者朝着智慧的方向。乍看起来，直觉胜于智慧，因为生命和意识在直觉中内在于自己。但是，生物的进化过程向我们表明，直觉不能走得很远。从直觉这方面说，意识被束缚在茧之中，不得不把直觉缩成本能，也就是说，意识仅掌握与之有关的生命的极小一部分，而且只能暗中掌握它，能触及它，但看不见它。在这方面，视野很快被封闭。相反，意识在智慧中被确定，首先集中在物质上，似乎自我外化。"然而，正是因为意识适应外部事物，才能在外部事物中间流动，绕过外部事物给它设置的障碍，无限地拓展自己的领域。意识一旦被解放，就能转向内部，唤醒还在沉睡的潜在力量。"②

　　智慧根据物质成形，智慧首先以制造为目的。而制造就是把形式给予物质，使物质服从，使物质变样，也就是把物质变成工具，以便把物质占为己有。正是这种有益于人类的控制，比发明本身的具体结果更有力量。与发明在各方面引起的新观念和新感觉相比，利益微乎其微，发明的主要结果就是超越我们自己，开阔我们的视野。"因此，如果我们想用目的性来表述，就必须说，意识为了解放自己，不得不把组织分为两个互补的部分，一个是植物部分，另一个是动物部分，然后在本能和智慧两个方向寻找出路，在本能方面，意识没有找到出路，在智慧方面，只是通过动物到人的飞跃才找到出路。所以，最终说，人类是地球上全部生命组织的存在

---

① ［法］柏格森：《创造进化论》，姜志辉译，商务印书馆2004年版，第148页。
② ［法］柏格森：《创造进化论》，姜志辉译，商务印书馆2004年版，第152页。

理由。"①虽然寻找智慧和本能的共同起源是形而上学最难解的领域，但由于我们追溯的两个方向已经明确，一个是智慧方向，一个是本能和直觉的方向，所以不怕迷失方向。

智慧和物体又是怎样发生的呢？智慧和物体是相互适应而构成的，二者都源于一种更广泛、更高级的存在形式。柏格森认为这种尝试比形而上学家最大胆的思辨更大胆。传统的进化论认为物质是突然形成的，智慧也是这样。柏格森则认为，物理学越向前发展，就越要取消物体的特性，甚至科学想象使之分解为粒子的特性；物体和粒子趋向于融合在一种普遍的相互作用中。"我们的知觉给予我们的是我们对物体的可能作用的计划，而不是物体本身的计划。我们在物体身上看到的轮廓，仅仅是我们能从物体中得到和改变的东西。我们通过物质看到的线条，只是要求我们沿着它移动的线条。这些轮廓和线条随着意识对物质的作用，也就是说，随着智慧的构成而显露出来。"②动物和人类不是按照同样的计划构成的。动物甚至没有必要把物质分割成物体，为了遵循本能的引导，完全不需要感知物体，只需区分属性就足够了。相反，即使是最低级的智慧，也试图使一种物质作用于另外一种物质。智慧越关注划分物质，就越把虽然倾向于空间性、但其各部分仍处在相互蕴含、相互渗透中的物质，以空间和空间并列的形式展现在空间中，也就是使物质分裂为完全相互外在的物体。"意识越被智慧化，物质就越被空间化。"③

人类的智慧绝不是柏拉图洞穴比喻告诉我们的那种智慧。人类智慧的功能不是看着阴影掠过，而是另有其事。人类像负重的耕牛一样，感到我们的肌肉和关节在用力，犁的重量和土壤的助力：行动，知道自己在行动，接触现实，甚至体验现实，但仅仅在现实与我们所完成的劳作和耕出的犁沟有利害关系的范围之内，这就是人类智慧的功能。我们的存在，甚至指引我们存在的智慧是通过一种局部固化形成的。哲学只是一种重新融入整体之中的努力。智慧消失在自己的本原中，重新体验它自己的发生。

---

① ［法］柏格森:《创造进化论》，姜志辉译，商务印书馆 2004 年版，第 154 页。
② ［法］柏格森:《创造进化论》，姜志辉译，商务印书馆 2004 年版，第 158 页。
③ ［法］柏格森:《创造进化论》，姜志辉译，商务印书馆 2004 年版，第 158 页。

智慧虽然从广阔的现实中分离出来，但二者之间没有完全断裂，在概念思维周围，有着一种能使人想起其起源的模糊边缘，智慧是通过压缩而形成的坚实内核。柏格森认为这是一种不同于纯粹理智主义的新的思维方式。

众所周知，理性面对无机物质时感到很自在。理性通过机械发明越来越好地利用无机物质，理性越机械地思考物质，机械发明对理性来说就越容易。理性与无机物质协调，研究无机物质的物理学和形而上学很接近。现在，当理性从事生命研究的时候，必然把有生命的东西当作无生命的东西，把同样的形式用于这种对象。因为只有在这种条件下，有生命的东西才能和无生命的东西一样为我们的行动提供机会。但是我们由此得到的真理完全与我们的行动能力有关。"哲学的责任将是积极地在此干预，摆脱纯智慧的形式和习惯，不以实用的观点考察生物。"①哲学对生物的态度不可能是科学的态度，因为科学的态度旨在行动，只有借助于无机物质才能行动。因此，必须在无生命的东西和有生命的东西之间画出一道分界线。无生命的东西能自然地进入理性的框架之中，有生命的东西只能是人为地适合这个框架。必须对有生命的东西采取一种特殊的态度。

对于精神与物质的关系，传统哲学提供了三种可供选择的方案：或者精神以物质为依据，或者物质以精神为依据，或者应该假设在物质和精神之间有一种神秘的和谐。柏格森则认为存在着第四种方案。"这种解决方案首先在于把智慧当作精神的一种特殊功能，基本上针对无机物质，其次认为，不是物质决定精神的形式，也不是精神把自己的形式强加给物质，也不是物质和精神通过我们不知道的先定和谐相互规定，而是精神和物质逐渐相互适应，以便最终选定一种共同的形式。此外，这种适应是自然地实现的，因为是同一种运动的倒退创造了精神的智慧性和物体的物质性。"②知觉的作用是指导我们的行为，对物质进行划分，这种划分过于分明，始终服从实际的需要，因而始终能修正。科学则倾向于采取数学的吸收，过于强调物质的空间性，因此它的图式一般来说也过于精确，也始终需要重新修改。

---

① ［法］柏格森：《创造进化论》，姜志辉译，商务印书馆 2004 年版，第 164 页。
② ［法］柏格森：《创造进化论》，姜志辉译，商务印书馆 2004 年版，第 172 页。

柏格森认为，我们的意识必须转向和回到自身，看的能力就是愿望的行为。"当我们把自己的存在放回我们的愿望中，把我们的愿望放回它所延伸的冲动中时，我们就理解和感到现实是一种永恒的发展，一种无止境的创造。我们的意志已经做出了这种奇迹。包含一部分发明的每一项人类活动，包含一部分自由的每一个意志行为，显示出自发性的有机体的每一个运动，都给世界带来某种新的东西。"[1] 人类并非生命之流本身，我们是负载着物质、在其过程中负载着其实体的凝固部分的流动。事实上生命被束缚在使之服从无机物质的普遍规律的有机体上。但是所发生的一切像是生命尽一切可能摆脱这些规律。生命没有改变物理变化方向的能力，不能制止物质变化的过程，但能够使这个过程推迟。"生命如同一种把落下的重物提起来的努力。生命没有成功，只是推迟了下落。生命至少使我们想到什么是重物的上升。"[2]

生命就在于创造，或者说之，生命冲动在于一种创造的需要。"生命冲动不能绝对地进行创造，因为它面对的是物质，也就是与自身相反的运动，但是，生命冲动获得了作为必然性的物质，力图把尽可能多的不确定性和自由引入物质。"[3] 那么，生命冲动是如何进行的？所有的生命，动物和植物的生命在其本质中像是一种积累能量和释放能量的努力，以完成各种各样的工作。这就是穿过物质的生命冲动想得到的东西。但是冲动是有限的，是一次性给定的。它不能克服所有的障碍，它表现出的运动有时偏离方向，有时分离，总是受到障碍，有机界的进化只不过是这种斗争的展开。第一次大分裂是植物界和动物界的分裂。同一个有机体不能用相等的力量维持两种作用——逐渐积累和突然使用。一些有机体倾向于第一种方向，另一些倾向于第二种方向。在生命的进化中偶然性起了很大的作用，或者说，创新的形态是偶然的，与进化时所遇到的障碍有关。

生命的本质就在于创造，那么，意识在这一过程中起着什么样的作用呢？当生命注定是自动性的时候，意识是沉睡的，一旦选择的可能性重

---

① ［法］柏格森：《创造进化论》，姜志辉译，商务印书馆2004年版，第199页。
② ［法］柏格森：《创造进化论》，姜志辉译，商务印书馆2004年版，第205页。
③ ［法］柏格森：《创造进化论》，姜志辉译，商务印书馆2004年版，第209页。

新出现，它就苏醒过来。意识与感觉和运动通道的交叉点，即大脑的复杂性成比例。实际上一个生物就是一个行动的中心，它代表某种进入世界的偶然性的总和，即某种可能行动的数量。一种动物的神经系统显示了其行动经过的灵活路线；通过其发展和形状，动物的神经中枢表明了它在数量和复杂程度方面不同的行动之间的范围的不同选择。然而，意识在一个生物中彻底苏醒是因为可供选择的范围大，提供给它的行动数量多。意识的发展取决于神经中枢。"实际上，意识不是来自大脑；但是，大脑和意识是有联系的，因为它们都衡量生物可支配的选择数量，一个根据其结构的复杂性，另一个根据其苏醒的程度。"[1]

意识的复杂程度是跟大脑有关的，而人类大脑和其他动物大脑的区别在于：人脑建立机制的数量和选择释放方式的数量是无限的。动物的意识，甚至是最聪明的动物的意识，与人的意识的差异是根本的。因为意识就是生物具有的选择能力；意识与围绕实际行动的可能行动的范围是同外延的：意识是发明和自由的同义词。但是，在动物身上，发明永远只不过是日常主题上的变化。动物局限在物种的习惯中，能通过个体的主动性扩展这些习惯，但只能暂时摆脱自动性，以便创造新的自动性。"禁锢动物的大门刚刚打开，就马上关闭了；动物拖着自己的锁链，只是把它拉长了。而在人身上，意识砸碎了锁链。在人身上，也只有在人身上，意识才获得了解放。迄今为止的生命史，就是意识为提高物质所做的努力的历史，就是重新落在意识之上的物质在不同程度上粉碎意识的历史。"[2] 问题在于用作为必然性本身的物质创造出一种解放的工具，制造出一种能战胜机械作用的机器。除了人的意识，其他动物的意识仍然是机械作用的囚徒。另外，人不仅仅维护其机器，而且还随意地使用机器。人之所以有这种能力，是因为其大脑的优越性，使人能建立无数运动机制，不断用新习惯对抗旧习惯，分离自己的自动性，以便控制自动性。

意识在人身上首先是一种理性。意识还可能是，也应当是一种直觉。直觉和理性代表意识工作的两个相反方向：直觉沿着生命的方向前进，而

---

① ［法］柏格森：《创造进化论》，姜志辉译，商务印书馆 2004 年版，第 218 页。
② ［法］柏格森：《创造进化论》，姜志辉译，商务印书馆 2004 年版，第 219 页。

智慧沿着相反的方向前进，因而受到物质运动的制约。完善和完整的人类使意识活动的两种形式都得到充分发展。事实上，在我们作为其一部分的人类，直觉几乎完全为理性作出了牺牲。在战胜物质和战胜自己的过程中，意识似乎耗费了其力量的最精华部分。这种战胜在其实现的特殊条件下要求意识适应物质的习惯，把全部注意力集中在这些习惯上，从而更具体地确定为智慧。但是意识仍然存在，只是模糊的和不连续的。生命的利益在哪里受到威胁，直觉之灯就在哪里发光。"直觉正在消失，只能越来越远地照亮其对象，哲学应该抓住直觉，以便先支持直觉，然后扩展和连接直觉。哲学在这项工作中越深入，就越发现直觉就是精神本身，在某种意义上，就是生命本身：智慧通过一种与生成物质的过程类似的过程在直觉中显示出来。由此出现了精神生命的统一性。"①人们只能从直觉走向理性，不能从理性走向直觉。只有这样，哲学才能把我们引入精神生命，同时也向我们指出精神生命与肉体生命的关系。整个生命，自从它被原始冲动推入世界以来，就表现为上升的波浪，受到物质下降运动的阻挡。大部分时候生命之流被物质转化为原地打转的旋涡。它只在唯一的点上自由奔腾，拖着障碍，障碍使它的前景步伐变得沉重，但不能阻止它前进。这个唯一的点就是人类，这个上升的波浪就是意识。意识本质上是自由的，或者说意识就是自由。但是，如果意识不依靠物质，就不能穿过物质：这种适应就是我们称为理性的东西。这就是柏格森所提出的新学说。有了这种学说，我们不再感到在人类中是孤独的，我们也不再感到人类在它所统治的大自然中是孤独的。"由于最小的尘粒也与我们的整个太阳系有关，它与太阳系一起处在不可分的下降运动中，这种运动就是物质性本身，所以全部有机物，从最低等的到最高等的，自从生命的最早起源到我们所处的时代，在任何地方和任何时候，只显示一种唯一的、与物质运动相反的和本身不可分的冲动。所有的生物都维系于和服从同一种巨大的推动力。"②

上面就是柏格森在《创造进化论》中对生命与技术、对物质与精神的关系的论述。如何看待柏格森的这一技术思想？柏格森技术思想最大的

---

① ［法］柏格森：《创造进化论》，姜志辉译，商务印书馆2004年版，第222页。
② ［法］柏格森：《创造进化论》，姜志辉译，商务印书馆2004年版，第224页。

贡献可以说在于给我们提供了一种重新理解物质与自由、精神与肉体关系的新的视角。"哲学不在于实现自由与物质，精神与肉体的分离或对立，自由和精神为了成为它们自身，应该在物质或身体中证实自身，也就是说应该获得表达。《创造进化论》说，关键的是用作为必然性本身的物质来创造一种自由的工具，来构成一种克服机械论的机械论。物质是障碍，但它也是工具和诱因。整个事情似乎是这样发生的：漂浮在水上的精神，从一开始就要求为自己构造出自我揭示的工具以便能够完全地存在。"①

三、《道德与宗教的两个来源》中的技术思想

除了在《创造进化论》这部著作中对技术做过分析之外，柏格森在他后期的《道德与宗教的两个泉源》中也对技术做过一些分析。学界对柏格森技术思想的关注也更多的是停留在他后面这部著作中的有关技术论述。"令他闻名于世的主要在于他对于技术的保留意见，尤其是对于工业化的保留意见：这就是《道德与宗教的两个泉源》最后一章的内容。"②故而可以说，虽然柏格森在《创造进化论》中提出了很多非常深刻的、相对而言更加乐观的技术思想，但人们大多对他这部著作中的技术思想比较陌生，而他在《道德与宗教的两个泉源》对技术的保留意见却广为人知。柏格森之所以在其学术生涯的后期对技术持保留意见，根源则在于他在《创造进化论》中对本能与理性的区分。从原则上说，这两种能力在柏格森那里是对同一个问题（以一种有效的运动对物质施加影响）的两个答案。但是，柏格森认为本能是以某些物质为基础的，而理性、智力是以某些关系或形式为基础的。理性与本能相比较是处于劣势的，因为理性所显示的只能是不连续、固体、静止，而缺乏本能所具有的直接性和必然性。它永远是象征性的，与材料本身相脱离。"智力的领域永远是一个空间，这个空间里，智力构成、分解、再构成一切物质，但是，它却失去了真正的连续性。"③

---

① ［法］梅洛-庞蒂：《哲学赞词》，杨大春译，商务印书馆2003年版，第18页。
② ［法］让-伊夫·戈菲：《技术哲学》，董茂永译，商务印书馆2000年版，第100页。
③ ［法］让-伊夫·戈菲：《技术哲学》，董茂永译，商务印书馆2000年版，第100页。

学界现在有一种观点，认为柏格森具有反对技术，特别是反对现代技术的倾向。"柏格森的反理性主义可能具有一种潜藏的反技术趋向，虽然他没有用理论的语言明确表明这种趋向（与此相反，我们已经看到，他的对人类精神进步的总体性思索中包含着技术进步的思想）。"① 柏格森完全相信可以把创造的意志描述为被动的意志，他鼓励我们服从"生命"的振动，而不是支配生命。但是十分明显的是，人类发展和增强心灵的分析能力，运用抽象概念和数字便能成为自然的主人和占有者；与其说人在生命的迷狂中，在与神的力量的交融的企图中表现出支配自然的权利意志，倒不如说人在抽象的概念和理性的计算中，在分析和世界的同一性中表现出支配自然的权利意志。"技术进步不源于与宇宙统一体交互感应的迷恋，而在于人尽可能地把世界分成许多方面，尽可能地使其定量化的努力。"②

虽然柏格森在《道德与宗教的两个泉源》中对技术有过一些比较保守的论述，但是，由于柏格森对生命，对生命的创造，对生命的自由所持的积极和正面的看法，故而柏格森并不是一个技术悲观主义者，他对技术所持的所谓保守的看法必须放在他整体上的技术乐观主义态度中来分析和理解。

柏格森的一贯观点是，生命就是创造，生命就是自由，生命就是自由插入物质的必然性并把这个必然性转为有利于它。柏格森所谈论的生命之冲动在于一种创造的需要。它不能绝对地创造，因为它面对的是物质，也就是说，它面对的是与它自身的运动相反的运动。但是它抓住这个等同于必然性的物质，并试图在物质中引入尽可能多的非确定性和自由。生命之冲动贯穿于一切物质，并且在与物质的战斗中把真正的自由展现出来。自由在人类这里获得了最高的地位。在其他路线上，生命的波浪在物质的阻力下或者消弭，或者原地震荡，有些物质停止了发展，有些则走回头路。

---

① ［波兰］拉·科拉柯夫斯基:《柏格森》，牟斌译，中国社会科学出版社1991年版，第126页。

② ［波兰］拉·科拉柯夫斯基:《柏格森》，牟斌译，中国社会科学出版社1991年版，第127页。

进化不仅仅是向前的运动；在很多情况下，人们看到的是原地踏步；而更常见的是则是偏离或者倒退。除了人类之外，生命之冲动本身就勉强维持着各种不同的物种活命，它们通向更高自由的大门早已经被关闭；从而被封闭于一个依靠本能原则生存的领域。"某些生命形式出现了，它们的活动局限于这同一个循环之中，它们的器官就是现成的工具，不再需要不断地发明工具；它们的意识已经沉睡，蜕化为本能而不是不断地激活自身以成为思想。"[1] 即便是膜翅类动物进化出完美的社会形态如蜜蜂和蚂蚁，但是它们却总是循规蹈矩，团结一致，而且一成不变。这种一成不变实际上意味着它们已经被套上了一条永恒的锁链，其自由程度仅仅限于这条锁链所允许的范围之内。而人类砸碎了这条锁链。人类社会向各种进步开放，并且不断地同自身斗争。

作为个体的人，其自由在于回到我们深层的自我，也就是我们的绵延。对于作为社会存在的人类来说，自由之路何在？作为整体的人类何谓自由？柏格森认为人类有两个来源：第一，朝向封闭的各种社会习俗、命令、规章制度等，它们低于理智；第二，朝向开放的生命之爱、希冀、企望，它们高于理智。不过柏格森认为从根本上来看人类只有一个来源"（生命）冲动"，人类社会也是奠基于生命之上的。"生命冲动同社会的关系就像从一个共同起源开始的分岔，它分裂为二：A. 生命的停顿——其形式为封闭社会，它是一种在需要保护危险中的个体时生命采取的形式……；B. 生命的回归——开放的社会，它意味着在这个社会本身中重新回归生命冲动。"[2] 生命之双重运动在人类这里不断地搏斗着：封闭社会的形式总是占据上风，它以各种规章、习俗、禁忌等僵死的形式来阻挡生命之冲动，在很长的时间内使社会稳定在某种静止状态下。生命冲动则被埋没在各种社会形式下，积蓄力量等待新的突破。

自然赋予人以制造工具的智慧。她希望人自己来制造工具，而不是像在许多动物群体那里，由它提供现成的工具。"这样，人必然是他的工具

---

[1] ［法］柏格森：《道德与宗教的两个来源》，王作虹、成穷译，贵州人民出版社 2000 年版，第 182 页。

[2] 转引自王理平：《差异与绵延》，人民出版社 2007 版，第 419—420 页。

的主人——至少在他使用它们时是如此。"①但是，既然它们是脱离他而独立存在的，那么，它们也就可能被从他那里拿走，夺取现成的工具总比自己去制造工具容易得多。这就是人类社会为什么存在战争的原因。

"长期以来，人们认为工业化和机械化自然能带来人类的幸福。而当今我们又把所遭受的一切痛苦全部归咎于这二者身上。人们说，人类从来没有如此放肆地追求快乐、奢侈和财富。似乎有一种不可抗拒的力量在越来越猛烈地驱使人去满足自己的最低劣的欲望。"②柏格森试图追溯这种冲动的起源，在他看来，既然我们向工业追求提出了指控，就让我们更仔细地检验它。柏格森主要关注的是成为人类主要目的的舒适和享受，讨论这一目的怎样发展了人的发明精神、如此多的发明怎样表明了科学的应用，以及科学怎样注定要无限扩展开来。柏格森认为，人们在以新发现满足旧需求时的满足感，从来没有使人类停止追求新的需求，更迫切、更繁多的需求总是不断地冒出来。"人类对舒适的追求像一场越来越迅速的赛跑，跑道上有越来越多的人加入了进来。当今，这一赛跑已经变成狂奔。"③柏格森认为，这种疯狂的状态应该让人类睁开眼睛。事实上只是从 15、16世纪起，人类才开始渴求更舒适的物质条件。整个中世纪禁欲主义居统治地位。如果说贵族比农夫过得好，柏格森的理解是贵族拥有更丰富的食物，此外其他方面的差异就不大了。"在生活变得越来越复杂之后，我们可以指望它回归简朴。这种回归显然不是一种确然性，人类的未来还是不可确定的，因为未来就取决于人类自己。"④

柏格森认为，从苏格拉底思想派生而来的是两个不同的信条：昔勒尼学派和犬儒主义的信条，在苏格拉底那里二者是互补的。一种认为我们应当从生活索取更多的满足，另一种认为我们根本就不应该追求享乐。两者

① ［法］柏格森：《道德与宗教的两个来源》，王作虹、成穷译，贵州人民出版社 2000年版，第 249 页。

② ［法］柏格森：《道德与宗教的两个来源》，王作虹、成穷译，贵州人民出版社 2000年版，第 255 页。

③ ［法］柏格森：《道德与宗教的两个来源》，王作虹、成穷译，贵州人民出版社 2000年版，第 260 页。

④ ［法］柏格森：《道德与宗教的两个来源》，王作虹、成穷译，贵州人民出版社 2000年版，第 261 页。

分别发展成为伊壁鸠鲁主义（享乐主义）和斯多葛主义（禁欲主义），以及所伴随的两种对立的倾向：松懈和紧张。这两个原则并存于传统的幸福观中，当今则主要追求后者。在得到舒适后，我们就渴求享乐，然后只有奢侈才能满足我们。"对舒适的持续的追求、对享乐的迷恋以及对奢侈的追逐，所有这一切都将像是一个被人吹得过胀的气球，在某个时候突然爆破而成为碎片。"①

　　许多人认为，正是机械发明引发了人对奢侈的嗜好，尤其是对舒适的追求。如果说人们普遍承认，我们的物质需求将无限地发展下去，变得更广泛、更强烈，那是因为人类似乎没有理由放弃已经开动的机械发明。并且科学越是发展，它的发现将会带来越多的发明创造。但是，柏格森认为，发明精神不是必然产生人为的需求。在现代科学发展之前就有许多机械设计被发明了。虽然机械发明是人类的一种天赋，但是，只要它还局限在实际的、可见的力量如肌肉力量、风力或水力等等之中，那么它的效果就是有限的。人类取得的进步刚开始时是缓慢的，只是在科学插手之后才突飞猛进。问题是，发明精神并不总是为人类的利益服务。"它制造了许多新需求，但它却不屑于满足大多数人的旧需求；换句话说，尽管没有忽视必要的东西，它却太关注那可有可无的东西。"② 在现代社会，仍然有成千上万的人从来没有吃饱过肚子，还有被饿死的。生产过剩只是一种假象。之所以如此，就在于工业对满足人类大大小小的需求是不太关心的，它只关心大众当时的嗜好，生产的目的是销售。人们对机械化的指责是它把劳动者变成了机器，导致高度单一的生产与人们的审美情趣大相径庭。然而，柏格森却认为，"如果机器能使工人有更多自由时间，如果工人利用这增加的空余时间去做一些有意义的事而不是沉溺于迷失方向的工业提供给人的那些所谓的享乐中，他就能发展他自己的智慧和才能，而不是满足于给予他的非常有限的东西。至于说产品的单调一致，其不利可以忽略，因为由此

----

①　［法］柏格森：《道德与宗教的两个来源》，王作虹、成穷译，贵州人民出版社2000年版，第265页。

②　［法］柏格森：《道德与宗教的两个来源》，王作虹、成穷译，贵州人民出版社2000年版，第267页。

节省下来的时间和精力使人的精神文化的发展和个性的真正发展成为了可能。"① 比如有人在提到美国人时批评他们，说他们都戴同一种帽子，但是柏格森认为，头颅才是比帽子重要的东西；而帽子是什么样子，是不是与别人相同，人们并不在意。我们反对机械化的理由却不是这个。它极大地提供了满足我们真实需求的手段，对这一服务人类是无话可说的。人们大都责怪机械化，说它过分鼓励了人为的需求，滋生了奢侈，祖护了城市而损害了农村；人们还责怪它加深了人与人之间的鸿沟，使老板与雇员、劳工与资本家之间发生对立。作为一个技术乐观主义者，柏格森认为这些现象都是可以克服的。"但那样的话，人类就得竭力简化自己的生存方式，就像过去他尽力使自己的生活复杂化一样。"② 不仅如此，柏格森还进一步认为，"那启动的力量只来自于人类，因为使发明精神以某种路线发展的，只是人类自己而不是所谓的外界因素，更不是一种机器固有的宿命论。"③

柏格森技术思想的一个重要观点是，技术是与人类的民主精神有着密切的关联的。"毫无疑问，那种后来成为机械化的东西，它最初的特征是在人开始渴求民主时被划定的。"④ 柏格森认为，机械化与民主精神的关联在 18 世纪变得十分清楚，那是当时"百科全书派"的显著特征。因此柏格森的观点是，促使发明精神发展的正是一丝民主的气息，而这种精神和人类一样古老；如果不让它放开手脚，它就不能显示充分的活力。宗教改革、文艺复兴与伟大的发明冲动的最初迹象发生于同一个时期不是偶然的。神秘主义引起禁欲主义是毫无疑问的，问题是神秘主义怎么会在被饥饿纠缠的人类那里传播开来呢？要使人超脱世俗的东西，除非有一种强有力的东西给人提供支持。"他想离开物质，就必须利用物质作为他的支持才行。换言之，神秘之物召唤出机械之物。人们并没有足够认识到这一

---

① ［法］柏格森：《道德与宗教的两个来源》，王作虹、成穷译，贵州人民出版社 2000 年版，第 267—268 页

② ［法］柏格森：《道德与宗教的两个来源》，王作虹、成穷译，贵州人民出版社 2000 年版，第 268 页。

③ ［法］柏格森：《道德与宗教的两个来源》，王作虹、成穷译，贵州人民出版社 2000 年版，第 268 页。

④ ［法］柏格森：《道德与宗教的两个来源》，王作虹、成穷译，贵州人民出版社 2000 年版，第 268 页。

点，因为由于人的瞄准有误，使机械被投向另一个方向上，这一方向的尽头不是所有人的解放而是少数人的享乐。这种意外的结果使我们吃惊，我们没有看到应该是的那种机械化，没有看到它本质的面貌。"①

根据柏格森的一贯理解，如果说人类的器官是自然的工具，那么，人类所使用的工具就是人为的器官。"工人的工具是他手臂的延长，因而人类的器具设备就是身体的延长。大自然在赋予我们智慧——其本质就是制造工具——时，也就给我们提供了某种扩展的可能性。"② 柏格森以煤和石油为例，认为以它们为动力的机器赋予我们有机体以如此巨大的扩展，使它增加了如此巨大的能量；而这种扩展和能量与有机体自身的力量和体积是如此的悬殊和不成比例，这一点当初在构造我们这一物种时是没有任何预见的。"这是人类在这个星球上的最大的物质成就，是整个宇宙中唯一的幸运。"③ 柏格森同时还认为，尽管有机体无限地扩展了，但寓居于其中的心灵却原封未动，太狭小而不能充满这个机体，它羸弱而不能指导机体的行动。由此产生了二者之间的鸿沟，产生了巨大的社会、政治和国际问题，同时也引发了旨在填补鸿沟的无数混乱无效的努力。柏格森由此得出了他的结论："我们现在所需要的是潜能的新的储藏，也就是道德的能量。所以，我们不能像前面那样仅仅说神秘之物召唤出机械之物了。我们还须补充一句，说更宏大的肉体召唤一种更宏大的心灵，机械论意味着神秘主义。"④ 在柏格森看来，机械化进程的起源比人类想象的要神秘得多。根据这一理解，机械将看到它真正的使命，将按照它的能力来为人类服务，但条件是，被机械变得更卑躬屈膝的人类能够通过机械的使用而再次站立起。一方面，一个具有创造性智慧的机体是自然所能够产生的最完整的存在，这就是人类的肉体。生命进化停止在这一无与伦比的机体上；另一方面，现在智慧将

---

①　［法］柏格森：《道德与宗教的两个来源》，王作虹、成穷译，贵州人民出版社2000年版，第270页。

②　［法］柏格森：《道德与宗教的两个来源》，王作虹、成穷译，贵州人民出版社2000年版，第270页。

③　［法］柏格森：《道德与宗教的两个来源》，王作虹、成穷译，贵州人民出版社2000年版，第270页。

④　［法］柏格森：《道德与宗教的两个来源》，王作虹、成穷译，贵州人民出版社2000年版，第271页。

工具的制造推向复杂与完美的高度，那是无力完成机械构建的自然所没有料到的；智慧把自然从未想到过的储备的能量输入机器，从而赋予人类以如此巨大的能力，这种能力是人类的肉体无法比拟的。柏格森认为，现代社会物质的障碍实际上已经消失，借助于机械化，整个人类过上舒适、闲暇生活的物质条件已经具备。假如英雄的召唤再次在耳边响起，人类不会全体都跟从，但是我们所有人都会感觉到我们应该跟随，而且我们还能看到面前的路，只要我们走在上面，它就是一条宽阔的大路。

可以说，柏格森是一个绝对的乐观主义者——他的时间维度的未来是一个充满危机和希望的未来，即便我们处于绝望的深渊，希望也永远是潜在着的。我们唯一需要的是重新唤起我们内在的生命冲动，在物质的世界中用我们最深层的自我生命不断战斗。我们生命的欢乐和自由就是要创造，要带着物质或者说踩在物质之上向前创造，而不是绑在物质上尽情享乐，最终在物质的沉迷中遗忘掉生命最本源的意义。"对舒适的持续的追求、对享乐的迷恋以及对奢侈的追逐，所有这一切都将像是一个被人吹得过胀的气球，在某个时候将突然爆破而成为碎片。"①面对这样的危险，我们需要回到自己的存在本身，回到那个作为整体的深层自我，回到内心深埋着的生命之流，带着生命原初的力量，自信而坚定地朝向未来创造。物质既是我们的敌人，也是我们的盟友。作为盟友我们必须活在它里面，但是作为敌人我们又必须抛弃它。生命是永远跋涉的武士，是没有固定居所的存在，若以物质为家那是它的死期。生命的家就是它自身的存在，它从不停留在物质的某处，所以它才是真正自由的。"事实上，如果我们对生存怀有确信，我们是不可能想到任何别的东西的。我们的享乐虽然还在，但已经大大褪色，因为它因我们的沉溺才显得强烈。那些享乐会像黎明时分熄灭的街灯。健康的欢乐将隐没掉享乐的影子。"②在柏格森看来，只要在我们的生存中，找到那个绝对不屑停驻于物质享受的生命本身，我们就

①　［法］柏格森:《道德与宗教的两个来源》，王作虹、成穷译，贵州人民出版社 2000 年版，第 265 页。
②　［法］柏格森:《道德与宗教的两个来源》，王作虹、成穷译，贵州人民出版社 2000 年版，第 277 页。

能够真正体验到那种生命的欢乐，那种真正自由的欢乐。

　　同海德格尔一样，柏格森晚年也对技术进行了深刻反思。海德格尔是一个悲观主义者，柏格森则是一个乐观主义者。不过不能把柏格森的乐观主义理解为鼓吹技术，因为柏格森的技术观是建立在批判基础上的反思——他不仅看到了技术为人类带来的空前灾难（机器战争），而且看到了技术对人的异化即工业化。柏格森认为，一方面，人类在呻吟，技术带来的进步快要把人类自己给压碎了；另一方面，我们看不到人类放弃机器发明这条路的理由，因为对人类来说制造工具是我们智能的根本能力，也是人类得以区别其他动物的标志。机器发明是一种自然的赠礼，"这是人类在这个星球上的最大的物质成就，是整个宇宙中唯一的幸运。"①柏格森充分肯定人类技术发明的现实意义。柏格森对技术的批判不在于技术本身，而在于它的服务对象和组织技术生产的社会制度。技术工业制造了数不清的新需求；尽管它可以做到，但是它根本不在乎确保大多数人的旧需求的满足。技术工业制造了丰富的产品，但是它却过于满足奢侈人士的可有可无的过分欲望，或者过于满足人们当前的新的欲望；工业社会生产就是为了销售，却不考虑它生产的东西是不是真的过剩和过时了，产品卖不出去就没办法创造新的产品。柏格森的技术批判，首先是要为技术发明本身洗刷罪名，因为在他看来真正的罪恶并不在于技术本身，而在于人自身，在于我们的封闭社会所采用的制度。在这种制度下，饿着肚子的人在生命线上苦苦挣扎，但是那些有钱的太太老爷们却在机器生产出来的各种可有可无的奢侈品面前装腔作势地挑三拣四。

　　不过，在柏格森眼中技术本身也不是绝对无辜的，是技术把劳动者变成了机器，人类被异化，被固定在机器上，成为机器的一个零件。对于人类来说，工具首先是人类手的延伸，是人类的一部分，可是现在人类反而成了机器体系的一个零件。然而，柏格森毕竟是乐观主义者，他还是看到了技术光明的一面："如果机器能使工人有更多自由时间，如果工人利用这增加的空余时间去做一些有意义的事而不是沉溺于迷失方向的工业提供

---

　　①　［法］柏格森：《道德与宗教的两个来源》，王作虹、成穷译，贵州人民出版社2000年版，第270页。

给人的那些所谓的享乐中，他就能发展他自己的智慧和才能，而不是满足于给予他的非常有限的东西。"①另外，柏格森还认为，尽管技术使机器生产加剧了人与人之间的鸿沟，以及雇主和工人之间的矛盾，但是他还是认为，"所有这些现象都是可以克服的，机器会成为人的最好助手"。②柏格森认为，解决这些矛盾必须依靠超人用他们的伟大心灵来重新捕捉被机器世界淹没了的生命冲动，从而将我们带向新的社会。我们不相信历史中的决定论。只要意志力足够，就没有不能打破的障碍。尽管现代的封闭社会采取了强大的机械技术，人类仍然能够在仁人志士的带领下创造新的历史。到那时机器的真正使命在于为人类服务，而不是奴役人类。

四、伯格森技术思想：影响与启示

海德格尔哲学是胡塞尔现象学与柏格森等生命哲学的集大成者。如果说海德格尔在方法上更接近胡塞尔，那么他在观点和立场上更接近柏格森。问题是：在生命、人生很多问题上看法非常接近的海德格尔和柏格森，为什么在对技术的看法上存在着实质性的差异呢？通过对柏格森技术思想的分析可以对这一问题给出一个回答：在海德格尔那里，技术对此在生存是非本质性的——早期的用具让此在沉沦于日常的非本真生存，晚期的技术（现代技术）不是"天地神人"四重整体的聚集，因而是不完整的，不能让此在走向无限的存在。与此相反，对于柏格森来说，尽管技术在生命进化的过程中有这样那样的缺陷或不足，但它毕竟是生命进化不可或缺的环节，是人类在这个行星上"最大的物质成就"，是整个宇宙中"唯一的幸运"——"最大"、"唯一"，这就是柏格森对技术的评判。

人们在评价柏格森的技术观时存在着很大的误解。"柏格森的反理性主义可能具有一种潜藏的反技术趋向，虽然他没有用理论的语言明确表明

---

① ［法］柏格森：《道德与宗教的两个来源》，王作虹、成穷译，贵州人民出版社2000年版，第267—268页。

② ［法］柏格森：《道德与宗教的两个来源》，王作虹、成穷译，贵州人民出版社2000年版，第286页。

这种趋向。"① 人们之所以认为柏格森的生命哲学存在着反技术的趋向，是因为在柏格森那里技术（主要是无机或非器官化技术）是与理智而非本能联系在一起的，理性、智力的各种缺陷和不足都集中体现在技术身上。虽然柏格森认为直觉前进在生命自身的方向上，按照物质运动来支配自己的智力走向了生命的反面，但是不能由此得出技术也处于生命的对立面——技术按照物质的规律来运行并非是为了让生命屈从于外界的物质，而是借助于物质这一机械的力量来实现自己在世的生存。技术的必要性同这样一个生物学事实相关："有一个躯体，而这个躯体是需要维护、延续的。技术以极为浓重的色彩表现出生物学人类的动物属性。"② 动物失去本能难以存活，人类离开技术会自生自灭。

什么是生命？根据柏格森的理解，生命是漂浮在水面的精神，这种精神要想生存，也就是"在—世界中—存在"，它需要借助于一种自我展示或自我外化的工具，首先是有机工具，然后是无机工具，最终是有机化的无机物，只有这样它才能克服物质的障碍，实现自己在世的存在。生命不是纯粹的精神，而是一种既具有精神性、又具有肉体性的"二元"存在，这一点在人类身上最为明显。人类与世界的交往模式是："纯粹记忆（'灵魂'或精神）——记忆—知觉——身体（行动中枢）——纯粹知觉——物象（'物质'世界或宇宙）。"③ 这是一个动态的活生生的模式，是一个不可分割的模式，身体在其间作为行动的中枢，把"物质"与"精神"这两个貌似水火不容的东西连接成一个有机的整体。动物只有"内在"的身体即自身器官，人类有外在的身体（人造器官）。只有借助于外在的器官也就是技术，人类才能够更好地与世界交往。生命冲动必须经过技术这一"岔口"，只有冲破这一岔口，生命才能实现更充分、更自由，同时具备更多可能性的发展。这就是柏格森的技术观给我们的启示。

---

① ［波兰］拉·科拉柯夫斯基：《柏格森》，牟斌译，中国社会科学出版社1991年版，第126页。

② ［法］让-伊夫·戈菲：《技术哲学》，董茂永译，商务印书馆2000年版，第3—4页。

③ 莫伟民、姜宇辉、王礼平等：《二十世纪法国哲学》，人民出版社2008年版，第49—50页。

第四章　斯宾格勒：技术与“西方”的没落

　　奥斯瓦尔德·斯宾格勒（Oswald Spengler，1880—1936），德国著名哲学家、历史学家和文学家。斯宾格勒于1880年出生于一个邮政官员家庭，先后在慕尼黑、柏林、哈雷等地求学，最后以赫拉克利特为博士论题于1904年在哈雷—维滕贝格大学获得博士学位。毕业后他先是在中学任教，后专事学术研究和私人写作。其主要著作除《西方的没落》（1918）之外，还有《普鲁士的精神与社会主义》（1919）、《人类与技术》（1931）等。《西方的没落》研究的是以西方为起源和代表的工业文明的兴起和没落的过程，其中涉及对技术的探究。不过，该书研究技术的“机器”一章（该书最后一章）非常薄弱，它不仅篇幅最为简短，而且论点暧昧不清。有鉴于此，1931年斯宾格勒出版了《人类与技术——生命哲学文集》一书，从人类学角度追述技术与人的关系，进一步厘清技术在西方没落过程中所起的作用。下面我们以这两部著作为来源，分别描述斯宾格勒这位生命哲学家、历史学家的技术思想。

一、生命哲学——斯宾格勒技术思想的哲学基础

　　19世纪初期的德国，一方面伴随着现代民主政治的发展和科学技术在日常生活中的广泛运用，另一方面伴随着军国主义的崛起和社会主义思潮的涌动，在欧洲尤其是在德国的思想界，普遍弥漫着一种文化危机的价

值重估的倾向。斯宾格勒的任务，就是通过引入比较形态学，而非类型学的方法，通过对不同文化形态作观相的研究，来揭示西方文化走向没落的历史必然性，而现代民主政治、军国主义、技术主义、大都市经济等等都作为西方文化的历史象征被编织到一个整体的文化图像中加以说明。

斯宾格勒历史哲学的背景是 19 世纪上半叶的浪漫主义史学。浪漫主义史学至少在三个方面不同于 18 世纪的理性主义史学。首先是以"有机体"的观念取代机械的因果观念。如果说 17 世纪和 18 世纪的科学女王是数学和物理学，那么 19 世纪居于这一位置的是生物学。"有机体"的观念就是从生物学那里借用过来的。依据这一观念，人类社会及其文化的发展犹如植物的生长一样，不是因果的直线式进行，而是自身作为一个自足的整体，依循从出生到衰老与死亡的进程不断地自我循环。如果要找斯宾格勒与同时代的互动，互动的对象不是狄尔泰或布克哈特，而是达尔文主义。斯宾格勒对达尔文主义进化论模式的改造，运用的却是 19 世纪上半叶的生物学精神，即将每一种生命、每一个文化有机体视作是一个独立的循环单位，都有着自己的生命周期，有着自身的命运必然性。

虽然斯宾格勒很少使用"生命哲学"这一概念，但毫无疑问的是，生命哲学是斯宾格勒历史哲学和文化哲学的形而上学基础。斯宾格勒的生命哲学始于对康德形而上学的批判，在他看来，康德哲学研究的是作为自然的因果的经验世界，而他的哲学则是要研究作为历史的有机的生成世界。在 19 世纪下半叶，有两种生命哲学都与对康德哲学的重估有关：一种是叔本华的意志哲学，它用"意志"取代康德的"物自体"，从而使得表象的世界和生命的世界的面貌焕然一新；另一种是狄尔泰等所代表的"新康德主义"学派，他们更侧重从知识论的角度出发，用"生命理性"或"历史理性"的批判来弥补康德"三大批判"的不足，由此确立了一种基于"理解"的生命哲学。斯宾格勒的生命哲学是为说明文化的起源和发展而提出的。斯宾格勒的"文化"是一个十分宽泛的概念，它既指人类生命的一切表现性的活动，更指具有醒觉意识或自我意识的生命的一种自由的"符号"创造行为。前者以血液与土地、种族与家族等为基础，体现了生命最深层的大宇宙的特性，如节奏、时间、生成等，后者以自由的、创造的醒觉存在为基础，体现了生命属于小宇宙的特性，如张力、空间、已成等等。

斯宾格勒发挥了歌德的"活生生的自然"的观念，认为所谓的"活生生的自然"就是一种原始的生命力，一种基本的宇宙冲动，其基本的特性就是要在一个对象上表现自身、实现自身，由此形成了人类历史中的各种文化现象。"政治形式与经济形式、战争与艺术、科学与神祇、数学与道德。所有这一切，不论变成了什么，都只是一种象征，只是心灵的表现。"①

斯宾格勒的哲学是一种文化历史哲学，一种文化形态学，这一哲学主要奠基于三组对立的范畴："作为自然的世界"与"作为历史的世界"、"系统的形态学"与"观相（直观）的形态学"、"历史的托勒密体系"与"历史的哥白尼体系"。"作为自然的世界"（自然）与"作为历史的世界"（历史）是人们用来描述世界的两个相互对立的范畴，前者把世界看作是已经生成的，是可用因果关系和科学定律加以把握的，后者则把世界看作是正在生成的，是只能凭直觉去观察和体验的，所以前者是"科学的经验"，遵循的是"空间的逻辑"和因果必然性，后者是"生命的经验"，遵循的是"时间的逻辑"和命运的必然性。

把世界中的一切视作是存在之流的精神表现，斯宾格勒认为，这才是哲学的使命所在。"这些历史学家有谁知道，在微积分和路易十四时期的政治的朝代原则之间，在古典的城邦和欧几里得几何之间，在西方油画的空间透视和以铁路、电话、远程武器进行的空间征服之间，在对位音乐和信用经济之间，原本有着深刻的一致性呢？"②如果不是从系统的形态学，而是从观相的也就是直观的形态学出发，即使是平凡单调的政治事实，也具有一种象征性的、甚至形而上的性质："埃及的行政制度、古典的钱币、解析几何、支票、苏伊士运河、中国的印刷术、普鲁士的军队以及罗马人的道路工程，诸如此类的一切全都可以当作象征看待"③。所有这一切外在

① ［德］斯宾格勒:《西方的没落》第1卷，吴琼译，上海三联书店2006年版，译者导言第16页。

② ［德］斯宾格勒:《西方的没落》第1卷，吴琼译，上海三联书店2006年版，第5—6页。

③ ［德］斯宾格勒:《西方的没落》第1卷，吴琼译，上海三联书店2006年版，第6页。

的表现形式，都可以看作是生命在去存在过程中借以实现自己的在世存在的手段。

斯宾格勒对生命的分析是从动物与植物的对比中开始的，他的这一比较是在《西方的没落》第二卷第一章"宇宙与小宇宙"进行的。在这一章中，斯宾格勒对植物与动物的区分做了非常精彩的描述。黄昏时分，当我们看到花朵一朵接一朵地在落日中闭合的时候，我们不由得会产生一种非常奇异的感觉，也就是面对茫茫大自然中的梦幻般的生存所产生的不可思议的恐惧感。然而，不管是沉默的树林，寂静的田野，还是这里的一丛矮树，那里的一条细枝，它们本身并没有什么自由，它们自身没有什么摆动，戏弄它们的乃是那习习的微风。不管是在花丛之中，还是在沼泽地之上飞行的小小的蚊虫反而是自由的，它们在黄昏的微光中舞动，想去哪里就去哪里。

一颗植物，不管是一只微不足道的小草，还是一棵参天大树，它们就其本身而言都是无足轻重的，它们只是构成风景的一部分，它们只是因某一机缘而在某个地方落地生根。无论是朦胧的月光，沁凉的寒风，还是一朵朵花朵的闭合，这些既不是因，也不是果，既不是威胁，也不是对威胁的有意的反应。它们是一种单纯的自然过程。"个体的植物，既不能自由地为自身期待什么，也不能自由地为自身希望和选择什么……反之，动物可以选择。"[①]与植物不同的是，动物已经从世上一切其余事物的拘役中解脱出来。这一群蚊虫在不停地飞舞，那一只离群的小鸟在黄昏中飞翔，在斯宾格勒眼中，这些是另一个大千世界中动物自身的小世界。水滴上的微生动物，尽管小得人类肉眼无法感知，尽管它们生存的时间极其短暂，并且只能以水滴的一角作为生存的领域，但是在宇宙面前它是自由而独立的；而那参天大树，虽然它的叶子上悬挂着无数的水滴，可它既不自由，也不独立。"拘役和自由——在最终和最深刻的分析中，即是我们借以区分植物性的生存与动物性的生存的差异所在。然而，只有植物整个地和完全地是本然的存在；而在动物的存在中，就含有二元对立的成分。植物就

---

① ［德］斯宾格勒：《西方的没落》第 2 卷，吴琼译，上海三联书店 2006 年版，第1 页。

是植物；而动物除了植物的性质之外，还包括其他的性质。①

植物与动物是两种不同类型的存在的名称。"植物是属于宇宙一类的东西，而动物则除此之外还是与大宇宙有关的小宇宙。当生物单位就这样把自己和万有（the All）分离开来并能规定它在万有中的位置时，且只有到这个时候，它才能变成一个小宇宙。就连处于伟大的循环中的各个行星，也受到拘役，只有这些小世界，能自由地相对于大世界运动"②。在这些小世界的意识中，大世界就是它们的周围世界，也就是它们的环境。只有通过小宇宙的这种个体性，其他的东西，包括行星乃至宇宙，它们才能获得"实体"的意义。

一切宇宙的东西都有周期性（periodicity）的标志，或者说具有"节奏"（beat），而一切小宇宙的东西都有极性（polarity），或者说具有"张力"（tension）。实际上，一切醒觉的状态本质上都具有张力——感觉和对象、原因和结果、事物和属性之间的张力，而当松弛的状态出现时，对立的各方立刻显出疲惫，不久就沉入睡眠之中，取代生命的小宇宙状态。"一个睡着的人，解除了所有的张力，仅仅过着一种植物性的生活。"③宇宙节奏是可以用方向、时间、节律、命运、渴望等字眼来解释的一切东西。尽管有小宇宙在空间中的自由运动，可宇宙循环的这种节奏仍在持续进行，并且时时刻刻都在打破醒觉的个体存在的张力，打破不同小宇宙之间的壁垒。

斯宾格勒把我们对宇宙节奏的感知称之为"感觉"（feel），而把对小宇宙的张力的感知称之为"感受"（feeling），以便突出生命普遍性的植物性的一面与生命特殊性的动物性的一面之间的明确区分。前者的标记始终是周期性节奏，甚至是与星辰的大循环有关的和谐；后者则存在于光和光照的对象之间、认知和被认知的对象之间。斯宾格勒认为，对于人类来

---

① ［德］斯宾格勒：《西方的没落》第2卷，吴琼译，上海三联书店2006年版，第1—2页。

② ［德］斯宾格勒：《西方的没落》第2卷，吴琼译，上海三联书店2006年版，第2页。

③ ［德］斯宾格勒：《西方的没落》第2卷，吴琼译，上海三联书店2006年版，第2页。

说，血液是生存的象征。从出生到死亡，从母体输入再由子体输出。祖先的血液流过后代的子子孙孙，把他们束缚在命运、节奏和时间的巨大链条之中。生物体内的植物特性驱使它们为了在自己身后维系永恒的循环而生殖自身，一种伟大的脉动—节奏（pluse-beat）通过所有特立独行的心灵而发挥作用，充实、驱使、遏制并常常毁灭着。这是一切生命秘密中最深刻的秘密。

像血液的宇宙循环一样，感觉的区分活动原本是一个统一体，能动的感觉始终也是理解的感觉。只是发展到一定阶段之后，感觉和对感觉的理解不再是同一的。最后，有一种最高的感觉将从其他感觉中发展出来，那就是动物的眼睛，以及作为其对立面的光。从此以后，生命便可以通过眼睛的光的世界来加以把握和理解。正是在这种光的世界之中，那有视觉的人群在这个小小的星球的表面四处漫游，并发现光的环境乃是整个生命的决定性要素。由此出现了一个非常明确的区分，只不过我们常常使用的"意识"一词模糊了这一区分，那就是斯宾格勒所说的存在或"此在"（being there）与醒觉存在或醒觉意识之间的区分。在斯宾格勒这里，存在或"此在"与醒觉存在或醒觉意识之间的区分具有非常重要的意义。存在具有节奏和方向，而醒觉存在则具有张力和广延。"在存在中，是命运主宰一切，而在醒觉意识中，只是区分原因和结果。前者的基本问题是'何时和何以'，后者的基本问题是'何地和如何'。"[1]

所有植物过的都是没有醒觉意识的生活，而在睡眠中，所有生物亦变成植物，极性与周围世界的张力消失，可生命的节奏仍在继续。植物只知道其对于"何时"和"何以"的关系。譬如，初生的绿芽从寒冷的大地中滋生，蓓蕾饱满，百花怒放，争奇斗艳，瓜熟蒂落，这全部的过程都是欲望着实现一种命运，都是对于"何时"的渴求。然而，"何地"对于植物的存在来说是没有任何意义的。"何地"是醒觉的人每日用以重新确定自己相对于世界的方位问题，因为只有存在的脉动—节奏是世代相传的，而醒觉意识对于每个小宇宙而言都意味着重新开始。植物只有生殖，动物则

---

① ［德］斯宾格勒：《西方的没落》第2卷，吴琼译，上海三联书店2006年版，第5页。

是诞生，生殖是生命绵延的保证，而诞生则是一个开端。不同于动物，植物，"它就'在那里'，既无醒觉，亦无诞辰，它只是在自己的周围扩展出一个感觉世界。"①

随着生命的不断进化，人类诞生了，人类的问题也就摆在了我们面前。在人类的醒觉意识中，没有什么东西能干扰眼睛当下的绝对统治地位。对于我们来说，所存在的唯一空间就是视觉空间，在那里可以找到其他感觉视觉的残余，它们作为光照事物的属性和效果而存在。因此，人类的思维其实就是一种视觉思维，我们的概念是得自视觉的，我们的逻辑世界的整个结构其实就是想象中的一个光的世界。"这种感觉的缩小过程和随之而来的深化过程，不仅使我们的一切感觉印象都适用于视觉印象并按视觉印象来整理，而且也使动物所知的无数的思想交流方式被单一的语言媒介所取代，这种语言媒介是光的世界中的一座桥梁，它把相互呈现于对方的肉眼或想象之眼面前的两个人沟通起来。"②

斯宾格勒把感官印象与感官判断做了区分。虽然在蚂蚁和蜜蜂中感官的重心已经明显转移到了醒觉存在的判断方面，但是，唯有在语言的影响之下，感觉和知性之间的明确对立在能够在醒觉意识中确立起来，这种张力关系在动物界是不可想象的。正是伴随着语言的发展，知性从感觉的束缚下解放出来。同时，也正是借助于声音从实际的观看中得出和分离出来的理解方式，才在事实上明确地把一般动物的醒觉意识和继起的纯粹的人类的醒觉意识区分开来。"这样的醒觉意识的出现为一般的植物性的生存和特殊的动物性的生存之间划定了一个界限。"③

脱离了感觉的知性可称之为思维，而思维一出现就把一种永久的断裂引入了人类的醒觉意识。思维从一开始就把知性和感觉分别规定为高级的心灵力量和低级的心灵力量。它在视觉的光的世界和想象的世界之间确定

---

① ［德］斯宾格勒：《西方的没落》第 2 卷，吴琼译，上海三联书店 2006 年版，第5页。

② ［德］斯宾格勒：《西方的没落》第 2 卷，吴琼译，上海三联书店 2006 年版，第7页。

③ ［德］斯宾格勒：《西方的没落》第 2 卷，吴琼译，上海三联书店 2006 年版，第8页。

了决定性的对立，前者被描述一种虚构和幻觉。从此以后，对于人类来说，只要他在"思考"，想象的世界就是真实的世界，就是世界本身。就这样，当思维变得独立的时候，它就为自己找到了一种新的活动方式。"在实用的思维之外，新增了一种理论的、具有穿透力的、精细的思维，前者针对的是周围世界中的光照的事物的结构，且总是基于这样或那样的实用目的，后者则旨在建立这类事物'本身'的结构，即事物的本质结构。"①借助于思维，人类相信，他内在的慧眼是可以正确地看透事物的实际目的的。

由此一来，理论思维在人类醒觉意识中的发展引起了一个新的冲突，即存在—生存与醒觉存在—醒觉意识之间的冲突。在动物的小宇宙中，生存和意识在一个自明的生命统一体结合在一起，这种小宇宙知道，意识仅仅是生存的奴仆。然而，一旦知性形成了思维的概念，它就把实际的生命与可能的生命区分开来。在野兽身上根本不可能的事，在我们每个人身上不仅变得可能，而且变成一个事实。成熟的人类的全部历史及其全部的现象，都是由此而形成的。

生命与命运，知性与思维，到底哪个会占据统治地位呢？"植物性的宇宙，即负载着命运、血、性的存在，具有一种古老的优势地位，并一直保持着这一地位。它们即是生命。其他的东西只是为生命服务的。但是，这其他的东西不愿去服务，而是想去统治；并且，它相信它已经在统治，因为人类精神所提出的最确定的诉求之一，就是要求拥有控制身体、控制'自然'的力量。"②之所以如此，是因为人类要求更大的自由。问题是：这种信念本身不正是对生命的一种服务吗？为什么我们的思想要这样做？难道是"彼物"要求它这样去做？当思想把身体称作是一种概念时，当它确定了身体的可怜处境并使有血气的声音归于沉寂时，思想就显示了它的力量。"但是，事实上，那血气仍在统治，因为血液在默默地主宰着思维活动的开始与终止。言语和生命之间还有一个区别——没有意识，没

---

　　① ［德］斯宾格勒：《西方的没落》第 2 卷，吴琼译，上海三联书店 2006 年版，第 8 页。

　　② ［德］斯宾格勒：《西方的没落》第 2 卷，吴琼译，上海三联书店 2006 年版，第 9 页。

有知性的生命，存在照样是存在，但反过来就不行。"①

在对世界的关系上，人类是不同于一般动物的。虽然思维固执地相信自己在生命整体中具有极高的地位，虽然人类是一种能思的存在，但绝不能由此认为，人类的存在就在于思考。思维的目标是真理，而真理是绝对的和永恒的，它们和生命再也没有任何关系。但是，对于动物来说，没有真理而只有事实存在。既然如此，那么，动物是如何适应其周围世界的呢？"醒觉意识是由感觉和知性组成的，它们的共同本质便是不断地自我调节，以适应大宇宙。"② 在这个限度内，醒觉意识与确定性是同一的，不论我们考虑的是鞭毛虫的触觉还是最高等级的人类思维。当我们谈到"原因"和"结果"的时候，我们所关心的不是命运的事实，而是因果的真理，不是"何时？"，而是法定的依存关系。人类从日常活动的近在眼前的事物的这些直接打动他的对立面出发，作出一系列无穷无尽的结论，直到对自然的结构中最初和最后的原因给出说明。

作为真理是超越时间的，但醒觉意识的实际世界是充满变化的。动物对此一点也不会感到惊奇，只有思想会因此感到无所适从。尽管世界是作为无时间的东西被认知的，但是时间因素仍然依附在它身上——张力体现为节奏，方向则与广延相联系。小宇宙终究是依附于大宇宙的。"生命没有思维照样可以存在，但思维只能是生命的一种形式。思维给自己定的目标尽管很高，可事实上，生命总会为了自己的目的利用思维，给思维一个与解决抽象问题全然无关的活目标。对于思维来说，问题的解答有正确与错误之分——对于生命来说，这些解答只可分为有价值的无价值的。"③

在人的觉醒意识中轮番出现的无数场景可分为不同的两类：命运和律动的世界，原因和张力的世界，斯宾格勒把它们分别称之为"作为历史之世界"和"作为自然之世界"。"作为历史之世界"和"作为自然之世界"

---

① ［德］斯宾格勒:《西方的没落》第 2 卷，吴琼译，上海三联书店 2006 年版，第 9 页。

② ［德］斯宾格勒:《西方的没落》第 2 卷，吴琼译，上海三联书店 2006 年版，第 11 页。

③ ［德］斯宾格勒:《西方的没落》第 2 卷，吴琼译，上海三联书店 2006 年版，第 12 页。

是两种不同的图像，在前一种图像中，观察者委身于永不重复的事实，而在后一种图像中，观察者则力图为一个永久有效的体系找到真理。在历史图像中，知识不过是一种辅助物，宇宙的事实利用小宇宙的事物，此时的事物为我们生存的律动所环视。在自然或科学的图像中，那始终在场的主观的东西是外在的和幻觉性的。因此，每一组科学地确定下来的要素都有双重倾向——这一倾向自原始时代以来从未改变。"一种倾向是竭尽所能地想提出一个技术知识的体系，以服务于实际的、经济的、军事的目的，许多种动物已把这类体系发展到了相当完善的程度，并从它们开始，通过原始人及其对火和金属的认识，直接导向了我们的浮士德文化的机械技术。"①"另一种倾向只是借助于语言把严格的人类思维从肉体的视觉中分离出来才形成的，它努力的目标是一种同等完善的理论知识，这种知识我们在文化的早期阶段称之为宗教的知识，而在文化的晚期阶段则称之为科学的知识。"②

　　作为动物，必须生活在一个世界之中，那么，作为动物中的一种的人类又该如何呢？远古的人类是一种四处奔走的动物，一种其醒觉意识在生活的道路上不停地摸索的存在，它整个地就是一个小宇宙，不受地点或家庭的奴役，感觉敏锐但又充满不安，总是警觉地驱逐着某些敌对的自然因素。首先，由于农业的缘故而发生了一次深刻的转变——因为农业是一件人为的事，猎人和牧人同它都没有接触。"挖土和耕地的人不是要去掠夺自然，而是要去改变自然。种植的意思，不是要去获取什么，而是要去生产某些东西。但是，人自己也因此变成了植物——就是说，变成了农民。他扎根于他所照料的土地，人们在乡村发现了一种心灵形态，而一种新的束缚于土地的存在，一种新的情感也自行出现了。"③正是借助于农业这一生命历史上的新的生命存在形式，也就是借助于农业中所使用的人类

---

①　［德］斯宾格勒：《西方的没落》第2卷，吴琼译，上海三联书店2006年版，第19页。

②　［德］斯宾格勒：《西方的没落》第2卷，吴琼译，上海三联书店2006年版，第19页。

③　［德］斯宾格勒：《西方的没落》第2卷，吴琼译，上海三联书店2006年版，第78页。

以前没有使用过的新的技术形式，人类与自然形成了一种新的关系、一种新的情感。敌对的自然变成朋友，土地变成了大地母亲（Mother Earth）。比如说，农民的住宅是定居的伟大象征，它本身就是植物，它的根深深地种植在"自己的"土壤中。

自远古的人类到农业社会又到今日的工业社会，人们与世界的关系不断地发生着变化。这使得世界城市的人们只能在这种人工的立足之地上生活下去的原因，是由于在他的存在中，宇宙节奏的脉动越来越弱，而他的醒觉意识的张力却越来越危险。在一个小宇宙中，是动物性的、醒觉的方面与植物性的、存在的方面，而不是相反。"节奏与张力、血气与才智、命运与因果，彼此间的关系就好像繁花盛开的乡村对石头堆砌的城市、自在的存在物对依赖的存在物一样。没有宇宙脉动所激活的张力，生命就不过是走向虚无的过渡。"① 然而，文明不是别的，就是张力。

自冰河时代开始，居住在地球上的是人而不是"民族"。民族的命运决定于这样一个事实，即父子间的肉体延续、血缘的纽带形成了自然的群体，这揭示了一种想在某一景观中扎根的确定倾向。由此，生命、存在的宇宙的—植物性的方面，便被赋予了一种绵延的特性。斯宾格勒认为，这就是"种族"。种族的血统的循环是通过生殖关系在某个狭小或宽广的景观中来进行的。这些人在醒觉意识、感受性和理性上也具有生命的小宇宙的、动物性的方面。一个人的醒觉意识与另一个人醒觉意识发生关系的形式被斯宾格勒称之为"语言"。人的种族方面的起源、发展和绵延期，与人的语言方面的起源、发展和绵延期完全是相互独立的。种族本能和语言精神是两个不同的世界，"时间"和"渴望"这两个词的最深刻意义属于种族，而"空间"和"恐惧"这两个词的意义属于语言。"在世上，既有存在之流（currents of being），也有醒觉存在的联系（linkages of waking-being）。前者有观相，后者则是基于体系。"②

---

① ［德］斯宾格勒:《西方的没落》第 2 卷，吴琼译，上海三联书店 2006 年版，第 90 页。

② ［德］斯宾格勒:《西方的没落》第 2 卷，吴琼译，上海三联书店 2006 年版，第 100 页。

　　每一个民族都有自己的生存，那么，每一个民族的生存又包括哪些方面呢？斯宾格勒认为，经济和政治是同一活生生地涌动的存在之流的两个方面，而不是醒觉意识即心智的两个方面。它们当中的每一个都体现了宇宙涌流的脉动，这涌流就潜藏在个体生存的代代相继中。它们二者都属于种族。因此，生命有与历史相适配的政治"状态"和"经济"状态。虽然政治和经济都是生命的不同表现形式，不过，斯宾格勒认为，政治状态无条件地是第一位的。生命的意志就是要保持自己并出人头地，就是要使自己变得更强。

　　综上所述，斯宾格勒的哲学可以被称之为"世界历史形态学"，这一形态学的确立有待于"生命"、"文化"、"世界历史"这三个概念，其中最基础性的是"生命"概念。斯宾格勒把"生命"或"宇宙存在"视作是一个有机的活物，有生有死，有其节奏和命运，也就是有其绵延的周期和表现的形式，不论是植物的生命还是人类的生命莫不如此。斯宾格勒不仅认为生命是一个有机体，而且认为有意识的生命作为一种活的存在总是要表现自身，而文化则是生命表现的容器，每一文化的本质与命运皆是与生活于该文化中的生命的种族性相联系的，生命把自身表现为各种形式，形成为各种象征。在生命的这些形式和象征之中，技术是非常重要的一个方面，斯宾格勒甚至把技术称为生命存在的策略。下面我们就来看斯宾格勒是如何在生命哲学这一框架之下来分析技术的。

二、《西方的没落》中的技术思想

　　斯宾格勒在《西方的没落》一书中对技术论述最集中的地方，是他在第二卷第十四章"经济生活的形式世界（B）机器"中对机器这一现代技术的代表的批判。斯宾格勒认为，技术同生命是同时产生与形成的。"技术同自由活动的生命本身一样古老。"[①] 只有植物——就我们所能看透的自然来说，是技术发展程序的纯粹舞台；至于动物，"由于它是活动的，有

---

　　① ［德］斯宾格勒：《西方的没落》第 2 卷，吴琼译，上海三联书店 2006 年版，第 463 页。

一种运动的技术，因而它可以滋养和保护自身。"① 事实上，不仅在植物那里，只是技术发展的程序在默默地起作用，根据我们今天对技术的理解，在一般的动物那里，技术，或所谓的身体技术也只是技术的程序在默默地起作用。动物的身体的作用，在今天我们很难还把它称之为技术的活动。它只是"技术发展程序的纯粹舞台"。这一点是我们在研究斯宾格勒的技术思想时必须注意到的。

人类是一种在大自然面前可以觉醒自己的存在，而一个醒觉的小宇宙与其大宇宙——"自然"——之间的原始关系，就这样经由诸感官而来的一种触觉，这触觉可以从单纯的感官印象上升到感官判断，因而它已能以批评的方式（即甄别的方式）发挥作用，或者以因果分析的方式发挥作用。然后，那已确定的一系列东西被扩大为一个由最原始的经验所组成的、极其完整的体系，因为有了这一自发的方法，人们才能在自己的世界里感到得心应手；在许多动物的情形中，这种方法使它们具有了异常丰富的经验，还没有一种人的科学能够超越这类经验。但是，"原始的醒觉存在永远是一种能动的存在，与各色各样的纯粹理论全然无关，因而，这种经验是在日常生活的微小技术中，在其自身无有生命的东西身上无意中获得的"。② 根据斯宾格勒的理解，所有原始的醒觉存在都具备在无有生命的东西身上无意获得的微小的生活技术，这是斯宾格勒对技术源头的一种解读。

斯宾格勒对技术的这一源头进行了更加详细的论述。"不仅原始人和儿童，而且高等动物，都能自发地从日常的微不足道的经验发展出一个自然的意象，把所观察到的经常发生的技术暗示尽数囊括其中。"③ 鹰"知道"在什么时机扑向猎物；孵蛋的鸣禽"知道"貂从何处靠近；鹿"知道"在哪里可以找到食物。在人身上，所有感官的这种经验变得狭隘了，可眼睛

---

① ［德］斯宾格勒:《西方的没落》第 2 卷，吴琼译，上海三联书店 2006 年版，第 463 页。

② ［德］斯宾格勒:《西方的没落》第 2 卷，吴琼译，上海三联书店 2006 年版，第 463 页。

③ ［德］斯宾格勒:《西方的没落》第 1 卷，吴琼译，上海三联书店 2006 年版，第 376 页。

的经验更敏锐了。但是，随着现在外加上了语言交流的习惯，理解活动逐渐从看中抽离出来，并从此以后独立发展成为推理的能力；接着又在即刻理解的技术中加上了反思的理论。那种技术主要用于可见的切近事物和一般的需要，反思的理论则主要用于遥远的和可怖的不可见物。于是，在日常生活琐碎的知识旁边，信仰确立起来了。"它们再接着发展，又出现了一种新的知识和一种新的、更高级的技术，在神话的上面又出现了祀拜。一个教导去认识'神意'，另一个教导如何去征服'神意'。"①

一旦当对自然的确定（目的是接受它的指导）变成一种固定，即对自然的一种有目的的改变的时候，高级生命的历史就发生了一种决定性的转变。"由此，技术或多或少取得了至上权，而那本能的原始经验则变成了一种确定的'有意识的'原始认识。思想已经从感觉中解放出来。引起这一划时代的变化的正是文字语言。"②识别记号体系借助于抽象发展成为一种理论，一种摆脱了当时（不论这是一个高度文明化的技术时代，还是一个至为纯朴的开端时代）的技术的图像，成为不必付诸行动的醒觉意识的一部分。近代魔术家的形象只是一般人类技术的一个象征，这些魔术师拥有具备许多杠杠和标记的操控盘，他们只需手指一按，就可以让这些操控盘运转起来。通过这种技术，醒觉意识不可一世地干预着事实世界。生命把思想当作一种芝麻开门咒语加以利用，并且在许多文明的鼎盛时期迎来那样的时刻："技术批判开始厌倦于做生命的奴仆而想使自己成为暴君。"③

然而，人类也只不过是动物中的一个种类，这一种类的生活与植物有没有关系呢？斯宾格勒认为，可称之为植物的经济生活的要素是在植物之上和之中被完成的，没有它的存在，植物本身就不过是某一自然过程的舞台和无意志的客体。这种要素也是人类的经济生活的基础——不过它们仍然保持着其植物的和梦幻的性质，以循环器官的方式追求它的无意志的

---

① ［德］斯宾格勒：《西方的没落》第 1 卷，吴琼译，上海三联书店 2006 年版，第 376 页。

② ［德］斯宾格勒：《西方的没落》第 2 卷，吴琼译，上海三联书店 2006 年版，第 464 页。

③ ［德］斯宾格勒：《西方的没落》第 2 卷，吴琼译，上海三联书店 2006 年版，第 464 页。

生存。但是，一旦我们进而看看在空间中自由地活动的动物界的时候，存在就不再是孤独的了——它有醒觉存在、领悟能力伴随着，因此不得不以独立思考作为保全生命的准备。"在这里，开始出现了生命焦虑，随着感官的日益敏锐，开始产生了触觉和嗅觉、视觉和听觉；并立即投身于旨在搜索、搜集、追求、诈骗、偷盗的各种空间活动，这些活动在许多动物物种（诸如海狸、蚂蚁、蜜蜂、大量的肉食禽兽）身上发展成为一种初级的经济技巧，而这种经济技巧又是以一种反映过程为前提的，因此亦是以理解力从感觉中获得一定程度的解放为前提的。人之真正为人，是因为他的理解力已经摆脱了感觉，是因为他的思想已创造性地介入了小宇宙与大宇宙的关系。"[①]虽然农民在贪图蝇头小利方面的狡黠同狐狸的狡猾绝无差别，两者都有一瞥之间便看透牺牲品的秘密的能力，但是，在这种狡黠的上面，随之出现了这样的经济思维，如播种土地、驯养动物、改变、品评及交换物品，寻找成百上千种方法和手段以更好地保全生命，以及把对环境的依赖转变为对环境的控制，等等。

斯宾格勒认为，所有高级经济生活都是在农民的基础上并超越农民发展起来的。农民本身不以任何基础为前提，而只是以自身为前提，它就是种族本身，是植物性和无历史的，它全然是为了自己而生产和利用。不久之后有一种掠夺性的经济来与这种生产性的经济相对抗——商人的贸易。虽然经济思考和政治思考在形式上高度协调一致，但二者在方向上有着根本的区别——一个追求统治，一个追求发财致富。人类最初出现的原始等级是贵族和僧侣，它们在正常的社会中有着其固定的位置，经济生活则在下面沿着一条稳妥的道路无意识地前进。接着，存在之流发展至与城镇的石头结构纠缠在一起，而才智和金钱从此以后篡夺了它的指导权。冷冰冰的资产阶级取代了英雄和圣徒的位置。在城市的摩擦中，存在之流失去了其严格而充盈的形式。斯宾格勒由此得出了可以辨认出经济史的形态学。首先，有一种属于"人"的原始经济，这种经济跟植物和动物的经济一样，在其形式的发展中遵循的是一种生物学的时间尺度。这种经济完全支

---

① ［德］斯宾格勒:《西方的没落》第 2 卷，吴琼译，上海三联书店 2006 年版，第441—442 页。

配着原始时代，并在高级文化，也就是我们今天的文化之下和之间无限缓慢地和混合地继续前进。动物和植物通过驯化和饲养、选种和播种而被纳入它的范围并发生改变；火和金属得到利用，无机自然的财富经由技术加工而可以为改善生活条件服务。在观念和演化上与此全然不同的，是那些各自具有自身的经济类型的高级文化的经济史。伴随着国家从城市进行放射性的统治，出现了都市的货币经济；而随着文明时代的到来，货币经济发展成为金钱的独裁。随着城市的成长，生活方式也变得越来越虚伪，越来越精致和复杂。"当今的柏林等大城市的工人感到不言而喻地完全必需的东西，却为乡村最富裕的自耕农视作是最愚蠢的奢侈品，但是，这个不言自明的标准是难以执行和难以坚持的。"①

斯宾格勒接着探讨了农民（农村）的交易跟城镇的交易的差别。对于农民来说，一件物品是借其本质中某一些隐秘的线索而附着在生产它的生命或使用它的生命之上的东西。一个农民把"他的"牛赶到市场上去，一个妇女把"她的"美丽的服装放在衣柜里。在物物交换的节奏和进程中，商人仅仅只是一个中间人。随着城镇心灵的形成，唤醒了一种完全不同的经济生活。"真正的城里人不是原始的土地意义上的一个生产者。他与土地或经过他的手的物品没有任何内在的联系。他不同这些东西生活在一起，而只是从外面去看它们，并参照他自己的生活水准去评价它们。"②随着物品变成商品，交换变成销售，我们从思考物品转而思考货币。"正是因此，商人往往并不是乡村的固定的和自足的生活的一种结果，而是在乡村中出现的一个外来者，一个既不重要也没有来历的陌生人。"③

随着人们从农民的交易转变为城镇的交易，人类与自然的关系发生了根本性的改变。对于农民来说，他们已经谛听了自然的步伐，记录下它的指标，并开始运用各种手段和方法（这些手段和方法利用了宇宙的脉动）

---

①　［德］斯宾格勒：《西方的没落》第2卷，吴琼译，上海三联书店2006年版，第445页。

②　［德］斯宾格勒：《西方的没落》第2卷，吴琼译，上海三联书店2006年版，第448页。

③　［德］斯宾格勒：《西方的没落》第2卷，吴琼译，上海三联书店2006年版，第448页。

去模仿自然。这时技艺是作为自然的对立概念出现的。古典的技术只是侥幸之物，而非发现。对于古代人来说，他们缺乏内心的砝码，缺乏时代的命数。现代的浮士德技术则完全不同，它不是模仿自然，而是要向自然冲击，决心做自然的主人。"在这里，且只有在这里，见识与利用的结合才是理所当然的事。理论从一开始就是有用的假设。"① 古典的探究者像亚里士多德那样决心沉思，现代西方人则按照自己的意志去指挥世界。

浮士德式的发明家和发现者是一种独特的类型。他的意志的原始力量、他的眼光的敏锐、他的钢铁般的实际的思考能力，站在另一文化的角度的人看来，一定觉得十分怪异和难以理解，但对西方人来说，它们却是与生俱来的。西方的整个文化有一种发现者的心灵，发现那看不见的东西，把它带进内心视觉的、光的世界，从而去支配它。所有这些发明几乎都被早期哥特时代的僧侣那炽热、快乐的研究十分近地接触到了。"如果有什么地方体现了所有技术思想的宗教根源的话，那就是这里。密室里的这些冥思的发现者用祈祷和斋戒来向上帝索取它的秘密，他们觉得自己这样是在服侍上帝。这就是浮士德的形象，是一个真正探索性的文化的一个伟大象征。"② 他们还创造了机器的观念，即把机器看作是一种只服从人的意志的小宇宙。但也是因此，"他们越过了那条脆弱的边界线，使其他人的虔敬之心在那里看到了罪恶的开端，为此，从罗吉尔·培根到乔尔丹诺·布鲁诺都招致了不幸。真正的信仰一再地把机器看作是魔鬼的东西"。③

蒸汽机的发明更是颠覆了一切，它从根基上使经济生活彻底改观。直到那之前，自然还在作出贡献，而现在，它就像奴隶一样被套上了紧箍咒，它的作用可以用马力作标准加以衡量。正是由于这种浮士德式的热情，现今世界的面貌已大大改变。"这是向外和向上伸展的生命感——因

---

① ［德］斯宾格勒:《西方的没落》第 2 卷，吴琼译，上海三联书店 2006 年版，第 465 页。

② ［德］斯宾格勒:《西方的没落》第 2 卷，吴琼译，上海三联书店 2006 年版，第 466 页。

③ ［德］斯宾格勒:《西方的没落》第 2 卷，吴琼译，上海三联书店 2006 年版，第 466 页。

此是哥特文化的真正后裔——有如蒸汽机出现不久的时候在歌德的浮士德独白中所表现出来的。"① 人希望摆脱大地，升入无限，摆脱身体的束缚，在星际太空中环行。问题是，当今的机器在其形式上越来越没有人情味，越来越禁欲、神秘、深不可测。人们感觉机器就像魔鬼，这是对的。机器把神圣的因果关系交给人，由人凭借一种先知先觉的全能使其运转起来，默默地、不可抗拒地运转起来。

蒸汽机使人与自然的关系发生了根本性改变，蒸汽机也使人类的心态发生了急剧的变化。"除在这里以外，一个小宇宙从不觉得自己优越于它的大宇宙，但在这里，那些小小的生命单位单凭它们的才智的力量就已使那没有生命的东西依赖于自己。就我们所知，这是一个无与伦比的胜利。只有我们的文化才获得了这一胜利，也许它只能获得几个世纪。"② 正是因为如此，浮士德式的人才变成他的创造物的奴隶。他的命数，他赖以为生的生活安排，已经被机器推上了一条既不能站立不动又不能倒退的不归路。从手工业的一个很小的分支中已经长出了一棵大树，它的影子掩盖了其他所有职业，那就是机器工业的经济。"它强迫企业主和工人同样地服从。二者都成为机器的奴隶，而不是主人，这机器现在第一次展现出了它的魔鬼般的神秘力量。"③ 只要机器还支配着世界，首先是欧洲人，然后是其他文化中的每个人，都要努力让自己适应这种东西，并且要去探寻这个可怕的东西的秘密。不过，不管是欧洲人，还是非欧洲人，他们在内心里都憎恨机器。不管他是日本人还是印度人，或者是俄罗斯人，也以恐惧和仇视的目光看待车轮、缆线和铁轨的这种暴虐，如果他为了今天和明天而让自己去适应这些不可避免的东西，总有一天，他会把它整个从他的记忆和环境中去掉，从而在他自己的周围创造一个全新的世界，在那个世界里，再也没有这种魔鬼的技术的容身之地。

----

① ［德］斯宾格勒：《西方的没落》第 2 卷，吴琼译，上海三联书店 2006 年版，第 467 页。

② ［德］斯宾格勒：《西方的没落》第 2 卷，吴琼译，上海三联书店 2006 年版，第 468 页。

③ ［德］斯宾格勒：《西方的没落》第 2 卷，吴琼译，上海三联书店 2006 年版，第 468 页。

而西方之所以会没落，西方的工业文明之所以会终结，斯宾格勒是这样期待的。"设若，几代人之后，那些最有天赋的心智发觉他们的心灵的健康比这个世界上所有的力量都更重要；设若，在取代今天的理性主义的形而上学和神秘主义的影响下，那些现在还关心机器的才智精英因日益感到机器的魔性（Satanism）而被慑服……这时，这幕由才智之士所扮演、手仅仅作为辅助的伟大戏剧的终局，就没有什么东西能够阻挡了。"① 然而，尽管机器取得了胜利，但这种胜利只是相对于古典经济而言的，机器的理论在金钱面前不值一提，金钱对工程师才智的打击也是巨大的。工业，就像自耕农一样，也是依附于土地的，它的原料是从大地涌现出来的，只有大财阀是全然自由的。在西方文化中，银行，连同证券交易所，在工业日益扩大的信用需求的基础上，已经发展成为一支独立的力量，而且它们还将成为唯一的力量。金钱，它曾经闯入自耕农的乡村生活，使土地成为动产；今天，它又成功地对工业施加压力，使企业主、工程师和劳动者的生产性的工作同等地变成了它的战利品。"机器，21 世纪的真正女王，连同它的人类仆从，都面临着屈从于一个更强大的力量的危险。但是，与此同时，金钱也已经走到了它胜利的尽头，最后的冲突，即金钱与血之间的冲突，已迫在眉睫，在那场冲突中，文明将取得其最后的形式。"②

如何打破机器的统治？如何恢复人类意志的胜利？斯宾格勒认为，只有恺撒主义的到来才能够打破金钱的霸权和它的政治武器，即民主政治。斯宾格勒相信，武力最终会战胜金钱，主人意志最终会再次战胜掠夺者的意志。这场决战也是金钱与法律的决战。法律需要意志高尚的传统和强大的家族野心，这种野心不满足于财富的集聚，而是要求超越和凌驾于一切金钱势力之上的真正的统治权。能够推翻和废除金钱的只有血。生命自始至终都是小宇宙形式的宇宙洪流。在世代相继的不可抗拒的节奏面

---

① ［德］斯宾格勒：《西方的没落》第 2 卷，吴琼译，上海三联书店 2006 年版，第 469 页。

② ［德］斯宾格勒：《西方的没落》第 2 卷，吴琼译，上海三联书店 2006 年版，第 470 页。

前，由醒觉意识在其智性的世界中建立起来的一切终将消失。甚至在历史中，真正有意义的总是生命，而且只是生命——种族品质、权利意志的胜利，而不是真理、发现或金钱的胜利。在这个金钱正在庆祝其最后胜利的时刻，恺撒主义正以安详、坚定的步伐昂然前行。斯宾格勒从对工业技术的批判入手，最后把希望放在了恺撒这样的超人身上。既然斯宾格勒可以把希望放在恺撒身上，那么就不能排除其他人把希望寄托在希特勒的身上，这不得不说是作为一个具有批判精神的探索者的悲哀。

斯宾格勒技术思想的不足还集中体现在他对从亚当·斯密到马克思以来的经济思想的批判中。"从亚当·斯密到马克思，不过是对处于一个特殊发展水平的某一种文化的经济思考进行了自我分析。它彻头彻尾地是理性主义的，它的出发点是物质及其条件、需要和动机，而不是心灵——各代的、等级的和民族的——及其创造力。它把人看作是环境的组成部分，它对伟大人物以及个人的或集体的造就历史的意志一无所知，对那在经济事实中只看到手段而看不到目的的意志一无所知。"①事实上，在斯宾格勒看来，"所有的经济生活都是一种心灵生活的表现"。②虽然斯宾格勒研究的是技术，但他的技术是生命生存的表现，而他的生命则是柏格森意义上的生命，生命主要是一种意识或意识的生活。正如斯宾格勒技术思想的深刻之处来自于他的这一哲学观，同样，他的技术思想的偏颇之处也来自这一哲学观。

《西方的没落》既有对技术的误解，同样也有对技术的深刻分析。斯宾格勒这部名著对技术分析的最大特色，就是他把技术与文化放在一起进行研究。"重要的问题不在于与自然制品的地位相比较来确定人工制品的地位，而是要将技术活动，这一卓越的文化活动与人类的构成——心理的与解剖学的——联系起来。"③很显然，技术从属于文化的范畴，而把自然与文化分隔开来的是人，人的地位非常特别，传统地把人与自然对立起来

---

① ［德］斯宾格勒：《西方的没落》第2卷，吴琼译，上海三联书店2006年版，第438页。

② ［德］斯宾格勒：《西方的没落》第2卷，吴琼译，上海三联书店2006年版，第438页。

③ ［法］让-伊夫·戈菲：《技术哲学》，董茂永译，商务印书馆2000年版，第91页。

的说法——人在一边、自然在另一边——是错误的。人属于自然，但又不完全属于自然，因为人身上有文化或技术的因素，把人与一般意义上的自然区分开来的是技术或文化；人属于文化，但又不完全属于文化，因为人身上有自然的因素——人身上文化的、技术的因素再多、再高级，但是人身上在根基处还是有自然的因素，那就是他的身体、肉身。因为技术、文化，人类将自己与一般意义上的自然区分开来；因为身体、肉身，人类又将在最基本与最一般意义上的自然紧密地联系起来。一个初生的婴儿，是人一生中文化、技术的因素最少而自然的因素最多的时刻。故而，斯宾格勒是通过自然与文化这两个方面来分析人类的。"个体生来是一方面属于某一特殊的高级文化，而另一方面又属于人这一种类——对他来说，根本没有第三种存在单位。他的命运必定是或者属于动物学的领域，或者属于世界历史的领域。"①法国哲学家戈菲在《技术哲学》一书中对斯宾格勒的这一做法也给予过评论："事实上，《西方的没落》断言，一方面，'所有文化都源自于人体'，另一方面，'每一个人体只服务于就其自身而言的生命和他人的命运'。"②

总体来说，虽然斯宾格勒在《西方的没落》这部名著中对技术做过一些分析，但由于斯宾格勒这部著作的重点放在生命和文化上，故而这部对技术的论述在很大程度上可以说是蜻蜓点水，并没有将他对技术的看法全部展开。该书"题为'机器'的最后一章，应当说是全书中写得最为薄弱的一章，这不单因这一章篇幅最为简短，论点暧昧不清，更在于它缺乏前此各章那种纵横捭阖的大气，那种贯古论今的雄浑"。③正是由于这一原因，斯宾格勒在1931年出版了《人类与技术：生命哲学文集》一书，从人类学的角度追述了技术与人类生活发展的关系，即从前文化时期的部落生活的武器运用到现代文明社会的技术扩张，并着力描述了今日技术时

---

① ［德］斯宾格勒：《西方的没落》第2卷，吴琼译，上海三联书店2006年版，第42页。

② ［法］让-伊夫·戈菲：《技术哲学》，董茂永译，商务印书馆2000年版，第154页。

③ ［德］斯宾格勒：《西方的没落》第1卷，吴琼译，上海三联书店2006年版，译者导言第6页。

代的世界图像——技术发明不再仅仅是为了实用，而只是为技术而技术，最终使人成了技术的奴隶。下面再来看看斯宾格勒在晚期的《人类与技术》这本书中是如何看待技术的。

三、《人类与技术：生命哲学文集》中的技术思想

在很长的时间内，哲学家们对技术或者说技术问题是没有什么兴趣的。"技术问题，以及它与文化和历史的关系，直至 19 世纪才第一次显现出来。"①18 世纪提出了文化的意义和价值的问题，而 18 世纪是一个彻头彻尾的怀疑主义时代。18 世纪的作家、思想家都把"原始的"人类看作是牧场中的一种羔羊，直到被文化毁坏之前它们是一种和平的和善良的动物。人类技术性的一面完全被忽视了。然而，在西欧拿破仑的机器—技术逐渐庞大之后——伴随着它的工业城市、铁路、蒸汽机，机器、技术最终迫使我们公正地和严肃地面对这一问题。"技术的意义是什么？技术在历史中具有什么意义？技术对于生活具有什么价值？技术占有什么？技术拥有什么样的社会位置，又拥有什么样的形而上学的位置？"②

斯宾格勒把对于这些回答归结为两种类型。第一种是唯心主义者和意识形态的拥护者，这些人把技术的事物和经济的事务看作是处于"文化"之外或"文化"之下的事情。一个统治者，仅仅是在他召集的学术和艺术赞助人的范围内，才被看作是值得注意的人物。经济多多少少被认为是乏味的、愚蠢的和无法让人注意的，虽然事实上它在日常生活中是必需的。这些人把小说的创作看作是一些比飞机引擎的设计要重要得多的事情。另外一种观点是唯物主义的，19 世纪后半叶这种观点在半受教育者当中是时髦的。斯宾格勒认为，如果说第一类型的观点的特点是缺乏现实感，那么第二类型的观点的特点是一种毁灭性的浅薄。它的目标是效用，仅仅是

① Oswald Spengler, *Man & Technics, A contribution to a Philosophy of Life*, Greenwood Press,1976, p.6.

② Oswald Spengler, *Man & Technics, A contribution to a Philosophy of Life*, Greenwood Press,1976, p.6.

效用而已。在这种观点看来，人类的目标被认为是在于尽可能多地减轻每个人所承担的工作，把这些负担让机器来承担。免受"奴隶工资的悲惨"，在娱乐、舒适和"艺术享受"上的平等，等等，这些所谓的进步热情奔放地给每一个机器的球形旋钮打蜡，这些球形旋钮在运转中安置各种装置，以便节省人类劳动（假设中的人类劳动）。除了在节省劳动和制造娱乐方面的进步之外，技术再也没有什么是有意义的了。

在今天这两种观点都过时了。"如果我们想了解技术的本质，那么我们不能从机器时代的技术开始，更不能从这一会让人误入歧途的观念——技术的目的就是对机器和工具进行精加工——开始。"[1]这是因为，在现实中，技术是无法追忆的久远，更加重要的是，技术在历史上并非是某些特殊的事物，与此相反，技术是历史上极其普遍的事物。"它的追溯远远超过人类，回溯到动物的生命，的确是所有动物的生命。相对于植物智慧，技术明显是动物的存活方式——动物能够在空间中自由地移动，它或大或小地拥有某种程度的自由意志，能够独立于作为一个整体的自然。"[2]在拥有这些东西之后，动物不得不面对自然维持它自己的生存，给予它自己这一存在某些类型的意义，某些种类的竞争，以及某些类型的优越性。因此，如果我们将意义给予技术，那么我们必须从灵魂，也只有从灵魂开始，才能够研究技术。对于具有灵魂的动物生命而言，奋斗，并且只有奋斗才是它的生存策略，这一点决定这一生命类型的历史，决定它的命运是屈从于它者的历史，还是成为它们自己的历史。"技术是生命的策略；技术是这一策略内在的形式，争斗过程（这一争斗等同于生命自己本身）是这一策略外在的表现。"[3]

上面是人们看待技术时必须避免的第一个错误，下面是必须避免的第二个错误。"技术不能依据工具来理解。重要的不是一件样式的工具怎么

---

[1] Oswald Spengler, *Man & Technics, A contribution to a Philosophy of Life*, Greenwood Press,1976, p.9.

[2] Oswald Spengler, *Man & Technics, A contribution to a Philosophy of Life*, Greenwood Press,1976, p.9.

[3] Oswald Spengler, *Man & Technics, A contribution to a Philosophy of Life*, Greenwood Press,1976, p.9.

使用，而是人们用它来干什么；重要的不是武器，而是战斗。"① 比如说在现代战争中，决定性的因素是策略，是策划战争的技术，发明、生产和运用武器的技术在战争过程中是唯一重要的因素。存在着无数根本没有使用过工具的技术，比如说狮子智取瞪羚的技术，或者说外交的技术。同样，有一种画家的笔触技术，有一种骑马的技术，有一种驾驶轮船的技术。这始终是一种有目的的活动的事情，绝非只是一种纯粹的事务。每一种机器大体上都服务于一种过程，并且把它的存在归之于有关这一过程的思想。我们所有的运输手段都来源于驾驶、划船、航行、飞行这些观念，而非来自于诸如马车或船只这样任何一个概念。方法它们自身就是武器。所以，合乎逻辑的推论是，"技术绝不是经济的'一部分'，技术比经济（或者，就战争或政治这些事情而言）要多一些，技术可以被认为是生命自身独自的一'部分'。所有的技术都恰恰是一种活生生的、战斗的，以及充满激情的生命的各个不同方面。"② 尽管如此，一条道路的确从原始灭绝的野兽的战争导向现代发明者和工程师的工艺流程，同样，也存在着一条从计谋——所有武器中最古老的武器，到机器的设计的道路。通过这些武器，凭着比自然制胜一筹，我们今天发动了同自然的战争。

生命，包括动物生命存在的时间可以说非常久远，而人类的历史不是这样。"与这个星球上的植物和动物的历史相比较，人类的历史的确是短暂的，更别说星星的世界里更多的存在的寿命了。"③ 人类的历史是一个急速上升与急剧下降的过程，覆盖短短几千年，一个在地球的历史中可以忽略不计的时期。然而，对于出生在这个星球上的我们来说，这一历史充满了悲剧性的壮观与力量。我们，20世纪的人类，所闻所见是每况愈下。在一大群"恒"星中的这颗行星，这颗只有那么一点点时间在茫茫宇宙中某个地方追寻自己运转方向的小小行星，它的命运并不是一件什么重要的

---

① Oswald Spengler, *Man & Technics, A contribution to a Philosophy of Life*, Greenwood Press,1976, p.9.

② Oswald Spengler, *Man & Technics, A contribution to a Philosophy of Life*, Greenwood Press,1976, p.10.

③ Oswald Spengler, *Man & Technics, A contribution to a Philosophy of Life*, Greenwood Press,1976, p.11.

事情；另外，在这个行星表面上的一时片刻的运动更不重要。然而，我们当中不管是每一个人，还是所有人，我们的一生，是一个抛入流逝宇宙中的一生，一个难以形容的短暂片刻。因而对于我们来说，这个小小的世界，这个"世界—历史"，是极端的重要的。更为重要的是，这芸芸众生中的每一个人，从一出生开始他的命运就在于他的存在，而不仅仅在于走进这一世界—历史，而是在于走进一个特殊的世界。这一命运是我们不得不让自己去适应的某种东西。它让我们命中注定去适应某些情形、某些观点、某些行为。并不存在什么哲学家所言的"自在的人类"，所有的只不过是某一时代、某一位置、某一种族的人，这些人在一个既定的战场上争斗，有人赢，有人输。这一战斗就是人生——尼采意义上的人生，冷酷的、毫不留情的、毫无怜悯的权力意志的战斗。

人类从其他动物生命中摆脱出来，那么，如何理解这样一种类型的生命的本质？很多敏锐的思想家，如蒙田和尼采他们一直都知道这一真相，这也是斯宾格勒想告诉我们的真相，一种被隐瞒了很久的真相——"人类是一种食肉的野兽"。[1] 虽然在严格的意义上植物也是一种生命存在，但实际上它只不过是各种自然过程的演练，这些过程与自然环境中的不同过程形成一个统一体。"它既不能挑选它的位置，也不能挑选它的营养，同样也不能选择什么别的植物来跟它繁衍它自己的后代。它无法移动它自己，只不过是随着风向、温度和阳光的不同而移动。"[2] 动物是自由运动的生命，在这一类型的生命中存在着两个等级。第一个等级，有代表性的是从单细胞动物到水生鸟类和有蹄类动物这样的动物，为了维持生存它们的生命依赖于不能移动的植物世界。第二个类型，它们以其他动物为食，它们的生命在于杀戮。肉食动物是能够运动的，而且是极其能够运动的，更加重要的是，它们是好斗的。"捕食动物是运动生命的最高形式。"[3] 这一

---

[1] Oswald Spengler, *Man & Technics, A contribution to a Philosophy of Life*, Greenwood Press,1976, p.13

[2] Oswald Spengler, *Man & Technics, A contribution to a Philosophy of Life*, Greenwood Press,1976, p.14.

[3] Oswald Spengler, *Man & Technics, A contribution to a Philosophy of Life*, Greenwood Press,1976, p.14.

形式意味着动物保护自己、防卫他人的最大限度的自由；意味着动物对自己最大程度上的责任；意味着动物最大程度上的自我孤单。

食草动物与捕食动物之间的区别体现在它们运动的策略上——一方是逃避、快速奔跑、尖角、躲藏和欺骗的习性，另一方是攻击性的直线运动。不管是强者一方，还是弱者一方，都存在着各种妙计和对应的策略。除了在运动类型上的这些差异之外，在感觉器官上所存在的其他方面差异更加明显。"因为这些方面的差异伴随着它们在理解方式上的不同，伴随着它们是否拥有一个'世界'的差别。"①就其自身而言，每一种生命都存活于自然之中，都存活于某一环境之中，不管它注意到还是没有注意到这一环境。高等级的食草动物是由耳朵，甚而更为重要的是由嗅觉来支配的；高级的食肉动物是由眼睛来支配的。嗅觉是典型的防卫性的感觉。捕食动物的眼睛给捕食者提供的是目标。在杰出的捕食者，如在人类这里，两只眼睛能够被固定在环境中的某一个点上——使捕食动物能够锁定它的猎物。"这种由两只眼睛平行向前注视所产生的固定行为等同于世界（在人类所拥有的世界的意义上）的诞生——也就是说，就像在眼前的一幅图画，一个世界，一个不仅仅拥有光线和颜色，而且拥有角度和距离，拥有空间中的间隙和运动，拥有位于某一明确位置的目标。"②这种看的方式本身就表明了掌控的概念。捕食动物的眼睛按照位置和距离来确定事物，它懂得地平线，它在这一战场上掂量着它所有攻击的目标和攻击的条件。这一世界是捕食动物的世界，而在最后的分析中它被归之于这一事实——也就是人类文明终于产生。

人类既非"天性善良"和愚蠢，也不是具有技术倾向的半猿。人类的形象不是这样的，它的生命的策略是捕食动物的那些闪闪发光的策略，是勇敢、狡猾和冷酷无情。它凭借攻击、杀戮和毁灭而生存。自从它存在以来，它意欲，它永远意欲成为主人。然而，难道这就意味着技术事实上就

① Oswald Spengler, *Man & Technics, A contribution to a Philosophy of Life*, Greenwood Press,1976, p.14.

② Oswald Spengler, *Man & Technics, A contribution to a Philosophy of Life*, Greenwood Press,1976, p.15.

比人类还要古老么？答案当然是否定的。"在人类和其他动物之间存在着一个巨大的鸿沟。后者的技术是一种种类技术（generic technique）。它既不是发明，也不能够发展。"①蜜蜂这一种类，自从存在以来它一直建造它的蜂窝，就像它现在所做的那样，它还会继续这样地建造蜂窝，直至它这一种类的灭绝。建造蜂窝的技术属于蜜蜂，就像蜜蜂翅膀的形状和蜜蜂身体的颜色属于它一样。蜜蜂的身体结构和它的生命方式之间的区别只不过是解剖学的区别。"如果我们从生命的内在形式出发，而不是从身体的内在结构出发，那么，生命的策略和身体的组织显现为一个东西，而且是同一个东西，二者都是一种活生生的事实的表现。"②

蜜蜂、白蚁、海狸建造漂亮的建筑物。蚂蚁知道农业生产、道路建造、奴役制度，以及有关战争的管理技巧。我们可以看到，照护、筑垒、有组织的迁移在动物界广为存在。人类能够做到的所有一切，一种或其他种动物都已经做到过。然而，所有这一切实际上与人类的技术毫无瓜葛。种属技术是无法改变的；这就是"本能"一词所表达的意思。"与此相反，关于人类技术的唯一事实，就是这种技术是独立于人类的种族生命的。在生命的所有历史中，这是第一个例外，在这一例外中，个体让自己免于种族的强制。"③人类的技术是有意识的、任意的、可改变的、个人的、有创造力的。它是可以被学习的和可以被改进的。"人类已经成为他的生存策略的创造者——这是他的伟大，这是他的命运。"④我们可以把这一创造力的内在形式称之为文明——被文明，培育文明，以及经受文明。人类的创造是这一生命个体形式的表现。

这一善于发明的食肉动物是什么时候开始产生的？或者说，在人类产生的时候，同时发生的事情是什么？什么是人？它终究如何成为人？

---

① Oswald Spengler, *Man & Technics, A contribution to a Philosophy of Life*, Greenwood Press,1976, p.17.

② Oswald Spengler, *Man & Technics, A contribution to a Philosophy of Life*, Greenwood Press,1976, p.17.

③ Oswald Spengler, *Man & Technics, A contribution to a Philosophy of Life*, Greenwood Press,1976, p.18.

④ Oswald Spengler, *Man & Technics, A contribution to a Philosophy of Life*, Greenwood Press,1976, p.18.

"答案是——人类是因手的诞生而成为人的。"[1] 在能够自由运动的生命的世界中，手是一种举世无双的武器。与它相比较的是其他动物的爪子、喙、角、牙齿等。一开始，手中的触觉被浓缩到这样一个程度，以至于手几乎可以被称之为触觉器官。手不仅能够区别热和冷、固体和液体、坚硬和柔软，而且还能够区分出重量、形状和阻力的位置——它能够区分出空间中的事物。然而，除了这一功能之外，"生命的活力是被如此彻底地聚集进这一功能之中，以至于身体的整个举止和魅力因这一功能而——同时地——得以成型。整个世界上没有任何事物能够与手这一器官相比，没有任何东西能够像手那样既能触摸，又能做事。捕食动物的眼睛（它们的眼睛'以理论的方式'看世界）被添加到人类的手上了（人类的手以实践的方式掌控世界）。"[2]

不仅仅是人类的手、步伐和姿态是一起形成的，而且手和工具也是一起形成的。没有武装的手是毫无用处的，它需要一种武器，以便自己成为一种武器。正如工具从手的形状得以成形，手的形状同样也是从工具的形状得以成形的。人类最早的遗留物和人类工具最早的遗留物二者同样古老。工具的制作和使用是不同的事情。"没有其他捕食动物哪怕是挑选它的武器，而人类不仅挑选武器，而且按照他自己个人的想法来制造武器。"[3] 这就是构成人类免于种属强制的自由的东西，这是一种在这个星球上所有生命历史中唯一的现象。种属的本能仍然保存着它全部的力量，不过对于被分离了的个体，已经产生了它自己的有思想与有理智的行为，这种行为是独立于种族的。这一自由在于选择的自由。每个人根据他自己的技巧和理由制作他自己的武器。

因此，除了"眼睛的思想"，杰出的捕食动物有理解能力和敏锐的扫视之外，现在又有了"手的思想"。从"眼睛的思想"中同时产生出的是理论

---

[1] Oswald Spengler, *Man & Technics, A contribution to a Philosophy of Life*, Greenwood Press, 1976, p.20.

[2] Oswald Spengler, *Man & Technics, A contribution to a Philosophy of Life*, Greenwood Press, 1976, p.20.

[3] Oswald Spengler, *Man & Technics, A contribution to a Philosophy of Life*, Greenwood Press, 1976, p.21.

的、观察的、沉思的思想，现在又从"手的思想"中发展出实践的、有效用的思想，一件事情是适合还是不适合的问题——实干家的标准——与一件事情是真还是假的问题毫不相干，后者是理论家的价值标准。带着他的手、武器和个人思考，人类成为创造者。动物所做的一切依然停留在它们的种属行为的限制内，这一切根本不能把它们的生命变得丰富多彩。与此不同，人类已经把创造性的思想和行动的财富扩散到整个地球，以至于他享有把他的简短历史称之为"世界—历史"的权力，以及将他周围的人称之为"人类"的权力，这些人把大自然的所有其他部分都看作是背景、目标和手段。

在这唯一自由和有意识的行为之下，真正的人类灵魂形成了一种非常独立的灵魂，这种灵魂带有一个人知道自己命运之后所具有的骄傲和深沉，带有对于拳头不受抑制的力量感。"它站在整个世界的不可协调的对立面，它自己的创造物把它从这个世界中剥离开来。这是一种新贵的灵魂。"[1]最早的人类就像捕食的鸟类一样孤孤单单地栖息。这些强大而孤独的灵魂是好战的。它知晓当刀刃刺穿充满敌意的身体时的陶醉感，它也知晓血液的味道，知晓敲打在欢欣鼓舞的灵魂上的奇异的感觉。在这里，绝不会对生物作出"有用的"、"节省劳动的"这种充满同情的评价，更缺乏同情、和解和渴望安宁这些不起作用的情感。

正是由于手的诞生，人类走向自然的对立面。"在一种不断增长的对于所有自然的离心离德中，这一灵魂昂首阔步地向前迈进。捕食动物的武器是自然的，但是，带有它的人造的、精雕细琢的和挑选了的武器的人类的被武装了的拳头不是自然的。"[2]"艺术"是与"自然"相对立的概念。每一种人类的作品都是人造的、非自然的，从火的照明，一直到高级文明中作为"艺术的"设计的成就。创造的特权一直是从大自然中的巧取豪夺。"自由意志"本身就是一种反叛的行为，而且锱铢必较。创造性的人类已经步出了大自然的束缚，伴随着每一个新的创造物，人类离大自然越

---

[1]　Oswald Spengler, *Man & Technics, A contribution to a Philosophy of Life*, Greenwood Press,1976, p.23.

[2]　Oswald Spengler, *Man & Technics, A contribution to a Philosophy of Life*, Greenwood Press,1976, p.23.

来越远，越来越成为大自然的敌人。这是人类的"世界—历史"，一个稳步增长的、在人类的世界和宇宙之间存在着致命裂缝的历史——这一历史是一种反叛的历史，这一反叛成熟到人类向他的母亲举起了手。这是人类灾难的开始——因为在自然和人类二者中间自然是更为强大的那一个。人反抗大自然的战争是毫无希望的，尽管如此，这一战争将会持续下去。

武装的手持续了多少个年代我们并不知道。如今，"第二个划时代的变革已经来临，就像第一个改变一样突然和巨大，同样，它也根本性地改变了人类的命运——再一次的在前文已经提到过的意义上的'突变'"。[①]到底发生了什么呢？如果我们深入研究人类活动的这一新的世界形式，我们很快就会发现最让人匪夷所思的和最复杂的联系。这些技术，每一个技术都是这样，都假定了相互彼此间的存在。温驯动物的饲养要求牛马饲料的种植，食物—植物的播种和收割要求役畜和驮畜是能够得到的，这一切又要求建造动物围栏。每一种类型的建筑都要求各种物质的准备和运输，而运输又要求道路、驮畜和船只。这一精神上的改变到底是什么呢？斯宾格勒所提出的回答是这样的——通过谋划所实施的集体行为。迄今为止，每一个过着他自己的生活，没有人需要其他人。这是现在突然发生的改变。新的进程占用很长一段时间，在某些情况下需要几年。这一进程的内情是把自己划分为一套排列好的、相互分离的"行为"和一套一个又一个平行起作用的"图谋"。

这种"通过计划的集体行为"斯宾格勒称之为"规划"（enterprise）。"语言"和"规划"同更古老的一对范畴"手"和"工具"彼此所处的关系是一样的。在实施各种工作的实践过程中，同几个人说话发展出它内在的、语法的形式，反之亦然，做工作的习惯从思考的方法中得到训练。因为言语在于把某些事情传递给另外一个人的思想。如果言语是一种行为，那么它是一种带有感官手段的智力行为。它立马不再需要原初的与身体行为的直接联系。由于语言的作用，思考、理智从对做事的手的依赖中解放了出来。"纯粹智力的仔细考量、计算到了这一步，集体行为的有效

---

① Oswald Spengler, *Man & Technics, A contribution to a Philosophy of Life*, Greenwood Press, 1976, p.26.

性就像是一个体，好像它是某些单个巨人的行为。"①

从个人工具的使用到共同的规划这一步涉及巨大的、被增加了的程序上的人造之物。到目前为止，单纯与人造物打交道并不意味着很多的意义。但是，对于我们来说，这些程序的些许踪迹已经降临，它们高高在上，预设了大量的思想的力量。武装的手的诞生，作为其结果，导致两种技术逻辑上的分裂，也就是武器制造的技术与武器使用的技术的分裂。同样地，"所谓的有管理的规划导致思想的行为与手的行为的分裂。"② 在每一个规划中，计划与实施是不同的部分，在这些活动中实施的思想占据了主要的位置。自此之后，既有指挥者的工作，也有执行者的工作。在这一个所谓的有管理的企业的时代，不仅仅存在着两种类型的技术，而且还存在着两种类型的人——既有天生就是指挥的人，也有天生就是服从的人。

现在，这一所谓的有管理的谋划牵涉到自由的巨大丧失——捕食动物古老的自由——这对领导者和被领导者都是一样的。他们双方都成为一个较高单位的成员，他们的身体和灵魂都是这样。我们把这叫作"组织"，为了实现某一规划，它把活生生的生命收缩成一定的形式，收缩成"形式上"的存在状态。伴随着集体行为，从有机的生存到有组织的生存，从在自然中生存到在人为的分群中生存，从一群人到民族、部落、社会阶层、国家这一决定性的一步发生了。"从单独的个体到有组织的群体，在其本质特点上，捕食动物的自由这一特性被置之不理，这一动物只有一个灵魂，却有许多只手。"③

基于这一从自然那里攫取了创造特权的存在者，在这种不断增加的相互依赖中，产生出了对自然静悄悄而深刻的报复。这一反抗自然的创造者，这一生命世界中的革命者，成了他的创造物的奴隶。文明，人造物的聚集体，个人的、自我制造的生命形式，为这些不愿意受到限制的灵魂发

---

① Oswald Spengler, *Man & Technics, A contribution to a Philosophy of Life*, Greenwood Press,1976, p.30.

② Oswald Spengler, *Man & Technics, A contribution to a Philosophy of Life*, Greenwood Press,1976, p.32.

③ Oswald Spengler, *Man & Technics, A contribution to a Philosophy of Life*, Greenwood Press,1976, p.34.

展出一个牢牢的隔绝的囚笼。捕食动物——他让其他动物成为他的家畜，以便剥削它们——把他自己变成了俘虏。这一事实的巨大符号就是人类的房屋。根据斯宾格勒的理解，技术的典型代表——人类的房屋，它就是一个巨大的牢笼。

人类这种创造性的技术会给自己带来什么呢？"与种族的技艺相比，正是人类个人的和能够更改的技艺的这样一个本质特征，每一个发现包含着新发现的可能性和必要性，每一个已经完成的愿望唤醒了一千个更多的愿望，每一个对自然的胜利激发了更多其他的胜利。"[1]这一捕食动物的灵魂永远是饥渴着的，他的欲望永远不会满足——这是一个附在这一类型的生命之上的诅咒，而且也是内在于这一生命命运之中的显赫名声。人们通常看到的是这些种族和部落不断增加，斯宾格勒却发现它们在日趋没落。"增长的并非'头'的数量，而是手的数量。具有指挥天性的人群依然不多。"[2]事实上，正是真正的捕食动物、有天赋的人来处置其他人中的不断增长的芸芸众生。武装之手的文明有一个漫长而曲折的过程，它牢牢地控制住了整个人类这一种属。在这些文明中，个性和大众开始处于精神上的敌对状态，心灵也变得渴望权力，对生命施以暴力之手。

从公元前3000年开始，在这片土壤上，现已到处都生长出各种高级的文明，这些文明中的每一个只不过充斥地球空间中一个极其小的比例，每一个文明所持续的时间也差不多只是一千年。这一节奏是最终灾难的节奏。每一个十年都是非凡的十来年，而每一年也几乎有它特别的"形象"。这是在最真诚的和最激动人心的意义上的世界—历史。与原始时代的乡村相比，这组激情洋溢的生命—历程发明了它自己的象征和它自己的"世界"，城市——由石头所建成的城市，这种城市所提供的是一种完全人造的生活，这种生活脱离了地球这一母亲，彻头彻尾的是反自然的——思想上无根的城市，它把生命之流从大地中剥离出来，并耗尽大地而变成它自

---

[1]　Oswald Spengler, *Man & Technics, A contribution to a Philosophy of Life*, Greenwood Press,1976, p.35.

[2]　Oswald Spengler, *Man & Technics, A contribution to a Philosophy of Life*, Greenwood Press,1976, p.36.

己。由此而产生了带着它的各个阶层的"社会"，贵族、牧师和市民，这一"社会"是一个与"纯粹"农民阶级背景相对立的人造的生命等级，这一"社会"给文明的进化排定座次，而这一进化完全是智能化的。在这些社会中，技术，或者说发明也是一种"享受"："在这些文明中所完成的技术进步也是精神上的享受，也是不断增长中的人造物和智力最新、甜蜜和易碎的成果。"① 这一过程开始于埃及金字塔陵墓和巴比伦王国中苏美尔人的寺庙塔的建造，自此以后，中国人、印度人、古希腊人、阿拉伯人的各种谋划都形成了。"现在，在我们时代第二个一百万年，在整个北方，我们的浮士德文明产生了，它代表着纯粹的技术思想对各种大难题的胜利。"②

虽然浮士德式的、西欧的文明可能不是最后的文明，但是可以很肯定地说，它是最有力量的、最有激情的，另外，所有文明中最具灾难性的。这种文明最大的特征是什么呢？在浮士德文明中，仅仅在浮士德文明中，每一个理论从一开始就是一种工作假设。一种工作假设并不需要是"正确的"，它仅仅被要求是能实用的。它的目标，不是拥抱和揭示世界的秘密，而是让它们能够服务于无限的目的。这是有智力的捕食动物的花招。他们设想，他们的愿望是"认识上帝"，他们还设想，他们竭力去孤立、捕获和利用的，正是无机的自然的力量。人类厌倦了仅仅是拥有植物和动物，仅仅是奴役植物和动物来为他服务，而是掠夺自然的金属和矿石宝藏，掠夺自然的木材和纱线宝藏，用运河和水井来利用它的水资源，用船只和道路，用桥梁、隧道和大坝来击溃它的反抗。"现在，他不仅想从她那里掠夺她的各种物质，而且还想奴役和控制她的每一种力量，以便增加他自己的力量。"③

自此以后，这最后一种设想从未放过它对我们的控制，因为成功将意味着对于"上帝或自然"的最终的胜利，一个小小的人类自己的创造物的

① Oswald Spengler, *Man & Technics, A contribution to a Philosophy of Life*, Greenwood Press,1976, p.39.

② Oswald Spengler, *Man & Technics, A contribution to a Philosophy of Life*, Greenwood Press,1976, p.39.

③ Oswald Spengler, *Man & Technics, A contribution to a Philosophy of Life*, Greenwood Press,1976, p.42.

世界——这一世界凭借它自己的力量和只是服从于人类的手，就能够像大自然一样地运行。建造一个人们自己的世界，是自己的世界的上帝——这就是浮士德式发明者的梦想。捕食动物的战利品的观念已经被思考到了它的逻辑的尽头。"不是世界的这一片或那一片，就像普罗米修斯盗火时那样，而是世界自己本身，包括它的力量的秘密，作为掠夺物被拉扯着来建造我们的文明。"① 从哥白尼和伽利略开始，技术的方法一个一个地接踵而来，它们带着同样的目的——从周围世界榨取无机的力量，利用它们代替人和动物来做事。伴随着城镇的生长，技术变成了资产阶级。最后，随着理性主义的来临，对技术的信仰几乎成了一种唯物主义的宗教。技术就像上帝、就像圣父那样是永恒的和不朽的，技术就像上帝、就像圣子那样拯救人类，技术就像上帝、就像圣灵那样照亮着我们。

　　发明者的热情跟他的发明会带来什么样的后果完全没有什么关系。起作用的是他个人的生活动机，是他个人的快乐和悲哀。发明者所想要的是他克服困难问题时所取得的胜利，是发明给他所带来的财富和声誉。至于他的发现是有价值的或者是一种威胁，是创造性的或者是毁灭性的，他对此没有丝毫的兴趣。的确也没有任何一个人能够事先预知这一切。正是由于这一灾难，那种毫无羁绊的人类思想不再能够掌握它自己的后果。当物理学理论从现象中提炼它的知性抽象达到这样一个高度，以至于它到达了人类知性的纯粹基础的时候，技术已成为像它所运用的高等数学那样深奥的东西。"世界的机械化已进入了一个极其危险的过度紧张的阶段。地球的图像，包括它的植物、动物和人类，已经发生了改变。在短短几十年，大部分大森林已经灭绝，气候变化因而也开始运行，这一变化使整个人类的经济大陆陷入危险之中。"② 无数动物的种类已经灭绝，或者说即将灭绝。

　　在组织化的掌控之下，所有有机的事物都在垂死挣扎。一个人造的世界正在渗入自然界，正在毒化自然界。文明自己本身已经成为一部机器，

---

　　① 　Oswald Spengler, *Man & Technics, A contribution to a Philosophy of Life*, Greenwood Press,1976, pp.42–43.

　　② 　Oswald Spengler, *Man & Technics, A contribution to a Philosophy of Life*, Greenwood Press,1976, p.47.

这一机器以机械的方式操纵，或者说试图操纵一切事物。现在，我们仅仅依据马力来思考：如果不在心智上把它变成电能，我们就无法看到一个瀑布；如果不考虑到把它作为一个金属供应的来源来开发，我们就无法测量一个满是正在放牧的牲畜的乡村；如果不去希望用一个现代化的技术过程来取代它，我们就无法看到一个尚未受到破坏的原始种族的美丽而又古老的手工业。"我们的技术思考必定有它的自我实现，这一实现可以被我们感知，或者不能被我们感知。"① 最后，技术是一种象征，就像它的隐秘的概念，就像它的永恒的运动——一种精神上的和智力上的必要性，但不是维持生命所必需的必要性。

然而，最近的几十年，在大规模的工业久久地停滞不前的所有国家中，所有这一切正在发生改变。浮士德式的思想开始了对机器的厌恶。一种厌倦正在弥漫，一种类型的对于与自然抗争的和平主义开始弥漫。人们正在返回各种比较单纯的生活方式，返回各种更贴近大自然的生活方式；他们把他们的时间花费在运动上，而不是花在各种技术试验上。大城市正在变得憎恶它们，他们将乐意逃离冷冰冰的事实压力，乐意逃离技术组织明确无误的冰凉氛围的压力。准确地说，正是那些强大和创造性的天才，他们厌恶实用性的问题和科学，走向纯粹的沉思。这是奥古斯都大帝时代的罗马精神。出于对生活的厌腻，人们离开文明，求助于地球上更加原始的部分，求助于流浪生活，求助于自杀。

然而，正在开始的坍塌的第三个和最严重的象征在于斯宾格勒称之为对技术反叛的东西。"虽然我所提及的东西每一个人都知道，但是，作为一个整体，它从来没有被正视过，由此导致的后果是，它的致命意义从来没有展示过自身。"② 在19世纪后半叶，西欧和北美在每一种权力上——经济的与政治的，军事的与金融的——所享有的巨大的优越性奠基于一种无可比拟的对工业的垄断。世界的其他部分的角色是吸纳产品，而非发展新

---

① Oswald Spengler, *Man & Technics, A contribution to a Philosophy of Life*, Greenwood Press,1976, p.48.

② Oswald Spengler, *Man & Technics, A contribution to a Philosophy of Life*, Greenwood Press,1976, p.50.

的生产基地。我们的占有是唯一的，我们并非对物质材料的占有，而是对方法和受过训练的智力的占有。正是这个，它构成了白种工人奢侈生活的基础。在上一个世纪终结之际，盲目的权利意志犯下了决定性错误。在每一所高等学校，以口头的和书面的形式，把他们的技术知识提供给世界上所有人。著名的“工业的传播”开始了。代替独有的已经完成了的产品的出口，他们开始了秘密的出口，开始了工艺流程的出口，开始了方法的出口，开始了工程师和组织者的出口。今天，每一个地方——远东、印度、南美、南非——或多或少地它们的工业地区正在形成，或即将形成，由于它们的较低的工资水平，这些地方将使我们面临一个致命的竞争。无数的有色人种将会在根基处动摇白种人的经济组织。生产重要性的核心稳定地从这里搬离，这是失业在白人国家流行的真实原因。这不仅是危机，而且也是一种灾难的开始。

四、结语：走向终结的人类文明

虽然斯宾格勒在《西方的没落》和《人类与技术》两部著作中都对技术进行过探讨，但很明显，后者才更能体现斯宾格勒的技术思想。《人类与技术》最关键的两个概念一个是人类，一个是技术，这本书显然是在为一直受到错误看待的技术“正名”。对技术的真正理解就意味着对技术这一对象的透彻认识。在斯宾格勒看来，将技术排斥在文化之外，或将技术看作是功利性的东西，这是对技术的一种误解。斯宾格勒的观点是：将技术从一开始就定位于动物生命，也即所有动物生命自身的中心才是恰当的。事实上，动物的生命来源于自然，但是，每一个动物的存在都是以对抗自然而确立的：动物的存在是一种对抗。柏格森认为，灵魂只有通过物质才能够得到自由，所有动物的自由都是通过动物的身体（有机技术）获得的；无身体，或者说无技术，动物是没有自由的。想象中的自由，精神中的自由，要想得到真正的实现，也就是在自然中实现出来，必须通过身体（技术）这一环节才能够实现，故而斯宾格勒认为，技术含义最高程度的概括是一种“维持生命的策略”。作为生命哲学家，斯宾格勒的技术思想与柏格森是一脉相承的。

斯宾格勒的技术思想与柏格森一脉相承，但与柏格森的乐观主义不同的是，斯宾格勒是一个悲观主义者，他对技术的看法是悲观的，并且是相当悲观的。"《人类与技术》更像是对于西方文明的一首绝唱，其浓郁的悲观色调和过于主观的未来臆测更像是一个为末世幻象所纠缠的祭师的心灵谵妄。"① 为什么说斯宾格勒是一个技术的悲观主义者呢？或者说，斯宾格勒是如何看待人类在技术面前的无能为力呢？"以任何一种方式去改变机器—技术的命运，这要么超出了大脑的力量，要么超出了手的力量，因为机器—技术已经发展出了超出内在的精神上的必要性，它现在相应地朝向它的完成和终结迈进。"② 在斯宾格勒看来，最后的决定正在发生，灾难正在来临。每一个高级文明都是一个灾难。作为一个整体的人类的历史是悲惨的。创造物正在起来反抗它的创造者。正如人类这一小宇宙曾经反抗自然一样，今天机器这一小宇宙正在反抗北欧人。世界的主人正在变成机器的奴隶，这一机器正在迫使人类——迫使我们所有人，不管我们有没有意识到这一点——服从机器的目的。

然而，斯宾格勒认为，终结的只是西方的历史，浮士德文化只会产生于西方社会。对于其他的各种各样的"有色的"民族来说，浮士德式的技术绝不是一种内在的必要性。仅仅只有浮士德式的人，他们才以这一形式思考、感受和生活。对于有色人种来说，它只不过是一种他们与浮士德式文明进行战斗的武器而已，一旦达到了它的使用目的，它马上就被丢弃。这一机器式技术将会以浮士德式的文明为终结，终有一天，它将变成碎片，将会被人遗忘。这一技术的历史正在快速地走进它不可避免的终结。它将会从内部被耗尽，就像任何一种伟大的文明形式一样。在斯宾格勒所生活的年代，他作出了上面这一判断；在今天，斯宾格勒的这一预言能否成立，历史似乎已经给我们作出了明确的回答。

---

① ［德］斯宾格勒:《西方的没落》第 1 卷，吴琼译，上海三联书店 2006 年版，译者导言第 7 页。

② Oswald Spengler, *Man & Technics, A contribution to a Philosophy of Life*, Greenwood Press,1976, p.46.

第五章 海德格尔：对技术的追问

不管是在欧洲大陆，还是在英美或其他国家，把技术作为专门研究对象的哲学家寥寥无几，海德格尔则是其中之一。既是因专门研究技术的哲学家很少，也是由于海德格尔在哲学史上的地位，海德格尔的技术理论对技术哲学有着广泛而深远的影响。海德格尔在其哲学生涯的不同时期对技术有着不同的看法，早期认为技术（上手的用具）是"世界之为世界"的起点，对"世界之为世界"起着指引或组建作用；晚期认为技术或是人们所生活世界中"天地神人"的聚集（经验技术），或作为"座架"对"天地神人"起着"促逼"的作用（现代技术）。《存在与时间》在解释"世界之为世界"时分析了技术对世界的组建作用，此在"世界之为世界"离不开用具的"指引"或组建，但海德格尔"生存的"此在组建世界时用的仍是"现成的"用具，缺乏存在论上对用具产生和原创的分析。晚期海德格尔对技术——不管是经验技术还是现代技术——的分析都是围绕着技术与世界（"天地神人"）而展开的，并在一定程度上克服了早期用具的现成性。

一、《存在与时间》："用具"与世界的组建

海德格尔师承胡塞尔的现象学但对它做了存在论的改造，这种改造首先表现为方法的汲取。海德格尔认为现象学乃是存在论的方法，这一方

法有三个基本环节：一是"现象学还原"，使他得以面向研究的实事本身；二是"现象学建构"，在他的哲学中展开为被分析对象的解释学即被分析对象的生存论分析；三是"现象学解构"，呈现为对研究对象传统存在论的批判。① 当海德格尔把这一方法运用于分析存在问题时，现象学还原使他得以面向存在本身；现象学建构展开为"此在的解释学"即存在的生存论分析；现象学解构呈现为对传统存在论历史的批判性分析。当海德格尔运用这一方法分析技术问题时，现象学还原使他面向的实事不再是此在而是世界中的技术人造物；现象学建构展开为技术人造物的解释学即技术产生的生成论分析；现象学解构呈现为对传统工具性和人类学的技术本体论的批判性分析。值得注意的是，海德格尔只是晚期把技术作为自己主要的研究对象（之一），技术哲学三环节的充分展现只是体现在他晚期的哲学之中。早期海德格尔研究的是此在，是此在的生存。虽然海德格尔在分析此在存在时涉及了技术——用具及用具所属的用具系统，并对技术对世界的指引或组建做了详细的描述，但他并没有把分析此在的生存论方法用于对用具的分析，早期海德格尔只有此在的生存论而无技术的"生成论"。

海德格尔早期技术分析是从他所认为的技术"实事"——用具开始的，他的"现象学还原"使他得以面向技术的"实事"即人们日常世界中各种各样的用具本身（用具不过是人造物的又一说法而已）。海德格尔认为，任何追问都有"对……的发问"即问之所问和"就……的发问"即问之所及。在《存在与时间》中海德格尔所问的是存在，问及的是存在者（此在）。对于技术呢？海德格尔在《存在与时间》中并没有刻意追问技术，他是在对一种存在者（此在）的剖析过程中遇到另一种存在者（用具）的。虽然用具是我们、也是后期海德格尔要研究的对象和重点，甚至在《存在与时间》中也起着重要作用——所有其他存在者都通过它而"上手"、世界之为世界也在于它的组建，但用具在海德格尔整个此在生存论分析中并不具备核心和基础性地位，而仅是其中一个环节，尽管这一环节很重要。用具，或作为用具的存在者，是如何进入海德格尔生存论分析的

---

① 参见孙周兴主编：《海德格尔选集》上，上海三联书店 1996 年版，编者引论第 3 页。

视野，或者在海德格尔的生存论分析中用具是如何"上手"的呢？

　　海德格尔用具分析的理论背景是康德传统的先验论观点。早期海德格尔哲学一方面依托于康德所建立的先验论传统一方面又试图超越它。先验哲学寻求的是对于人类经验和存在者的理解所必需的各种条件。在康德看来，经验一个对象必需的先验条件是：1. 纯粹的空间和时间直觉，2. 纯粹的知性范畴。一个人永远不会经历这些条件，相反，它们必须被演绎为使自在之物或"物自体"显现为一个对象的条件。经过对康德的重新阐释，海德格尔认为并没有什么自在之物，我们面对的不是物体本身的显示，相反，每一个事物都来自于一个有限的视角。尽管我们接受或面对的只是事物有限的一些方面，但我们仍然经历了事物本身。经过改造，海德格尔认为把存在者经历为存在者必要的先验条件是：1. 存在者本身的自我显示。2. 此在的自我显示能够发生的时间和语言的"澄明"。海德格尔在康德先验论模式的框架内提出了这样的问题：人们将存在者（在我们看来是已经在此的技术人造物）理解为用具是如何可能的。根据海德格尔把存在者经历为存在者的理解，作为存在者的一种特殊形式，把用具经历为用具的必要条件应该是：第一，用具本身的自我显示（存在）；第二，用具使用者的自我显示能够发生的时间的和语言的"澄明"。

　　然而，海德格尔在《存在与时间》中分析用具时并没有用上"把用具经历为用具的必要条件"的生存论分析方法。海德格尔认为，作为对存在的探索，"现象学的解释乃是存在之领会的独立的和明确的实行方式；而存在之领会向来已经属于此在，并且在每一次同存在者打交道之际都已经是'活生生的'了"。① 对于此在需要与之操劳打交道的存在者，此在无须专门"投入"与之打交道的存在方式，之所以如此，是因为"日常的此在总已经在这种方式中了。譬如，在开门之际，我已经利用着门把"②。对于日常的此在来说，它已经，并且总是处在"开门"这种存在方

---

　　① ［德］海德格尔：《存在与时间》（修订译本），陈嘉映、王庆节译，三联书店1999年版，第79页。
　　② ［德］海德格尔：《存在与时间》（修订译本），陈嘉映、王庆节译，三联书店1999年版，第79页。

式之中：昨天我曾经"开门"，今天我正在"开门"，明天我还将"开门"。当我开门的时候，"我已经利用着门把"，我不仅已经把门把这种存在者理解为能够开门并且是为了开门的一种工具，而且已经具备利用门把来为我开门的实际能力。然而，海德格尔在这里的论述并没有进一步涉及"把门把经历为门把的条件"：一是门把作为一种用具本身的自我显示，即在我用它来开门之际它"能够"自我显现为门把（具有"门把"的结构与功能的东西），门把对我来说"已经在此"；一是在我用门把开门的时候，我作为门把的使用者具有自我显示能够发生的"时间的和语言的'澄明'"，我具有作为"开门者"这一角色得以定位的生活世界或生活阅历。也就是生活世界"时间和语言的'澄明'"已经让我显现为一个能用门把开门的"开门者"。海德格尔的问题是忽视了把门把经历为门把的条件，强调的只是对现成或已经在此的门把的利用是如何可能的。"因为我们无须再去投入这种操劳打交道的存在方式。日常的此在总已经在这种方式中了。"① 在海德格尔看来，面对门把这种可供现成使用的工具，此在只管放心大胆地或专心致志地使用好了，无须再"投入"对于门把的使用是如何可能的各种条件中去。门把的结构、性质、功能—意向或价值等等因素都必须退到生活世界的背景中去，以便让门把本身显现出来。为了门把的正常使用，门把的结构与功能—意向，门把在生活世界之中产生和形成的历史与起源（包括有关门把认识和知识的起源），我们是如何能够"面对"门把的（将"门把"作为"门把"而不是别的东西），门把与产生这一门把的生活世界和生活世界诸要素之间的关系，如制作门把的木材的质地如何、产于何处、制作的木匠是谁等等，所有这一切必须退隐到生活世界的背景中去。如果不是作为潜在的背景而是作为直接感知的对象，门把对于此在就不是"上手状态"而是"在手状态"，此在面对的也就不是门把，任务也就不是开门——也许是"看"门、修门、做门或买门。

　　再如锤子。要想把一把锤子经历为锤子，第一是锤子本身的自我显

---

　　① ［德］海德格尔：《存在与时间》（修订译本），陈嘉映、王庆节译，三联书店 1999 年版，第 79 页。

示，锤子在我的世界之中能够显现为一把"锤子"，能够显示出锤子之为锤子的自然（自然物理性质与结构）、社会（具有锤子物理结构的东西能够发挥锤子功能的社会环境与条件）、历史（依附于锤子的物理存在之上的有关锤子制作、继承和使用等方面的人或事）、科学（有关锤子的制作知识）等等方面的条件，缺少这些条件中的任何一个锤子就不能显现为一个"完整"的锤子；第二是铁匠（锤子的使用者）作为铁匠的自我能够发生的"时间的和语言的'澄明'"。铁匠的自我能够发生的"时间的和语言的'澄明'"，就是铁匠所逗留和生活的世界，是铁匠之为铁匠的自我身份能够得以确立的日常生活世界。一个人并非生来就是"铁匠"，成为铁匠必须具备一系列条件：从小的方面讲，必须具备一定的身体条件如强健的身体和有力的双臂（没有这样的身体和双臂也必须练出这样的身体和双臂），有关的知识和技能（对矿石的挑选、炉火温度的控制等等）；从大的方面讲，社会对铁匠这一职业的需求、销售自己产品的渠道，等等。只有当成为铁匠所必备的自然和社会条件都聚集或体现在一个人身上时，他才能够成为一个铁匠，或一个合格的铁匠。铁匠的自我能够发生的时间和语言的"澄明"并不具备海德格尔眼中的神秘性，而是来自于铁匠所生活的平凡而又现实的经济、政治和文化世界。所以，无论门把之为门把，铁匠之为铁匠，都只有在现实生活世界这一大舞台之上才有可能。遗憾的是，海德格尔虽然分析了此在的生存却遗忘了门把或锤子的"生成"，只是说用具产生于"理所当然"而没有进一步追问这种已经在此的、理所当然的用具是如何产生和原促创，是如何能够成为这样一种用具的。"海德格尔的生存分析最终排除了'谁'和'什么'的关联的可能性，并终究忽略了阐释学中的爱比米修斯（同时也就是普罗米修斯）的含义，从而把已经在此的问题留在混乱之中；而他本人却曾经明确地把已经在此作为此在的构造问题提出：此在的实际性来自它的已经在此——即先于它的过去（此在总是摆脱不了一个先于自己存在的过去）。"[1]一旦排除对已经在此的用具的产生与原促创的分析，排除用具与产生用具的自然、人、社会、历

---

　　[1]　［法］斯蒂格勒：《技术与时间：艾比米修斯的过失》，裴程译，译林出版社2000年版，第241—242页。

史等因素的联系，海德格尔的用具就失去了构造性即生成的特点，他对用具的分析就仍是传统先验论方法而非生存论方法。海德格尔《存在与时间》所用的分析方法从整体上讲是生存论的，可用具这一局部的分析却是非生存论的，就好像有史以来就一直存在着门把这种存在者似的，一个人无须什么培训和学习就可以自然而然地成为一个铁匠。这是海德格尔早期技术观最大的迷失。

海德格尔并非没有意识到用具对世界的依赖，但他分析的只是用具的使用或"上手"对世界的依赖，没有分析用具的产生和原促创对世界的依赖。"我能使用一个工具是因为这个工具在显现的时间视域内展现它自己。更进一步，我们甚至可以说比存在者的显现或存在更原始的是那种显现能够发生的时间—语言的澄明。"① 我们之所以能够使用一个工具如门把是因为门把在显现的时间视域内展现它自己为一个门把，比门把的显现或存在更原始的是那种显现能够发生的"时间—语言的澄明"，即使显现的发生成为可能的生活世界。生活世界是用具之所以能够显现为用具的前提，用具的显现以生活世界的存在和显现为基础。

海德格尔曾试图用生存论观点分析用具，试图悬置对用具的各种人云亦云的观点，但他的分析是"向后"而不是"向前"看。"在我开门之际，我已经利用着门把"。为了找到通达在开门中来照面的门把的现象学通道，海德格尔认为更好的办法是悬置各种人云亦云、泛滥成灾的解释，因为这些解释掩盖了存在者（门把）在为它操劳的活动中如何从它自身方面来照面的情况。"世内照面的东西就其存在向着操劳寻视开放出来，向着有所计较开放出来。"② 世界的开放奠基于此在的操劳和有所计较。上手东西的用具状态是指引，就是让世内存在者来照面。用具通过其上手状态对世界起着组建作用：上手的东西——用具状态——指引（"为了作……之用"）——何所用（"为何之故"）——何所缘——何所向——何

---

① Michael E. Zimmerman. *Heidegger's Confrontation with Modernity: Technology, Politics, and Art*. Indiana University Press, Blooming and Indianapolis, 1990, p.146.

② ［德］海德格尔:《存在与时间》（修订译本），陈嘉映、王庆节译，三联书店 1999 年版，第 97 页。

所在——世界之为世界。海德格尔认为，世内存在者在此在面前的特点是"守身自在、裹足不前"，用具或技术的作用就是让上手事物变得触目："在周围世界中的寻视交往就需要一种上手的用具，这种用具的性质就在于能够承担起让上手事物变得触目的'工作'。"①比如锤子的"触目"揭示了鞋匠所逗留的（生活）世界。一旦锤子"触目"、"窘迫"或"腻味"，鞋匠马上意识到，没有工具他不能做完他正在制作的鞋子；幸运的是，锤子是从当地的一个店铺买的；店铺是从镇上或城里的生产者那里购得的；锤子是用来制作鞋子鞋底的；鞋子是隔壁王大爷预订的一双鞋子中的一只；王大爷穿上它是为了上山打猎……在铁匠所生活的世界中所有因素都是内在地关联着的。"没有这种具有意义的相关情景，没有这种我们一开始就生活于其中的熟悉的领域、这种'世界'，用具不可能产生。"②技术在人与世内存在者之间起着中介性的关联作用，对生活世界之中存在者的存在起着组建作用。生活世界各种存在者对此在之所以存在是由于技术的组建。

早期海德格尔已经从技术与（生活）世界的相关性研究技术（用具），这一做法在那个时代并不多见，也与他晚期把物看作是"天地神人"聚集地的思路是一脉相通的；不足之处是仅从已经在此的现成技术（用具）出发，不是从技术的产生和形成研究技术与生活世界的关系，因此，早期海德格尔并没有触及技术哲学最核心的问题。正是由于忽视了对已经在此的用具的存在论分析，海德格尔整个生存论分析就奠基在一个并不牢固的基础之上：现成的用具必须承受为生存的此在奠基的重任。如果不为生存性的此在找到一个同样是生存（生成）性的用具，海德格尔此在的生存性分析就缺乏牢固的根基。遗憾的是早期海德格尔并没意识到这一缺陷。晚期海德格尔的技术观一定程度上克服了他早期的缺陷，但并不彻底。

---

① ［德］海德格尔：《存在与时间》（修订译本），陈嘉映、王庆节译，三联书店 1999 年版，第 94 页。

② Michael E. Zimmerman. *Heidegger's Confrontation with Modernity: Technology, Politics, and Art*. Indiana University Press, Blooming and Indianapolis, 1990, p.138.

二、技术：从"天地神人"的聚集到"座架"

海德格尔晚期哲学与早期哲学之间有一个明显的转向：早期从此在的生存研究存在问题，晚期不再急不可待地从此在逼问存在，而是要着眼于存在本身，着眼于存在之真理的"自行发生"来运思，要听命于"存在之真理"的邀请和期待于"存在的召唤"。[①] 相应地早期海德格尔从用具入手"逼问"和组建世界，晚期不再从用具逼问和组建世界，而是着眼于世界和世界之中"天地神人"诸要素本身之真理的"自行发生"来思考。随着海德格尔这一转向，技术取代存在成为晚期海德格尔研究的主要对象之一，在海德格尔早期哲学之中没有得到充分发挥的现象学三环节，在海德格尔晚期（技术）哲学中得到了充分和全面的展现：他以物（壶、桥、鞋子等人造物）这一实事为出发点，充分展开对技术产生的生成论分析，将技术人造物的本质归之于"天地神人"四重整体的聚集，并以此为基础展开对传统技术本体论的批判性分析。

海德格尔认为，我们今天译为"自然"或"物理"的希腊语"Physis"一词的原始意义乃是"涌现"，是存在者从遮蔽处走出来成其本身。这种涌现实际上是一种"解蔽"，希腊人称之为"Aletheia"（无蔽、解蔽）。Aletheia 指的是存在本身的由"隐"入"显"的运作，即"存在之真理"。"Logos"的原始意义海德格尔认为是"聚集"，也是存在本身的运作，是一与解蔽相反的由"显"入"隐"的运作。这是海德格尔对存在的分析，而技术或作为人造物的技术是人类产生以后存在的最基本方式之一，它们的产生与形成根据海德格尔的理解也是一种"涌现"：人造物从生活世界"遮蔽之处"走出来成其本身，是人造物由"隐"入"显"的运作，即技术之"真理"。物质世界的结构、定律与规律，人类社会的智力资源和物质资源，人的情感、意志与欲望，社会的文化、制度、风俗和习惯，这些因素在日常生活世界之中是隐匿和躲藏着的，并不为我们的感官

---

① 参见孙周兴主编：《海德格尔选集》上，上海三联书店 1996 年版，编者引论第 7 页。

直接感知，它们的运作或作用的发挥有一个由"隐"入"显"的过程，即有一个聚集和物化在人造物身上的过程。因此技术的原始意义也是"聚集"，是生活世界和生活世界各要素和关系在人造物身上的聚集。技术人造物的生成不仅是一个由"隐"入"显"的过程，同样也是一个由"显"入"隐"的过程：退场或隐匿为生活世界中背景性的、理所当然的、不言而喻的东西。"Aletheia"（解蔽）和"logos"（聚集）是同一的，不仅是存在本身一体两面的运作，而且是作为存在的一种特殊方式的技术（存在而非存在者层面的技术）的一体两面的运作，是人造物的由"隐"入"显"和由"显"入"隐"的双向运动过程。涌现、解蔽、聚集是存在本身的原始意义，也是技术原始的意义。在西方形而上学传统中存在原始意义的遮蔽后果很多，其中之一就是技术的原始意义也遮蔽了。伴随着"Physis"成为自然（物理）、"Aletheia"成为主体—客体符合一致意义上的真理、"logos"成为逻辑，技术也不再是产生和形成人造物的生活世界的涌现、解蔽和聚集，而是成为摆弄人、使人以订造方式把事物解蔽为持存物的"座架"。

现象学还原是海德格尔从胡塞尔那里继承的最有力的分析方法。借用这一方法，海德格尔早期面向的是"上手"的用具，晚期则是"物"。什么是物？"在切近中存在的东西，我们通常称之为物（Ding）。"[1]称之为物的东西是在我们所生活的世界中切近地存在着、切身地被给予我们的东西。海德格尔以壶为例。壶是一物。什么是壶？壶是一个器皿，是某种自立的东西。作为一个独立之物的自立，壶区别于一个对象。物之物性不在于它是被表象的对象，不能从对象性的角度来加以规定。"什么是物之物性呢？什么是物自身呢？只有当我们的思维首先达到了物之为物时，我们才能达到物自身。"[2]壶是一个起容纳作用的作为器皿的物，这种器皿需要一种"置造"才成为器皿。然而，工匠带来的被置造状态并不构成壶之为壶所特有的东西。"壶之为器皿，并不是因为被置造出来了；相反，

---

① 孙周兴主编：《海德格尔选集》下，上海三联书店 1996 年版，第 1167 页。
② 孙周兴主编：《海德格尔选集》下，上海三联书店 1996 年版，第 1168 页。

壶必须被置造出来，是因为它是这种器皿。"①壶之为器皿，并不是因为被置造出来。为什么？不是一件什么随随便便地被置造出来的东西都可以是"壶"。被置造出来的东西，只有在人们的生活世界之中具备"壶"的结构，特别是壶之为壶的功能－意向，它才具有"壶"这一器皿的物性。"壶必须被置造出来，是因为它是这种器皿"：壶之所以必须被置造出来，是因为在人们所生活世界的某一具体情景之中他们需要具有壶的功能的这样一种器皿，是因为生活世界某些因素要求或召唤壶之生成或"在世"。不仅是壶，不管哪一种人造物，只要它产生或"原促创"的条件在生活世界之中已经具备，也就是产生它的自然、社会、历史、文化、技术等各个方面的条件业已具备，这一人造物就必须被置造出来，并且不以生活世界哪一要素的"意志"为转移。因此我们赞同海德格尔的观点：壶之为壶，不仅在于置造，置造过程中所显示的外观或形状只是从一个角度标志出这把壶，把它作为有待置造者与制造者对立起来。

那么，何为壶，或壶之为壶本质到底何在？"柏拉图这位从外观方面来表象在场者之在场状态的思想家，并没有思考物之本质，亚里士多德以及所有后来的思想家亦然。"②单纯从外观上观察，只能感知壶与人并不相涉的形状和结构，仅把壶作为制造者所表象的有待置造的对象，没有考虑到壶作为一种在场者之在场状态中与人相牵涉的那些方面，即壶对于人所具有的意向或功能。海德格尔认为，对于壶，不应把它看作是一种"对象"，而应看作是一种"站出者"。作为"站出者"，壶的全部本质中起支配作用的是一种双重的"站立"：一方面，是壶"源出于……"意义上的站出。壶之为壶，总是"源出于……"，总是在周围世界中有它本真的来源。离开这一本真的来源，壶无从产生，无从被置造，即使产生或被置造也无法存活。因此，壶最终的基础是它"源出于"的生活世界，是组成这一世界的自然、社会、历史、文化等各方面的因素。它不仅出源于人的欲望与需要，也源出于生活世界其他要素的意义或目的。另一方面，"站出

---

① 孙周兴主编：《海德格尔选集》下，上海三联书店 1996 年版，第 1168 页。
② 孙周兴主编：《海德格尔选集》下，上海三联书店 1996 年版，第 1168 页。

的意思是被生产者站出来而站入已然在场的东西的无蔽状态之中。"①一旦被生产者生产或制造出来，就会"站入"已经在此的在场者之在场状态中，就会进入由在先存在的各要素或存在者所组成的世界之中，就会与包括人在内的已经在场的各种存在者一起"共同在世"。人造物源出并归属于已经在场的东西的无蔽状态即生活世界。人造物不是单纯表象性的对象，而是与我们所生活的世界，与我们人类自身相关涉者。

壶是一与我们自身相关涉者。壶与人的相关性表现在它作为一种容器而存在，能"容"或具备"容"的功能—意向乃（容）器的前提，不具备容（纳）的功能也就谈不上是什么器皿。能容则必有去容的"虚空"："器皿的物性因素绝不在于它由以构成的材料，而在于有容纳作用的虚空。"②这个虚空不是一般的虚空，而是能容纳的、具有容纳功能的虚空。壶之虚空通过双重方式来容纳：一方面通过承受被注入的东西而容纳；另一方面通过保持它所承受的东西而容纳。对倾注的承受和保持共属一体，其统一性由倾倒来决定，壶之为壶就取决于这种倾倒。从壶里倾倒出来的东西就是"馈赠"。在倾注的馈赠中，器皿的容纳作用才得以成其本质。起容纳作用的虚空之本质聚集于馈赠中，馈赠的聚集则是赠品，"壶之壶性在倾注之赠品中成其本质"③。为什么海德格尔会得出"壶之壶性在倾注之赠品中成其本质"呢？海德格尔认为，在倾注之赠品中有大地与天空、诸神与终有一死者的聚集，倾注之赠品是大地与天空、诸神与终有一死者的聚集物。如果赠品是一种饮品，那么赠品之中有山泉，山泉之中有岩石，岩石之中有大地，大地之中有天空（的雨露），在赠品也就是壶之本质（亦即人造物的本质）中栖留、聚集着天空与大地。倾注之赠品是终有一死的人的饮料，也是奉献给不朽诸神的祭酒。在作为祭酒的倾注之赠品中，诸神以自己的方式逗留着。"在倾注之赠品中，同时逗留着大地与天空、诸神与终有一死者。"④在倾注之赠品中大地与天空、诸神与终有一死者聚集

① 孙周兴主编：《海德格尔选集》下，上海三联书店 1996 年版，第 1169 页。
② 孙周兴主编：《海德格尔选集》下，上海三联书店 1996 年版，第 1169 页。
③ 孙周兴主编：《海德格尔选集》下，上海三联书店 1996 年版，第 1172 页。
④ 孙周兴主编：《海德格尔选集》下，上海三联书店 1996 年版，第 1173 页。

一堂。不仅壶之饮品，任何人造物所倾注之赠品中，大地与天空、诸神与终有一死者都是共属一体的，"它们先于一切在场者而出现，已经被卷入一个唯一的四重整体（Geviert）中了"。①"天地神人"所组成的"四重整体"也就是我们所说的生活世界。不管是"天地神人"还是它们所属的"四重整体"都先于一切在场者而出现，它们是一切在场者（人造物）和它们所倾注之赠品得以现身的基础与源泉。

"在赠品中被聚集起来的东西集自身于这样一回事，即在有所居有之际让四重整体栖留。"②赠品聚集着天地神人四重整体，成为四重整体的聚集物或栖留地。赠品不再是某个现成的东西的单纯坚持，而是大地与天空、诸神与终有一死者这四重整体的栖留与聚集。"这种多样化的质朴的聚集乃是壶的本质因素。"③壶之为壶，壶之本质就在于天地神人的多样化的质朴的聚集。壶不同于自然物。自然物虽在某种意义上也"聚集"天、地、神，但其中绝无"人"的因素，它们的存在与人的知识、意志、情感或欲望并无瓜葛，也就是说它们身上并没有人的"意向性"。而壶，或作为人造物的壶如何产生的呢？"物物化。物化聚集。居有四重整体之际，物化聚集四重整体入于一个当下栖留的东西，即入于此一物彼一物。"④物物化：物（人造物）之生成，首先须物化或物象化，以一物的面目出现。物化聚集：物之物化聚集着天地神人四重整体。"居有四重整体"就是对天地神人四重整体的"居有"、占有或聚集。通过这一聚集，物化活动将天地神人"入于"一个当下栖留、在人们生活世界中当下存在着的东西（人造物）身上。生活世界各种各样的人造物都是这样通过"物化"、"聚集"或"居有四重整体之际"而生成和产生的。"物物化。物化之际，物居留大地和天空，诸神和终有一死者；居留之际，物使在它们的远中的四方相互趋近，这一带近即是近化（das nähren）"。⑤人造物通过物（象）化而成，在其形成之际聚集和居留着天地神人四因素，让原本各居一方、在

---

① 孙周兴主编:《海德格尔选集》下，上海三联书店 1996 年版，第 1173 页。
② 孙周兴主编:《海德格尔选集》下，上海三联书店 1996 年版，第 1174 页。
③ 孙周兴主编:《海德格尔选集》下，上海三联书店 1996 年版，第 1174 页。
④ 孙周兴主编:《海德格尔选集》下，上海三联书店 1996 年版，第 1174 页。
⑤ 孙周兴主编:《海德格尔选集》下，上海三联书店 1996 年版，第 1178 页。

各自轨道上运行的天地神人在自己身上汇集或聚拢在一起。

"壶是一物，因为它物化。从这种物之物化出发，壶这种在场者的在场才首先得以自行发生并且得以自行规定。"①壶之为壶，壶之所以是一人造物，因为它"物化"，它把天地神人和它们之间的相互关系在一"物"身上具体化、物象化。只有通过天地神人以及它们之间相互关系在一"物"上具体化、物象化，壶这种在场者的在场或生成才得以规定。问题是：壶这种在场者的在场能否"自行"规定？"壶这种在场者的在场"，就是壶与天地神人四重整体的关系在壶身上得以物化，就是通过壶倾注的馈赠来显现、聚集壶与天地神人四重整体的关系。海德格尔认为壶（或壶倾注的馈赠）与天地神人四重整体的关系是自行显示着的，天地神人四重整体自行来到壶身上，壶之在场是一种"自行规定"。从这一论述中可以看出，在海德格尔那里，不仅在现代技术中人是被动的——现代技术的本质在"座架"之中，人听命于"座架"而"座架"却"促逼"人；即使在经验技术中人对人造物的形成或在场也无能为力。壶之为壶，或壶之物化，壶这种在场者的在场，都是与人无关地自行规定、自我显示的。"人类行为唯作为一种命运性的行为才是历史性的"②，人只能听从命运的安排，让存在者自我显示。"物之为物何时以及如何到来？物之为物并非通过人的所作所为而到来。不过，若没有终有一死的人的留神关注，物之为物也不会到来。"③在海德格尔看来，物之为物或壶之为壶虽然需要人的留神或关注，但是物之为物并不需要通过、凭借或依靠人的行为，它对人的行为仅仅只是借用或利用而已。人不过是物之为物借用的一个演员。在物之为物的过程中，人是演员，命运才是背后的导演或操作者。

"大地和天空、诸神和终有一死者，这四方从自身而来统一起来，出于统一的四重整体的纯一性而共属一体。"④天地人神四方在海德格尔眼中是我们所居留世界中最有代表性的四种要素，这四种要素相互关联、相互

---

① 孙周兴主编：《海德格尔选集》下，上海三联书店 1996 年版，第 1178 页。
② 孙周兴主编：《海德格尔选集》下，上海三联书店 1996 年版，第 942 页。
③ 孙周兴主编：《海德格尔选集》下，上海三联书店 1996 年版，第 1182 页。
④ 孙周兴主编：《海德格尔选集》下，上海三联书店 1996 年版，第 1179—1180 页。

缠绕、相互映照组成一个"统一"而又"纯正"的整体。四方中每一方都以自己的方式映射着其余三方的现身和出场方式。"以这种居有着—照亮着的方式映射之际，四方中的每一方都与其他各方相互游戏。"① 四方中的每一方与其他各方相互游戏、相互信赖，天地神人没有哪一因素会"固执己见"而与其他因素隔绝开来，每一方都会为进入四重整体的"纯一性"而失去独特的本己。"天、地、神、人之纯一性的居有着的映射游戏，我们称之为世界（Welt）。"② 我们所居留的世界通过世界化而成其本质，而世界化是通过天、地、神、人的居有着的映射游戏形成的。世界之世界化，不能通过逻辑的或理性的因素来说明，不能通过原因和根据之类的东西来说明，只能通过天、地、神、人之间的相互关联、相互映射、相互牵涉而完成。海德格尔认为，一旦把世界、把统一的四方表象为个别的现实之物，即可以从逻辑上相互论证和说明之物，活生生的世界就被阉割和扼杀了。

就这样，海德格尔一步步把物（技术）之本质追问到了由天地神人所组成的世界或"四重整体"。"如果我们让物化中的物从世界化的世界而来成其本质，那么，我们便思及物之为物了。"③ 只有当我们认识到，物象化的人造物的本质不是来自于现成的存在者，而是来自于天、地、神、人四重整体世界化时所生成的生活世界，我们才思及物之为物，才为物之为物所召唤。"如果我们思物之为物，我们就保护了物之本质，使之进入它由以现身出场的那个领域之中。物化乃是世界之近化。"④ 一旦思及物之为物在于生活世界和组成生活世界的"四重整体"，我们就思及并保护了（人造）物之本质，让（人造）物不受扭曲地、全面而又本真地现身和生成于生活世界，逗留和归宿于生活世界。

"物化乃是世界之近化。"世界就是生活世界，世界的近化就是生活世界的近化，人造物的生成就是生活世界的"上到手头"。"物是从世界

---

① 孙周兴主编：《海德格尔选集》下，上海三联书店 1996 年版，第 1180 页。
② 孙周兴主编：《海德格尔选集》下，上海三联书店 1996 年版，第 1180 页。
③ 孙周兴主编：《海德格尔选集》下，上海三联书店 1996 年版，第 1182 页。
④ 孙周兴主编：《海德格尔选集》下，上海三联书店 1996 年版，第 1182 页。

之映射游戏的环化中生成、发生的。"① 物生成、发生于生活世界中天地神人映射游戏的"环化"。只有当生活世界作为世界而世界化，壶之类的人造物才能在天地神人映射游戏的环化中生成和发生。生活世界，生活世界中天地神人的映射游戏乃是一切人造物生成和发生的本真源泉。"唯有作为终有一死者的人才栖居着通达作为世界的世界。唯从世界中结合自身者，终成一物。"② 只有人才能栖居并通达作为世界的（生活）世界；唯有从（生活）世界中结合自身，人造物才能成其为人造物。（人造）物是从生活世界天地神人诸要素的映射游戏中聚集而成，环化而生的。除此之外我们无以理解人造物之物性。

不仅壶生成于天地神人四要素关联游戏映射而成的（生活）世界，是天地神人四要素映射游戏的产物，其他技术人造物亦如此。以桥为例，海德格尔解释了作为一种制造活动的"筑"是如何生成和发生于由天地神人所构成的生活世界中的。桥飞架于河流之上。在桥的横越中，河岸才作为河岸出现，桥特别的让河岸相互贯通。桥与河岸一道，总是把一种又一种广阔的后方河岸风景带向河流。桥使河流、河岸和陆地进入相互的近邻关系中。桥把大地聚集为河流四周的风景，让河流自行其道，同时也为终有一死的人提供了道路。桥飞架于河流和峡谷之上，终有一死的人总是把自己带到诸神的美妙面前。桥以其特有的方式把天、地、神、人聚集于自身。"桥是独具方式的一物；因为它以那种为四重整体提供一个场所（Stätte）的方式聚集着四重整体。"③ 桥是一物，是一技术人造物，是一既具有自己独特的结构与外观，又具有自己独特的功能与意向的人造物。桥通过自己被赋予的独特的意向聚集着生活世界，聚集着生活世界四重整体，并以自己的存在或在场为四重整体提供一个聚集或游戏的场所。

海德格尔曾经引用过一位诗人的一封信："对我们祖父母而言，一所'房子'，一口'井'，一座他们熟悉的塔，甚至他们自己的衣服，他们的大衣，都还是无限宝贵，无限可亲的；几乎每一事物，都还是他们在其中

---

① 孙周兴主编：《海德格尔选集》下，上海三联书店 1996 年版，第 1183 页。
② 孙周兴主编：《海德格尔选集》下，上海三联书店 1996 年版，第 1183 页。
③ 孙周兴主编：《海德格尔选集》下，上海三联书店 1996 年版，第 1196—1197 页。

发现人性的东西和加进人性的东西的容器。"①海德格尔试图把事物——主要是经验技术制作和生产的人造物——看作是世界的会集地，看着是盛装天地神人的"容器"。在他看来，传统意义上的事物在含义上总是一种"多于"，它们比单纯分离的个别事实更多。只要经过认真的反思，我们就会发现一个个表面上看似孤立和分离的事物其实都有这样或那样的"意向性"，与生活世界和组成这一世界的诸要素有这样或那样的关联。

"向自身之外进行指点，与别的东西建立联系，这属于事物的本质。"②人造物并非首先是单纯的事实性的东西，然后再体现与天地神人的联系，而是更多的存在与关联从其产生时起就属于它，就聚集或物化在它身上。与生活世界，与生活世界诸因素的关联构成了技术的本质。在海德格尔看来，现代技术不是不与（生活）世界发生关联——世上并不存在与生活世界没有关系的技术，而是试图尽可能少地与生活世界发生关联，尽可能只与生活世界对人有利和有效的东西发生关联。既是由于市场化和商业化的驱使，也是由于自身的特点，现代技术对生活世界中的各种存在进行限制、降格和缩减，试图把它们变成只是对人有用的材料和能源。技术（人造物）本质上是天地神人的"会集地"，是生活世界各因素相互关系的"联结点"，是一种相对于特定时空中的人造物的"多于"，可现代技术的倾向是对事物进行限制、降格和缩减，最后只剩一个未知的"X"。

从海德格尔对经验技术与科学技术的比较中可看出，不能把技术看作孤立的自身固定的存在者——作为这样的存在者，它逃脱不了被物质化、功能化和被统治的命运；应该看到人造物所具有的"意向性"和"指示性"，看到人造物是天地神人的会集地和游戏场。由于形而上学的影响，一切存在者都被确定在一个单一的形态、外观和结构上，这一外观或结构在一切时间性的偶然变化中作为固定的东西坚持到底。"事物的存在的未隐蔽状态日益受到限制，它们的本质越益明显地严重地可感觉到地受到损害和丑化，变得残缺不全，以便最终被功能化为加工和统治的单纯的千篇

---

① 孙周兴主编:《海德格尔选集》上，上海三联书店 1996 年版，第 430—431 页。

② ［德］冈特·绍伊博尔德:《海德格尔分析新时代的技术》，宋祖良译，中国社会科学出版社 1993 年版，第 92 页。

一律的物质。"① 现代技术在其产生和原创时日益受到经济理性和科学化倾向的双重冲击，与感性、直观、日常和经验世界的联系越来越疏远。要想避免这样一种"沉沦"的继续发展，必须开启一种对待技术的新态度。

三、现代技术的特点与对待现代技术的态度

海德格尔认为，与古典经验技术相反，新时代技术成为一种"座架"，把一切事物，不管是自然物还是人造物统统加以物质化、功能化和齐一化，剥夺了事物自己的和真正的东西。由于这种剥夺，事物变成单纯的影子和格式，不再是会集天地神人的"容器"。在他看来，单纯功能性、与世界四重整体相脱离的新时代技术不再是人类生活真正的基准点，反而扭曲了人真正和全面的生活。

海德格尔的现代技术有三重相互关联的意思：第一，通常与工业化相联系的技艺、设施、器械和生产过程。第二，通常与现代性相联系的理性主义的、科学的、商业的、实用的、人类学的、非宗教的世界观。第三，既使工业生产过程，又使现代性世界观成为可能的理解或解蔽事物的当代方式。② 在这三重意思中海德格尔认为第三重最重要，工业化和现代性都是当代解蔽方式——把事物作为能源和原材料来解蔽——的后果。海德格尔认为，柏拉图开启的生产与制造的形而上学在当代已发展为现代化技术，物质存在的唯一价值就是成为人的原材料，人只是为了生产而生产。"生产者形而上学"（Producer Metaphysics）不断鼓励各种各样新的生产方式，这些生产方式日益遮蔽了生产的性质和生产中所使用的各种物质。最严重的是这种非本真的制作和生产改变了人们的日常生活。海德格尔认为，西方形而上学的历史导致了生产的堕落，他的任务是寻求一种本真的制作与生产，这种制作与生产将给生产者形而上学的历史提供一种可供选

---

① ［德］冈特·绍伊博尔德：《海德格尔分析新时代的技术》，宋祖良译，中国社会科学出版社 1993 年版，第 109 页。

② Michael E. Zimmerman. *Heidegger's Confrontation with Modernity: Technology, Politics, and Art.* Indiana University Press, Blooming and Indianapolis, 1990, xiii.

择的替换。

以人造物的形式表现出来的技术是"天地神人"四重整体的聚集，已经形成的技术又可以置于人和事物之间，成为人作用于事物的一种手段。海德格尔认为，处于人和事物之间的技术不仅是一种单纯的手段，它属于事物和世界的构造，是事物和世界的展现和解蔽，是作为隐蔽状态的真理。"使用新的手段（在所引用的例子中指机器）也要求……与事物有一种不同的关系，随着手段的更换……也产生了人与自然的关系的变化。"① 手段的意义不在于它单纯的中介性，手段对与它发生关系的事物并不持中立的态度。被置于人与事物之间的手段本身属于人与事物的关系，手段的更换必然导致人与事物之间一种新型关系的发生。比如印第安人拒绝使用钢犁，因为在他们眼中，钢犁的使用表明人与大地、自然甚至整个世界的关系发生了根本性的改变。用一台大马力的拖拉机耕种土地和用自己或动物的体力耕种土地，这是两种不同的对待大地的方式。"靠参与决定人与世界的关系，技术（就一般技术而言）参与到现实的建立中。"② 技术不仅是一种手段，它还是一种展现的方式，它展现现实，给予我们存在者的未隐蔽状态，是原始意义上的真理。海德格尔认为，只要我们注意到这一点，技术本质一个完全不同的领域就会向我们打开——这是一个全新的领域，是展现的领域，是真理的领域。有什么样的技术，就有什么样的自然，就有什么样的天地神人，就有什么样的（生活）世界。"现实绝不是某种单轨的、固定的、绝对的东西，永远一定的东西，而是不同的自身显示着和构造着或——如海德格尔所说——展现着。而在这展现的过程中，手段和目的的设置并没有超然于人们称作现实物的那种东西，而是本身参与到这现实的构造中，本身展现、本身参与规定事物的存在，因此远非单纯的手段。"③ 世界中的事物是不断变化和发展着的，是不同的自身显示、

---

① ［德］冈特·绍伊博尔德：《海德格尔分析新时代的技术》，宋祖良译，中国社会科学出版社 1993 年版，第 15 页。

② ［德］冈特·绍伊博尔德：《海德格尔分析新时代的技术》，宋祖良译，中国社会科学出版社 1993 年版，第 16 页。

③ ［德］冈特·绍伊博尔德：《海德格尔分析新时代的技术》，宋祖良译，中国社会科学出版社 1993 年版，第 17 页。

构造或展现着的。手段和目的的设置本身参与到现实事物的构造中，本身展现、参与规定着事物的存在。一种人造物，一旦被原创，它就不是单纯的手段，而是对生活世界和生活世界各要素的存在起着构造和组建作用。不能把机器或器具看作现代技术的本质，否则就受了表面上赫赫有名的东西的欺骗。必须在事物的构造和组建之中寻找新的和转折性的东西。在现代技术中隐藏着的力量决定了技术的本质，也决定了人与存在者的关系。

今天的食品技术人员不同于传统的农民。在经验技术中，需要养育和照顾的动物和植物被看作某种独立的东西，它们的存在在意义上总是多于只靠技术生产所决定的东西。现代技术中这种"更多"的意义和视野都被切割掉了，只剩下一堆由技术劳动随意处置的材料。"在新时代以前的历史中，技术参与现实构造是与展现的其他方式（宗教等）相联系的，而在新时代中，技术成为普遍的、对人与自然和世界的关系加以规定的力量。"[①]海德格尔认为，直到新时代，技术的本质才开始展现为全体存在者的真理的命运，而在以前技术分散的现象和企图还始终交织在文化和文明的广泛领域中。现时代的事物构造就本质而言完全是从技术生产出发的，事物不像在新时代以前那样还有其他的构造视野。

为什么会出现这种现象呢？海德格尔认为，在经验技术中人只是众多存在者中的一个；在现代技术中人成为一切存在者的创造者和主人。"决定性的事情并非人摆脱以往的束缚而成为自己，而是在人成为主体（Subject）之际人的本质发生了根本变化……如果人成了第一性的和真正的一般主体，那就意味着：人成为那种存在者，一切存在者以其存在方式和真理方式把自身建立在这种存在者之上。人成为存在者本身的关系中心。"[②]这一切之所以可能是因为对整个存在者的理解发生了变化。在经验技术时期"主体"意味着构成存在者基础的东西，它在一切偶然和外在的变化中坚持不变，并把事物作为某一具体的事物来构造，因此"主体"一词可以用

---

　　① ［德］冈特·绍伊博尔德：《海德格尔分析新时代的技术》，宋祖良译，中国社会科学出版社 1993 年版，第 19—20 页。

　　② ［德］海德格尔：《林中路》（修订本），孙周兴译，上海译文出版社 2004 年版，第89 页。

于任何存在者：人是主体，鸟、鱼是主体，花、草是主体，板凳、桌子同样是主体。但在新时代或者说技术的时代主体只适用于人的存在，人对自身和自然的理解出现了决定性的变化。在新时代，人获悉自己已从自然的存在秩序中超拔出来，在某种程度上成为唯一坚持到底的"主体"，成为一切存在者存在的基础和依据。随着人的主体性的弘扬和膨胀，一切存在者从与主体的对象化中得到自己的地位，成为主体单纯的对象，因而失去了自己的独立性和自为存在。人类在其他存在者面前得到了优等的地位，他不再把自己看作众多存在者中的一个，不再把自己看作"天地神人"诸要素之中的一员，而是把自己看作与其他"客体"相对的"主体"。在经验技术时期，虽然人类把自己看作最高的存在者和万物之王，但他毕竟包括在存在的整体中，是"四重整体"中的一员，知道自己与世界中的其他因素交织或纠缠在一起，属于"天地神人"所组成的四重整体。只有当人知悉自己是与其他因素不同的超拔者，只有当其他因素失去自己的独立性和自为存在而只能从对象性中获得自己地位的时候，人才有可能把所有其他存在者展现为单纯的能量提供者或可以随意处置的原材料。就这样，在现代技术中人成了唯一的具有主体性的存在者，这一存在者对一切其他存在者具有独一无二的统治力量和支配力量。在海德格尔看来这是现代技术与经验技术最根本的区别，结果是现代技术突出"天地神人"中"人"的因素而忽视或轻视"天地神"，或者说此在成了主体而"天地神人（他人）"成了客体。

然而，不仅人是主体，天、地、神也是"主体"，也具有自身之所以存在的根据。技术应全面地和协调地聚集生活世界诸多因素，而非突出个别而忽视或轻视其他因素。技术应是全面的、至少也应是多向度的而非单向度的技术。从对生活世界"天地神人"四重整体的全面聚集到对人的因素的片面的弘扬；从"天地神人"的四重奏到此在的独角戏；从聚集变成组建，又从组建变成统治；从聚集物变成组建者和统治者，这就是现代技术的特点。现代技术终于成了"座架"。

座架之发生源于对人的"主体性"的过度弘扬，以至于人们征服和控制事物的欲望无限膨胀，成为人生中主要甚至唯一的目标。主体性的弘扬与人本主义所提倡的启蒙运动有莫大的关联。人本主义提倡的启蒙运动对于人类生活具有两面性：一方面丰富和发展了人类与理性有关的物质和文化生活，另一方面忽视和贬低了人类其他方面如感性和传统的生活方式，用一种单向度的生活方式取代了多维度的生活方式。人类应该采用什么样的技术——某一方面高度发达而其余方面萎缩的单向度技术还是全面协调发展的多向度技术——这最终取决于一个价值问题：人类应该过一种什么样的生活，某一或某些方面高度发展而其他方面矮化的生活，还是人类所有方面都得到充分发展的生活。在马克思看来，人只能是全面发展的人，技术应该聚集或组建生活世界各个要素而不是其中个别或少数要素。技术是对世界的展现和解蔽，但它只是生活世界众多展现和解蔽方式的一种。解决技术问题的最终出发点是热爱生活，热爱一种可持续发展的、内容全面而又丰富和深刻的生活。

海德格尔又是如何看的呢？不是从生活或生活世界出发，他把希望寄托在沉思上面：只有沉思才允许事物和世界具有自己的特性和自身性关系，唯有沉思才要求中止纯技术的展现，并且只有沉思才会最终命令中止纯技术的展现——当它考虑到现代技术对自然和世界所作的压迫和降格无法加以辩解的时候。问题在于什么是"纯技术"的展现，有没有纯技术的展现。当我们展现或解蔽世界的时候，不仅在传统经验技术时期，即使是在现代技术时期，所有技术的展现方式总是伴随着其他展现方式。在不同技术时期，其他展现方式是多寡的问题而不是有无的问题，世界上并不存在脱离其他展现方式的纯粹的技术展现方式。同样，当我们以其他方式展现或解蔽世界的时候，也是或多或少地伴随着技术的展现方式，或者最终必须奠基在技术的展现方式之上，世界上也不存在完全与技术无关的对世界的展现方式。因此，问题的关键在于不是要不要技术的展现，而是要什么样的技术展现：片面的、单向度的技术展现还是全面的、多向度的技术展现。技术对世界和世界各要素的展现既可以是片面和单调的，也可以是全面和丰富的。正如人不可能完全生活在真空中一样，技术人造物也不可能在完全与生活世界无关的环境中产生，技术总是生活世界中的技术。离开生活世界和组成生活世界的各种要素，技术就成了无源之水，无本之木。所以，技术与生活世界不是有无关系，而是关系松散还是紧密、深刻还是肤浅、片面还是全面。海德格尔所说的作为座架的技术是生活世界物象化的一种极端形式，这种形式再极端、再片面，也毕竟是生活世界的物象化。海德格尔的贡献是指出了生活世界产生极端化"座架"技术的可能性，并提醒我们要注意和克服这种极端化的技术。缺点是忽视了作为"座架"的技术仍是生活世界和生活世界各要素的聚集——不过只是聚集，更准确地说是突出了其中人的主体性这一个因素而已。我们的做法不是克服现代技术，而是让现代技术聚集生活世界更多的和更精彩的内容，让生活世界更多的要素和关系都物化在技术（人造物）身上，从而让现代技术成为一种尽可能全面、丰富和协调发展的技术。

海德格尔认为，由于西方形而上学的历史导致了生产（技术）的堕落，他的任务是寻求一种能够替代形而上学历史的本真的制作与生产。但是，如果希腊人——他们的生存在海德格尔看来最接近于本真地面对原始的显现——都落入了形而上学的思考，现代人还有机会重新面对存在和重新让事物显现吗？事物是不是不可避免地展现为不断增长的力量的"持存物"？海德格尔断言，存在比任何存在者离我们更近，只是存在今天遮蔽了它自己。"为了让我们对存在的新的显现有所准备，我们必须开始注意那些还没有完全被吸纳入技术强制性的实践活动。"[1]海德格尔认为，手工劳动维持了一种对于现代工业不可能的与存在者的存在的关系。在手工劳动中维持和保有的不仅仅是工具的操作，而且是对劳动对象的相关性（如伐木工人对木材），但在现代工人的操作中不再有什么与诸如安睡在木材中的纹路这样的事物的相关性了。

海德格尔试图克服技术的"座架"性质。"如果人注意到在现代技术中居统治地位的未隐蔽状态归因于一种提供，而并不是永远自在地存在的事实情况，那么，他在某种意义上已经超出了技术预定和强求的直接性；他注意到限定不能是唯一的展现方式，它正像它会生成一样，将来也会消

---

① Michael E. Zimmerman. *Heidegger's Confrontation with Modernity : Technology, Politics, and Art*. Indiana University Press, Blooming and Indianapolis, 1990, p.162.

失，并让位给另一种未隐蔽状态。"①作为座架的技术并不是一种永远自在地存在的事实情况，它在生活世界之中也有一个原促创的过程。生活世界是人们的一切活动，当然也包括技术活动的源头。作为人们一切活动的源头，生活世界不是一种固定不变的状态，而是一个变动不居、日新月异的过程。凡是在生活世界之中产生的事物都有它存在的时间段，也就是说凡是在生活世界中产生的未隐蔽状态最终都会重新归隐于无蔽状态。"座架"作为对世界的一种解蔽方式，就像它会产生一样，将来也会消失并让位给其他无未隐蔽状态。如果人们能够考虑到他们并不是那种仅投身于预定持存物并总是只对存在者加以清算和加工的人，而是这样的人——参与世界的展现、守卫和看护世界的每一个因素，居于世界的无蔽状态和隐蔽状态之上的人，技术才能成为生活世界全面和丰富的技术，才能与生活世界保存一种密切而又本真的关系。

那么，如何克服现代技术的"座架"性呢？"我们可以利用技术对象，却在所有切合实际的利用的同时，保留自身独立于技术对象的位置，我们时刻可以摆脱它们。我们可以在使用中这样对待技术对象，就像它们必须被如此对待那样。我们同时也可以让这些对象栖息于自身，作为某种无关乎我们的内心和本真的东西。我们可以对技术对象的必要利用说'是'；我们同时也可以说'不'，因为我们拒斥其对我们的独断的要求，以及对我们的生命本质的压迫、扰乱和荒芜。"②海德格尔的想法很美妙：既切合实际地利用技术（甚至只是技术的"好处"），又与它们保持适当的或足够的距离以便让我们随时可以摆脱它们。问题在于：当我们利用技术的时候，我们是否还有机会做到真正地独立于技术呢？对技术确有恰当的利用与不恰当的利用，问题是一旦涉及对技术的制造和利用，我们就再也不能保留自身独立于技术对象的位置了，再也不能"摆脱"它们了（更别说随时）：既是因为技术已经把我们人类自身聚集甚至"凝固"在它们自身之上，也是因为技术已经成为我们自身无法摆脱的无机的身体。如

---

① ［德］冈特·绍伊博尔德：《海德格尔分析新时代的技术》，宋祖良译，中国社会科学出版社 1993 年版，第 187 页。

② 孙周兴主编：《海德格尔选集》下，上海三联书店 1996 年版，第 1239 页。

果承认人是一种制造和使用工具的动物，那么，人之所以能够"摆脱"自然界而成为文明人，之所以能够成为一种在生活世界去在的存在者，就是因为我们能够发明、制造和使用技术人造物。只要技术是物化为人造物的技术，人能够在世界中生存和发展就是因为他们能使用在生活世界中已经在此的人造物并不断创造各种新的人造物。因此，海德格尔的技术不是我们物化为人造物的技术，而是他所说的狭义的表象和计算的技术。但是，即使是这样一种技术，我们又能否可以摆脱它们，让它们栖息于自身，作为某种无关乎我们的内心和本真的东西呢？这个问题只有回到生活世界才能回答。所有技术，包括表象和计算的技术，都是在生活世界中生成的，它们一旦产生就成为生活世界一个内在而非外在的部分。人能否既利用技术，又保留自身的独立性，涉及已经是生活世界一个内在部分的表象和计算的技术与生活世界和在生活世界中生存的此在的关系，涉及这些表象和计算的技术在生活世界中世界化的程度和在我们"人性"中人性化的程度。如果这些技术已成为我们生活世界和"人性"不可或缺的一部分，我们就不可能让这些对象栖息于自身，作为某种无关乎我们内心和本真的东西——因为它们已经成为我们的内心和本真的东西的有机组成部分。对这些技术说"不"，也就是对我们自己本真的生活和人性说不。相反，如果这些技术聚集的是生活世界与人类生存与发展关系不大或无关紧要的东西，这些技术在人类生活之中处于一个可有可无的位置，那么人类确实可以拒绝这些技术，对这些技术说"不"。问题是相当多的现代技术已经成为当今人类生存与发展必不可少的基础设施（如各种现代化的交通工具和能源设施），对于这些技术我们是不能轻易地说"不"的。与我们对技术说"是"说"不"的标准不同，海德格尔根据人的"内心和本真"来决定对技术的取舍，人的"内心和本真"成了技术在生活世界能否产生和产生以后能否继续存在的标准和根据。在海德格尔那里，技术对于人是一种根据人的内心和本真来判断的、人们随时可以摆脱的非内心和非本真的外在的东西。海德格尔是不承认人是一种制造和使用工具的动物这一观点的。在他眼中，能够聚集天地神人的是壶、桥、鞋子这些经验技术中的人造物，相反，计算和表象的现代技术不是聚集天地神人，而是促逼或遮蔽天地神人。尽管海德格尔并不"反对"、"拒绝"现代技术，但在他看来，现代技术是非人性的，是某种无关乎我们内心和本真的东西。

海德格尔认为，如果能够同时对技术说"是"与"不"，我们就可以用一种"泰然处之"的态度对待技术。"我们对技术世界的关系会以一种奇妙的方式变得简单而安宁。我们让技术对象进入我们的日常世界，同时又让它出去，就是说，让它们作为物而栖息与自身之中；这种物不是什么绝对的东西，相反，它本身依赖于更高的东西。"[1]尽管海德格尔通过泰然处之的态度所提出的对待技术的方式十分美妙，也令人十分向往，但这一态度存在着难以克服的逻辑矛盾。第一，我们让技术对象进入日常世界，成为我们生活世界的一部分，同时又"让它出去"。但是，让它从哪里出去？出去之后又居于何处？技术只能从它原来所进来并逗留的地方出去，这一地方就是生活世界。技术从生活世界出去之后，它只能"居住"在生活世界之外，那么，它"居住"在生活世界之外什么地方呢？第二，技术对象作为物而栖息于"自身之中"，这个"自身之中"是技术对象从生活世界出来之后的地方，是在日常世界之外的地方。但是有没有在生活世界之外的、仅仅栖息于自身的技术人造物呢？这样的东西是人造物还是自然物？第三，技术对象作为物而栖息于"自身"之中——当技术对象从生活世界出来之后，它们就不是栖居于生活世界之中而是栖息于"自身"之中。在生活世界之中它们可以聚集天地神人，在生活世界之外，也就是在它们"自身"之中，它们就不能聚集生活世界，成了一个与生活世界无关的"世外"之物。但有没有一种既与生活世界无关，但又可以叫作"技术"的东西？第四，这个"自身之中"的"自身"是什么意思？在海德格尔看来，这种自身是"物"的自身，是"某种无关乎我们的内心和本真的东西"，也就是物与人无关的可以计算和表象的外观、形状和结构。这种物"不是什么绝对的东西"，它不是自足的，相反，"它本身依赖于更高的东西"，它的生成需要生活世界天地神人的聚集，存在于（生活）世界之中的天地神人是比"物"更高的东西。然而，尽管天地神人比物更

---

[1]　孙周兴主编:《海德格尔选集》下，上海三联书店 1996 年版，第 1239 页。

"高"，是物背后所隐藏着的东西，可是它们只有通过在（人造）物身上的聚集才能在世或显现。离开在人造物身上的聚集和显现，天地神人就成了"高高在上"的和虚无缥缈的东西。

现在，如果"让我们特别地和持久地注意到在技术世界中一种隐藏的意义到处在触动我们，这样，我们立刻就站在那种自身向我们隐藏而同时又向我们走来的东西的领域中。以这样的方式自身显示同时又自身逃避的东西是我们称之为秘密的东西的基本特征。"①一种新的意义统治着所有新的技术过程，海德格尔把这种意义的来源归之于既隐蔽着自身同时又向我们走来的神秘的东西。自身向我们隐藏而同时又向我们走来的东西的领域，自身显示同时又自身逃避的秘密的东西，在海德格尔看它们是"秘密"，是"命运"，在我们看则是我们所居留的生活世界。生活世界各要素物化、聚集和隐藏在人造物之中，在技术（人造物）中隐蔽的而又到处触动我们的东西就是生活世界中的物质世界结构、智力资源、物质资源和社会条件各要素以及它们之间的相互关联；作为源头和背景的生活世界一方面向我们隐匿着，作为理所当然的东西被我们视而不见，另一方面又不断地向我们显现和崭露着自己，给我们提供生存和发展的基础和平台。人造物聚集和反映着生活世界，生活世界既在人造物身上或多或少地显示自己，同时在更大的程度上隐藏和"逃避"自己，并不在人造物身上直接显现自身。海德格尔的"秘密"其实并没有多少秘密性，它就是我们所生活的世界，就是构成这一世界的各种要素和它们之间的相互关系。

"对于我们所有人，技术世界的装置、设备和机械如今是不可缺少的，一些人需要得多些，另一些人需要得少些。盲目抵制技术世界是愚蠢的。将欲技术世界诅咒为魔鬼是缺少远见的。我们不得不依赖于种种技术对象；它们甚至促使我们不断作出精益求精的改进。而不知不觉地，我们竟如此牢固地嵌入了技术对象，以至于我们为技术对象所奴役了。"②虽然海德格尔认为抵制技术是愚蠢的，诅咒技术是缺乏远见的，但他仍然得出

---

① ［德］冈特·绍伊博尔德：《海德格尔分析新时代的技术》，宋祖良译，中国社会科学出版社1993年版，第199页。

② 孙周兴主编：《海德格尔选集》下，上海三联书店1996年版，第1238—1239页。

了人类会被技术奴役的结论。尽管海德格尔表面上并不反对技术（现代技术），但他骨子里对现代技术的评价是消极和负面的。同海德格尔相同的是，我们也反对诅咒技术，技术不仅不是魔鬼，任何技术——不仅包括"善"的而且包括"恶"的技术——都是我们生活世界的必要组成部分，也是我们生命的一部分。抵制技术就是抵制生活，就是抵制自己的生命，这无异于自杀。作为制造和使用工具的动物，放弃手中的工具也就是放弃我们自己的生命。只有依赖于这些工具我们才有可能在这个世界上生存下去。人类不仅依赖于技术，由于技术发展的内在逻辑，也由于此在自身不断膨胀的欲望，我们还不得不断地对技术做出精益求精的改进。伴随着技术的不断创新与发展，人类的命运愈来愈与技术捆绑在一起。海德格尔由此得出的结论是人类为技术对象所奴役。对这一结论我们不敢苟同。人依赖技术、离不开技术、嵌入技术之中只是人与技术相互关系的一个方面；人与技术相互关系的另一个方面是技术的产生与发展同样依赖于人、离不开人、嵌入人的生活和生命之中。人与技术之间不是奴役与被奴役的关系，而是一种双向的依赖关系，这种关系可以叫作"相关差异"：差异是指技术（作为人造物的技术）与人是两个不同的世界内存在者；相关是指技术在人中生成，人在技术中生成。

四、海德格尔技术思想：批判与反思

海德格尔早期技术观的缺陷是"生存的"此在使用着"现成的"用具。后期他把技术分为经验技术和现代技术，经验技术是天地神人四重整体的聚集；新时代技术是座架，是把自然和世界以及自然和世界之中的一切要素都看作是原材料和能源的座架。这一节我们对海德格尔的技术观作一批评性的审视。海德格尔和他的追随者相信他的哲学提供了现代技术本质唯一正确的解释，相信他独自拥有打开现代技术秘密所需要的钥匙，所有其他的技术解释都必须以海德格尔的解释为评判标准。在我们看来，海德格尔技术观最大的优点也是它最大的缺陷，那就是从哲学或形而上的角度而不是从技术本身阐释技术，从技术之上和之外而不是从技术内部和自身追问和反思技术。海德格尔的技术观是"哲学"的而非"技术"的技术观，是人文科学的技术观而与工程哲学毫无关联。从技术之外和技术之上研究技术能看到仅从技术出发看不到的东西，即所谓"当局者昏，旁观者清"。但仅从技术之外和技术之上研究技术无法深入到技术本身的具体构造之中，不能打开技术的"黑箱"查看技术本身内在的细微之处，容易变成一种"空洞的深刻"。所以海德格尔的技术观既有值得我们借鉴的合理的地方，也有需要进一步批判和澄清的地方。

海德格尔早期和晚期分析技术的对象和重点不一样，早期是用具，晚期是"座架"，但他早期和晚期的解释存在着同样一个缺陷，都忽视对已经在此的技术在生活世界产生和原促创的分析。"这样的打交道，例如用锤子来锤，并不把这个存在者当成摆在那里的物进行专题把握，这种使用也根本不晓得用具的结构本身"。"对锤子这物越少瞠目凝视，用它用的越起劲，对它的关系也就变得越源始，它也就越发昭然若揭地作为它所是的东西来照面"。① 海德格尔这一描述突出了实践性、操作性活动对理论和观照活动的源始性，这对技术哲学具有非常重要的意义。问题在于海德格尔描述的仅仅是锤子的使用这一现象，仅仅是锤子的"称手"或"上手状态"。但锤子的使用或上手并不是无条件和无前提的，海德格尔的描述在逻辑上还有待进一步的商榷。对于一个铁匠，他不用理解锤子的结构，不用对它"瞠目凝视"，便可在"上手状态"中称心如意地和忘我地工作。但是，对于一个从来没有用过、从来没有见过、甚至从未听说过锤子的人（在锤子被发明之前所有人都不知道"锤子"为何物）来说，这样一个对他根本就不是用具、丝毫不具用具性的"锤子"如何上得手来！海德格尔的描述隐藏着一个逻辑上的前提：在铁匠使用锤子之时，锤子已经是他的用具整体中的一个有机部分，只要他喜欢，或只要他想用，这一已经在此的锤子随时可以上到手头。但是，锤子从何而来？如何、为何产生？甚至锤子所属的用具整体又是如何产生和形成的？这样一些问题在海德格尔此在生存论分析中是不存在的，在海德格尔看来此在在世是带着用具

① ［德］海德格尔：《存在与时间》（修订译本），陈嘉映、王庆节译，三联书店1999年版，第81页。

在世的，或者说此在是含着用具这一"金钥匙"被抛在世的，他只需把手边现成的用具拿过来使用就可以了。在此在生存的世界之中到处充满了这些唤之即来、挥之即去的用具。海德格尔在批判笛卡尔时认为，"笛卡尔不是让世内存在者自己提供出自己的存在方式。他立足与其上的那种存在观念（存在＝始终现成在手的状态）就其源始性而言是未被揭示的，就其道理而言是未经指证的"。① 海德格尔对笛卡尔的批评同样适合于他自己：尽管他的此在自己提供出自己的存在方式，此在自己显现自己的存在，但他的用具并非自己提供自己的存在方式。海德格尔并没有让用具把自己在世界之中的存在显现出来，而是（铁匠的）世界之中已有现成在手的锤子存在着，锤子就等于锤子的现成在手的状态——也许是海德格尔一出生就被抛到一个充满锤子的世界的缘故？因此，根据海德格尔用具分析正反两个方面的经验与教训，我们可以说技术哲学需要一种更彻底的眼光和态度，以使我们能看到不同的技术观并非只是在认识论方面迷失了方向，而且是由于错失了技术在生活世界之中的生成论分析，遗忘了技术在生成和原促创时与生活世界之间的关系，所以它们还没有获得有保障地和彻底地提出问题的基地。

　　海德格尔后期技术观的核心是（现代）技术是一座架，这一座架在人的具体行为之前已经把自然与世界展现为物质与能量。"只有当人已经被强求去开采出自然能量时，这种预定的展现才能发生。"② 海德格尔认为，尽管人能决定采取什么样的技术行动，如愿意建还是不愿意建发电厂，建这样还是建那样的发电厂；愿意用还是不愿意用生长激素，用这种还是用那种激素，等等，但人类并不支配这些技术行动的可能性条件：整个自然展示为可预测、可加工和可统治的物质。如果自然和世界并不向人显示为单纯的物质，人就决不能把自然和世界物质化、齐一化和对象化。单纯从自身出发人类决不能实现把自然和世界物质化和能量化的显现。"现代技

---

　　① ［德］海德格尔:《存在与时间》（修订译本），陈嘉映、王庆节译，三联书店1999年版，第112页。

　　② ［德］冈特·绍伊博尔德:《海德格尔分析新时代的技术》，宋祖良译，中国社会科学出版社，1993年版，第65页。

术把自然与世界展现为物质与功能，并不是单纯人的行动，而是先于人的行动的世界展示。"① 只有自然把自己显示为物质和对象，人才能从事这种展现和解蔽。自然和世界必须自己允许限定和强求，向人指出这种展现的可能性，然后人才能把事物物质化、齐一化和对象化。海德格尔卓越之处在于指出了人对待或展现世界的方式并非由人单方面决定。人对世界的展现，既与作为展现者和解蔽者的此在有关，也与此在所展现和解蔽的对象有关。自然和世界也决定着它们在人类面前展现自己的方式，人类只有顺从和遵从自然和世界自身的显现方式才能实现对它们的展现和解蔽。问题在于：能不能由此断言在所有人的具体行为之前技术已经把自然与世界展现为物质与能量了呢？或者说技术把自然和世界展现为物质和能量是无条件的？现代技术把自然与世界展现为物质与能量有两个条件，一是人成为唯一的主体，世界上所有事物能否存在和如何存在的根据都在于人；一是自然和世界必须把自己展现为物质和能量。正如人并非一开始就是唯一的主体，人成为唯一的主体在人类历史上有一个产生和原促创的过程，自然和世界也并非一开始就把自己展现为物质和能量，自然和世界把自己展现为物质和能量也有一个产生和原促创的过程。海德格尔现代技术是一种先于人的行动的世界显示的观点只有部分的真理：对于他们所被抛入的世界之中已经存在着现代技术，现代技术在他们来到这个世界之前已经把自然和世界展现为物质和能量的那些人来说，现代技术是一种先于他们行动的世界显示；相反，对于那些他们所被抛入的世界之中不存在现代技术，技术在他们来到世界之前尚未把自然和世界展现为物质和能量的那些人而言，现代技术并非是一种先于他们行动的世界显示。海德格尔的不足在于忽视了已经在此在生活世界之中原促创的过程。早期分析用具的时候海德格尔忽视了对用具生成的分析；晚期他虽然分析了经验技术的生成过程，但对现代技术如何产生和原促创的过程却缺乏具体和详细的分析。现代技术和现代人对待自然和世界的现代方式也有其在生活世界原促创的过程，只有当现代技术在生活世界之中原促创，并进入生活世界成为一种制

---

① ［德］冈特·绍伊博尔德：《海德格尔分析新时代的技术》，宋祖良译，中国社会科学出版社 1993 年版，第 66 页。

约后人行为方式的"先行视见"、"先行具有"和"先行把握"之后，把自然和世界展现为物质与能量才成为一种先于人的行动的世界展现。海德格尔也非完全没有注意到这一"先行……"，只是他把这一在先的结构更多的归之于形而上学的历史而非技术产生的具体和现实的历史过程。

海德格尔没有解释已经在此产生的原因和机制，不过他对已经在此在人类生活所起作用的论述值得我们深思。"这种先于人的一切思想和行动的自然和世界的展示对人来说是如此决定性的，以至于即使他想逃脱技术展现，却还是必定使他的行动朝着这先前的格局，因为他的行动只能是另一个行动，虽有选择，但这另一个行动总是技术展现的另一个行动，因此继续由它所决定。"① 不管是个人被"抛入"的世界还是一代人被"抛入"的世界，都存在着在先的技术和在先的对待世界的生活方式。事先已经存在的、先于每一个人和每一代人的一切思想和行动的自然和世界的展示对人类具有决定性的意义。在人们想对已经在此的技术和生活方式做出自己的更改之前，他们首先不得不使他们的行动朝向这在先的格局。不管愿意或不愿意，人们一出生就被抛入到已经在此的技术世界的存在的未隐蔽状态，他们的行动到处受已经在此的技术和由它们所决定的生活方式的左右。每一代人对已经在此的接收都带有一定的被动性，他们都是身不由己地被"抛入"这一在先的技术世界的。

海德格尔对技术的看法从本质上讲仍未摆脱传统哲学的窠臼。"艺术是一种具有原始性意义的'解蔽'；技术则不是原始性的，而只是对由艺术等原始的揭示活动所敞开的领域的一种'扩建'、一种'再造'。"② 在海德格尔看来，艺术才是存在之真理的根本性和原始性的发生方式，科学不是存在之真理的发生，技术也只是对一个已经敞开了的真理领域的"扩建"。如果存在是海德格尔具有很大神秘性的"大道"的自我显现，我们对此无话可说。但是，如果存在不是"大道"而是日常生活世界的自我显现，是日常生活世界各组成要素在人类面前的自我展现，海德格尔的这段

---

① ［德］冈特·绍伊博尔德：《海德格尔分析新时代的技术》，宋祖良译，中国社会科学出版社1993年版，第67—68页。

② 孙周兴主编：《海德格尔选集》上，上海三联书店1996年版，编者引论第15页。

话就站不住脚。艺术是一种具有原始性意义的解蔽或展现，但艺术仅是一种而不是唯一原始意义上的解蔽和展现。同艺术一样，科学、技术等所有人类活动都是在原始意义上对生活世界的解蔽和展现。但并非所有具有原始性意义的解蔽和展现都对人类的生存与发展具有奠基性。只有制造使用人造物的技术活动即劳动实践才是人类生存与发展中具有奠基性的活动。站在传统哲学立场上，可以说艺术之类的活动对人类的生存和发展既具始源性又有奠基性。但站在马克思主义哲学的立场上，只有技术活动，或以技术的发明、制造和运用为主的感性实践活动才是整个人类生存和发展的奠基性活动。与海德格尔相反，我们不仅认为技术是一种原始性的解蔽，并且在所有的解蔽和展现中具有奠基性。虽然海德格尔看重技术，并且有人把他与马克思主义哲学一起划入现代实践主义哲学流派，但他的实践更多的是传统意义上的实践，不是马克思主义哲学以感性的物质生产为主、以工具的制造和使用为标志的实践活动。

海德格尔认为，"技术之决定性的东西绝不在于制作和操作，绝不在于工具的使用，而在于上面所讲述的解蔽。作为这种解蔽，而非作为制作，技术才是一种产出。"①古代技术是解蔽，现代技术同样是解蔽，只不过现代技术中起作用的是一种与古代技术完全不同的解蔽：它是一种"促逼"，是向自然提出蛮横的要求。海德格尔以风车与矿区、现代农业和传统农业的对比来说明他的这一观点。风车在风中随风转动，它们直接听任风的吹拂，有风则转，无风则停，并不为了储藏而去开发气流的能量。在现代工业中，一旦某个地带被促逼入对煤炭或矿石的开采，这个地带便展现自身为煤矿或矿产基地。在农民对待田野的传统方式中，农民眼中的田野和田野上的动植物都是由神创造的，是得自于神的，农民的所作所为只是对动物和植物的生长加以关心和照料，不是对田野的促逼、限定与强求。但现在对田地的耕作已让位于一种决然不同的摆置自然的订造，曾经耕作或耕耘的农业变成了机械化的食品工业。但是，事实果真如海德格尔所言的那样吗？现代工业对矿区的所作所为无疑是一种"促逼"，储藏有

① 孙周兴主编：《海德格尔选集》下，上海三联书店 1996 年版，第 931—932 页。

煤炭的地带不会自动地提供人类所需要的燃煤，是现代技术把它们揭示为煤矿；但是风车对风实际上也是一种"促逼"，风被逼根据风车的规则改变了自己原先的运行方式，风的吹拂的力量被变成了风车的能量，风车的能量又变成了为人做工的力量——这一力量并非风自愿地或自动地奉献给人类的。在风车的促逼之下，风改变的不仅是运动的方向，而且丧失了原有的自由自在的运行方式——从自然的运动变成了人为的运动、从"自主"的运动变成了"促逼"的运动，因此这里的情形跟矿产基地本质上并没有什么两样。虽然二者对自然促逼的程度和方式有所不同，但"促逼"的性质都是一样的。海德格尔认为风车是"让风显现为风"，因为风不能被迫吹动，除非在它吹动的地方。虽然他的这一说法在某些地方是正确的，但他使用风车作为前技术设备的例子还是过于简单。美国加利福尼亚旧金山东边五十公里处，成千上万涡轮驱动的风车覆盖了成片的山区，一眼望不到边[①]。风的能量事实上完全可以被储存来发电，风力发电是当今世界很多国家主要的能源利用方式之一。如果根据海德格尔的思路，核能是对自然的促逼，太阳能是对太阳能量的聚集应该算不上是促逼。但太阳能是不是对太阳的促逼呢？没有精确的计算和现代科学理论，人造卫星上的太阳能电池不可能被制造和生产出来，更不可能被送上太空。

　　不论是矿产基地还是风车，它们的技术的运行方式只有形式上的区别，在本质上则是完全一样的。在现代技术中人把煤炭促逼进"能量"的状态，经验技术同样把风促逼进能量的状态。尽管风车不能储藏能量（并且并非总是如此）而煤炭能，但这并没有改变它们都把自然促逼成能量的性质。原来自然存在的东西在技术——以前是风车，现代是风力、火力、水力等各种发动机组——的促逼下改变了它们原先的存在性质，成为一种人为即"技术"的东西。人介入了自然的运行过程和运行方式，技术成为了人与自然之间的中介。对于风车和矿产基地是这样，对于耕地同样是这样。机械化食品工业对耕地是一种促逼，农民对耕地同样是一种促逼：没有受到任何促逼的耕地长的不是谷物而是野草！农民（前现代技术的农

---

　　① 　参见 Michael E. Zimmerman. 1990. Heidegger's Confrontation with Modernity: *Technology, Politics, and Art*. Indiana University Press, Blooming and Indianapolis, p.216。

民）通过自己手中的工具强行除掉好生生地长在原野上的草，种上原野上原本没有的种子。在种子生长的过程中，他又不断地"关心"和"照料"它们，为了它们顺利生长，为了它们能长地更多、更快，一而再、再而三地除去仍在顽强地生长着的"野草"——也只有在人的促逼之下这些生长在自己家园中的草才会变成所谓的野草，并且在人类的促逼之下不得不同种子进行着不平等"竞争"。在食品工业中田地的耕作变成一种摆置自然的订造，同样，在传统农业中田地的耕作也是一种摆置自然的订造：相同的是订造的性质，不同的是订造的方式和程度——一个是物理性质上的订造（通过机械力量对野草强行的切割甚至去根），迫使田地提供人类想要的各种谷物；一个是化学或生物性质上的订造（无机肥、农药、除草剂和大量动植物生长激素的使用），促逼田地提供更多的人类想要的产品；一个是凭经验进行的订造，一个是以现代科学为基础的订造。既然对自然化学和生物性质上的促逼是订造，那为何物理性质上的促逼又不是订造呢？这一点海德格尔的理论并不让人完全信服。

　　海德格尔提出座架概念的主要目的之一是隔断技术与人类行为之间的联系，试图离开人（的主体性）来理解技术和技术的本质。海德格尔认为，名词或名词化的技术暗示了技术是一种纯粹人的行为，而"'座架'则阻止了对人的行动的强调。"[1]座架不能作为名词来解释，不能从世内存在着的东西即存在者身上来解释和理解座架的本质。要想理解座架的本质必须排斥技术与人的关系。"现代技术的强求和限定不是单纯人的行动，而是摆脱人的任性的存在的展示，但是名词化的不定式限定恰恰会强调这种主体性，而专门为这实际情况新创造的词'座架'就是很恰当的，甚至是合适地把握被思考的事情所需要的，因为它不再让人认出主体的行动，而是强调了自为存在的独立的本质。"[2]现代技术的本质体现在座架之中，座架的特点是强求和限定，强求和限定则是摆脱人任性行为的存在自身的

　　① ［德］冈特·绍伊博尔德：《海德格尔分析新时代的技术》，宋祖良译，中国社会科学出版社1993年版，第62页。
　　② ［德］冈特·绍伊博尔德：《海德格尔分析新时代的技术》，宋祖良译，中国社会科学出版社1993年版，第68页。

展示。海德格尔提出座架的目的是不再让人在技术之中认出主体的行动，不再把技术与人的行动联系在一起。座架是一种人的行为对它没有影响但它却决定人的行为的独立自为的存在。但是离开与人的关系理解技术的本质是可能的吗？"即便在现代，技术活动仍然是人类活动。这一事实对我们真正洞见技术的局限性和可能性是决定性的。"[①]尽管与科学结盟的现代技术与经验技术有着非常大的区别，尽管科学化的现代技术具有许多自己独特的特点，但它仍然是人的技术。理解技术离不开对技术聚集和反映在自己身上的人的因素（人的知识、能力、意志、情感等等）的把握。没有聚集人的因素的技术是不存在的，并不存在与人无关的超人的座架。技术是物化为人造物的技术，是生活世界各要素物象化的结果，只有从技术与生活世界和这一世界各要素的关系之中才能理解技术的本质，但海德格尔的技术观要求我们尽可能排除人的因素去理解技术、理解座架。

海德格尔座架的技术观给予我们的最大启示是现代技术成了构造、解蔽、展现事物和世界的唯一方式。"由于现代技术，在迄今一切对事物和自然构造来说重要的神话的、自然主义的、唯灵论的或神圣的方式的视野纷纷退出历史舞台后，事物唯一地从技术交往中被构造，以至于它们的存在只能显示为千篇一律的功能性的材料，显示为可统治的可耗尽的可预测的对象。"[②]在海德格尔看来，传统技术时期形而上学、神话、宗教或自然主义的各种视野都参与了世界存在的构造，可如今这一切其他的视野都已消失不见，世界的存在唯一地由技术的交往所构造。技术成为了唯一的评判者，没有什么东西能违抗和劝导它；技术成为了最终的评判者，它成为决定事物应有什么意义、应有多大价值的最终依据。从"物象"化的技术观来看，海德格尔技术观的突出之处在于提醒我们现代技术排除了生活世界中很多重要的因素，很多在事物和自然的构造中曾起着重要作用的因素在现代技术身上失去了立足之地。现代技术的产生形成了两个互为因

---

① ［荷］E.舒尔曼：《科技文明与人类未来：在哲学深层的挑战》，李小兵、谢京生、张锋等译，东方出版社1995年版，第13页。

② ［德］冈特·绍伊博尔德：《海德格尔分析新时代的技术》，宋祖良译，中国社会科学出版社1993年版，第63页。

果的新过程：一是生活世界越来越多的因素在人造物形成、产生与发展的过程中不再起作用或所起作用越来越小以至逐步边缘化（比如当今世界很多国家明确立法禁止克隆人，可仍有很多科学家置禁令于不顾私下进行研究）；一是现代技术不再聚集生活世界中许多丰富多彩的内容，它们聚集和反映的只是生活世界少数因素（比如跑步机虽然也可锻炼身体，但跑步机与乡村和城市街道两旁的自然和人文景观没有任何关联）。传统经验技术虽然并不"发达"，但它与生活世界的方方面面联系在一起；现代技术虽然在聚集和反映生活世界的深刻性上远远超过了传统技术，但现代技术只是聚集和反映生活世界之中的少数因素，它与生活世界许多要素之间的关系越来越疏远。当代技术哲学一个非常重要的课题就是研究现代技术在保持它反映生活世界的深刻性的同时（离开现代科学它不可能具备这种深刻性），如何恢复它聚集生活世界的全面性、多样性和协调性。

海德格尔"座架"的技术观实质上是想排斥和拒绝现代技术所代表的主体论，但他实际上并没有做到这一点。海德格尔要求克服座架的技术观，其解决方式是向存在的回归，但他向存在的回归不仅是回到巴门尼德，而且是回到思维本身。海德格尔向存在的回归是一种转向，并且是一种向内的转向，他所提倡的技术是舍勒所说的第二种技术——向内的技术，他想以自己内在的思维主体去对抗"座架"性的外在主体思维。虽然海德格尔明确指出在技术基础上产生的自律性思维会导致重大危险，他也反对自律性思维，但他自己仍不能摆脱这种思维。当海德格尔想回到存在或自然时——存在、语言、自然，在海德格尔看来似乎是同义的——技术仍然保持其原有的发展趋势。海德格尔认为，（现代）技术作为人类的一种命运，它必须展开其全部的发展，展示其所有的后果，那就是技术力量的不断失控和无所不及的虚无主义。海德格尔的座架概念很大程度上否定了人类对技术发展应负的责任。如果人类在座架面前无能为力，如果人类不得不听从命运的安排，技术的自律性力量反而会得到进一步强化。海德格尔希望回归自然，可他回归自然的前提是人听从命运的安排，放弃自己的责任。在海德格尔看来，"座架"具有自己的非人的自主性，这种非人的自主性不仅统治着自然和世界，而且统治着人类自身。其实海德格尔眼中的技术自主性只是一种虚幻的假象。世界上并不存在着抽象的或纯粹的技术自身，技术总是物象化为人造物的技术，是生活世界各要素的聚集和反映，技术的自主性应该是技术所聚集的生活世界各要素的"自主性"。而人作为技术所聚集的要素之一，他的自主性无疑是技术自主性中最重要的内容。只要人类真正把握了自己的命运，只要人类勇敢地承担其应该承担的责任，人类也就把握和承担起了技术的命运。因此，人类并不能真如海德格尔所言一味顺从座架的命运和听从技术自律性的安排。完全顺从座架的命运和听从技术自律性的安排并不能真正获得一种与（现代）技术的合适的关系。相反，如果要想真正获得与现代技术合适的关系，我们必须给人类恢复一些被海德格尔所剥夺了的自主性。我们反对主体性的过度膨胀，反对主体性的过度"弘扬"，但这绝非对一切主体性的否定和怀疑。"现代技术绝不是施加于人类身上的一种命运，相反，它是人类获得控制自然力量的努力的显示。"①

---

① Michael E. Zimmerman. *Heidegger's Confrontation with Modernity* : *Technology, Politics, and Art*. Indiana University Press, Blooming and Indianapolis, 1990, p.251.

第六章　阿伦特：技术与人之为人的条件

汉娜·阿伦特（Arendt H.1906—1975），思想家、政治理论家，1906年10月出生于德国汉诺威，毕业于海德堡大学。早年，阿伦特在马堡和弗莱堡大学攻读哲学和神学，后转至海德堡大学雅斯贝尔斯的门下，获哲学博士学位。1933年纳粹上台后流亡巴黎，1941年到美国，1975年12病逝于纽约。阿伦特的代表作品有《极权主义的起源》（1951）①、《人的条件》（1958）（德文版名为《积极生活》Vita Activa）、《精神生活》（1978）（*The Life of Mind*，也有译者译为《心智人生》）。虽然汉娜·阿伦特不承认自己是哲学家，更非技术哲学家，而是以对政治世界、公共领域的研究闻名于世的思想家，但在研究中她也涉及对技术这一从古到今对人类社会有着重要影响的现象的分析。阿伦特没有讨论技术问题的专著，下面以《人的条件》为主要文献，以该书对劳动、工作、行动、沉思等人类活动的论述，探讨阿伦特技术思想的基本观点、缘由和得失。

一、阿伦特技术思想的理论前提：积极生活（Vita Activa），公域与私域

《人的条件》的德文版本为《积极生活》Vita Activa，该书最核心的概

---

① 《极权主义的起源》一书被欧美知识界和舆论界称为"大师的杰作"，认为可以与马克思的社会批判著作相媲美，从而奠定了阿伦特作为著名政治理论家的基础和声望。

念就是"Vita Activa"。该书第一章的标题也是"人的条件"，这一章主要对 Vita Activa 这一术语做初步的解释。"对于'vita activa'这个词，我建议把它解释为人的三种最基本的活动：劳动、工作和行动。这三种活动都是极为基本的，因为它们分别对应于拥有生命的世人的三种基本条件。"①阿伦特认为，人类的生存状态有三种基本形式：劳动、工作与行动，它们分别对应于人与自然、人与文明、人与人之间三种不同的关系。其中，劳动是人体的生理条件，人类的自然生长、新陈代谢和死亡都依靠劳动提供生活必需品。工作是人体存在的现世条件，是非自然的活动，它营造了一个与自然界截然不同的"人工"或者说"人造"的世界。工作对于人类生存具有积极的贡献，因为工作及其人化成果使短暂徒劳的生命与稍纵即逝的时间得以延续与永存。三种条件中最重要的是"行动"，行动是人们居世的群体条件，即政治条件，它是唯一不需要中介的人和人之间开展的活动。行动既不同于工作，更不同于劳动，是优于劳动和工作的真正自律的人类活动。"人们在言行中表明他们是谁、积极地展现其个性，从而使自己出现在人类世界中，虽然他们外表的特征并不显示其独特的体形和声音。"②

人类总是处在一定条件下的生物。人类既处于与生俱来的既有条件之中，同时又在这些条件之外创造出他们自身的一些条件，而这些被他们创造的条件在人的产生和发展进程中具有和自然环境一样的约束力。无论什么事物，一旦和人的生命发生牵连，或者形成比较持久的关系，就会产生作为人的某种生存条件的特性。这就是为什么人们虽然千方百计，但是却始终无法摆脱束缚的原因。不管是因为自身的认同而被融入这个世界，还是因为人力的作用而被吸纳进这个世界的万事万物，最终都将构成人类生存条件的一部分。

作为对亚里士多德的"bios politikos"的标准译义，"vita activa"这

---

①　[德]汉娜·阿伦特：《人的条件》，竺乾威等译，上海人民出版社 1999 年版，第 1 页。

②　[德]汉娜·阿伦特：《人的条件》，竺乾威等译，上海人民出版社 1999 年版，第 182 页。

一名称本身出现于中世纪哲学家奥古斯丁的著作，即为"vita negotiosa"，其当时所表示的意思还是这个词最初的含义：投身于公共政治事务的生命。在使用"vita activa"这个词上，亚里士多德与中世纪学者的主要区别在于，亚里士多德的"bios politikos"仅仅指向人类活动的领域，强调行动和实践。不管是劳动，还是工作，都不足以达到生存这一自主的、原初人类的生存方式；因为劳动与工作、制造所提供的是那些必要的、有用的东西，它们不可能是自由的和独立于人类需求之外的。政治的生存方式之所以能够摆脱上述判断，原因在于希腊人对城邦生活的理解，他们认为，"城邦生活是一种经自由选择的特定的政治组织形式，而决不仅仅是一种为了把人维持在一个有序范式内而必需的行动方式。"① 随着古希腊城邦的终结，"vita activa"失去了其特定的政治内涵，而指向世上万物的各种活动。但毫无疑问，不能因此而认为劳动和工作已在人类活动的等级中上升到了与投身政治的生存同等的地位。"事实恰恰相反：目前，行动也被认为是人类早期生存的必要性之一，因而沉思……成为唯一真正的自由存在的方式。"② 哲学家们把从政治活动中脱出的自由和解脱，与从生存的必要性和受人控制中脱出的古代自由结合起来。

"哲学家们把从 activa"这个词语概况了人类的各种活动，是从沉思的绝对静寂观中得出来的，更加接近于希腊语"bios politikos"和"askholia（非静寂）"中的后者。早在亚里士多德时代，静寂与非静寂的区别，即外部体力运动后的屏息不动与各种活动之间的区别，比政治的生存方式与理论的生存方式之间的区别更具决定性的意义。与静寂相比，vita activa 中的各种区别与环节不复存在。"从传统意义上来看，vita activa 这个称语的内涵来自沉思这个词；前者非常有限的尊严，也是因后者而获得的，因为后者满足着生命体进行沉思的需求。基督教信奉从沉思的快乐中获得来世的幸福，从而对 vita activa 施加宗教的贬抑，使之成为一种派生

---

① ［德］汉娜·阿伦特：《人的条件》，竺乾威等译，上海人民出版社 1999 年版，第6页。

② ［德］汉娜·阿伦特：《人的条件》，竺乾威等译，上海人民出版社 1999 年版，第6页。

的、第二位的事物"。①

《人的条件》一书第二章的标题是"公域与私域"。阿伦特首先追问的是：人，是一种社会动物，还是一种政治动物？"就人类生命至今积极从事某种活动而言，vita activa 一直植根于一个它从不脱离或全然超脱的人类世界和人造物世界。"② 各式各样的人和物，它们构成每一个人的活动环境，人类离不开这一环境。与此同时，这一环境如果离开人类活动，它也将不复存在。人类的活动像制作东西一样产生了这一世界，像耕种土地一样对它们精心照料，或者通过像国家一样的组织创造了它。所有的人类活动都取决于这样一个事实：人们是生活在一起的，但是，人生活在一起只是一种离开人类社会就无法想象的行动。而劳动活动就无须他人在场，制作者也是如此。"行动本身是人类独有的特权，动物和神都不具备这一点，只有行动完全依赖于他人的在场。"③

有人将亚里士多德的 Zoon Politikokn 翻译成 animal socialis，阿伦特认为这一做法是值得商榷的，社会动物的含义与政治动物的含义是不一样的。那么，人到底是社会动物，还是政治动物？"问题不在于柏拉图或者亚里士多德忽略或者无视人无法离群索居这一事实，而在于他们并不认为这种情况是人类的特殊属性；恰恰相反，这种情况在人类与动物生活之间有共同之处。正因为如此，无法离群索居本质上并不是人类固有的。人类这种与生俱来的、仅仅是群居性的陪伴被视作是生物性生活的需要而强加给我们的一种制约。"④ 人类作为一种动物，在这一点上，是与其他形式的动物生活相同的。根据古希腊人的思想，人类建立政治组织的能力与建立自然组织的能力相比不仅不同，而且是截然相反的。自然组织的中心是家与家庭，城邦国家的兴起意味着人们获得了除其私人生活之外的第二种生

① ［德］汉娜·阿伦特：《人的条件》，竺乾威等译，上海人民出版社 1999 年版，第 8 页。

② ［德］汉娜·阿伦特：《人的条件》，竺乾威等译，上海人民出版社 1999 年版，第 18 页。

③ ［德］汉娜·阿伦特：《人的条件》，竺乾威等译，上海人民出版社 1999 年版，第 18 页。

④ ［德］汉娜·阿伦特：《人的条件》，竺乾威等译，上海人民出版社 1999 年版，第 19 页。

活，即他的 bios politikos。这样，每一个公民都有两个生存层次，在他的生活中，他自己的东西与公有的东西有一个明确的区分。以家属关为纽带的自然组织，如"胞族"和"宗族"解体之后，城邦的基础才得以产生。在人类共同体所需以及产生过的所有行为中，只有两种被视为具有政治性，并构成亚里士多德所谓的 bios politikos，也就是行动（praxis）和语言（lexis），社会事务领域即出自于此，这一领域将所有必需和有用的东西一概排斥在外。要想从事政治，要想在城邦中生活，就意味着所有的事情都要通过言辞和劝说，而不是通过强制与暴力来决定。在城邦这种生活方式中，说话，而且只有说话才是有意义的，所有公民关注的中心就是彼此相互进行交谈。政治领域最重要的是讲究言辞的正当性。

私人生活领域与公共生活领域的区别相应于家族领域与政治领域的区别。这两个领域，至少从古代城邦国家的成立起就已经存在，而既非私人领域、也非公共领域的社会领域的出现则是现代社会的产物。经济上组织起来的、像一个大家庭一样的众多家庭的集合，阿伦特称之为"社会"，这种组织的政治形式被称作"国家"。不管"经济"是什么，就它与个人生活以及物种生存的联系而言，它的定义是非政治的家庭事务。家庭领域的一个显著特点就是人们可以共同生活于其中，因为他们被自己的需求和欲望所驱动。驱动力就是生活本身——"保护我们的生活，滋养我们的身体"——这一生活本身就维持个人的生命以及人类的生存而言需要众人共处。而维持生计是男人的责任，人类的延续则是女人的天职。这两种功能（提供食物和繁衍）都受生活紧迫性的制约。"因此，家庭中的自然共同体的产生是必然的，这种必然支配了家庭中的所有行为。"[①]"与此相反，城邦这一范畴则是自由的领域，如果说家庭的范畴与城邦的范畴有什么联系的话，那么拥有家庭生活的必需品当然是城邦自由的前提。"[②]

希腊所有哲学家都认为，下面几点是理所当然的：自由仅存在于政治

---

① ［德］汉娜·阿伦特:《人的条件》，竺乾威等译，上海人民出版社 1999 年版，第 24 页。

② ［德］汉娜·阿伦特:《人的条件》，竺乾威等译，上海人民出版社 1999 年版，第 24 页。

领域；必需品主要是一种前政治现象，是私有的家庭组织的特征；强制和暴力在家庭组织这个领域是正当的，因为这是获得必需品（比如，通过迫使奴隶劳动）和自由的唯一手段，由于所有人都受困于必需品，所以他们有权对其他人施加暴力；暴力是一种使自己摆脱生活必需品的困扰从而进入自由世界的前政治行为。这种自由，它是希腊人所谓幸福的基本前提。贫困或生病则意味着受物质必需品的困扰，而沦为奴隶则意味着还要屈从于人为的暴力。"一个贫困的自由人宁愿选择没有安全感的、每天变动不定的劳动力市场，也不愿选择一份固定的、有安全保障的工作，因为后者限制了他每天做自己想做的事情的自由，因而被认为是一种奴役（douleia）状态，甚至艰难痛苦的工作也胜于许多家庭奴隶的轻松生活。"① 城邦与家庭的不同，在于它只认"平等"，而家庭是最严厉的不平等中心。要自由，就意味着既不受制于生活的必需品，也不屈从于他人的命令。它既不打算统治他人，也不打算受他人统治。

在当今世界，社会领域与政治领域之间的区别远不如古代那么明显。这种政治只不过是社会的一种功能，行动、演说和思想主要是建立在社会利益之上的上层建筑。这种功能化使得人们无法觉察这两个领域之间的巨大差异。随着社会的兴起，即随着"家"的兴起或经济行为日益渗入公共领域，家务料理以及与家庭私有领域有关的所有问题都成了一种共同关心的问题。现代社会这两个领域日益交汇。将所有的人类活动带入私人领域，在家庭的样本上建立所有的人际关系，这一做法进入了中世纪城市中特殊的专业组织——行会，甚至进入了早期的商业公司。离开家庭，最初是为了冒险和开创辉煌的事业，到后来只是为了投身于城市的公共事务之中，因而这需要勇气，因为只有在家庭内部一个人才会主要关注自己的生命和生存。任何进入政治领域的人最初都必须准备好冒生命的危险，对生命的过分关爱阻碍了自由。这个时候，勇气是一种卓越的政治品质。"'得体的生活'（亚里士多德是这样称呼市民的生活的）并不仅仅是一种比普通的生活更舒适、更无忧无虑或更高贵的生活，它是一种质量完全不同的

① ［德］汉娜·阿伦特：《人的条件》，竺乾威等译，上海人民出版社 1999 年版，第24—25 页。

生活。它之所以是'得体'的，是因为它达到了这一程度——由于已经拥有了纯粹的生活必需品，由于已经从劳作中解脱出来，并且克服了所有生物对自身生存的内在的迫切需求，生物性的生活进程不再受到制约。"[1] 在希腊人的眼中，仅仅旨在谋生、维持生命进程的活动，是不允许进入政治领域的。"不掌握家庭生活中的必需品，生活和'得体的生活'便无从谈起，但政治从不以生活为其目的。就城邦中的成员而言，家庭生活是为了城邦中的'得体生活'而存在的。"[2]

从隐蔽的家庭内部到公开的公共领域——社会的出现，不仅模糊了私有与政治之间那条古老的界限，而且难以想象地改变了这两个词汇的含义，以及对个体和公民生活的意义。一个国家有无平等并不重要，因为社会总是要求它的成员像一个大家庭的成员那样行事，只能有一个观点、一种利益。在现代家庭解体之前，这种共同的利益和单一的观点是由家长来表达的，他据此来管理统治家庭，并阻止家庭成员间可能出现的不团结。家庭的衰落与社会的兴起这一惊人的巧合清楚地表明：实际发生的状况是家庭被融入进了相应的社会群体。"社会在其所有层面上排除行动的可能性（这一行动以前被排斥在家庭之外），这一点是具有决定性意义的。社会反过来期望每个成员表现出某种行为，并强加给他们不计其数、各种各样的规则，所有这些规则旨在'规范'其成员，使他们循规蹈矩，以排除自发的行动或非凡的成就。"[3] 现代的平等——它建立在社会固有的一致性之上——在任何方面都不同于希腊城邦国家的平等。属于少数的"平等人"，意味着被允许生活在同侪之间；但是，公共领域本身即城邦，每个人总是不断地将自己和别人区分开来，希望与众不同，并且通过无与伦比的功绩和成就来显示自己是最好的。公共领域是为个性保留的。而一致性——每个人循规蹈矩且不自行其是——植根于现代经济学。"它建立在

---

[1] ［德］汉娜·阿伦特:《人的条件》，竺乾威等译，上海人民出版社1999年版，第28页。

[2] ［德］汉娜·阿伦特:《人的条件》，竺乾威等译，上海人民出版社1999年版，第28—29页。

[3] ［德］汉娜·阿伦特:《人的条件》，竺乾威等译，上海人民出版社1999年版，第31页。

这一假设之上，即人们在经济活动中的行为就像在其他任何方面的行为一样——只有当人成为社会人并整齐划一地遵循某种行为模式时，它才能获得科学的特性，那些不遵循规则的人因而被视为反社会的或不正常的。"①

自社会兴起以及家庭和家务管理被纳入公共领域以来，一种不可抗拒的趋势在发展。至少在三个世纪里，我们可以看到这一发展趋势：是生活过程本身通过社会以这种或那种形式被引入了公共领域。在家庭这一私有领域，人们关注和力求保障的是生活必需品，是个体的生存和种的延续。在这一领域之中，人不是作为真正意义上的人，而仅仅作为动物种类而存在。这就是古代人极端蔑视它的原因。社会的出现改变了对这一领域的评价，但没有改变其本质。生活过程本身的公共组织组成了社会，这一点在这一事实中可以得到清晰的表达："在相对较短的时间里，新的社会领域把所有的现代社区转变为劳动者社会和固定职业者的社会；换言之，这些社会立即以一种维持生计所需的活动为中心……社会是这样一种形式，在这一形式中，人们为了生活而不是其他而相互依赖，这一事实便具有了公共含义；在这一形式中，与纯粹的生存相联系的活动被获准出现在公共领域。"②由此以来导致这一结果，那就是与纯粹的生存相联系的活动被获准出现在公共领域。公共领域的特征必须根据其吸纳的活动而改变，与此同时，这一活动本身在很大程度上也改变了自身的性质。劳动活动（虽然在任何情况下都与最基本的、生物意义上的生活过程紧密相连）成千上万年未发生变化，受缚于它所密切相连的生活过程的永恒重复之中。将劳动提升到公共的高度，这一发展的结果在几个世纪内大大改变了人类居住的整个世界。

"公共"一词，"它首先意味着，在公共领域中展现的任何东西都可为人所见、所闻，具有可能最广泛的公共性。"③对于人类来说，展现构成了

---

①　［德］汉娜·阿伦特：《人的条件》，竺乾威等译，上海人民出版社 1999 年版，第 32—33 页。

②　［德］汉娜·阿伦特：《人的条件》，竺乾威等译，上海人民出版社 1999 年版，第 35 页。

③　［德］汉娜·阿伦特：《人的条件》，竺乾威等译，上海人民出版社 1999 年版，第 38 页。

我们的存在。那些与我们同见同闻的人的存在，使我们相信世界以及我们自身的存在，而私人生活的那种私密性将永远使整个主观情绪和个人感受得以极大的强化和丰富，而这种强化总是在对世界及人类的存在的自信受到损害的情况下才得以实现的。其次，就对我们所有人都一样而言，"就不同于我们在其中拥有的个人空间而言，'公共'一词表明了世界本身。"①不过，这个作为人类活动的有限空间以及有机生命存在的一般环境的世界，它是不同于所谓的地球，或者说自然的。它更多的是与人造的技术物品，以及人类双手的创造活动相联系的，是与共同生活在这个人造世界中的人类事物相联系的。

在对"公共"一词所包含的意义进行阐述以后，阿伦特进一步解释这一"公共（世界）"存在的意义。"如果这个世界有一个公共空间，那么它就不只能为一代人而建立并只为谋生而筹划；它必须超越凡人的寿命。"②阿伦特的观点是，与基督教的公共产品不同，公共世界是我们一出生就进入、一死亡就弃之身后的世界。它超越了我们的寿命，过去是如此，将来也是如此；它在我们出生之前就已存在，在我们短暂的一生之后仍将持续。这不仅仅是我们与那些和我们共同生活的人共同拥有的世界，而且是与我们的前人和我们的后代共同拥有的世界。正是公共领域的公共性，才能在漫长的时间里将人类想从时间的自然流逝中保全的任何东西都融入其中，并使其熠熠生辉。与此相反，过着完全独处的生活首先意味着被剥脱了真正人类生活所必不可少的东西：来自他人所见所闻的现实性被剥脱了；取得比生命本身更为永久的业绩的可能性被剥脱了。独处的贫乏在于他人的缺失，不管一个人做了什么，对别人都毫无意义。当今世界最大的问题之一就在于独处多余"公共"："问题不在于当今世界缺少对诗歌和哲学的公众敬仰，而在于这种敬仰无法形成一个空间，在这一空间中，事物能经久不衰。公众敬仰的无效性每天都在以前所未有的数量被消耗，与

---

① ［德］汉娜·阿伦特：《人的条件》，竺乾威等译，上海人民出版社 1999 年版，第 40 页。

② ［德］汉娜·阿伦特：《人的条件》，竺乾威等译，上海人民出版社 1999 年版，第 42 页。

此相反的是，金钱作为一种最无效的形式，却显得更为'客观'且更为真实。"①

　　金钱与财产（私有财产）有着莫大的关系，而财产最初只不过意味着在世界的某个地方占有一席之地，并因此从属于国家，也就是成为一家之长，这一家庭与其他家庭一起构成整个公共领域。这一片私有世界与占有它的家庭是如此一致，以致公民资格的丧失不仅仅意味着他的地产的充公，而且意味着这一私有世界本身遭到了毁灭。那么，私人财产与公共生活又是怎样的关系呢？"私人财富成为进入公共生活的前提条件，这不是因为它的主人忙于积聚财富，恰恰相反，而是因为它以适当的确定性保证了其主人不必再忙于为自己提供消费的手段，并且能自由参与公共活动。"②非常明显的一个事实是，公共生活只有在满足了生活本身更为迫切的需要之后才有可能，而满足这些需要的手段就是劳动，因而，在古希腊一个人的富有程度是以他占有的奴隶多少为标准来衡量的。"占有财产意味着握有一个人自身生活的必需品，因而潜在地成为一个自由人，自由到超越个人的生活，进入所有人共同拥有的世界。"③只有随着这样一个有形的、具体的公共世界的出现，即城邦的兴起，这种私人所有权才获得了显著的政治意义。

　　在厘清了私人领域中的财产对公共领域的意义之后，阿伦特继而对社会与个人的关系做详细的分析。阿伦特认为，"社会的兴起，在历史上是与私人从关注私有财产向关注公共事务的转变同步的。"④在其最初进入公共领域的时候，社会伪装成一个财产所有人的组织，这些财产所有人需要借助这一组织的保护而积累更多的财产，而不是因其财富而要求进入公共领域。当这种共同的财富被允许在公共领域中流行的时候，私有财产本质

---

　　①　［德］汉娜·阿伦特：《人的条件》，竺乾威等译，上海人民出版社1999年版，第44页。

　　②　［德］汉娜·阿伦特：《人的条件》，竺乾威等译，上海人民出版社1999年版，第49页。

　　③　［德］汉娜·阿伦特：《人的条件》，竺乾威等译，上海人民出版社1999年版，第49页。

　　④　［德］汉娜·阿伦特：《人的条件》，竺乾威等译，上海人民出版社1999年版，第51页。

上远不如公共世界那么具有永久性，而且容易受到其所有人死亡的影响，它开始削弱这一世界的持久性。因此，公共财富永远也不可能成为我们所讲的公共世界意义上的公共的，它仍然保留着其私有性，只有政府才是公共的。公共领域的消失是因为它成了私人领域的一种功能，私人领域的消失是因为它成了唯一共同关注的对象。

从有历史记载起，到我们现在所处的这个时代，人类生存的身体部分总是需要隐蔽在私处，所有东西都与生命过程本身的必需品密切相关，所有活动被认为都是为了个人以及人类的生存。被隐蔽起来的是劳动者和妇女，前者以他们的身体满足生活的物质需求，后者以他们的身体来确保人类的繁衍。与此不同，摩登社会解放了工人阶级，并且在几乎同一历史时期也解放了妇女，这一事实毫无疑问是这一时代——它不再认为肉体功能和物质考虑应该被隐藏起来——的特征之一。劳动，或者说，人类的肉体功能和物质考虑，从被遮蔽之处走了出来，从"后台"走向了"前台"。阿伦特对此的理解是："虽然公私领域的区分同必需品和自由、无效和永恒，以及屈辱和光荣之间的对立相一致，但这绝不是说只有必需品、无效性及屈辱在私有领域中才有其合适的位置。这两个领域最基本的含义表明，有一些需要隐蔽、需要曝光的东西，如果这些东西要存在的话，如果我们看看这些东西（不管我们在哪个既定的文明中发现它们），我们将看到每一种人类活动都指向其在世界上的适当位置。这对于劳动、工作和行动等这些主要活动来说是不言而喻的"。① 由此一来，阿伦特的论述就从对公共领域与私人领域的研究转向了对劳动、工作和行动这些人类"条件"的研究。

二、阿伦特：劳动、工作与行动（行为）

阿伦特的《人的条件》一书总共只有六章，"劳动"、"工作"、"行动"是其中的三章，这三章占了全书一半的篇幅。我们首先来看看阿伦特在

---

① ［德］汉娜·阿伦特：《人的条件》，竺乾威等译，上海人民出版社 1999 年版，第 55 页。

"劳动"一章中是怎么论述的。阿伦特从洛克的"身体的劳动，双手的工作"这一命题开始。

对于"劳动"（labor）和"工作"（work），在漫长的人类历史中，几乎很难发现有过只言片语讨论它们之间的区别。古代所有对人类活动的评价都建立在这一信念之上——满足身体所需的劳动都是奴役性的。只要不是为了工作而工作，而是为了取得生活必需品而从事的工作，尽管没有什么劳动存在于其中，也被视作一种"劳动状态"。古代人之所以认为有必要占有奴隶，因为所有具有奴隶性质的工作有助于维持生活的需要。劳动意味着受生活必需品的奴役，这一奴役是人类生活条件固有的。由于人类受困于生活必需品，因此他们只有通过控制某些人才可以获得自由。"古代社会的奴隶制（尽管后来并非如此）并不是一种利用廉价劳动力的手段，也非追求利润极大化的工具，而只是试图把劳动逐出人类生活状态的一种尝试。人类生活方式中与动物生活方式共有的部分不能被认为是人类的生活方式……"[1] 亚里士多德否认的不是奴隶具有的人的能力，而是认为，只要是为生活必需品而工作，就不配用"人"这一字眼。"animal laboran（动物化劳动者）其实是动物的一种，至多不过是最高级的动物而已。"[2] 与此相反，现代社会倒转了所有的传统，它赞扬劳动是一切价值的来源，并将 animal laborans 提升到了与 animal rational 相提并论的地位。而现代社会之所以将劳动提升到一个很高的位置，原因就在于劳动所具有的"生产力"；马克思的劳动而非上帝创造人，或者说，是劳动而非理性将人与动物区分开来，这是为当今社会所赞同的最激进、最一贯的表述。

当然，劳动有很多不同的种类，那么，哪种劳动最能代表阿伦特眼中的"劳动"与"工作"的区别呢？阿伦特的观点是，在"体力劳动"与"脑力劳动"、"有技术的工作"与"没有技术的工作"、"有生产力的劳动"与"无生产力的劳动"这三种区别中，第三种区别包含了"工作"与"劳

---

① ［德］汉娜·阿伦特：《人的条件》，竺乾威等译，上海人民出版社 1999 年版，第81 页。

② ［德］汉娜·阿伦特：《人的条件》，竺乾威等译，上海人民出版社 1999 年版，第81 页。

动"之间更根本的差别。"有生产力的劳动和无生产力的劳动的区别包含了（尽管有些偏激）'工作'与'劳动'之间更基本的差别。"①在古典经济学家看来，劳动本身确实是一种"生产力"，这一生产力不存在于劳动的产品中，而是存在于人的"力量"中，这一"力量"在人创造了自身生活必需的生活资料之后并未消失，它还创造出一个"剩余产品"。在一个完全"社会化"的人中，劳动与工作之间的差异将会彻底消失，所有的工作都可以成为劳动，因为所有的东西都被理解为劳动力的产品和生活过程的功能。

无论是古代人对劳动的蔑视，还是现代人对劳动的崇拜，两者都与劳动者的主观态度和活动，即怀疑其艰辛的努力，或者赞扬其"生产力"有关。被视作世界万物的一部分的工作成果而非劳动产品保证了一种永恒性和持久性，没有这种永恒性和持久性，世界也就不复存在。在这个拥有持久性的物质世界里，我们发现了一些消费品，通过这些消费品，生命获得了生存的手段。消费品之于人类生活就像使用品之于人类世界。"与消费品和使用品不同，世上还有一种行为与说话的'产品'，它们构成了人类人际关系及交往的框架。它们留给自己的不仅缺乏其他物品的有形性，而且比起我们生产用于消费的东西来更少耐久性和有效性。"②它们的存在完全取决于人类的多样性，取决于其他一些耳闻目睹因而能表明自身存在的人的不断出现。为了成为世俗的东西如业绩、事件，它们首先必须被看到、被听到、被记住，然后被改造，被具体化为诗歌，有书面记载的纸张，具体为画和雕塑、各种记录、文件和纪念碑。

人类的生活有着自己的特殊性，那么，这一特殊性的主要标志是什么呢？由于受到生命中最重要的两个事件——生与死的限制，万物生灵的生命活动是一种严格的线性运动，其驱动力是生命的生理过程，正是每个生物的生理过程使得自然界的循环运动生生不息。"人类的生与死构成了

---

① ［德］汉娜·阿伦特：《人的条件》，竺乾威等译，上海人民出版社1999年版，第83页。

② ［德］汉娜·阿伦特：《人的条件》，竺乾威等译，上海人民出版社1999年版，第88页。

现实世界中的事件，每一个人一生中都充满了各种事件，每个人老了的时候，这些事件说不定成为这个人的亲身经验，或成为故事或自传为他人所知晓，这也是人类生活特殊性的主要标志。"①

　　劳动是人类生活，也就是人之为人的一种必要的条件，而不同时代的人们对待劳动的态度是完全不一样的。劳动从社会中最低下、最为人看不起的位置一下子上升为一种人类最值得尊敬的活动，这种变化是从洛克发现劳动是一切财产的来源后开始的。"为什么洛克及其后的思想家如此顽固地认为劳动是财产、财富及所有价值、最终是人性的起源呢？或换言之，对摩登时代如此重要的劳动的内在含义究竟又是什么呢？"②"过程"概念成了新时代各学科的一个重要用语，并且这个过程被理解为一种"自然过程"，是一种带有生命过程特征的自然过程。在人类所有活动中只有劳动，而不是行动或工作，才是永恒的，随着生命的进步自发地向前发展。"劳动之所以有快乐，或成为一件人生乐事，在于人们以其独特的方式感到自己活着的巨大幸福，就同所有生物一样。人们只有通过劳动才能在由大自然规定的生理循环过程中生存下来，自由地发展，劳作—休息，劳动—消费，就普通得像白天—黑夜、出生—死亡的交替，充满合乎自然的规律性。"③

　　生命的力量是繁殖力，劳动力像自然一样创造出一种"剩余"。正如生命的自然生理过程在人体中一样，再也没有什么能比劳动同生命更有关的活动了。"可以肯定的是，包括生殖力在内的生命过程的生理功能是最具私有性的。"④洛克发现，人所拥有的最私下的东西或私有财产就是"人本身"，即人的身体。身体、双手、嘴巴这些工具都是自然的占有者，因为它们不属于人类，而只是给每个人作私人之用。因为身体是唯一种不能

①　［德］汉娜·阿伦特：《人的条件》，竺乾威等译，上海人民出版社 1999 年版，第90—91 页。

②　［德］汉娜·阿伦特：《人的条件》，竺乾威等译，上海人民出版社 1999 年版，第94 页。

③　［德］汉娜·阿伦特：《人的条件》，竺乾威等译，上海人民出版社 1999 年版，第95 页。

④　［德］汉娜·阿伦特：《人的条件》，竺乾威等译，上海人民出版社 1999 年版，第98 页。

与人分享的东西，即使想分享也做不到。再也没有什么东西能让身体范围内所涉及的一切（快乐和痛苦、劳动和消费）更缺乏公共性和感染力，因而更能有效地抵抗公共领域的招摇和醒目了。

阿伦特进一步认为，"唯一一种与尘世的经历，或确切地说，与在痛苦中发生的世界的迷失完全相应的活动是劳动，因为在劳动时，人类的身体尽管要动作，但它还是关注于自身的存活，受制于大自然规定的新陈代谢生理需要，无法超越或摆脱自身功能运转这个永不停止的循环过程。"[1]根据《圣经》的理解，这种痛苦是双重的痛苦。如果财产真的起源于人类这种生活和繁衍的痛苦，那么，财产的私有不应是这世上的一部分。如果人们最关注的不再是财产，而是财富的增长和积累的过程，那么，整个情况都会为之一变。这种过程将会变得跟人类生命过程一样永恒，而这一永恒受到挑战——单个的人不会永生，也不会永恒。只有当这种财富积累的过程的主体是整个人类社会，而非哪一个具体的个体，这种过程才会毫无障碍和飞速进行。"只有当人们不再作为个人行动，不再只关心自己的生存，而作为'人类的一分子'，只有当个体生命的再生产融入整个人类社会的生命过程中去，一种'社会化的人'的集体生命过程才会按照自身的'必需'（即生命再繁衍和物质日益丰盈双重意义上的自动的繁殖过程）正常进行。"[2]

然而，问题在于，繁衍力的急剧增长和过程的社会化，都无法取消来自身体过程——生产在这一过程中展示自己——经历或来自劳动活动所经历的私有的、严格的，甚至是残忍的特点。"物质的极大丰富和实际花在劳动上的时间的缩短，都不可能建立一个公共世界；而受到剥夺的动物化劳动者因被剥脱了可以用来藏身以免受到公共领域侵犯的私人领域，因此再也不具有私有性了。"[3]劳动产品不会在这个世界上存在很久并成为这个

---

[1] ［德］汉娜·阿伦特:《人的条件》，竺乾威等译，上海人民出版社 1999 年版，第100—101 页。

[2] ［德］汉娜·阿伦特:《人的条件》，竺乾威等译，上海人民出版社 1999 年版，第102 页。

[3] ［德］汉娜·阿伦特:《人的条件》，竺乾威等译，上海人民出版社 1999 年版，第103 页。

世界的一部分。除了生命过程和维持生计之外，劳动本身它什么也不关心，以致到了"出世"的地步。受其身体、生理需要的驱动，动物化劳动者不能像技艺者使用自己的双手、使用他们原始工具那样自由地使用自己的身体，所以，柏拉图认为，劳动者和奴隶不仅受制于生活必需品，无法自由，而且不能控制其自身上的动物部分。

虽然人类劳动工具的极大改进——沉默不语的机器人，使得人类生活必需的双重劳动，即维持生计的艰辛与生孩子的痛苦比以往来得简单和更少痛苦，但是，这并未消除劳动的强制性和屈从于生命所需的存在条件。"以往工业革命的巨大变革，以及将来原子能革命甚至更伟大的变革可能会引起这个世界的变化，但却不能改变地球上人类生命的基本条件。"[①]能够极大地减轻劳动强度的工具和器械本身不是劳动的结果，而是工作的产物，这些工具与消费过程无关，它们是"有用物体"。技艺者的出现和人造世界的形成都是随着工具的发明而开始的。由于劳动分工原则的引入，生产过程（虽然不生产供消费的东西）具备了劳动的性质，这一点在用这些劳动技术生产出来的使用性物品中表现得更明显。这些物品的充足使它们变成了消费品，而只有当产品不再具有使用性而越来越成为消费品，或者说，只有当使用的频率如此之快，以致使用品（耐用性）和消费品（易耗性）之间的客观区别几乎消失时，生产过程的无休止性才获得保障。于是我们不停地消费，再也不关心我们的房子、家具和汽车的耐久性。"技艺者即世界的创造者，向往永恒性、持久性和稳定性，这一理想已经在物质的极大充裕（这是动物化劳动者的理想）面前破碎。我们生活在一个劳动者的社会中，因为只有劳动以及其与生俱来的繁殖力才有可能创造出丰足的物质；我们将工作变成了劳动，使之成为一个个细小的部分，直至形成劳动分工。"[②]

当今社会的一大问题在于，几乎所有的人类活动都被变成了"谋生"

---

① ［德］汉娜·阿伦特：《人的条件》，竺乾威等译，上海人民出版社1999年版，第106页。

② ［德］汉娜·阿伦特：《人的条件》，竺乾威等译，上海人民出版社1999年版，第110页。

的活动。"问题不在于劳工在历史上第一次被接纳进公共领域并获得了同等权利,而在于我们已经几乎成功地将所有人类的活动提升到了一种保障生活必需品并提供丰裕物质的水平。无论我们做什么,我们总是被假设为'谋生',这就是社会的定论,想超越谋生目的的人急剧减少,唯一社会乐于承认的例外就是艺术家,严格地说艺术家只是劳动社会遗留下来的'工作者'。"[①] 结果就是,所有严肃的活动都称作"劳动",而任何一种对个体生命或整个社会生命过程不需要的活动则属于"玩乐"之列。劳动的解放,并未带来这种活动与 vita activa 的其他活动一样的平等,而是产生了劳动自身无可置疑的支配地位,任何与劳动无关的活动都成了"消遣"。

劳动的解放和劳动阶级的解放,当然意味着人类社会朝非暴力的方向的极大进步,但是,这不一定意味着人类社会向自由的方向的进步。"一个令人不安的事实是,征服必需品的胜利源自劳动解放,即动物化劳动者获准支配公共领域,但只要动物化劳动者占据公共领域,就无真正的公共领域可言,最多只是进行一些公开的私人活动而已。"[②] 人类创造出来的、存在于地球上的物质世界,是由人类双手加工大自然的原料而构成的,因此形成这个世界的物质是用来使用,而不是用来消费的东西。而消费社会,或劳动者社会中的生活越是变得容易,人类就越难认识束缚人类生活的必需品的迫切性,甚至连这些必需品的外部特征(痛苦和辛劳)也不会去注意一下。阿伦特看到了由此所带来的危险:这样一个社会被其增长的富裕弄得头昏目眩,它将再也认识不到自己的无效,一种在任何永恒的东西中无法确定自身和认识自身的生命的无效。

《人的条件》一书的第四章是"工作"。阿伦特认为,人类双手的工作与其身体的劳动大相径庭——技艺者制作并将其创造性的活动逐渐"融入"劳动对象中,然而动物化劳动者则是本能地劳动并与劳动对象"混合"。"双手的工作制造出无穷无尽和多种多样的东西,这些东西构成了

---

① [德]汉娜·阿伦特:《人的条件》,竺乾威等译,上海人民出版社 1999 年版,第 111 页。

② [德]汉娜·阿伦特:《人的条件》,竺乾威等译,上海人民出版社 1999 年版,第 114 页。

人类的技能。"①它们主要是，但并非全部都是使用的对象，它们具有创立所有权所需的"持存性"。正是这种持存性使世界上的事物相对独立于生产与使用它们的人类，也使它们具有客体性。这种客体性具有稳定人类生活的功能，因为，"尽管人们的天性变幻莫测，可他们仍能通过与同一张桌子、同一张椅子相联系而重获其同一性，也即同一性。换言之，与人的主体性相对的是人造世界的客体性，而不是原始自然（这一大自然压倒性的基本力量，会迫使人类围绕其自身的生物运动无情轮回，而这与自然界中生物的全部循环运动极其吻合）的极度中立性。"②只有当我们从自然赋予我们的事物中确立我们自己世界的客体性，并将它融入自然环境之中，我们才能够免受自然的伤害，并可以将自然视为某种"客观"的东西。如果在人与自然之间没有这样一个世界，那么这世界上就只存在永恒的运动，而没有客体性。

由此一来，阿伦特的论述也就从"劳动"转向了"工作"。制作即技艺者的劳动，它存在于对象化的过程之中。坚实性源自被加工的材料，但这种材料本身却不是被简单地赋予，并存在于那里，即不像田间的果实和树木那样，可以任我们采摘而不改变其自然属性。因为材料已经是人类双手劳动的一种产品，它或者表现为扼杀树木的过程如伐木，或者表现为阻断自然生长的缓慢过程如采矿。"这种破坏与暴力因素存在于所有制作活动之中，作为人类技能的创造者，技艺者同样也总是大自然的毁坏者。然而，凭借自身或借助于驯化的动物以维持生存的动物化劳动者，或许能够成为所有生物的统治者和主人，可他却仍然是地球和自然的仆人；而唯独技艺者才将自己塑造成整个地球的主宰。"③在上帝从无中创造出有的地方，人类从给定的物质中进行创造，人类的生产力必然导致普罗米修斯式的反叛，因为只有在破坏部分由上帝创造的自然之后才能建立一个人造的

①　［德］汉娜·阿伦特：《人的条件》，竺乾威等译，上海人民出版社1999年版，第135页。

②　［德］汉娜·阿伦特：《人的条件》，竺乾威等译，上海人民出版社1999年版，第136页。

③　［德］汉娜·阿伦特：《人的条件》，竺乾威等译，上海人民出版社1999年版，第138页。

世界。"这种暴力的体验是人类力量最基本的体验，因而它与人类在纯粹劳动中所感受到的那种令人痛苦不堪和筋疲力尽的艰辛努力是截然相反的。它能够提供自信和自足，甚至能成为人类一生自信的源泉。"①

那么，什么是人类的这种制作活动呢？制作的实质工作是在一种构建客体模型的指导下进行的。头脑中的一个意象或一幅蓝图，通过一定的劳动，这一意象或蓝图可以得到具体化。因而，指导制作劳动的东西超然于制作者本身之外，并且先于实际劳动过程而存在。"制作开始在 vita activa 的等级中发挥的作用具有十分重要的意义，以致指导制作过程的意向或模型不仅先于其本身而存在，而且并不随产品的形成而消失，它如同过去一样完整无缺地存在着，显现着，使自身适应于无穷延续的制作活动。"② 这种潜在的多样化——这是工作所固有的——原则上不同于标志着劳动的重复。重复性的劳动是不持久的，而意象或模型的永恒性在制作活动开始之前与结束之后都依然存在，比所有它帮助存在的、可能使用的对象都存在得久远。这一理解对柏拉图的永恒理念说产生了强烈的影响。柏拉图首先在哲学的意义上使用"理念"一词，就其灵感而言"理念"来自城邦或制作活动中的经验。"这个统帅众多易逝事物的永恒理念，从模型（众多易逝对象也可以按照这一模型制造出来）的永恒性和单一性中获取了柏拉图学说的所谓合理性。"③

作为人之为人的一项基本条件，制作又具备什么样的标志呢？阿伦特认为，制作的标志在于有一个明确的开始和一个明确的、可预见的结束。劳动，既没有开始，也没有终结。行动有一个明确的开始，但没有可预见的终结。"技艺者的确是上帝和主人，这不仅是因为它是或者它已将自己确立为整个自然的主人，而且是因为它是其自身及其行动的主人。动物化劳动者和人类的行动则并非如此，前者受其自身生活必需的支配，后

---

① ［德］汉娜·阿伦特:《人的条件》，竺乾威等译，上海人民出版社1999年版，第138页。

② ［德］汉娜·阿伦特:《人的条件》，竺乾威等译，上海人民出版社1999年版，第140页。

③ ［德］汉娜·阿伦特:《人的条件》，竺乾威等译，上海人民出版社1999年版，第140—141页。

者依赖其同伴。仅凭对未来产品所具有的意象，技艺者就能够自如生产，并且当再次面对其双手制造的产品时，他又可以随意进行破坏。"①

同样的工具，对于动物化劳动者来说，仅仅在于减轻其劳动负担并使其实现机械化；而技艺者把它设计和发明出来以建构由物质构成的世界。无论是劳动过程，还是所有以劳动作为表现形式的工作过程，主导它们的既不是人的主观努力，而不是他所渴望的产品，而是过程这一运动本身和它强加于劳动者的节奏。只有身体与工具进行着相同的重复运动，劳动工具才被卷入到这一节奏之中，或者说，直到使用机器的时候所有的工具才极其适合动物化劳动者的操作。此时不再是人体运动决定工具运动，而是机器运动在强迫人体运动。没有什么比劳动过程中的节奏更能轻易而自然地陷入机械化状态，反过来它又与生命新陈代谢过程中的节奏相吻合。"恰恰是因为动物化劳动者使用工具、器械的目的并非是为了建造世界，而是为了减轻其自身生活过程中的辛劳，因此自从工业革命以来，它实际上就生活在机器世界之中，而由机器取代所有手工劳动所带来的劳动解放，其实是用更高级的自然力量以这样或那样的方式补充着人类的劳动能力。"②

讨论是人类应当"适应"机器，还是机器应当"适应"人类的命题毫无结果。如果人类的生存境况在于，人本质上是一个有特定条件限制的存在，那么对于人而言，任何自然存在或人造的东西就会成为他将在的条件；而且一旦人类发明机器，他就立即使自己适应这个机器环境。正如以往各个时期中工具、器械是人类生存的条件一样，机器自然也就成为我们存在的一个不可割裂的条件。"机器不像技艺工具那样，在劳动过程中的每一时刻都是双手的仆役；相反，机器要求劳动者为其服务，劳动者需要调整其身体的自然运动节奏以适应机器的运动。这固然不足以表明人们因而就成为其发明机器的奴仆，但是它确实意味着，只要人持续在机器上进行工作，机械的运动就会取代人体的自然运动。因此，甚至是最精密的工

①　［德］汉娜·阿伦特：《人的条件》，竺乾威等译，上海人民出版社1999年版，第142页。

②　［德］汉娜·阿伦特：《人的条件》，竺乾威等译，上海人民出版社1999年版，第143—144页。

具，由于其无法操纵或取代人的双手，因而也不过是供人使用的奴仆；然而，即使是最原始的机器，也主导着人体的劳动，并最终取而代之。"①。

这种机器对人类身体劳动的"取而代之"也就是当今技术的实质。"技术的实质内涵，即机器最终取代工具和器械，似乎是只有当事物发展到它的最后阶段（自动化时代的来临）才昭然若揭。"②人类进入现代以来的技术发展有下面几个主要阶段。第一阶段：蒸汽机的发明，仍以模仿自然活动和人类有目地使用自然力量为特征，它与对水力、风能的传统利用并无本质上的区别。第二阶段：以电力的使用为标志，这一阶段不能再用对传统艺术和工艺的延续及提高来描述，这一时期技艺者（任何一个工具都是为达到某一预定目的的手段）的范畴也不再适用。此时，我们不再使用大自然产生的物质材料，而是破坏、中断或模仿自然过程。我们只是为了自身的现世目的而改变自然、异化自然，从而将人类世界或人类技能同自然截然分成两个相互独立的实体，并尽可能将自然的基本力量摒弃于人造世界之外。结果引起了"制作"这一概念的根本改变："生产"在以前一直被定义为一系列分开的步骤，现在则变成了一个连续的过程，即传送带、流水线过程。

如果当今技术是将自然力量引导到人类技能中去，那么，未来技术也许是将环围着我们的宇宙空间力量导入地球的自然界之中。自然力量导入人类世界动摇了这一世界的目的，即客体是人类制造工具、发明器械的目的。有关整个技术（即通过引入机器来改变生活与世界）问题的讨论很奇怪被误导到机器给人类带来的是服务还是伤害的歧途上。我们在此假定设计每一个工具和器械的目的主要是为了减轻人类生活的重负和减少人类劳动的痛苦，这一器具性理解全然是从人类中心说来理解的，受限于动物化劳动者对它们的使用。"作为工具制造者，技艺者发明工具、器械的目的是为创建一个世界，而非或至少不主要是用以帮助人类的生活活动。因

---

① ［德］汉娜·阿伦特：《人的条件》，竺乾威等译，上海人民出版社1999年版，第144页。

② ［德］汉娜·阿伦特：《人的条件》，竺乾威等译，上海人民出版社1999年版，第144页。

此，问题并不在于我们究竟是机器的主人还是机器的奴隶，而在于机器是否仍在为客观世界及其事务服务，或者恰好相反，是否机器和它的自动运转过程已经开始统治甚至摧毁世界及其事物。"[①]

连续不断的自动化生产过程，不仅摧毁了由人脑所指挥的双手代表最佳效率这一假说，而且也否定了另一个重要的假设，即我们周围的世界万物都依赖于人类的设计，并按照人类的标准（实用或审美）建造而成。我们设计了一些仍然能够满足人类特定的"基本功能"（人类的生物式生活过程），但是其外形却主要由机器的运转加以决定的产品。对由劳动者组成的社会而言，真实的世界已经被机器世界所取代，尽管这个虚假的世界不能完成人类技能的最重要的任务，即给非永存生物构建比它们自身更加稳固和永久的居住场所。在连续不断的操作过程中，机器世界正在逐渐丧失其独立的现世性特征，这一特征是工具、器械时代所固有的。"它所依赖的自然过程越来越同生物过程自身相关联，以至于我们曾经运用自如的机器开始'像海龟身上的甲壳一样成为人类身体的外壳'。从上述发展的有利角度来看，技术实际上不再是'有意识的人类努力的产品，以扩大物质力量，而毋宁更像人类生物性的发展，在这一发展中，人类生物体的天生组织被逐渐移植到人类的环境之中'。"[②]

技艺者的器械和工具决定了所有的工作和制作活动。在工作过程中，评判一切事物的标准是为达到渴望之目的而具有的适用性和有用性。每一制作活动固有的有用性标准的困难在于，手段与其所依赖的目的之间的关系像一条因果链，链条中的每一个目的在其他环境中又可以作为手段而出现，所以，在一个功利的世界中，所有目的都命中注定转瞬即逝，并被更换为某种更进一步的目的的手段。在手段和目的的范畴之内，以及在统治全世界的使用对象和实用工具性中，根本不存在终结手段——目的链的方法，也不存在阻止所有目的最终再次被作为手段而使用的方法，除非宣称

---

①　［德］汉娜·阿伦特：《人的条件》，竺乾威等译，上海人民出版社1999年版，第147页。

②　［德］汉娜·阿伦特：《人的条件》，竺乾威等译，上海人民出版社1999年版，第148页。

一个事物就是"目的本身"。在技艺者的世界中，一切事物都必须具有某种用途，都是某种手段，相反，意义必定非常持久，而且不会丧失其任何特性——不论它是否被实现。"就技艺者只不过是一个制造者、并且他只根据直接从其工作活动中所产生的那些目的和手段进行思考而言，他没有能力去理解意义的内涵，正如动物化劳动者不能理解工具性一样。而且，正如技艺者建立世界所使用的器具和工具成了——在动物化劳动者看来——世界本身一样，这样，这个世界的意义（实际上已经超出了技艺者力所能及的范围）对技艺者而言也难免成为自我矛盾的'目的本身'。"①

只有在一个严格地以人类为中心的世界中，"实用"才能获得与"意义"一样的尊严。然而悲剧在于，似乎技艺者一旦大功告成，就开始贬低这一成就，贬低目的和他自己的思想和手工获得的最终产品；如果人这个使用者是最高目的，是世界万物的尺度，那么不仅自然界这个几乎被技艺者视为对工作"无价值的材料"，而且"有价值的"东西自身也仅成为一种手段，因而失去了它们自身的内在"价值"。人就其是一个技艺者而言已经被工具化了，这一工具化意味着所有事物都堕落成为手段，意味着中心事物丧失了其内在和独立的价值，以至于最终不仅被制作的对象，而且这个地球和自然的所有力量都丧失了其价值。正是出于技艺者对待世界的态度，希腊人声称整个艺术和工艺的领域为"市侩"。"当然，问题的关键并不在于工具性，即那种达到目的所使用的手段，而是在于制作经验的普遍化，在这样的普遍化中，可以把有用性和实用性确立为生活和人类世界的最终标准。"②对于整个世界和地球的工具化，对于一切事物的无限贬损以及变得毫无意义的过程——每一目的都被转变为另一种手段，这些不会直接来自于制作过程；因为从制作的观点来看，最终的产品本身就是目的，就是一种具有自身经历的独立而持久的实体。"只有就制作主要是制作使用对象而言，完成的产品才再次成为一种手段，也只有就生命过程控

---

① ［德］汉娜·阿伦特:《人的条件》，竺乾威等译，上海人民出版社1999年版，第150—151页。

② ［德］汉娜·阿伦特:《人的条件》，竺乾威等译，上海人民出版社1999年版，第152页。

制所有事物并且为自身的目的而使用它们而言，制作所具有的生产的和有限的工具性才能变成现存一切事物的无限的工具化。"① 对于这一问题的严重性，柏拉图早就已经意识到，如果使人类成为所有使用事物的尺度，那么，人就是使用者和工具化者，而不是与世界有关的演讲者、行动者和思想者。既然将一切事物视为手段和目的植根于人类这个使用者和工具者的本性，这一定最终意味着，人类不仅成为那些依赖他而存在的事物的尺度，而且简直成为一切存在事物的标准。人将评判万物，仿佛万物属于使用对象之列，风不再以其自身的状况被理解为一种自然力量，而被认为是同人类的温暖、休息等需要紧密相连的。

在对待制作者的态度上，当今时代是完全不同于古代的。当今时代企图将政治的人，即行动就和说话的人从公众领域驱逐出去，一如古代企图驱逐技艺者那样。在现代，人的能力毫无疑问是技艺者的生产力。在古代，技艺者的公共场所不是公民聚会的场所，而是工匠们展示和交换其产品的集市。动物化劳动者的社会生活是无界域的和游牧式的，它们无法构建或者居住在一个公共的世间领域内。"技艺者与动物化劳动者不同，他完全能够拥有一个属于其自身的公共领域，尽管严格地讲它可能不是一个政治领域。技艺者的公共领域是交易市场，他能够在此展示其手工产品并赢得应用的尊重。"② 这一展示技能的意愿，不仅与交换、易货和以物换物的倾向密切相关，而且可能同样植根于这一倾向之中，这一倾向将人与动物区分开来。

技艺不仅具有展示的功能，而且能够构成终有一死的人类的家园。任何东西，一旦完成，它就超越了纯工具性的范围。评判事物优秀性的标准，不仅仅在于它的有用性，好像丑陋的桌子将会实现与漂亮的桌子一样的功能，而且还在于它所展示的形象是否充分，用柏拉图的话来说，就是精神形象是否具有充分性，也就是有灵魂的眼睛看到的形象——这种形象

---

① ［德］汉娜·阿伦特：《人的条件》，竺乾威等译，上海人民出版社1999年版，第153页。

② ［德］汉娜·阿伦特：《人的条件》，竺乾威等译，上海人民出版社1999年版，第155页。

先于其入世并在其可能的毁灭中生存下来。"换句话说，甚至对使用性东西的评价也不仅仅根据人们的主观的需求，而且还根据世界的客观标准，这些东西将在这一世界里找到其存续、被看见和被使用的场所。"①

人造的俗物世界，即由技艺者所构建的人类技能，成了终有一死的人类的家园，这一家园将长久存在，并超越人类生命和行动的不断变化的运动，其原因仅仅在于，它超越了被生产用来消费的东西的纯功能至上和被生产用来使用的东西的纯功利性。非生物意义上的生命在行动和语言中来展现自己，这两者与生命一样有一种基本的无效性。如果动物化劳动者需要技艺者帮助其减轻劳动和消除痛苦，如果终有一死的生灵需要他的帮助以在地球上建立一个家园，那么呻吟着的人类就需要技艺者竭尽全力的帮助，因为如果没有他们，他们活动的唯一成果即他们的演出及讲述的故事将不复存在。"为了使这个世界成为其始终意欲成为的样子，即地球上活着的人们的家园，人类技能就必须成为一个适合安置行动和语言的归宿，因为行动不仅对生命的必要性全然无用，而且与制作活动（世界本身及其万物即经由制作而产生）的多样性具有本质的不同。"②

一旦完成对"工作"的描述，阿伦特就进入了对人之为人的最重要条件——第五章所论述的"行动"——的描述。人不劳动可以生活得很好，他们强迫他人劳动，他们能十分容易地作出决定以利用和享受这个俗物世界。虽然剥削者或奴隶主的生活也许很不公平，但他们无疑是人。而没有言行的生活简直是死寂一片，它不再是一种人类生活，因为此时人不再生活于人与人之间。"我们以言行使自己进入这个人类世界；这一进入就像一次再生……这种'进入'不像劳动那样为情势所迫而强加于我们，也不像工作那样由功利所激发。"③人们在言行中表明他们是谁，积极展示其个性，从而使自己出现在人类世界中。尽管每个人通过其言行将自身融入人

① ［德］汉娜·阿伦特：《人的条件》，竺乾威等译，上海人民出版社1999年版，第166—167页。

② ［德］汉娜·阿伦特：《人的条件》，竺乾威等译，上海人民出版社1999年版，第167页。

③ ［德］汉娜·阿伦特：《人的条件》，竺乾威等译，上海人民出版社1999年版，第179—180页。

类世界，从而开始其生活，但是，没有哪一个人是自己生活故事的创作者或制造者。故事（言行的结果）虽然表现出一个行为者，但它既非作者，亦非制造者。一个人在行动者和承受者的双重意义上开始一个故事，并成为它的主体，但是，没有人成为它的作者。真正的故事和虚构的故事的区别在于后者是被"制作的"，而前者不是。

行动与制作不同，它在孤独的状态下是不可能的。言行需要周围其他人的参与，这和制作需要自然物质作为其材料，并需要一个安放其最终产品的场所一样。制作面对世界，并同它不断发生联系；言行面对他人的言行网络，并与之不断发生联系。人所能取得的最伟大成就，就是自我的展示和实现。与此相对的是对技艺者的信念（人的产品比其本身更长久），以及动物化劳动者的坚定信念：生命是至高的善。"严格地说，这两种信念都是非政治的，并倾向于把行动和言语斥之为无聊、爱管闲事和徒劳无益的空谈；它们通常根据对假设的较高目的——就技艺者来说，使世界更有用、更美好；就动物化劳动者来说，使生活更容易、更持久——的有用性来评价公关活动。"① 但是，并不能由此得出结论，认为公共领域是可以抛弃的，因为没有一个展示的空间，不相信言行是一个共同存在的模式，就不能毫不犹豫地建立一个人自身的现实性、自身的身份以及周围世界的现实性。

作为一个技艺者，他在他的孤独中不仅与他制作的产品在一起，而且与这个他为之投入其产品的俗物世界在一起；不仅如此，他还间接地同其他创造这个世界的和制作产品的人在一起。然而，技艺者在交易市场上碰面的那些人并不是一个一个的人，而是产品的生产者，他们展示的不是自己，而是他们的产品。由此产生了一个很严重的后果，那就是制造逐渐取代了行动曾经拥有的地位。当然这一取代并不是一蹴而就的。"在最初对有形产品和可见利润以及后来对顺利行使职责和社会交往的关注方面，摩登时代不是第一个谴责政治活动，尤其是言行的空虚和无聊的时代。对行动三方面受挫——行动结果的不可预见性、行动过程的不可逆性与行动者

---

① ［德］汉娜·阿伦特：《人的条件》，竺乾威等译，上海人民出版社 1999 年版，第207 页。

的不可知性——的愤怒几乎和人类有文字记载的历史一样由来已久。总有一种寻找行动的替代物的企图，以期人类事务领域能够避免众多行动者固有的随意任性和无道德责任感，这对行动者以及同样对思考者来说一直是一种巨大的诱惑。"①

人们在行动中的结果通常是不幸的，而行动的不幸结局则来自人类的多样性条件，这种条件对展现空间，即公共领域来说是必不可少的。取消多样性就是取消公共领域本身。最初，从多样性危险中获得拯救的最显而易见的方法是实行君主制，或者是个人的统治。柏拉图认为可以用哲学王的智慧克服行动的复杂性。柏拉图用统治者同被统治者的区别来鉴定思想与行动的分界，很明显，柏拉图的这种区分是以家务活动作为其经验基础的。如果主人不知道要做什么，又不给那些一无所知的奴隶下达命令的话，那么，什么事情都办不了。一个是知道但不行动的人，一个是行动但不知道的人。"柏拉图对知行的区分一直是所有统治理论的基础，这些理论不只证明一种难以克制的、不负责任的权利欲。通过纯粹的概念化以及哲学上的澄清，柏拉图将知识等同于命令和统治，将行动等同于服从与执行，这一等同支配了政治领域中所有早先的经历和相关表述，成了所有传统政治的权威，即使在柏拉图得以产生其概念的经验的基础早已被遗忘的情况下，也是如此。"②

区分"知"和"行"的是制作活动，它与行动领域迥然相异：首先思考未来产品的形象或形状；然后组织生产工具、开始制作。柏拉图希望用制造代替行动，以便将工作和制作固有的稳定性赋予人类事务领域，这一希望在其哲学最核心的部分即其理念论中最明显。"善"是哲学王的最高理念，他希望成为人类事务的统治者，因为他必须在人群中度过他的一生，而不能在理念的天空下终其一身。"只有当他返回人类事务这个黑洞，与他的同伴再次生活在一起时，他才需要把理念作为引导的标准和规

---

① ［德］汉娜·阿伦特：《人的条件》，竺乾威等译，上海人民出版社1999年版，第214页。

② ［德］汉娜·阿伦特：《人的条件》，竺乾威等译，上海人民出版社1999年版，第218页。

则——通过这些标准和规则，他可以以同样绝对的、客观的确定性（具备了这种确定性，可以在制造活动中指导工匠，在评价一张床时指导外行——其方式是运用一成不变的展示模型，即一般的床的'理念'）来衡量和归纳人类不断变化的言行和举动。"①

在《理想国》中，哲学王像工匠运用他的规则及标准一样运用各种理念，像雕刻家制作产品一样"创造"他的城邦。在这个参照架构中，乌托邦政治体制（一个已经掌握人类事务技巧的人按照一个模型来对它作出解释）的出现是一件自然而然的事。制造代替行动，以及随之而来的政治沦为一种实现所谓"更高"目的的手段：在古代，是保护善人免受恶人的统治，中世纪是确保灵魂得到拯救，摩登时代则是追求生产力与社会的进步。"确实，只有摩登时代把人主要界定为技艺者（一个工具制造者及物品生产者），因而才能克服传统对整个制作领域所抱有的根深蒂固的蔑视与怀疑。"② 柏拉图，以及亚里士多德，他们是最早提出用制作的形式来处理政治事务的人。这表明，人类行动能力的困惑诱使人们通过把制作所具有的更可靠、更稳定的范畴引入人类关系之网来消除其危险的力量是多么的强烈。

人类的行动是一个过程。无论人的行为结果是怎样可怕，是怎样难以预料，他都无法制止这一行动；他开始的行动过程也绝不可能确定无疑地在一单独的行为，或者一个单独的事件中被圆满地完成。此外，行动者从不了解行动的意义，只有并没有参与实际行动的历史学家在事后才能够发现这一意义。由行动开始的、在行动过程的不可逆性和行动后果的不可预见性的状况下，人们想要实现的救赎并不来自一种别的、可能更高级的本能，而只能来自行动自身所具备的各种潜能。从不可逆的困境中获得的可能的救赎是宽恕的本能。不可预见性的救赎包含在许诺和履行诺言的本能中。宽恕有助于消除过去的行为（罪恶），诺言有助于在不确定性的汪洋

---

① ［德］汉娜·阿伦特：《人的条件》，竺乾威等译，上海人民出版社 1999 年版，第219 页。

② ［德］汉娜·阿伦特：《人的条件》，竺乾威等译，上海人民出版社 1999 年版，第222 页。

大海中建造安全的岛屿。

《人的条件》的最后一章是"vita activa 与摩登时代"。在现代史的开幕式上发生了三件大事，这三件大事决定了现代社会的特征：美洲大发现以及随之而来的全球开发；宗教改革，通过扩大基督教会和修道院的财产，宗教改革开始了一个个人剥夺财产和社会财富积累的双重过程；望远镜的发现，以及从宇宙观点来思索地球本质的新科学的发展。哲学家们立刻就明白，伽利略的发现不仅意味着是对感官证明的一种挑战，而且"强暴"感官的再也不是理性。"不是理性，而是人造的工具——望远镜——事实上改变了物质世界的观点；不是沉思、观察和猜测，而是技艺者的制造和生产产生了新的知识。"① 当一个人只要他感到他用肉眼和思想的眼睛看到的东西是真的，相信在他的感觉和理性前展示的是现实和真理的时候，他就受到了欺骗。"如果人类的肉眼能在许多代人被骗相信太阳围绕着地球转的程度上背叛人类，那么思想的眼睛这一隐喻就不可能坚持长久。尽管它是含蓄的（当被用来作为感觉的对立面时更是含蓄的时候）但它还是建立在对肉眼视觉的最终信任上。如果存在与现象永远分道扬镳，而这一点确实是所有现代科学的基本假设，那么就没有什么东西是可以相信的了，对任何事情都必须加以怀疑。"② 工具的观察在今天既战胜了思想，又战胜了感觉。摩登时代的一个大结果就是沉思和行动的等级秩序的倒转。为了理解这一倒转的动机，首先必须克服一种偏见，那就是把现代科学的发展归于一种改善人类生活条件的务实愿望。"现代技术并不起源于一些人们为减轻其劳动和提高人类的技能而设计的工具，而是起源于对无用知识的完全属非实际的追求——这是一种历史记录。"③ 比如，人类首批现代工具之一的手表并非发明出来用于实际生活，而完全是用于进行某些自然实验的、高度的理论目的。当然这一发明的实效性一旦昭彰，它

---

① ［德］汉娜·阿伦特:《人的条件》，竺乾威等译，上海人民出版社 1999 年版，第 273 页。

② ［德］汉娜·阿伦特:《人的条件》，竺乾威等译，上海人民出版社 1999 年版，第 274 页。

③ ［德］汉娜·阿伦特:《人的条件》，竺乾威等译，上海人民出版社 1999 年版，第 285 页。

就能改变人类生活的整个节奏和外观。但从发明者的观点来看，这纯属偶然。

阿伦特由此得出一个结论，那就是，问题不在于真理和知识变得不再重要，而在于它们只能通过"行动"而非沉思才能取得。正是一种工具，如人类双手制作的望远镜才最终迫使自然，迫使宇宙放弃它的秘密。相信做与不相信沉思与观察的理由，在最初的积极探讨取得结果之后变得越来越有说服力。经过摩登时代的倒转，"思"成了"做"的婢女。"不是在中世纪，而是在现代的思考中，哲学才开始扮演第二，甚至第三提琴手的角色。"①自笛卡尔将其哲学建立在伽利略的发现之上以来，哲学似乎一直被责备老是跟在科学家及其令人惊异的发现之后。如今，哲学不再为科学家所需，他们至少认为他们不需要使用婢女，更不用说一些康德所说的在"优雅的女士面前提灯"的人了。

根据阿伦特的分析，"沉思"和"制作"具有一种内在的亲和力。至少在古希腊哲学，沉思，也就是关注某些事情，被认为也是制作的一个固有的因素，因为工匠的工作受"思想"的指引，在制作过程之前他所关注的模型告诉他制造什么，然后让他去审视他所完成的作品。根据柏拉图的理解，那些在工匠开始工作之前就已存在着的模型（这一模型工匠只能模仿而不能创造，他根据这一模型制作其作品）并非人类思想的产品，而是被给予的东西。就这样，他获得了一种不是通过人的双手实现的，相反，是在其物化中被糟蹋的永恒性和优秀性。工作令一些东西易朽，并糟蹋一些永存东西的优秀性，只要这些东西是沉思的对象。对模型的适当态度（它指导工作和制作），即柏拉图式的思想的适当态度，是让它们保留原来的样子，让它们出现在内在思想的眼睛面前。如果一个人放弃其工作能力，无所事事，那么他就能关注它们，因而也就加入了它们的永恒性。不是惊叹战胜个人，并使其寂静不动，而是通过有意识地停止活动即停止制造活动，才能达到沉思状态。"技艺者将留意召唤，放下其武器，并最终认识到他最大的渴望（即渴望永恒和不朽）不是他的做所能完成的，而只

---

①　[德]汉娜·阿伦特：《人的条件》，竺乾威等译，上海人民出版社1999年版，第289页。

有当他认识到不能制造美和永恒时，他才满足了其最大的渴望。"① 在柏拉图的哲学中，无语的惊叹（哲学的开始和结束）、哲学家对永恒的热爱、工匠的永恒和不朽的愿望，这几者相互渗透，直到它们无法分辨。然而，哲学家的无语惊叹只有少数人才能经历，与此相反，来自于工匠的沉思则比比皆是。

故而，主要不是哲学家和哲学上的无语惊叹才塑造沉思和沉思过程的概念和实践，而恰恰是伪装着的技艺者，是作为制造者和制作者的人，其工作是对自然施以暴力，以为自己建造一个永恒的家，现在，他被说服将暴力连同所有的活动一起抛弃，使东西保留其原貌，并在不朽和永恒的沉思处找到了他的家。可以使技艺者相信这一态度的改变，因为他知道沉思和一些来自其自身经历的沉思的一些快乐，他无须彻底改变心境，他所要做的是放下他的武器，无限期地延长关注 eidos 的行动，这一 eidos 即为他以前想模仿的永恒的形态和模型，这些形态和模型之美他现在知道只有在他实施制作活动的时候才会被破坏。"沉思和制作的倒转，或者从有意义的人类能力范围中消除沉思，则是一桩顺理成章的事。这一倒转本来应当将技艺者，即制造者和制作者，而不是作为行动者或作为动物化劳动者的人提升到人类可能的最高境界。"② 自摩登时代迄今为止，在这一时代的许多特征中可以发现一种典型的技艺者的态度：他的世界工具化，他对工具及其生产者的生产率的信心；他对任何问题都能解决，每一个人的动机最终归功于功利原则的认定。概括来说，"技艺者的最早认定——即'人是万物之尺度'——上升到了一种被普遍接受的常识。"③ 需要解释的不是对技艺者的现代尊敬，而是这一事实：紧随这一尊敬之后的是将劳动提升到 vita activa 等级秩序的最高位置。这一次倒转是随行动与制作的倒转而渐次发生的。就技艺者而言，重点从"什么"到"如何"，从事物本身到

① ［德］汉娜·阿伦特：《人的条件》，竺乾威等译，上海人民出版社 1999 年版，第297页。

② ［德］汉娜·阿伦特：《人的条件》，竺乾威等译，上海人民出版社 1999 年版，第298页。

③ ［德］汉娜·阿伦特：《人的条件》，竺乾威等译，上海人民出版社 1999 年版，第299页。

它的制作过程。

"为什么这一失败以动物化劳动者的胜利而告终？为什么（随着 vita activa 的兴起）恰恰是劳动这一活动被提升到了人的能力的最高层次？或用另外的话来说，为什么在具有各种人类能力的人类条件的多样性中，恰恰是生命控制了其他所有的考虑。"[①]为什么生命声称自己是摩登时代最终的参照点，成为现代社会至高的善？其起源是在基督教社会的构造过程中所产生的现代倒转。现代社会的转换是从宗教改革开始的，欧洲人以此与古代世界决裂，这是一种政治上具有更深远意义的、更具持久影响的转换，因为基督教个人生命永存的"喜人消息"倒转了古代人与世界的关系，把最具死亡性的东西——人的生命——推进到了宇宙所拥有的永远存在的地位。从现在开始，个人生命占据了曾经由国家的"生命"占有的位置。基督教对生命神圣性的强调倾向于认为劳动、工作和行动同等地从属于当前生命的需要。与此同时，它有助于将劳动活动（维持生命过程本身所必需的任何一种活动）从古代对它的蔑视中解放出来。对奴隶的传统蔑视（因为他不计一切代价地活着）在基督教时代不可能继续存在。人们再也不能以柏拉图的方式来对奴隶不去自杀而屈从于主人加以鄙视，因为，在任何状态下都活着已经成为一种神圣的责任。

基督教坚持人的生命的神圣性，以及不管如何要活下去的责任，那它为什么一直没有确立一种积极的劳动哲学呢？原因在于基督教明确地将沉思置于人类所有活动之上。很显然这是受到了希腊哲学的影响。摩登时代继续坚持基督教的这一假设——是生命而非世界才是人最高的善。对于摩登时代，"唯一可能不死的东西——正如古代的国家的不死、中世纪个人生命的不死一样——是生命本身，即人类可能生生不息的生命过程。"[②]在当代社会人们所从事的各种事情中，哪怕是最后的一种行动痕迹（自我利益中隐含的动机）也消失了，留下的是一种自然的力量，即生命过程本

---

① ［德］汉娜·阿伦特：《人的条件》，竺乾威等译，上海人民出版社1999年版，第305页。

② ［德］汉娜·阿伦特：《人的条件》，竺乾威等译，上海人民出版社1999年版，第311页。

身的力量，这是一种所有人和所有人类活动都无一例外地必须服从的力量。这些人和人类活动的唯一目的是保持人的动物种类。没有哪一种较高的人的能力比人类的生命更长久地必须与个人的生命连接在一起："个人生命成了生命过程的一部分，它所需要的是保证人自身的生命和其家庭的生命的持续性。"① 由此一来必然产生这样一种结果，那就是沉思变成了一种毫无意义的体验。

三、阿伦特技术思想：批判与启示

阿伦特既认为政治世界是一个高于和优于劳动和工作的世界，同时，她又认为纯粹的政治世界不足以维持自身的存在，更不能维持人类的存在。在政治世界之外人类还需要其他的生存条件，而由人类自己所创造的器具世界正是人类生存的基本条件之一。阿伦特认为，器具世界相对于有死的人类来说具有多个方面的意义：第一，它超越了人的主观性力量的内在性，使人的生产能力对象化为外部的实在，成为独立于人的现实存在；第二，器具作为客观化的存在能够带来一个公共空间，它让商品生产者走出私人世界而进入公共世界；第三，器具的存在意味着人类打破了自然的循环；第四，器具的世界还是一个具有多样性的世界，等等。然而，虽然阿伦特对器具作出了这样或那样的积极评价，但是，她认为器具本身不具备独立的存在价值和意义，器具仅是实现目的的手段，它的价值要根据以它为手段的目的来衡量。正是器具的这种无根性为自然力量的重新闯入提供了可能性——在现代，器具世界发展为机器世界，而且这种机器世界参与到生命再生产的轮回之中。随着器具变成机器体系，以人类的技艺创造器具的活动不复存在，人类生活在机器世界之中，生活在以机器为中心组织起来的劳动过程中。机器与前现代技艺者手中的工具不同，后者是人类双手的仆役，前者则要求劳动者调整身体的自然运动节奏以适应机器的运动节奏。"只要人持续在机器上进行工作，机械的运动就会取代人体的自

---

① ［德］汉娜·阿伦特：《人的条件》，竺乾威等译，上海人民出版社 1999 年版，第312 页。

然运动。因此，甚至是最精密的工具，由于其无法操纵或取代人的双手，因而也不过是供人使用的奴仆；然而，即使是最原始的机器，也主导着人体的劳动，并最终取而代之。"①

　　阿伦特认为，所有劳动，不管是手工的还是机械的，都是人类的动物性存在，劳动只表现人类的动物性。不同于阿伦特，海德格尔尽管对现代技术的评价是负面的（现代技术是把世间万事万物当作原材料的"座架"），但他对传统经验技术的评价是正面的——它们是"天地神人"四重整体的聚集。世间事物只有作为聚集"天地神人（有死者）"四重整体的聚焦物才具有自己的尊严，而一旦失去与"天地神人"四重整体的密切关联，它们就成为纯粹的原材料。问题是：现代技术是否有可能也成为"天地神人"四重整体的聚焦物呢？沿着海德格尔的思路，海德格尔的再传弟子，美国哲学家阿尔伯特·伯格曼提出了聚焦物的概念。伯格曼提出聚焦物的概念，是为了平衡现代技术"器具范式"（device paradigm）的影响。以火炉为例。火炉提供的不只是温暖，前技术时代的火炉是一个焦点，一个中心，一个场所。火炉的冰凉标志着早晨，火炉温暖的散发标志着生活中新的一天的开始。火炉给家庭不同成员指派不同的任务，这些任务确定他们各自在家庭中不同的位置。亲身参与和家庭关系只是一个事物全部世界的初步展现。亲身的行为不是简单的身体接触，而是通过身体敏捷性对世界的经历和感受，"在这些社会活动更广阔的地平线上，我们能够看到文化和世界的自然尺度是如何展现的。"②

　　伯格曼认为海德格尔所描述的桥、壶和寺庙等等都是聚焦物，不过伯格曼眼中的聚焦物远多于海德格尔——原野、音乐、花园、餐桌和跑步，伯格曼认为都是聚焦物。伯格曼认为，只有限制现代技术的范围，通过聚焦物与器具范式的平衡我们才能成为真正的世界公民。能否有一种途径，可以让现代技术本身成为生活世界的聚焦物呢？如果政治世界是沟通人

---

①　［德］汉娜·阿伦特：《人的条件》，竺乾威等译，上海人民出版社 1999 年版，第144 页。

②　Albert Borgmann. Technology and Character of Contemporary Life : A Philosophy Inquiry, Chicago and London, the University of Chicago Press, 1984, p.2.

的有限性与人们的同一个世界的中介，由于现代技术愈来愈具备政治性，通过有意识地让现代技术成为一种"政治—技术"（辩解意义上的、具备公共性的政治），我们同样可以通过现代技术进入此在的本真生存。只要政治世界所开启的世界具有真正的世界开放性，那么，政治—技术所开启的世界同样具有真正的世界开放性。技术总是物化为人造物的技术，这句话不仅适用于传统技术，同样适用于现代技术。要让技术（所谓传统技术或现代技术，只不过是技术的不同形态而已）成为世界的本真聚集，或者说让技术开显出世界的无限性，必须把技术变成一种政治性行为。事实上，不管是三峡大坝的建设，还是克隆人和干细胞的研究，诸如此类的行为已经不再是单纯的技术行为，它们同时也是一种政治行为。只有经过不同意见之间——工程师之间，工程师与舆论、大众、政治家和哲学家之间，大众与大众之间——的辩论与竞争，行动的可能性（技术设计、发明、创造与运用的可能性）才能变成公共事务，变成生活在同一个社会中的所有人的事务。

因此，能否有可能根据阿伦特的论述提出这样一个概念："政治（性）—技术"。这一概念是否成立，取决于下面几个条件：（1）现代技术是否具有公共性。与传统技术作用有限、影响范围小不同，现代技术多是应用范围广阔、影响深远的"大"技术，它的研究、开发与运用不仅要在技术界展开充分讨论，而且要求社会的、舆论的和民间的力量参与进来，因而现代技术具有明显的公共性；公共性并非阿伦特的狭义的政治世界所独有。（2）现代技术是否具有自我辩解、交流对话的性质。"技术可行性论证"，可以说是现代技术从设计到运用的必要环节。一项技术要想成功地进入实施，不仅需要工程师之间的辩解与对话，而且需要工程师与政治家和大众之间的交流与对话。如果不进行充分的辩解与对话，一项技术在一个民主的社会中是很难付之于实施的。（3）通过进入公共领域，现代技术有可能成为综合的、多向度的、无限的、以生活为指向的民主的技术，而非以单一的以利润或权力为指向的专制技术。

亚里士多德曾经将人类的活动分为三类：实用、制造与理论。根据亚里士多德的理解，一切思想必为实用、制造与理论三者之一。理论学术指物理、数学、哲学；实用之学指政治、经济、伦理等；生产之学指各种技艺如建筑、医院、体育、音乐、雕塑、图画以及缝衣制鞋等。[①] 在这三种活动中，亚里士多德认为只有理论或沉思的活动才是人类的本真活动。以海德格尔此在"在—世界中—存在"的观点为中介，阿伦特认为，政治世界是人类通向本真生存的必由之路。我们认为，如果不把人类的活动分为三种截然不同的活动，或者说不过分强调人类不同活动之间的对立与分离，而是尽可能把人类不同领域之间的活动沟通和协调起来，那么我们可以通过把技术这一阿伦特眼中的私人领域引入公共领域，并通过哲学反思技术这一私人领域进入政治这一公共领域的可能途径与可能遇到的困难，让技术既是制作与生产活动，同时又是理论的和政治的活动，让作为聚焦物的技术把人类不同领域之间的活动尽最大可能地协调起来，从而让人类真正进入本真生存，也就是具有无限可能性的、全面的与丰富多彩的生存。

---

① 参见［古希腊］亚里士多德：《形而上学》，吴寿彭译，商务印书馆 1997 年版，第121、337 页。

第七章 哈贝马斯：作为"意识形态"的技术与科学

尤尔根·哈贝马斯（Jürgen Habermas，1929——　　），德国哲学家、社会学家。历任海德堡大学、法兰克福大学教授，法兰克福大学社会研究所所长、德国马普协会生活世界研究所所长等职。哈贝马斯是法兰克福学派第二代的旗手，被公认是当代最有影响力的思想家之一，被称作当代黑格尔、后工业革命最伟大的哲学家。哈贝马斯主要的学术贡献既包括对公共领域的探讨（《公开活动的结构变化》，1962）、为批判理论制订哲学框架（《理论与实践》，1963；《走向合理的社会》，1968）、对行动理论的发展（《交往的理论》，1981），也包括对资本主义社会科学与技术的考察（《知识与人的利益》，1968）、对资本主义社会危机类型的分析和对社会进化论的重建等等。

一、"交往行为理论"：哈贝马斯技术思想的理论基础

在晚期资本主义，社会的发展依赖于发达的工业，发达的工业又依赖于科技的进步，所以，不同的资本主义国家都在大力发展科学和技术。由此一来，自动化机器逐渐取代工人劳动，这就意味着工人的劳动已经不能完全满足资本主义经济的发展，经济提升的主要动力来源于科技的支撑而不是工人劳动生产率的提高。随着科技的迅速发展，科技进步不仅成为社会发展的首要生产力，而且还成为一种主流意识形态。虽然科技进步给人

带来丰富的物质生活，但是科技的过度膨胀使人沉溺于高水平的物质享受之中，从而忽视了对现状的反思和批判。在无形之中，科技一步步操控着整个社会，社会政治、经济等子系统逐渐被侵蚀，权力和金钱成为人追求生活的主要动力。由此，科技改变了人的价值追求，遮蔽了人的真实情感，抑制了人的思想精神，最终导致人成为物的附庸。这就是哈贝马斯技术思想的时代背景。

哈贝马斯的技术思想除了其产生的社会时代背景之外，还有其产生的哲学基础，那就是他 1981 年提出的"交往行为理论"。这一理论一经提出就在西方学术界引起广泛关注。哈贝马斯认为，西方理性化进程主要表现为技术理性的发展，以及技术理性在各个生活领域的全面渗透。然而，技术理性本身无法解决生活世界的价值观问题，因此哈贝马斯提出了"交往（沟通）理性"概念，试图通过交往行为的理性化解决晚期资本主义社会面临的诸多危机。在哈贝马斯看来，为了克服当今资本主义社会的动机、信任等等危机，批判理论必须重视人与人之间的交往和沟通，只有通过沟通行动才有可能把人类从科技的统治中解放出来。

哈贝马斯的交往行为理论是以早期法兰克福学派的理论为基础而建立起来的。在哈贝马斯看来，早期法兰克福学派批判理论有三大弱点。第一，它未能认真对待当今哲学和社会科学的最新发展，拒绝用它来丰富、发展自己的理论，而是沉醉于工具理性批判之中，拘泥于文化与意识形态批判，没有对复杂的现实社会进行经验分析。第二，它未能扬弃黑格尔的理性概念，仍然把理性看作是一种先验的力量，不能把握理性的真正意义。第三，它未能认真对待资本主义民主，不能客观评价晚期资本主义社会一系列福利政策所取得的成就。故而，哈贝马斯认为，公共领域结构转型的直接结果就是人的交往行为的不合理化，以及由此而产生的生活世界的殖民化。

根据哈贝马斯的理解，资本主义交往行为的不合理化主要表现在三个方面：一是人们的交往关系呈现出病态的状况，如交往的物质利益泛化、沟通和理解障碍的产生等等。二是交往的风险性增强。正如有人所言，现代社会已经处于"文明的火山口上"。特别是社会学家吉登斯[①]认为，现代性或现代社会导致了风险性的增加，如核战争对人类生存的威胁以及风险环境的扩张等。三是交往的空间范围不断缩小，生产、科学以及政治等主题化、分化的专业领域逐渐形成以功利主义为价值取向的专门化世界，进而吞噬着人们的交往行为赖以生存的基础——生活世界。

哈贝马斯认为，人类生活的世界有主观世界、客观世界、社会世界三种类型，它们分别成为认识的三种兴趣所关注的对象。其中，社会世界包括制度世界和生活世界两种。制度世界是指那些制度化、组织化以及科层制化的世界，即现代国家机关和社会市场体系。生活世界是指能够开展言语沟通、追求话语共识的"尚未主题化"的"原初世界"，它包括进行话语共识的公共领域以及维持私人利益的私人领域。[②] 由于资本主义社会在私人领域和公共领域之间出现了的矛盾，资本主义社会全面异化。只有规范、重构资本主义公共领域的结构，重新回到生活世界，才能使资本主义社会继续向前发展。所以，留给哈贝马斯的任务只有一个，那就是"重建历史唯物主义"，构建一个理想的交往行为模式，建立他的"交往行为理论"。

在《交往行为理论》一书，哈贝马斯将人的行为分为四种类型。[③] 一是"目的性行为"，它主要集中在生产领域，是借助工具理性从事改造客观世界的活动。问题是，由于受到客观条件的制约，这种行动不但不能发挥人的主体性，反而成为压制人的手段，所以它不具备合理性。二是"规范性行为"，这是以行为者共同的价值取向为目标的行为，主要体现在人们的主观世界和社会世界中的价值认同和规范遵守。三是"戏剧性行为"。与培根的"剧场假相"相类似，哈贝马斯认为，社会是一个舞台，每一个

① 安东尼·吉登斯（Anthony Giddens, 1938—   ），英国著名社会理论家和社会学家。吉登斯不仅是斯宾塞以来英国最著名的社会学家和政治思想家，而且是当今世界最重要的思想家之一，与罗尔斯、哈贝马斯等思想家一起引领了20世纪中后期全球社会理论的发展。他所主张的"第三条道路"影响尤其深远。

② ［德］哈贝马斯：《交往行为理论》第1卷，洪佩郁、蔺青译，重庆出版社1994年版，第141页。

③ 参见［德］哈贝马斯：《交往行为理论》第1卷，洪佩郁、蔺青译，重庆出版社1994年版，第119—121页。

个体都要在观众面前表演自己，背诵着早已准备好的"台词"让观众去领会他的"潜台词"，因此这也不是一种合理性的行为。不过社会需要这种行为，因为它是人的社会交往的一种方式。前面三种行为或者压制人的主体性，或者使人变为一种社会化符号而异化为某种工具，因而都不是合理的行为。由此哈贝马斯提出了第四种行为——"交往行为"。

与上述三种行为不同，哈贝马斯认为，交往行为不仅以语言为媒介、以理解为目的，而且建立在行为主体的共识之上。交往行为通过规范调节实现个人与社会的和谐，它同时涉及客观世界、主观世界和社会世界三个世界，故而它构成对生活世界的全面理解。哈贝马斯认为前三种行为比较片面，"第一种，把交往看成仅仅为了实现自己目的的人的间接理解；第二种，把交往看成仅仅为了体现已经存在的规范性的认可的人的争取意见一致的行动；第三种，把交往看成吸引观众的自我表演。"① 只有交往行为在聚集前三种行为的特长的同时又克服它们的不足。交往行为的主体是两个（或两个以上的）具有语言和行为能力的人，交往行为的手段则是以语言为媒介。交往行为的主要形式是主体之间的诚实对话，交往行为的目标是通过对话达到人们之间的相互理解和协调一致。交往行为必须以公众认可的社会规范作为自己的行为规则。

"交互主体性"是哈贝马斯交往行为理论的基本前提。主体既可以感知外在自然的客观性，也可以与其他主体处于互动状态，同时还散发出自身的内在本质，所以，在交往行为中离不开主体间的相互交往。交往行为者在客观世界、主观世界和社会世界中构成一种可理解的关系体系，交往行为主体通过交流对三个世界的解释而达到相互理解、意见一致的状态。交往行为理论主要体现在理解上的合理化，把理解看作主体之间的交互性意识活动，使参与的主体彼此达到默契与合作的状态，并且主体间的各种关系是在自愿态度上达成的。在哈贝马斯这里，交往行为是人与人之间的关系的展现，其合理化是交往主体之间实现彼此理解和相互协调的前提和基础。

---

① ［德］哈贝马斯:《交往行为理论》第 1 卷，洪佩郁、蔺青译，重庆出版社 1994 年版，第 135 页。

实现交往的合理化必须依靠语言，语言最基本的交往媒介，言语行为是主体之间最基本的交往行为。在目的论行为方面，语言沟通是交往的一种方式，语言被行为者当作表达意见和实现目标的手段。在规则调节的行为方面，语言传承了整个社会的文化价值观念体系，承载着历史已经形成的社会共识。在戏剧行为方面，语言作为纯粹性的表述话语，以自我表演的媒介而存在。在这三种行为理论上语言的功能和作用都被片面化了，只有在交往行为中，"把语言作为直接理解的一种媒介，在这里，发言者和听众，从他们自己所解释的生活世界的视野，同时论及客观世界，社会世界和主观世界中的事物，以研究共同的状况规定。"①

交往行为理论是交互主体间通过语言交流达到相互理解的理性化行为，这种行为离不开社会。哈贝马斯将社会分为各种子系统和生活世界，并借助系统对生活世界的殖民化来分析当代西方资本主义社会。经济系统可以提高生产力，满足人类的生活需求；政治系统可以协调生产关系，维持社会和谐发展。经济和政治构成一个更大的社会系统，它与生活世界产生密不可分的关系。"就生活世界而言，我们所讨论的主题是社会的规范结构（价值和制度）。我们依靠的社会整合的功能（用帕森斯的话说就是整合与模式维持），来分析事件和现状，此时，系统的非规范因素是制约条件。从系统的角度来看，我们所要讨论的主题是控制机制和偶然性范围的扩张。"②社会既是系统，也是生活世界。系统整合是生活世界的物质再生产，它通过政治和经济控制着生活世界的发展；社会整合是生活世界文化的再生产，它依赖于人与人的交往。因此，系统的存在前提是生活世界，生活世界的合理化实现是系统整合的结果。

在国家资本主义社会，科技发展过度膨胀，为了眼前利益人们盲目地追求金钱和权力，忽视了社会生活的基本要求，最终导致人的精神生活被物质生活压迫。精神生活的压迫限制了人的交往自由，因而，科技意识形

---

① ［德］哈贝马斯：《交往行为理论》第 1 卷，洪佩郁、蔺青译，重庆出版社 1994 年版，第 135 页。

② ［德］哈贝马斯：《合法化危机》，刘北成、曹卫东译，上海人民出版社 2000 年版，第 7 页。

态的异化使人与人之间的交往关系发生扭曲，社会危机也随着科技异化而变得更加严重。在整个西方"语言学转向"的大背景之下，哈贝马斯也认为，要想克服科技异化，就要实现意识哲学向语言哲学的转变，故而他在前人的基础上创立了独特的普遍语用学。所谓"普遍语用学"，就是人与人之间的言语行为。哈贝马斯认为，普遍语用学的言语行为应具备四个有效性要求。第一，言说者必须用一种很简单的方式表达所说的内容，以便听者易于理解。第二，言说者所说的事情不是凭空想象，而是必须真实发生的。第三，言说者必须听从自己的内心，自由地表达内心所想。第四，言说者必须在公认的规范条件下表达自己的言论。这也对应着普遍语用学的可领会性、真实性、真诚性和正确性四个条件，符合以上有效性要求的语言沟通才能使言说者和听者达到相互理解，进而达成共识。普遍语用学之所以"普遍"，因为大家都能普遍地接受和遵守有效性要求，在这种条件下，言说者既能遵守规范，又能保证述说的自由。显然，普遍语用学用言语行为协调人们的意见来达成共识，同理，社会中的各种关系也是通过对话来调节的。

"交往理性"是交往行为理论的基本准则。晚期资本主义社会所产生的合理性危机，原因在于人类理性彻底被科学技术所侵蚀。在现代，科学技术不仅控制着人与自然的关系，而且控制着人类合理交往的能力，从而使人类的理性工具化、机械化、操作化。如果想要恢复人类理性，我们首先需要恢复的是人与人之间的理解和信任，以真诚为基础实现人际交往。交往行为不是依赖于技术等理性方式来实现的行为，而是依赖于意向表达的真诚性和主体对社会规范的理解来实现的行为。对于交往理性，"不仅在认识工具领域和道德实践领域中存在着反思的媒体，而且评价表达和有表情的表达也都有反思的媒体"。[①] 交往理性不是按照规范行为所要求的那样达到普遍化的要求，而是要遵从每个交往主体内心的反思和批判性。在交往理性占据主导地位的生活世界，技术、利益的地位逐渐消退，人与人之间的信任和理解成为生活中的常态，这将使人摆脱压抑状态，从而达

---

　　① ［德］哈贝马斯：《交往行为理论》第 1 卷，洪佩郁、蔺青译，重庆出版社 1994 年版，第 37 页。

到思想的自由和解放。

哈贝马斯特别重视韦伯所提出的"合理化"概念，正是以这一概念基础，哈贝马斯建立了他的"交往行为理论"。韦伯用"合理化"概念去把握科技进步对处在现代化进程中的社会制度框架所起的反作用。传统社会学使用的对偶概念（Paarbegriffe）都围绕着这样一个问题，即用概念去表述由于目的理性活动系统的发展而必然出现的制度变化。它所使用的对偶概念以及所做的种种尝试，都是为了准确描绘和解释传统社会在向社会化过渡中所出现的制度框架的结构变化。为了重新表述韦伯所说的"合理化"，哈贝马斯尝试提出一个新的范畴框架，他的出发点就是"劳动"和"相互作用"之间的区别。

哈贝马斯把"劳动"，或曰目的理性活动理解为工具的活动。"工具的活动按照技术规则来进行，而技术规则又以经验知识为基础；技术规则在任何情况下都包含着对可以观察到的事件（无论是自然界的还是社会上的事件）的有条件的预测。"① 这些预测本身可以被证明为有根据的或者不真实的。另一方面，哈贝马斯又把以符号为媒介的相互作用理解为交往活动。相互作用是按照必须遵守的规范进行的，而必须遵守的规范规定着行为双方相互间的行为期待，并且必须得到至少两个行动的主体的理解和承认。社会规范是通过制裁得以加强的，它的意义在日常语言的交往中得到实现。当技术规则和战略的有效性取决于经验上是真实的，或者分析上是正确的命题的有效性时，社会规范的有效性则是在对意图的相互理解的交往主体性中建立起来的。在这两种情况下，破坏规则具有不同的后果。之所以不能允许有效的技术规则被破坏，是由于这样会造成恶劣的后果，而"惩罚"则包含在实际的失败之中。破坏了现行规范的越轨行为，其结果是受到制裁。

我们可以根据两种行为类型，即目的理性活动与相互作用（交往）在社会系统中处于什么位置来区别不同的社会系统。社会的制度框架由各种规范组成，这些规范指导着以语言为媒介的相互作用。哈贝马斯想在社会

---

① ［德］哈贝马斯：《作为意识形态的技术与科学》，李黎、郭官义译，学林出版社1999年版，第49页。

文化生活世界的制度框架和理性活动的子系统（它受到社会文化生活世界的束缚）的目的之间作一区别。只要人的行为是由目的理性活动的子系统决定的，它们就得遵循工具活动模式和战略活动模式。只有通过制度化，我们才能保证人们的行为能完全遵循既定的技术规则和所期望的战略。借助于这些区别，哈贝马斯重新阐述了韦伯的"合理化"概念，他的技术思想就是以这一交往行为理论为基础而建立起来的。①

制度框架：以符号为媒介的相互作用　　目的理性（工具的和战略的）活动

指明行为导向的规则	社会规范	技术规则
定义的层面	主体通性的日常语言	缺乏联系的语言
定义的种类	相互的行为期待	有条件的预测 有条件的绝对命令
谋求职业的机制	角色的内在化	技能和资格评定
行为类型的功能	制度的维护（在相互强化基础上的规范一致性）	问题的解决（目的的达到，用目的和手段的关系说明）
破坏规则时应受到的制裁	以惩治条例为依据的惩罚：威信的丧失	没有成果：实际的失败
"合理化"	解放、个体化、自有交往活动扩大	生产力的提高、支配技术力量的扩大

二、哈贝马斯：资本主义、技术与"意识形态"

哈贝马斯技术思想最核心的观点是，现代科学和技术已经成为当代资本主义的"意识形态"。这一观点是从马克斯·韦伯的合理性理论发展而来的。韦伯使用"合理性（Rationalitaet）"这一概念定义资本主义的经济活动形式，即资产阶级私法所允许的交往形式和官僚统治形式。合理化的含义首先是指服从于合理决断标准的那些社会领域的扩大。与此相对应的是社会劳动的工业化，其结果是劳动标准渗透到生活的其他领域，哈贝马斯所列举的是生活方式的城市化、交通和交往的技术化这两个案例。这两种情况都涉及目的理性活动类型的贯彻和实现："在技术化中，目的理

---

① 参见［德］哈贝马斯：《作为意识形态的技术与科学》，李黎、郭官义译，学林出版社1999年版，第50页。

性活动的类型涉及工具的组织；在城市化中，目的理性活动的类型涉及生活方式的额选择。计划化可以被理解为第二个阶段上的目的理性活动：计划化的目的，是建立、改进和扩大目的理性活动系统本身。"①社会的不断"合理化"是同科技进步的制度化紧密联系在一起的。一旦科学和技术渗透到社会的制度层面从而使制度本身发生变化的时候，旧的合法性也就失去了它的效力。

1. 对早期法兰克福学派技术思想的批判与继承

哈贝马斯的技术思想是以法兰克福学派前辈们的技术批判理论为基础而建立起来的，在这些前辈中非常重要的一位就是赫伯特·马尔库塞②。马尔库塞一直十分关注技术在当代社会组织中的作用。随着新技术在我们所生活时代的不断涌现，马尔库塞强调这些新技术与经济、文化和日常生活之关系的重要性。在哈贝马斯之前，马尔库塞就注意到新形式的文化如何同时为新的社会控制手段的可能性。

马尔库塞是最早将经济与文化、技术结合起来，分析它是促进人的解放或者是加强社会的控制的可能性的哲学家之一。马尔库塞深信在韦伯所说的"合理化"中要实现的不是"合理性"本身，而是以合理性的名义实现没有得到承认的政治统治形式。"因为这种合理性涉及诸种战略的正确抉择，即技术的恰如其分的运用和……诸系统的合理建立。所以，这种合理性使得反思和理性的重建脱离了人们在其中选择各种战略、使用各种技术和建立诸种系统的全社会的利害关系。"③此外，这种合理性涉及的仅仅

---

① ［德］哈贝马斯：《作为意识形态的技术与科学》，李黎、郭官义译，上海学林出版社 1999 年版，第 38 页。

② 赫伯特·马尔库塞（Herbert Marcuse，1898—1979），美籍德裔哲学家，法兰克福学派主要代表人物之一。马尔库塞的哲学思想深受黑格尔、胡塞尔、海德格尔和弗洛伊德等人的影响，同时也受马克思早期著作很大影响。马尔库塞早年试图对马克思主义作一种黑格尔主义的解释，并以此猛烈抨击实证主义倾向。从 50 年代开始，他主要从事对当代资本主义，包括资本主义社会科学和技术的分析和揭露，主张把弗洛伊德主义和马克思主义结合起来。

③ ［德］哈贝马斯：《作为意识形态的技术与科学》，李黎、郭官义译，上海学林出版社 1999 年版，第 39 页。

是可能的技术支配关系，它所要求的是包含着统治的一种活动类型。按照这种合理性的标准，生活状况的"合理化"同那种作为政治统治无法被人们认识的统治的制度化具有同等意义。这就是说，目的理性活动的社会系统的技术理性并不放弃其政治内容。所以，马尔库塞批评韦伯所得出的结论不仅是技术理性的概念，而且本身就是意识形态。"不仅技术理性的运用，而且技术本身（对自然和人的）统治，就是方法的、科学的、筹划好了的和正在筹划着的统治。统治的既定目的和利益，不是'后来追加的'和从技术之外强加上的；它们早已包含在技术设备的结构中。技术始终是一种历史和社会的设计；一个社会和这个社会的占统治地位的兴趣企图借助人和物而要做的事情，都要用技术加以设计。统治的这种目的是'物质的'，因此它属于技术理性的形式本身。"①

事实上，马尔库塞对工业资本主义还有这样一种看法，在这样的社会，统治具有丧失其剥削和压迫的性质并且变成"合理的"统治的趋势，而政治统治并不会因此而消失。"统治仅仅是由维护和扩大作为整体的国家机器的能力和利益决定的。"②资本主义社会的统治合理性以维护这样一个系统为标准，这个系统允许把由科技进步所带来的生产力的提高作为它的合法性的基础。以这种潜力为标准，个人被迫承受的那些牺牲和负担愈来愈表现为没有必要和不合理的。在个人愈来愈严重地去屈从于巨大的生产设备和分配设置的情况中，在个人的业余时间不为个人所占有的情况中，在建设性和破坏性的社会劳动越来越融合在一起的情况中，人们可以看到客观上多余的压制。这种压制又可以从人民群众的意识中消失，因为统治的合法性具有一种新的性质，即"日益增长的生产率和对自然的控制，也可以使个人的生活愈加安逸和舒适"。③

伴随着科技进步而出现的生产力的制度化增长，破坏了一切历史的比

---

① 转引自［德］哈贝马斯：《作为意识形态的技术与科学》，李黎、郭官义译，上海学林出版社 1999 年版，第 40 页。

② 转引自［德］哈贝马斯：《作为意识形态的技术与科学》，李黎、郭官义译，上海学林出版社 1999 年版，第 40 页。

③ ［德］哈贝马斯：《作为意识形态的技术与科学》，李黎、郭官义译，上海学林出版社 1999 年版，第 40 页。

例关系。制度框架从生产力的制度化增长中获得了合法性机遇。有一种观点认为，生产关系可以用生产力的发展潜力来衡量，这一观点因现存的生产关系表现为合理化社会的技术组织形式而不能成立。韦伯的"合理性"有双重性：对生产力的状况来说，它不仅仅是批判的标准，根据这一标准，人们可以揭露历史上过时的生产关系所具有的客观上多余的压制；而且同时也是辩护的标准，根据这一标准，可以说历史上过时的那些生产关系作为一个功能上合法性的制度框架，本身也有其存在的权利。与作为辩护的标准相比，"合理性"作为批判的标准作用弱化了，并且在制度内部变成了应该被修正的东西。"在其科技发展的水平上，生产力在生产关系面前有了一种新的状态和地位——生产力所发挥的作用从政治方面来说不再是对有效的合法性进行批判的基础，它本身变成了合法性的基础。"①

如果情况是这样，体现在目的理性活动系统中的合理性岂不是被理解为一种特别有限的合理性吗？科技的合理性既然不能规制为逻辑的不变规则和能够得到有效控制的活动的不变规则，它不是把历史上的先验论内容包含在自身了吗？马尔库塞是这样回答的："现代科学的原理都是先验地建构起来的。所以，它们作为抽象的工具，可以为自行完成和有效监督的宇宙服务。理论上的操作主义最终同实践的操作主义是一致的。那种引导人们不断地、更加有效地去控制自然的科学方法，借助于对自然的控制也为人对人的不断地变得更加有效的统治提供了纯粹的概念和工具"。②今天之统治不仅借助于技术，而且作为技术而被永久化、扩大化；技术给扩张性的政治权利提供了巨大合法性。在这个宇宙，技术不仅给人的不自由提供巨大合理性，而且它还证明，人要成为自主、决定自己的生活的人"在技术上"是不可能的。这种不自由既不表现为不合理，也不表现为政治，而是表现为对扩大舒适生活和提高劳动生产率的技术设备的屈从。故而马尔库塞得出这样一个结论，那就是技术的合理性是保护而不是取消统

---

① ［德］哈贝马斯：《作为意识形态的技术与科学》，李黎、郭官义译，上海学林出版社 1999 年版，第 41 页。

② 转引自［德］哈贝马斯：《作为意识形态的技术与科学》，李黎、郭官义译，上海学林出版社 1999 年版，第 41 页。

治的合法性。"诉诸技术的无上命令之所以是可能的，那是因为科学和技术的合理性本身包含着一种支配的合理性，即统治的合理性。"①

对于哈贝马斯，一方面，他同意这样一种观点——已经受到资本主义歪曲的科技合理性使纯粹的生产力失去了它的纯洁性；另一方面，他又认为，只有马尔库塞才把"技术理性的政治内容"当作分析国家资本主义的理论出发点。"假如说马尔库塞的社会分析所依据的那种现象，即技术和统治——合理性和压迫——的特有融合，只能这样来说明，即在科学和技术的物质的先验论中潜藏着一种由阶级利益和历史状况所决定的世界设计，即马尔库塞在谈到现象学家萨特时所说的那样一种'设计'（Projekt），那么，离开了科学和技术本身的革命化来谈论解放，似乎是不可思议的。"②马尔库塞试图结合犹太教和基督教神话中的"复活已经毁灭了的自然"的许诺来研究新的科学观念：一种普遍承认的观念。马尔库塞试图指出，科学依靠自身的方法和概念设计、创立了这样一个宇宙，在这个宇宙中，对自然的控制和对人的控制是联系在一起的。这种联系的发展趋势对作为整体的宇宙产生了灾难性的影响。人们用科学来把握和控制的自然，重新出现在既生产又破坏的技术设备中，这种技术设备在维持和改善个人生活的同时又使个人屈服于技术（设备）。因此，合理的等级制和社会的等级制融为一体。

人们赖以把自然当作一种新的经验课题的那种先验框架，不再是工具活动的功能范围了。一种能使自然的潜能释放出来和得到保护的观点代替了技术支配的观点。根据这一观点，宇宙中存在着两种统治：一个是压迫，一个是解放。同这种观点相对立的是这样一种观点："只有当至少一种可选择的设计是可思议的时候，现代科学才能被理解成为一种历史的唯一的设计。此外，一种可选择的新科学，又必须包含新技术的定义。"③这

---

① ［德］哈贝马斯：《作为意识形态的技术与科学》，李黎、郭官义译，上海学林出版社 1999 年版，第 42 页。

② ［德］哈贝马斯：《作为意识形态的技术与科学》，李黎、郭官义译，上海学林出版社 1999 年版，第 42—43 页。

③ ［德］哈贝马斯：《作为意识形态的技术与科学》，李黎、郭官义译，上海学林出版社 1999 年版，第 44 页。

种考虑发人深省，因为，如果全部技术被归结为一种设计，那么它只能被归结为人类的"设计"，而不能被归结为一种历史上过时的"设计"。

德国人类学家、哲学家阿尔诺特·盖伦（Arnold Gehlen）曾经提出过这样一个观点，认为在大家都熟悉的技术和目的理性活动的结构之间存在一种内在联系。哈贝马斯认为盖伦的观点是有说服力的。如果我们把得到有效控制的人类活动的功能范围理解成合理决断和工具活动的统一体，那么，我们能够用目的理性活动的逐步客体化的观点重建整个人类的技术史。技术的发展模式同解释模式是相应的，人类把人的机体所具有的目的理性活动的功能一个接一个地反映在技术手段的层面上，并且使自身从这些相应的功能中解脱出来。首先是人的活动器官得到加强和被代替，然后是人体的能量产生，再后是人的感官的功能，最后是人的指挥中心的功能得到加强和被代替。"如果说技术的发展遵循一种同目的理性的和能够得到有效控制的活动的结构相一致的逻辑，即同劳动的结构相一致的逻辑，那么只要人的自然组织没有变化，只要我们还必须依靠社会劳动和借助于代替劳动的工具来维持我们的生活，人们也就看不出，我们怎样能够为了取得另外一种性质的技术而抛弃技术，抛弃我们现有的技术。"①

与马尔库塞用二选一的态度对待自然不同，哈贝马斯认为从对待自然的这种态度中得不出新的技术观念。我们不能把自然当作可用技术来支配、统治的对象，而是要把它作为能够同我们相互交往的一方。自然不是被作开采的对象，而是人类生存的伴侣。在交互主体性尚不完善的今日，我们可以要求动物、植物甚至石头具有主观性，并且可以同自然界进行交往。如果我们同自然的交往被中断，我们是不能对它进行单纯的改造的。对于当今人类来说，人与人的交往是优先于人与自然的交往的，在人与人的交往尚未摆脱统治之前，自然界的主观性就不会得到解放。只有当人与人之间能够自由地交往的时候，人方能把自然界当作另外一个主体来认识、来接纳。

---

① ［德］哈贝马斯：《作为意识形态的技术与科学》，李黎、郭官义译，上海学林出版社 1999 年版，第 44—45 页。

技术的成就是不能用自然界的存在来代替的。对现有技术的选择，而不是对作为对象的自然界的设计，是同可选择的行为结构联系在一起的。马尔库塞怀疑把科学和技术的合理性局限在"设计"上是否具有意义。在马尔库塞这里，革命化仅仅是制度框架的变化，而生产力本身不受这种变化的影响。科技进步的结构是不变的，生产力本身的变化只有起指导作用的价值，但是，新的价值将转化为可以用技术手段解决的任务。"技术作为工具的宇宙，它既可以增加人的弱点，又可以增加人的力量。在现阶段，人在他自己的机器面前也许比以往任何时候都更加软弱无力。"①马尔库塞的这句话表明，生产力对于他而言在政治上是纯洁的，他只是更新了生产力和生产关系的关系的经典定义。问题是，生产力在政治上彻底地堕落了这一论点没有准确说出生产力和生产关系的新情况。科技特有的"合理性"，一方面标志着一种不断增长着的生产力的潜力；另一方面也是衡量生产关系本身的合法性的标准。哈贝马斯同意马尔库塞的这一论述："当对自然的改造导致了对人的改造，并且当'人的创造物'产生于社会整体并且又回到社会整体时，技术的先验论（technologische Apriori）就是一种政治的先验论。然而，人们仍然可以认为，技术世界的机械系统'本身'对于政治目的来说仍然是中性（中立）的，它只能加速或者阻挠社会的发展……如果技术成了物质生产的普遍形式，那么它就制约着整个文化，它规划的是历史的总体性——一个'世界'。"②

科技的合理形式（体现在目的理性活动系统中的合理性）真正在扩大成为生活方式，成为生活世界的"历史总体性"。在使用社会的合理化来描绘和解释"历史总体性"的整个过程中，哈贝马斯认为，无论是韦伯还是马尔库塞都不是令人满意的。他试图用另外一种不同的坐标系来重新表述韦伯的"合理化"概念，以便在这个基础上讨论马尔库塞对韦伯的批评和他的关于科技进步作为生产力和意识形态的双重功能的论点。

---

① 转引自［德］哈贝马斯：《作为意识形态的技术与科学》，李黎、郭官义译，上海学林出版社 1999 年版，第 46 页。

② 转引自［德］哈贝马斯：《作为意识形态的技术与科学》，李黎、郭官义译，上海学林出版社 1999 年版，第 46—47 页。

2. 科学作用的凸显和国家的技术功能

"传统社会"这个名称适用于一切符合于文明标准的社会制度，这些社会制度代表着人类发展史中的一个既定阶段。传统社会同比较原始的社会形态是有区别的，比如说它们都有一个中央集权的统治、社会分裂为经济上的阶级、具备某种重要的世界观等等。比较发达的技术和社会生产过程的分工使传统社会的剩余产品有了可能；而文明社会是在比较发达的技术和社会生产过程分工的基础上建立起来的。

在谈到不同社会的区别时，哈贝马斯提出了这样一个观点："建立在取决于农业和手工业的经济基础上的文明社会，只是在一定的限度内才容忍了技术的更新和组织的改进，尽管容忍的程度大不相同。"① 哈贝马斯列举了这样一个事实：直到大约三百年前，没有一个大型的社会制度每年所生产的人均生产总值超过 200 美元。前资本主义的生产方式、前工业化的技术、前现代科学的模式，正是这些因素使得制度框架同目的理性活动的子系统的独特关系有了可能。以社会劳动系统和在社会劳动中积累起来的技术上可使用的知识为出发点，这些子系统虽然取得了可观的进步，但却从未使自身的"合理性"发展成为使统治合法化的文化传统的权威受到威胁的程度。只要目的理性活动的子系统的发展保持在文化传统合法的和有效的范围内，"传统的"社会就能存续下去。这说明了制度框架的"优越性"。这种优越性虽然不会排除生产力的巨大潜力能使制度框架的结构发生种种变化的可能性，但它排除这种潜力能使合法性的传统形式发生严重瓦解的可能性。这种能够经受攻击的优越性是传统社会区别于现代社会的一个重大标准。

传统社会和现代会社会之间的界限，不是以制度框架的结构变化在比较发达的生产力的压力下被迫发生为特征的。生产力发展水平的更新，使目的理性活动的子系统不断得到发展，从而通过对宇宙的解释使统治的合法性的文明形式成为问题。"资本主义提供的统治的合法性不再是得自于

---

① ［德］哈贝马斯：《作为意识形态的技术与科学》，李黎、郭官义译，上海学林出版社 1999 年版，第 52 页。

文化传统的天国，而是从社会劳动的根基上获得的。"①资本主义的市场机制抱有交换关系公平合理、等价交换的原则。资产阶级意识形态用相互关系的范畴把交往活动的关系变成了合法性的基础。但是，相互关系的原则正是社会生产和再生产过程本身的组织原则，政治统治能够"从下"而不是"从上"得到和合法化。

哈贝马斯的出发点是：一个社会分裂成为经济上的阶级，建立在不同的社会集团对某些重要生产资料的分配上，这种特殊分配又归结为社会权力关系的制度化。故而，在一切文明社会，这种制度框架同政治体制曾经是同一的。随着资本主义生产方式的出现，制度框架的合理性才直接同社会劳动（系统）联系在一起。只有在这个时候，所有制才从政治关系变成生产关系，因为所有制本身的合法性是依靠市场的合理性即交换社会的意识形态，而不再是依靠合法的统治制度。资本主义生产方式比以往的生产方式优越在两个方面：第一，它建立了一种使目的理性活动的子系统能够持续发展的经济机制；第二，它创立了经济的合法性；在这种经济合法性下面，统治系统能够同不断前进的子系统的新的合理性要求相适应。韦伯把这种适应过程理解成为"合理化"。

一旦新的生产方式一方面随着财产和劳动力的交换活动而制度化，另一方面随着资本主义经营的制度化而得到确立，它便会自下产生一种持续性的适应压力。在社会劳动系统，生产力的累积性进步，以及目的理性活动的子系统的横向发展是有保障的。"这样一来，诸种传统的联系以及国家的官僚体制都将日益屈从于工具合理性的条件。"②于是，在现代化的压力下形成了社会的基础设施，这种基础设施一步一步地涉及一切生活领域。

来自上面的合理化强制同来自下面的合理化的压力是一致的，因为根据目的理性的新标准，使统治合法化的、指明行为导向的那些传统丧失了

---

① ［德］哈贝马斯：《作为意识形态的技术与科学》，李黎、郭官义译，上海学林出版社 1999 年版，第 54 页。

② ［德］哈贝马斯：《作为意识形态的技术与科学》，李黎、郭官义译，上海学林出版社 1999 年版，第 55 页。

自身的约束力。传统的世界观和对象化，作为神话、公众的宗教、宗教习俗、雄辩的形而上学、无可置疑的传统，丧失了自身的力量和价值。同以前的哲学科学不同的是，现代（经验）科学自从伽利略以来是在这样一种方法论的坐标中发展的，这种坐标系反映了可能用技术支配的先验观点。因此，"现代科学产生的知识，按其形式（不是按照主观意图）是技术上可能使用的知识，尽管使用这种知识的可能性一般说来是后来才出现的。"[①] 直到 19 世纪后期，现代科学还没有起到加速技术发展的作用，也就没有对来自下面的合理化压力作出贡献。新的物理学用哲学的观点解释自然和社会以及它们同自然科学的互补关系，正是它导致了 17 世纪以牛顿经典力学为代表的机械论世界观的产生。

19 世纪中叶的英法等资本主义国家，生产方式已经发展到能够从生产关系方面来重新认识社会的制度框架，并对等价交换的合法性基础进行批判的水平。马克思采用政治经济学的形式对资产阶级的意识形态进行批判，马尔库塞在批判韦伯的时候指出，韦伯忽视了马克思的观点，他所使用的是一种抽象的合理化概念。马克思对晚期资本主义社会所作的分析必须与时俱进。自 19 世纪的后 25 年以来，在先进的资本主义国家中出现了两种引人注目的发展趋势：第一，国家干预活动增加了，这种干预活动必须保障制度的稳定性。第二，科学研究和技术之间的相互依赖关系日益密切，也正是这种相互依赖关系使得科学成了第一位的生产力。这两种趋势破坏了制度框架和目的理性活动子系统的原有格局，运用马克思政治经济学的重要条件消失了。

国家通过干预来对经济的发展做出适当的调整，这一行为是从抵御自由资本主义的功能失调中产生的。自由资本主义的发展同资产阶级社会的固有观念——把自身从统治中解放出来、使政权中立化——是背道而驰的。重建直接的政治统治，在文化传统的基础上采用传统的合法性形式重建政治统治，这种可能性在晚期资本主义已经成为不可能。"只要国家的活动旨在保障经济体制的稳定和发展，政治就带有一种独特的消极性

---

① ［德］哈贝马斯：《作为意识形态的技术与科学》，李黎、郭官义译，上海学林出版社 1999 年版，第 57 页。

质：政治是以消除功能失调和排除那些对制度具有危害性的冒险行为为导向，因此，政治不是以实现实践的目的为导向，而是以解决技术问题为导向。"①

旧式政治（包括资产阶级政治）借助于统治的合法性形式来规定自身与实践目的的关系，而其解释"美好生活"的目的则是建立人与人之间的相互联系。与此相反，当今占据统治地位的补偿纲领仅仅同被控制系统的功能相关。它不管实践问题，也不管民众接受标准的讨论，技术问题的解决不依赖于公众的讨论。在这个制度内，国家活动的任务表现为技术任务。国家干预主义政策所要求的是广大居民的非政治化。随着实践问题的排除，政治舆论也就失去了作用。但是，"社会的制度框架的组织始终是同目的理性活动系统相区别的。社会制度框架的组织，仍旧是一个受交往制约的实践问题，并不只是以科学为先导的技术问题。"②因此，把同政治统治的新形式联系在一起的实践问题排除在外并非是不言而喻的，科学与技术也具有意识形态的功能。

3. 技术：资本主义统治的新的"意识形态"

19世纪末叶以后的资本主义的又一种发展趋势，就是技术的科学化趋势日益明显。虽然资本主义始终存在着通过采用新技术来提高劳动生产率的制度上的压力，但是，革新却依赖于零星的发明和创造，这些发明和创造基本上都是自发的。一旦技术的发展随着现代科学的进步产生反馈作用，情况就大不一样。"随着大规模的工业研究，科学、技术及其运用结成了一个体系。在这个过程中，工业研究是同国家委托的研究任务联系在一起的，而国家委托的任务首先促进了军事领域的科技的进步。"③随着军事领域的科技的不断进步，科学情报资料又大量从军事领域流回到民用商

---

① ［德］哈贝马斯：《作为意识形态的技术与科学》，李黎、郭官义译，上海学林出版社1999年版，第60页。

② ［德］哈贝马斯：《作为意识形态的技术与科学》，李黎、郭官义译，上海学林出版社1999年版，第61页。

③ ［德］哈贝马斯：《作为意识形态的技术与科学》，李黎、郭官义译，上海学林出版社1999年版，第62页。

品生产部门。于是，"技术和科学便成了第一位的生产力。"①由此一来，哈贝马斯认为，运用马克思劳动价值学说的条件也就不复存在了。当科学技术的进步变成一种独立的剩余价值来源时，在简单劳动力的价值方面的资产投资是没有多大意义的。同这种独立的剩余价值来源相比较，马克思在考察中所得出的剩余价值来源（直接的生产者的劳动力）愈来愈不重要。

尽管社会利益仍旧决定着技术进步的方向、作用和速度，但是，社会利益说明社会系统是一个整体，社会利益同维护社会系统的兴趣是一致的。私人资本的价值增值形式和确保社会成员忠诚的社会补偿分配率这两个问题本身始终没有得到讨论。"在这种情况下，科学和技术的准独立的进步，表现为独立的变数；而最重要的各个系统的变数，例如经济的增长，实际上取决于科学和技术的这种准独立的进步。"②于是就产生了这样一种看法：社会系统的发展由科技进步的逻辑来决定。当这种假象发生效力时，对技术和科学的作用所作的宣传性的论述就可以解释和证明：为什么在现代社会，关于实践问题的民主的意志形成过程必然失去它的作用，必然被公众投票决定领导人的做法所代替。对于这种"技术统治论"的命题，人们曾经作过多种多样的论述。更为重要的是，作为隐形意识形态的技术统治论的命题，它可以渗透到非政治化的广大居民的意识之中，可以使合法性的力量得到发展。这种意识形态的独特成就就是，它能使社会的自我理解同交往活动的坐标系以及同以符号为中介的相互作用的概念相分离，并且能够被科学的模式所代替。

控制论、系统论不仅是当今重要的自然科学理论，而且是重要的哲学理论。按照自我调节的系统模式去分析企业、组织、政治或经济系统在原则上是可能的。当研究社会系统与本能相类似的自我稳定化这种意向时，人们不由就产生这样一种看法：同制度的联系相比较，目的理性活动的功能范围不仅具有优越性，而且还会逐渐地兼并交往活动。"如果人们同意

---

① ［德］哈贝马斯：《作为意识形态的技术与科学》，李黎、郭官义译，上海学林出版社 1999 年版，第 62 页。

② ［德］哈贝马斯：《作为意识形态的技术与科学》，李黎、郭官义译，上海学林出版社 1999 年版，第 63 页。

A.盖伦的观点，认为技术发展的内在逻辑就在于目的理性活动的功能逐步替代人的机体，并且转移到机器上，那么，技术统治的愿望就可以被理解为这种发展的最后阶段了。"[1] 只要认识了创造者，他不仅能够完全把自身客体化，完全同他的产品中表现出来的独立活动相对立；而且作为被创造者，如果能够把目的理性活动的结构反映在社会系统的层面上，人也能够同他的技术设备结为一体。

上面所言就是今日有人提倡的技术统治。当然，这种技术统治的愿望今天还没有在任何地方变为现实，甚至连基本的理论也还没有完全建立起来。但是，"作为意识形态，它一方面为新的、执行技术使命的、排除实践问题的政治服务；另一方面，它涉及的正是那些可以潜移默化地腐蚀我们所说的制度框架的发展趋势。"[2] 传统的权威国家的统治，正在日益让位于技术管理的压力。法定制度的实施（在道德的层面上），由此而产生的社会交往活动，在日益广泛的范围内，它们日益被有限制的行为方式所代替。至于那些大型的组织本身，它们越来越多地服从于目的理性活动的结构。那些工业发达的社会，它们与其说接近于一个受规范指导的行为监督模式，不如说它们接近的是受外界刺激控制的行为监督模式。通过虚假的刺激进行间接控制的现象日益增加，特别是在那些所谓的主体自由的领域，比如说选举行为、消费行为、业余时间行为的地方等等方面大大增加。当今时代的社会心理特征，与其说是通过某些权威人物表现出来的，不如说是通过超我结构的解体表现出来。问题是，"适应〔环境〕行为的增加，不过是在目的理性活动的结构下以语言为中介的相互作用的、正在解体的领域的反面而已。目的理性的活动同相互作用之间的差异在人的科学意识中，以及在人自身的意识中的消失，从主观上讲是与上述情况相一致的。"[3] 今天，我们所面临的一大难题是，技术统治论的意识所具有的意

---

[1] 〔德〕哈贝马斯：《作为意识形态的技术与科学》，李黎、郭官义译，上海学林出版社1999年版，第64页。

[2] 〔德〕哈贝马斯：《作为意识形态的技术与科学》，李黎、郭官义译，上海学林出版社1999年版，第64页。

[3] 〔德〕哈贝马斯：《作为意识形态的技术与科学》，李黎、郭官义译，上海学林出版社1999年版，第65页。

识形态力量掩盖了这种差异。

　　基于上述认识，哈贝马斯认为，资本主义社会业已发生了重大变化，以至于使得马克思学说的两个主要范畴（阶级斗争和意识形态）不得不根据情况而加以改变。社会的阶级斗争首先是在资本主义生产方式的基础上形成的，公开的阶级对抗制度产生了种种危害。国家管理的资本主义是从对这些危害所作的反应中产生的，它逐渐地平息了阶级冲突。晚期资本主义制度就是通过确保依靠工资度日的群众的忠诚的补偿政策（也就是避免冲突的政策）来给自身下定义的。在社会利益上发生的公开冲突，对制度造成的危害后果愈小，则愈可能爆发。国家活动范围之外的那些需求孕育着冲突，因为这些需求远离潜在的中心冲突，所以在防止危害时人们并不把它们放在优先地位。当国家为控制比例失调所进行的干预活动使得某些领域的发展落后下来，并且产生了相应的不平等现象时，冲突就会在这些需求上爆发。生活领域中的不平等现象，首先产生在技术进步和社会进步的制度化的水平和可能达到的水平之间的不同发展状况方面：存在于最现代化的生产设备、军事设备和交通等等停滞不前的部门间的不协调状况，既是生活领域中众所周知的不平等现象的例子，也是税收和财政政策的合理计划和调整同城市和地区的自发发展之间的矛盾的表现。"虽然不能有根据地把这些矛盾解释成为阶级间的对抗，但却可以把它们解释为私人经济的资本价值增值和一种特殊的资本主义统治关系的从来就是占主导地位的发展的结果：在这种特殊的资本主义统治关系中，那些没有明显局限性的利益，是占统治地位的利益；在稳定的资本主义经营机制的基础上，这些利益能够对通过巨大的冒险行为去损害稳定性条件的行为作出反应"。①

　　在晚期资本主义社会，虽然那些同维护生产方式紧密联系的利益不再是阶级利益，它们不再带有明显的阶级局限性，但是，这并不意味着阶级对立的消亡，而是阶级对立的潜伏。阶级差别依然以集团文化传统的形式和以相应的差异形式继续存在，这些差异不仅表现在生活水平和生活习惯上，也表现在政治观点上。一方面，"国家调节的资本主义中的政治统治，

---

　　① ［德］哈贝马斯：《作为意识形态的技术与科学》，李黎、郭官义译，上海学林出版社 1999 年版，第 66 页。

随着抵御对制度的危害，本身包含着一种超越了潜在的阶级界限的，对维护分配者的补偿部分的关心。"①另一方面，尽管资本主义社会的冲突领域从阶级范围转移到没有特权的生活领域，但这决不意味着潜在的严重冲突的消除，例如美国的种族冲突。但是，从这些没有特权的地区和集团中产生的一切冲突，同由于其他原因而形成的潜在的抗议势力并没有联系。因为这些没有特权的集团不是社会阶级，它们所表现出来的潜力也不是人民群众的潜力；它们的权力被剥夺和生活贫困化，同剥削不再是一回事。它们至多可以代表一个过去的剥削阶级。

不管怎样，在晚期资本主义社会里，只要没有特权的集团界限，那么，那些生活状况恶化的集团和享有特权的集团的对立就不会表现为社会和经济的阶级对立。故而在一切传统社会中曾经存在且出现在自由资本主义中的那种基本关系将成为次要的关系。在这个时候，双方的交往是畸形和受限制的。因此，采用意识形态掩盖着的种种合法性不可能受到怀疑。黑格尔所说的生活联系中的道德总体性，不再是合适的模式了。"原因是：生产力的相对提高，不再是理所应当地表现为一种巨大的和具有解放性后果的潜力；现存的统治制度的合法性在这种巨大的、解放性的潜力面前，将不堪一击。因为现在，第一位的生产力——国家掌管着的科学进步本身——已经成了［统治的］合法性的基础。［而统治的］这种新的合法性形式，显然已经丧失了意识形态的旧形态。"②

作为意识形态的技术具有它独有的特征。一方面，同以往的意识形态相比，技术统治的意识"意识形态性较少"，因为它没有那种看不见的迷惑人的力量（这种迷惑人的力量使人得到的利益只能是假的）。另一方面，当今那种把科学当成偶像、占主导地位并因而变得更加脆弱的隐形意识形态比之旧式的意识形态更加难以抗拒。技术统治的意识不是合理化的愿望和幻想，不是弗洛伊德所说的"幻想"。技术统治的意识不再以同样

---

① ［德］哈贝马斯：《作为意识形态的技术与科学》，李黎、郭官义译，上海学林出版社 1999 年版，第 67 页。

② ［德］哈贝马斯：《作为意识形态的技术与科学》，李黎、郭官义译，上海学林出版社 1999 年版，第 68—69 页。

的方式把被割裂的符号和下意识的动机的因果性作为自己的基础，这种因果性既是错误意识，又是反思力量产生的根源。"技术统治的意识是不太可能受到反思攻击的，因为它不再仅仅是意识形态，因为它所表达的不再是'美好生活'的设想（'美好的生活'同糟糕的现实尽管不是一回事，但至少有一种实际上令人满意的联系）。"①无论是新的还是旧的，意识形态都是用来阻挠人们议论社会基本问题的。从前，社会暴力直接为资本家和工人之间的关系奠定基础；今天，是结构的条件首先确定了维护社会制度的任务。

尽管如此，新旧意识形态还是存在着两个方面的区别。（1）今天，因资本的关系受到确保群众忠诚的政治分配模式的制约，它所建立的是能够得到不断改善的剥削和压迫。故而技术统治的意识不像旧意识形态那样以同一种方式建立在对集体的压制上。（2）只有借助于对个人需求之补偿，一般大众对制度的忠诚才能产生。新旧意识形态的区别在于新的意识形态把辩护的标准与共同生活的组织加以分离，也就是同相互作用的规范之规则加以分离。所以，反映在技术统治意识中的不是道德联系的颠倒和解体，而是作为生活联系的范畴（全部"道德"）的排除。"通过技术统治的意识得到合法化的人民大众的非政治化，同时也是人在目的理性活动范畴中以及在有适应能力的行为范畴中的自我具体化或自我对象化，这就是说，科学的物化模式变成了社会文化的生活世界，并且通过自我理解赢得了客观的力量。"②技术统治意识的意识形态核心，就是实践和技术的差别的消失，可以说，这是失去了权力的制度框架和目的理性活动的独立系统之间的新格局的反映。

哈贝马斯还有一个观点，那就是技术会形成新的社会控制。如果说意识形态概念和阶级学说的使用范围是相对的，马克思赖以提出历史唯物主义设想的范畴框架就需要有一个全新的解释。生产力和生产关系之间的联

---

① ［德］哈贝马斯：《作为意识形态的技术与科学》，李黎、郭官义译，上海学林出版社 1999 年版，第 69 页。

② ［德］哈贝马斯：《作为意识形态的技术与科学》，李黎、郭官义译，上海学林出版社 1999 年版，第 70—71 页。

系，应该被劳动和相互作用之间的更加抽象的联系来代替。生产关系标志着一个层面，资本主义制度框架只是在自由资本主义发展阶段才在这个层面上被确立下来的。为什么呢？这是因为这种情况既不能出现在自由资本主义阶段之前，也不能在自由资本主义阶段之后。另一方面，"虽然生产力从一开始就是社会发展的动力（在目的理性活动的子系统中有组织的学习过程累积于生产力中），但是，生产力似乎并不像马克思所认为的那样，在一切情况下都是解放的潜力，并且都能引起解放运动，至少从生产力的连续提高取决于科技的进步——科技的进步甚至具有使统治合法化——的功能以来，不再是解放的潜力，也不能引起解放运动了。"①

有这样一种观点认为，从人类漫长演化的初始阶段到中石器初期，目的理性行为的动机只有通过文化习俗对整个相互作用的制约才能得到说明。在最初以畜牧、种植为基础的定居文化时期，对于目的理性活动系统的各自子系统来说，它们的世俗领域已经同主体之间的交往活动的行为方式和解释相分离。当然，只有在出现了国家组织形式的阶级社会，劳动和相互作用之间的区别才会出现。这种区别是如此广泛，以至子系统产生出在技术上可以使用的知识，这种知识能够在不那么依赖于对社会和世界所作的解释的情况下得到储存和发展。另一方面，各种社会规范摆脱了使统治合法化的传统。因此，同"制度"相比，"文化"获得了某种独立性。"现代［社会］的发展阶段似乎是以一种随着制度框架的'不可侵犯性'的丧失，借助于目的理性活动的子系统而开始的合理化过程为标志的。人们可以用目的——手段——关系的合理性的标准来批判传统的合法性。从技术上可以使用的知识领域中产生的信息，竞相进入传统中，并且迫使人们对世界的传统的解释重新作出解释。"②

在考察了"来自上面的合理化"过程之后，哈贝马斯继续讨论技术和科学本身（以技术统治的意识形态的形式）代替被废除的资产阶级意识形

---

① ［德］哈贝马斯：《作为意识形态的技术与科学》，李黎、郭官义译，上海学林出版社1999年版，第71—72页。
② ［德］哈贝马斯：《作为意识形态的技术与科学》，李黎、郭官义译，上海学林出版社1999年版，第72页。

态的意识形态意义。科技具有替代被废除了的资产阶级意识形态的意识形态意义，这一点是随着资产阶级意识形态的批判而取得的，这是韦伯合理化概念的出发点。在韦伯那里，这一出发点具有模棱两可性，这种模棱两可性是被启蒙辩证法揭示出来的。"马尔库塞突出了启蒙辩证法的意义，把它变成了技术和科学本身成了意识形态这样一个命题。"①

人类社会的文化发展模式是由两个因素决定的：一个是人类对自身生存的外部条件的日益增长的技术支配权，一个是制度框架对目的理性活动扩大了的系统的被动适应。理性目的活动代表主动的适应形式。主动的适应形式使人类社会的集体的自我保存同动物的物种保存有了很大的区别。对于人类而言，我们不仅知道如何使我们自身同外部的自然界相适应，更重要的是，我们知道应该如何让周围环境在文化上适应我们自身的需要。与人类这种主动的适应相反，不管是直接还是间接的，只要制度框架的变化归因于生产、交往、军事等领域中的新技术、新战略的改进，制度框架的变化就不具有同样主动的适应形式。制度框架的变化遵循的是被动的适应模式。它们的变化不是有计划的，不是有目的理性的，也不是可以有效控制的活动的结果，而是自发的发展的产物。"然而，只要资产阶级的意识形态仍然掩盖着资本主义发展的动力，主动的适应同被动的适应之间的不协调状态就不会被人们所意识。只有随着对资产阶级意识形态的批判，这种不协调状态才能成为公众的意识。"②

上面是一个马克思恩格斯在《共产党宣言》中早已告诉我们的观点。马克思恩格斯非常热情地赞颂资产阶级革命："资产阶级如果不使生产工具经常发生变革，从而不使生产关系，亦即不使全部社会关系经常发生变革，就不能生存下去。"③"资产阶级争得自己到阶级统治地位还不到一百年，它所造成的生产力却比过去世世代代总共造成的生产力还要大，还要

①　［德］哈贝马斯：《作为意识形态的技术与科学》，李黎、郭官义译，上海学林出版社1999年版，第73页。

②　［德］哈贝马斯：《作为意识形态的技术与科学》，李黎、郭官义译，上海学林出版社1999年版，第73页。

③　［德］马克思、恩格斯：《马克思恩格斯全集》第4卷，人民出版社1958年版，第469页。

多。自然力的征服，机器的采用，化学在工农业中的应用，轮船的行驶，铁路的通行，电报的往返，大陆一洲一洲的垦殖，河川的通航，仿佛用法术从地底下呼唤出来的大量人口"① 另外，马克思恩格斯也看到生产力的不断发展对制度框架的反作用："人们的观念、观点、概念，简短些说，人们的意识，是随着人们的生活条件、人们的社会关系和人们的社会存在的改变而改变的"。②

使用意志和意识去创造历史这一问题，马克思将其视作从实践上掌握迄今为止未被控制的社会发展进程的任务。与马克思不同，有人把掌握社会发展进程理解为一项"技术"任务。对于这些想以技术手段和技术方法来治理社会的技术统治论者来说，他们想按照目的理性活动的自我调节的系统模式，以及相应的行为的自我调节的系统模式重建社会、控制社会，进而以同样的方式来控制自然。这种愿望不仅存在于资本主义社会的技术统治论者之中，而且也存在于苏联官僚社会主义的技术统治论者之中。"不过，这种技术统治的意识掩盖了这样一个事实：按照目的理性活动的系统模式建立起来的制度框架，作为一种以语言为中介的相互作用的联系，它的解体只是以牺牲十分重要的，能够实行人道化的方面为代价。"③

人类在未来控制技术的项目势必有更大的发展。在 1967 年，有学者曾经为今后 33 年内可能出现的技术发明开了一张清单，这张清单的前 50 个项目中有一大批关于行为控制和个性变化的技术。比如说，第 30 项是为监视、检查和控制个人和组织而采用的新技术；第 33 项是关于影响人的社会行为或个人行为的新的"教育"和宣传技术；第 34 项是将电子通讯直接运用于大脑，并刺激大脑兴奋的技术；第 37 项是从感情方面进行新的反暴动技术；第 39 项是控制疲劳、松弛、机智、情绪、个性、感觉和幻想的新药制剂；第 41 项是增强"改变"性行为的能力；第 42 项是从

---

①　［德］马克思、恩格斯：《马克思恩格斯全集》第 4 卷，人民出版社 1958 年版，第 471 页。

②　［德］马克思、恩格斯：《马克思恩格斯全集》第 4 卷，人民出版社 1958 年版，第 488 页。

③　［德］哈贝马斯：《作为意识形态的技术与科学》，李黎、郭官义译，上海学林出版社 1999 年版，第 75 页。

遗传学方面对一个人的基本性格进行的其他控制或影响。① 尽管有关这些预测的争议很大，但是，无论如何，这种预测告诉我们，将来可能出现一个使人的行为依赖于受语言游戏的语法制约的规范系统领域，而不是通过直接的物质或心理的影响使人的行为同自我调节的，"人—机器—类型"的子系统成为一体。比如说，用生物技术对内分泌控制系统进行干预，特别是对遗传信息的干预有一天能够更进一步地用来控制人的行为。旧有的在日常语言中发展起来的意识也许会完全枯竭。人的自我客观化似乎已在一种有计划的异化中完成。

当然，哈贝马斯并不认为采用控制论的方法使社会达到自我稳定的梦想正在实现，甚至是有可能实现，但是，他认为这种梦想最终将会终结技术统治意识的理论基础。另外，这一梦想指明了一条在作为意识形态的技术和科学的温和统治下显现出来的发展路线。有了这种对比，我们就会明白我们为什么必须厘清两种"合理化"的概念。在目的理性互动的子系统层面，技术进步已经迫使社会的部分机构和领域重组。但是，对于生产力的发展，只有当它不能取代另一个层面上的合理化时，它才能成为解放的潜力。制度框架层面上的合理化，只有在以语言为中介的相互作用的媒介中才能实现。在认识到目的理性活动的子系统在社会文化方面所起的反作用的情况下，关于适合人们愿望的、指明行为导向的原则和规范的讨论才是"合理化"赖以实现的唯一手段。"一句话：在政治的和重新从政治上建立的意志形成过程的一切层面上的交往，才是'合理化'赖以实现的唯一手段。"② 虽然在这种普遍化的反思过程中，合理化自身不会自动地导致社会系统更好地发挥作用，但它能使社会成员获得进一步解放和在个性化道路上不断前进的机会。生产力的提高同"美好生活"的愿望并不一致，它至多能为这种愿望服务。

哈贝马斯不相信技术上超额的潜力的形象同国家资本主义是相适应

① 参见［德］哈贝马斯：《作为意识形态的技术与科学》，李黎、郭官义译，上海学林出版社 1999 年版，第 75 页。

② ［德］哈贝马斯：《作为意识形态的技术与科学》，李黎、郭官义译，上海学林出版社 1999 年版，第 76 页。

的。对于那些使用镇压手段维持的制度框架，技术上"受束缚的"的超额的潜力是没有被充分利用的。虽然更好地利用这种没有被转化为现实的潜力会导致经济的改进，但是，它在今天不会理所当然地导致带有解放性后果的制度框架的改变。问题不是我们是否充分使用可能得到发展的潜力，而是我们是否选择我们愿意用来满足我们的生存目的的那种潜力。同时我们只能提出这个问题，而不能有预见性地回答这个问题。新的冲突领域只能出现在（晚期）资本主义社会必须借助于民众的非政治化，使自身免受它的技术统治的隐形意识形态怀疑的地方，也就是出现在通过大众媒介来管理的公众社会的系统中。只有在这里，目的理性活动系统中的进步同制度框架的解放性的变化之间的差异才能得到制度所必需的、牢固的掩饰。哈贝马斯所允许的解释是："为了生活，我们想要什么，而不是：我们根据可能获得的潜力得出我们能够怎样生活，我们想怎样生活。"[①]

谁能使这些冲突领域起死回生？哈贝马斯认为这是难以预测的。具有抗议潜力的既不是旧的阶级对抗，也不是新型的、没有特权的社会集团。在哈贝马斯眼中，把其注意力集中在新的冲突领域上的唯一的抗议力量首先形成于学生集团。之所以提出这一观点，哈贝马斯有下面几点理由。首先，学生（主要是大学生和中学生）抗议集团是个特殊集团，"它所代表的利益，不是直接从这个集团的社会状况中产生的，并且不能通过增加社会补偿使其得到与制度相一致的满足。"[②]有证据表明，大、中学生抗议集团主要不是社会地位正在上升的那部分大学生，而是社会地位优越的那部分大学生。

其次，统治系统提出的合法性要求对这个集团是不能令人信服的。国家为没落的资产阶级的意识形态所提出的补偿纲领，是以一定的社会地位和功绩导向为前提的。但是，大学生中的积极分子在谋取职业上的飞黄腾达、建立未来的家庭等方面比其余的大学生更少取得结果。他们早已超过

---

　　① ［德］哈贝马斯：《作为意识形态的技术与科学》，李黎、郭官义译，上海学林出版社 1999 年版，第 78 页。

　　② ［德］哈贝马斯：《作为意识形态的技术与科学》，李黎、郭官义译，上海学林出版社 1999 年版，第 78 页。

平均水平的学习成绩和他们的社会出身没有促使他们达到由劳动市场预先采取的强制措施所决定的期待水平。"多数来自于社会科学和语言—历史学科的大学生积极分子,早就不受技术统治思想的影响,因为,即使他们的动机不同,但无论在什么地方,他们以自己的科学研究工作中积累起来的第一手经验,同技术统治的基本设想是不一致的。"[①]

最后,在这个集团中,冲突不会在当局要求他们遵守的纪律、他们所承受的负担上爆发,只会在当局拒绝他们的要求的方式和方法上爆发。学生进行斗争,不是为了获得更多的社会补偿,他们抗议的矛头所向是"补偿"范畴本身。资产阶级家庭出身的青年学生的抗议同几代人流行的权威冲突模式不再相一致。同那些不积极的调和集团相比,他们通常是随着更多的心理教育和按照比较自由的教育原则成长起来的。"他们的社会性似乎早已从摆脱了直接经济压制的集团文化中形成了;而资产阶级的道德传统和从资产阶级道德传统中派生出来的小资产阶级的道德观念已经在这些集团文化中丧失了自己的作用。"[②]他们为"转向"目的理性活动的价值导向所作的努力,不再包括理性活动的偶像化。学生们不理解,在技术高度发达的社会状况下,为什么个人的生活仍然决定于职业劳动的命令,决定于成就竞争的伦理观,决定于社会地位竞争的压力,决定于人的物化价值和为了满足需要所提供的代用品的价值。他们也不理解,为什么那些制度化的生存斗争、异化劳动的戒律、扼杀情欲和美的满足的行为都应受到保护。

就未来而言,哈贝马斯看到了这样一个问题。"工业发达的资本主义所创造的社会财富的数量和创造出这种财富的技术条件和组织条件,使得社会地位的分配愈来愈难同评价个人的成就的机制相联系,哪怕只是主观上让人相信这种联系也好。"[③]从长远的观点看,大、中学生的抗议运动能

---

① [德]哈贝马斯:《作为意识形态的技术与科学》,李黎、郭官义译,上海学林出版社 1999 年版,第 79 页。

② [德]哈贝马斯:《作为意识形态的技术与科学》,李黎、郭官义译,上海学林出版社 1999 年版,第 79—80 页。

③ [德]哈贝马斯:《作为意识形态的技术与科学》,李黎、郭官义译,上海学林出版社 1999 年版,第 80 页。

够持续地破坏这种日益脆弱的功绩意识形态，从而瓦解晚期资本主义虚弱的、仅仅由于非政治化而受到保护的合法性基础。

4．如何克服资本主义的科技异化

技术和科学是晚期资本主义社会发展的控制者和引导者，人民的主权地位被它所取代，它的异化是导致生活世界的殖民化和晚期资本主义合法化危机的源头。如果想要解决这些社会危机，首先就要解决科技异化的问题。哈贝马斯认为，人类既要发展科技，又不能被它所控制；我们只有通过对科技的不断反思，把科技纳入到交往行为的民主对话机制中，才能消除科技异化。哈贝马斯试图利用其交往行为理论来使人们发出自己真实的声音，拯救被各种系统侵占的生活世界。

（1）让技术具有人性

晚期资本主义的科技发展脱离了民众，丧失它原本应受人控制、为人服务的本质，从而变成与人对立的异化力量。技术和科学的发展不能没有约束，必须放置于人类交往行为的控制之中，不能让异化的技术成为压迫人的工具。为了克服科学技术的异化，人类必须要构建合理的交往行为来恢复人民的主权地位。因此，哈贝马斯认为，解决技术异化问题需要重新回到理性的维度中来超越传统的理性，只有在理性的维度中构建话语民主理论的基本框架，交往合理化的实现才能成为可能。交往合理化赋予技术以人性，让技术更好地为人服务。

作为晚期资本主义社会发展的决定性因素，科学技术把工具理性引入社会生活的各个领域，并发挥出统治力量的意识形态功能，最终导致社会生活背离了合理化。生活在这种不合理化的社会，人与人之间的交往也被工具理性扭曲，从而导致人与人之间的交往异化。为此哈贝马斯引入"交往理性"概念，认为在生活世界的交往行为中，交往理性通过释放自己的潜能，能够在与工具理性的抗衡中，阻止经济政治子系统的势力借助货币和权力的影响向生活世界侵蚀和蔓延。可见，重建交往理性可以与工具理性抗衡，阻止货币和权力媒介取代语言媒介。

哈贝马斯的交往行为理论深受韦伯合理性理论的影响。韦伯运用合理性理论来探索西方资本主义现代化的过程，他认为想要社会合理化地发展，就需要摆脱传统思想的束缚，在此过程中必须依靠理性。韦伯提出了目的合理性、价值合理性两种合理化行为，前者主要强调合理地选择工具来达到目的，后者则从价值角度出发，强调道德行为的责任和义务。真正合理化的社会应该是两者的结合，二者相辅相成。然而，由于在晚期资本主义社会技术统治逐渐扩大，目的合理性的运用越广泛，价值合理性的运用也就越没落。因此，韦伯对科学技术所体现出的工具理性进行反思和批判。"这种经济秩序现在却深受机器生产的技术和经济条件的制约。今天这些条件正以不可抗拒的力量决定着降生于这一机制之中的每一个人的生活，而且不仅仅是那些直接参与经济获利的人的生活。"[①]

韦伯从社会行为的角度批判工具理性，受其影响，哈贝马斯不仅看到社会行为与理性的内在联系，还从更深层次上认识到理性对人的思想所起的决定性作用。不过，哈贝马斯对韦伯的合理性思想也不是毫无批判地全盘接收。哈贝马斯认为韦伯在分析社会合理化时过于受目的合理性观念的限制，他认为用价值合理性制约目的合理性是必要的，但是效果却不明显，没有真正构建社会合理化。哈贝马斯正是在批判性地继承韦伯合理性思想的基础上提出"交往理性"概念的，这是他对传统理性的扩展和超越。哈贝马斯还将交往理性合理地扩展到社会的各个层面，从而使异化的人类在交往理性的引导下恢复原有的生机和活力。

(2) 让技术立足于人的实践

克服科学技术的异化，也就是克服工具理性的泛滥，关键在于重建交往理性，唤醒人类麻木的思想。然而，如何让交往理性不仅成为一种理论上的指导思想，而且具有直接的实践意义呢？哈贝马斯认为，仅仅在理论上重建交往理性是不够的，还需要重建历史唯物主义。因而哈贝马斯把交往理论引入历史唯物主义，并强调交往具有和劳动同等重要的地位。

在哈贝马斯看来，最能体现社会实践价值的是马克思主义，因而重建

---

① ［德］马克斯·韦伯：《新教伦理与资本主义精神》，彭强译，陕西师范大学出版社2006年版，第105页。

历史唯物主义是在马克思唯物论思想的基础上进行的。历史唯物主义是关于人类社会发展一般规律的理论，马克思从物质生产力和社会生产关系的角度分析人类社会的发展，并指出，"那些发展着自己的物质生产和物质交往的人们，在改变自己的这个现实的同时也改变着自己的思维和思维产物。"① 人们的意识是随着物质生活条件的改变而改变的，社会物质生活决定着社会精神生活，这就意味着生产力决定生产关系，经济基础决定上层建筑。对于物质生活、生产力、经济基础等发生的前提，必然少不了人类社会劳动的支撑。不过，哈贝马斯认为马克思在提倡"劳动"的同时过于重视生产力和技术的发展，因而他用"劳动和相互作用"来取代生产力和生产关系，用"系统和生活世界"来取代经济基础和上层建筑，这样可以限制物质生活、生产力、经济基础、科学技术等相似范畴在社会历史发展中的地位。哈贝马斯还强调，社会进化不是依靠同生产和技术密切相关的目的理性的规则，而是依靠交往和相互作用的规则。

虽然哈贝马斯把历史唯物主义看作为社会进化的理论，但是他认为传统的历史唯物主义具有目的理性的性质。所以，哈贝马斯试图重建历史唯物主义，以挖掘这种理论的合理性潜能。被哈贝马斯"重建"后的思想并没有停留在最初的目的理性，而是走向了交往理性。当然，哈贝马斯并不是完全抛弃马克思的历史唯物主义，而是对其进行修正和更新。哈贝马斯从两个方面对历史唯物主义进行重建。

第一，提出"社会交往"的概念，这一概念与"劳动"一起构成哈贝马斯重建后的历史唯物主义的理论基石。哈贝马斯高度评价和肯定马克思的"劳动"概念，认为劳动不仅能够区别于人和动物，而且还是人类存在与发展特有的生活方式。劳动的发展促使社会分工的形成，在社会分工的过程中人与人之间形成各种各样的社会关系。体现人与人社会关系的生产关系，体现人与自然关系的劳动生产力，二者共同构成人类社会的生产方式，生产方式推动人类社会的发展和进步。在肯定马克思的劳动概念的同时，哈贝马斯认为，"马克思的社会劳动概念适用于区分灵长目的生活方

---

① 《马克思恩格斯全集》第 3 卷，人民出版社 1960 年版，第 30 页。

式和原始人的生活方式，而却不适合于人类特有的生活方式的再生产"。①虽然劳动在人类的历史进程中具有重要的进化作用，但是仅仅依靠劳动并不能说明现代人的生活方式。仅仅用劳动来说明人类的进化过程是远远不够的，还需要用社会交往进行补充。在原始社会，人类刚刚利用劳动来创造生活，在劳动过程中离不开人类的交往，当时的交往还没有形成真正的语言。当时的人就用手势、呼叫信号等方法作为原始的交往语言。随着社会发展步伐的加快，人的生活已经离不开交往行为，不管在任何时期，交往和劳动都具有同等重要的地位。

第二，纳入学习机制，促进社会进化。社会进化是一个学习的过程，不仅包括科学技术、认知、工具等生产力领域中的学习，而且还包括道德实践领域中的学习，哈贝马斯更重视后者通过交往行为的学习。"（人类）物种所学习的，不仅是对生产力发展具有决定意义的、技术性的有用知识，而且包括对相互作用结构具有决定意义的道德—实践意识。交往行为规则确实对工具行为和战略行为领域内的变化作出了反应并推动了后者，但这样做的时候，他们是遵循着自己的逻辑。"②交往行为可以促进道德意识的形成。道德实践意识的学习不仅存在，而且还对科技知识的学习做出反应，对工具理性进行限制，从而消除科学技术的异化。哈贝马斯认为，社会发展的根本动力不是马克思所提出的"生产力"，而是内在的学习机制。马克思所说的"生产力"是指劳动者运用生产资料而形成的改造自然的能力。生产关系则伴随着生产力的产生而形成，它是指人们在物质资料生产过程中所形成的相互关系。在哈贝马斯这里，生产力是劳动者运用科技知识的能力，他把生产资料归结为科技知识，如果想要运用科技，首先必须要学习科技知识。哈贝马斯不仅把生产关系理解为生产资料所有制关系、分配关系，而且还理解为人们在社会组织结构中的交往关系。人们通过相互交往形成普遍规范的道德意识，这种学习机制可以让人不断地应对

---

① ［德］哈贝马斯：《重建历史唯物主义》，郭官义译，社会科学文献出版社 2000 年版，第 144 页。

② ［德］哈贝马斯：《交往与社会进化》，张博树译，重庆出版社 1989 年版，第 152 页。

各种层出不穷的社会问题。不管是学习科技知识，还是学习道德知识，学习机制对社会进化都具有非常重要的地位。

故而，哈贝马斯把传统历史唯物主义进行拆分、批判，然后引入自己的交往行为理论，重建后的历史唯物主义更加突出交往行为的重要性。交往可以对科技知识进行学习，对科技行为进行伦理约束，对科技运用进行道德限制。科技也是一种社会行为，本身就具有实践意义，但是它是工具理性活动，不像交往实践那样具有真正意义上的实践价值。要想实现科技的价值，就要根据自由的讨论和对话所体现的生活实践的实际情况来合理地控制和发展科技。

（3）让技术实现民主化

在晚期资本主义社会，作为"意识形态"和"第一生产力"，技术和科学不仅成为控制人的思想、推动社会发展的主要力量，而且渗透到社会的各个领域中。为了拯救科技片面化地发展和生活世界的殖民化，哈贝马斯试图将民主运用到交往行为理论之中，构建话语民主理论，从而使科技与民主处于以生活世界的交往实践为基础的批判、互动的关系中。这样既可以让科技快速发展，又可以制约科技的异化。

根据哈贝马斯的理解，社会的发展主要不是新技术的形成，而是在于人类的反思。然而，在晚期资本主义社会，科技进步却制约了人类反思的维度，扭曲了人与人之间的交往行为，因而导致社会各种系统之间的关系断裂。结果是，生活中的日常实践问题被技术问题同化。"标志社会形成过程道路的，不是新技术，而是反思的诸阶段；通过这些反思阶段可以使已被消除的统治形式的教义和意识形态解体，可以使制度框架的压力升华并且使交往活动作为交往活动获得解放。因此，建立以自由讨论为唯一基础的社会组织作为这种反思活动的目标是可以预测的。"[①] 任何有效的技术都不能取代反思的力量和思想的解放，因而哈贝马斯通过批判和反思，将科技纳入交往实践的境域中，通过建立民主对话机制来消除科技的统治形式和意识形态。

---

① ［德］哈贝马斯：《认识与兴趣》，郭官义译，上海学林出版社1999年版，第48页。

话语民主理论可以让科学技术走向民主对话，可以将科学技术知识运用于社会生活实践。这样既可以保证自由平等的讨论和对话得以普遍公开，又可以及时发现科技的弊端和不足，这就意味着全体公民都可以参与其中，而不仅只有科学家可以发表相关科技的言论。普遍公开的交往形式让科技知识和人们的自由意志、社会实践统一起来，从而促使科技知识转化为生活世界的话语民主意识。哈贝马斯的话语民主理论涉及一个实践问题："在人们支配［自然的］力量不断扩大的客观条件下，如何能够和愿意彼此生活在一起。我们提出的问题是技术和民主的关系问题，即如何把人们所掌握的技术力量，反过来使用于从事生产的和进行交谈的公民的共识？"① 科技实践的力量运用到公民的民主对话中，这是形成政治意志的过程。具体来讲，就是要在科技和政治之间进行合理的对话，避免掌握科技的专家独裁专制，只有这样才有可能解决科技膨胀所带来的问题。

将科学技术纳入民主的交往实践，实际上就是在科技与政治之间建立民主对话机制。这具体表现在下面几个方面。第一，民主对话机制使科学家和技术专家意识到自己具有双重角色。他们既作为科技专家，对科技发展要作出贡献；又是国家公民，要对自己从事科技研究带来的实践后果进行深刻的反思。第二，民主对话机制使科技和政治之间建立起批判互动的关系。一方面，科技专家以国家公民的身份根据科技发展的实际情况向政治家提出意见和建议；另一方面，政治家又根据社会生活的实际需求向科技工作者作出决策，进而实现科技的规范化发展。通过民主对话达成共识，这种共识不是为了个人利益形成的，而是全体公民在公共领域中自由平等地对话总结出来的结果。"科学和政治之间的转化过程，最终关系到公共舆论。"② 科技和政治的相互作用需要公共舆论。之所以如此，是因为科技工作者提供的社会情况（情报）是不全面的，聆听真实的声音还需要通过广大人民群众的力量。科技正是通过公共领域的民主对话渗透到公

---

① ［德］哈贝马斯：《作为意识形态的技术和科学》，李黎、郭官义译，上海学林出版社 1999 年版，第 92 页。

② ［德］哈贝马斯：《作为意识形态的技术和科学》，李黎、郭官义译，上海学林出版社 1999 年版，第 110 页。

民的批判性思维中，所以科技与社会公众之间也应建立起民主对话机制。公民有权参与科技发展的规划，这样才能保证科技发展不被某种利益所左右。

由此可见，在科技、政治和社会之间建立民主对话机制可以摆脱科技异化和交往的不合理化，这正是哈贝马斯在科技领域推行的话语民主理论。通过话语民主理论，公众可以反映科技发展给他们所带来的各种积极和消极的影响，科技工作者可以据此更合理地规划科技的发展，政治家则根据对话达成的共识合理地控制科技的发展。只有这样，科技才能够逐渐走向民主化；也只有这样，在合理化的民主政治社会中科技的异化能够被逐渐地消除。

三、哈贝马斯技术思想：评价与启示

正如有些学者所言，哈贝马斯的交往行为作为一种后马克思主义学说，它存在着普遍主义、折中主义以及西方中心主义等等问题，这些都值得我们做进一步的分析和批判。尽管哈贝马斯的交往行为理论，包括它据此对作为意识形态的资本主义社会科学和技术的批判存在着这样或那样的不足与欠缺，但是，哈贝马斯对发展马克思主义的尝试，特别是他把经典马克思主义学说与晚期资本主义实际情况结合起来的尝试，值得我们予以认真的关注。比如，哈贝马斯对于晚期资本主义合法性危机的透彻分析，对于历史唯物主义的重建，对于民族国家范畴的历史梳理，以及对于全球化语境下民主制度的安排和公民资格的确认等的严肃思考，都是十分富有启发意义的。

哈贝马斯的批判理论，一方面它跟法兰克福学派在某些方面是重复的，另一方面，哈贝马斯的思想是在一种跟该学派的主要代表人物（阿多尔诺、霍克海默、马尔库塞）所采用的迥然不同的框架中发展起来。阿多尔诺认为认识和价值没有最终的基础，哈贝马斯则坚持认为基础的问题（也就是为批判理论提供可靠的、标准的根据的问题）是可以解决的，并且很关心批判理论的哲学支柱的发展。这就牵涉到重建古典希腊哲学和德国哲学的若干中心命题，如真理与道义的不可分割性、事实与价值的不可分割性、以及理论与实践的不可分割性等等。哈贝马斯的最终目的是要建立这样一个框架结构，它能够兼收并蓄社会科学研究中许许多多显然是互相匹敌的方法，其中包括意识形态批判（技术和科学是资本主义最主要的意识形态）、行动理论、社会制度分析以及进化理论等等。哈贝马斯正是在这些理论的基础上建立他的在法兰克福学派中占有重要地位的批判理论，进而以此为依据对技术这一当今社会（不仅仅是当今的资本主义社会）非常重要的社会现象作出了具有马克思主义特色的批判和研究。

当然，哈贝马斯的理论也不是不存在争议的。近代以来的主流哲学范式，大体上分为基于"主体—客体"间关系的主体性哲学与基于"主体—主体"间关系的主体间性哲学两种进路。对于长久居于主导性地位的主体性哲学的批判与反思，最可能的路径便是"主体间性"哲学。在马克思主义哲学传统中，哈贝马斯便是试图从主体性转向主体间性的典型代表。哈贝马斯试图通过对马克思的"过时的生产范式"的批判来构建自己的交往行为理论，试图用主体间性来取代主体性。能不能由此就得出结论，认为哈贝马斯的交往行为理论就比马克思的"生产范式"理论更正确呢？"这两种理论范式之间的关系，并非是一种从抽象到具体、从片面到全面的发展，而很可能是两种相互无法还原的并立的理论范式。"① 在处理主体性和主体间性关系的问题上，就像从费希特到黑格尔的德国唯心主义纲领没有取得成功一样，哈贝马斯等现代西方马克思主义理论同样没有成功。事实上，无论是基于技术活动的主客体理论模式，还是基于主体间交往活动的主体间理论模式，都是试图将人的理论活动方式建立在某种实践活动模式之上，为之奠定一个具有现实品质的人类学基础。而鉴于人类理性的有限性，我们是无法真正将两者具有完全不同品质的理论强行统一起来的。这两种理论模式各有其优点，也各有其不足之处和有待进一步发展的地方。这是我们对待马克思的"生产范式"和哈贝马斯的"交往行为理论"、包括建立在这一理论上的技术思想的正确方式。

----

① 王南湜：《物象化论 VS 世界图像化论——广松涉诉海德格尔"物象化的谬误"析论》，载《中国社会科学评价》2017 年第 4 期，第 14 页。

第八章　伯格曼：技术与生活世界

　　阿尔伯特·伯格曼（Albert Borgmann）（1937 —　　），当今世界最有影响的美国技术哲学家之一，他的著作被称为是英语世界中"最具综合性的著作"，他把技术哲学"从形而上学和认识论的讨论推向一般伦理—政治的分析乃至包括日常实践的具体建议"。① 有人说伯格曼是继海德格尔、哈贝马斯之后技术哲学本质主义在美国的主要代表。② 伯格曼的技术哲学既有形而上学和认识论上的独到见解，同时又把对技术的讨论推向一般伦理、政治的分析和日常生活的具体建议，在很大程度上是伯格曼开启了技术哲学的"经验转向"。伯格曼是海德格尔的再传弟子：伯格曼在慕尼黑大学攻读博士学位期间师从 M.缪勒，M.缪勒是海德格尔的学生。伯格曼不是一般意义上的哲学家，而是专门研究技术问题的技术哲学家。伯格曼的成名作是他 1984 年发表的《技术与当代生活的特质：一种哲学探索》。除该书外，伯格曼的主要著作包括：《技术与现实》（1971），《技术的方向》（1972），《科学和技术解释中的功能主义》（1973—1975），《心、身与世界》（1971），《论技术与民主》（1984），《跨越后现代的分界线》（1992），等等。可以说，伯格曼的整个研究生涯都是围绕着技术问题而展开的。

---

　　① ［美］卡尔·米切姆：《技术哲学概论》，殷登祥、曹南燕等译，天津社会科学出版社 1999 年版，第 119 页。

　　② Feenberg, Andrew. From Essentialism to Constructivism: Philosophy of Technology at the crossroads〔Z〕.www_ro_han.edu/facult/feenberg/talk4.

一、伯格曼技术哲学的核心:"器具范式"

同海德格尔"技术哲学"最大的不同在于,伯格曼的技术哲学重点不是对技术进行形而上的分析和论证,而是通过对现代技术不同于传统技术的特点的分析——这一分析体现在他的器具(技术)范式的概念之中——探讨如何实现对现代技术的变革。伯格曼的技术改革围绕着"聚焦物"、"聚焦活动"和"聚焦关注"展开,其中"聚焦物"(Focus thing)是伯格曼技术哲学最有启发性的概念。伯格曼认为需要区分两种技术改革:一种是在技术范式之内的改革,一种是对技术范式本身的改革。技术范式之内的改革是对器具范式的修补,反而会增强技术的统治。只有对技术范式本身的改革才会提供对待技术的新的态度和方法。

伯格曼认为传统的或流行的技术观虽然很多,但它们基本上可以分为三种不同的技术理论。第一种是本质主义技术观,这种观点认为技术是一种具有自身力量的因素,它从根基处塑造今天的社会和当今的各种价值,并且没有任何其他因素能够与它相匹配。这是一种"技术价值决定论"(technological value determinism)。持这种观点的人被称为技术的反对者。由于它的抱负和彻底性,本质主义技术观在理论上是吸引人的。通过把各种自相矛盾的特点和变化归结为一种原则或一种力量,这种观点寻求对世界作出广泛的说明。然而,虽然这种原则似乎可以解释一切,但是,技术本身在这一原则之内仍然无法得到解释,仍是处于模糊不清的状态之中。爱吕尔的技术观就是这种技术观的典型代表之一。第二种是"工具主义技术观"。工具主义技术观有时也被称为是人类学的方法。在工具主义技术观这里,核心问题不是人类,或者他们的工具的发展,而是作为一种对待现实的方式——特别是不同于科学的程序——现代技术所体现的方法论的发展。如果技术仅仅是一种工具,对指导技术的那些因素的研究成为一大任务。工具主义技术观有时被称之为"理性的价值决定论"(Rational value determinism)[1]。

---

① Albert Borgmann. *Technology and Character of Contemporary Life: A Philosophy Inquiry*, Chicago and London, the University of Chicago Press, 1984, p.10.

在伯格曼看来，前面这两种技术观都是失败的，这两种技术观的失败和困难激发了第三种方法，一种更加小心和谨慎的方法——"进化论的和相互作用的方法"（Evolution and interaction approach）。这实际上是一种多元论的方法，它把各种相互对立和相互矛盾的观点、问题和事例都包含在内。令人讽刺的是，虽然多元论的技术观在协调各种相互对立的理论观点上很成功，但是，在实践上它却失败了。伯格曼的技术理论试图避免各种流行技术观的缺陷，并吸收它们的优点。"它应该努力超越本质主义技术观的大胆和果断，但避免它的技术解释的模糊不清。它应该反映人们的共同直觉、展现工具主义理论的清晰而克服它的肤浅。它应该利用在多元论技术观研究中所体现出来的多种多样的经验证据，并且仍然能够在所有这些多样性中挖掘出一种突出性的和起定向作用的规则。"①

伯格曼认为，当今世界和当代生活受到现代技术独特方式的影响，（现代）技术威胁着我们日常生活之中非技术性的事物和活动——这些事物和活动以不同于技术的方式影响我们的生活，确定我们生活的核心和秩序。伯格曼技术哲学的目的是让人们在当代技术的"器具范式"面前能够意识到"聚焦物"的存在并对它们充满信心，在现代技术的背景中给聚焦物寻找一个核心的和便利的位置。伯格曼的技术哲学有几个核心概念："器具范式"、"聚焦物"、"聚焦活动"和"聚集关注"，他的整个技术哲学是围绕着这些概念展开的。

技术为我们承诺提供控制自然和文化的力量，免除我们的痛苦和辛劳，进而丰富我们的生活。技术许诺通过控制自然来实现自由和繁荣。"自由和繁荣的概念在效用的概念中得到了统一。"②对于我们有效的商品丰富了我们的生活，并且如果它们在技术上是有效的，它们用不着增加我们的负担就可以做到这一点。在这个意义上讲，如果一些事物是被直接地、无处不在地、安全地和轻而易举地提供给我们，它们将就是有效的。比如温

---

① Albert Borgmann. *Technology and Character of Contemporary Life: A Philosophy Inquiry*, Chicago and London, the University of Chicago Press, 1984, pp.11–12.

② Albert Borgmann. *Technology and Character of Contemporary Life: A Philosophy Inquiry*, Chicago and London, the University of Chicago Press, 1984, p.41.

暖在今天就是有效的。当我们回想起经验技术时期的温暖并不具备有效性时，我们马上就可以看到现在技术的温暖的特点。在传统技术时期，温暖不是直接的，因为每天早晨都需要给炉子或者壁炉点火，而在点火之前，必须有一定的准备：比如上山砍伐木材，木材需要锯断成小片柴木，柴木还需要拖运和堆放。温暖或者说暖气，它们也不是普遍存在着的，因为有很多的地方并没有提供温暖，并且没有一个房间是 24 小时持续供暖的。长途汽车和雪橇等等地方是没有提供温暖的，人们散步的街道、购物的店铺也没有提供温暖。温暖也不是完全安全的，因为点火有可能把房子给点着；它也不是轻而易举的，因为火的点燃和维持需要不断的劳作、技艺，以及各种各样艰辛的照料。

然而，上面的考查并不能让我们确定技术效用的特别之处。人们一般认为，技术进步或多或少是由更好的工具逐步地、直接地演变而成的。燃烧木材的火炉逐步让位于燃烧煤炭的设备，因为后者对热量的分配更加均匀；而燃烧煤炭的火炉又一次让位于燃烧天然气的火炉，因为后者对能量的利用更为有效、更加彻底。"为了更加清晰地认识（技术的）效用的特征，我们必须探讨物（things）和器具（devices）的区别。"[1] 物，在伯格曼使用该词所想表达的意义上，它是与其所处情境，也就是与它所处的世界不可分割的，也是和我们与该物及其周围世界的交往，也就是我们的参与（engagement）不可分割的。对于一个物的经验，总是既包含着我们与该物的世界在物体意义上的参与，又包含着与该物的世界在社会意义上的参与。在与物发生多方面的关系，或者对该物进行多方面的参与时，一个物（体）所提供的不止是一种意义上的用品。

在经济学上，"用品（或商品）"（commodity）是指可交易的有价值的物品。在社会科学上，它是马克思的"商品"（Ware）的英译。伯格曼认为，马克思的用法和他在这里提出并发展的用法是一致的，因为他们都是试图理解传统技术的一种虽然新颖、但却最终有害的转变的。在马克思看来，具有负面特征的商品是各种社会关系具体化的结果，尤其是将工人的

---

[1]　Albert Borgmann. *Technology and Character of Contemporary Life: A Philosophy Inquiry*, Chicago and London, the University of Chicago Press, 1984, p.41.

劳动力具体化的结果，这种具体化将商品变成了可交易和可交换的东西，于是被资本家不正当地占用并用来反对工人。这就造成了对工人阶级的剥削，以及工人对他们的工作和劳动成果的异化，而其最终结果是整个工人阶级的贫困化。不过，伯格曼并不认为这种转变处于现代社会秩序的核心。不如说，这一关键性转变是在器具范式下将前技术结构的社会生活割裂为机械和用品。尽管伯格曼在使用这一术语的时候承认并且强调用品的可交易和可交换的特征，但是，这里所指的用品的主要特征仍然是其便利性和可消费性。这种便利性和可消费性是以技术机械为基础的，以人类的非参与性和娱乐消遣为它们的最新结果。故而，在传统技术的条件下，人们对某一物的参与包括对这一物的世界的参与，可是在今天，这种情况已经不再出现，原因就在于当今技术条件下的"器具范式"使一切都发生了改变。

那么，什么是"器具范式"（device paradigm）？"器具范式"，也有人翻译为"设备范式"，它是伯格曼技术哲学的基石、最重要的概念。"Device"，在英文中其意思为精巧的仪器、设备或器械。伯格曼提出"器具范式"，是针对当代生活的特点与前技术时代的不同。伯格曼把当今时代对待现实的方法称之为"（现代）技术"，其最具体和最明显的体现是诸如电视机、发电厂、汽车等器具（械）。在前技术时代，人们与之打交道的是"事物"（thing）而不是"器具"。一件事物，是不可能与相关的具体情景和人们对这一事物和情景的影响相分离的。"对一件事物的经历总是和也是一种涉及事物世界的亲身的和社会的参与"。[①] 伯格曼以火炉为例，在他看来，火炉所提供的远远不止是温暖，前技术时代的火炉是一个焦点，一个中心，一个场所——它汇集着一个家庭的劳动和闲暇，并给居家提供"中心"。火炉的冰凉标志着早晨，火炉温暖的散发标志着生活中新的一天的开始。火炉给家庭不同成员指派不同的任务，这些任务确定他们各自在家庭中不同的位置。母亲点燃火炉，孩子们的任务是让火炉保持充实，父亲则负责砍伐木材。火炉给全体家庭成员提供了一个应对四季变

---

　　① 　Albert Borgmann. *Technology and Character of Contemporary Life: A Philosophy Inquiry*, Chicago and London, the University of Chicago Press, 1984, p.41.

换的经常性的、亲自地参与活动。这种活动与寒冷的威胁，温暖的安慰，木材燃烧散发的烟味，砍伐和搬运木材的艰辛，技艺的传授，以及对各种日常事务的奉献缠绕在一起。亲身参与和家庭关系只是一个事物全部世界的初步展现。亲身的行为不是简单的身体接触，而是通过身体敏捷性对世界的经历和感受。这些敏捷性在技艺上不断受到提高和加强。技艺又与各种社会性行为联系在一起。每个人的技艺都有限制，这种限制把他（她）对世界的参与限制在一个相对狭小的领域内。在其他领域，人们通过对其他从业者典型行为和习惯的了解来协调自己的行为和习惯。这种了解又通过对他人产品的使用和对他人工作的观察而不断地得到强化。当然，劳动也只不过是社会参与境况的一个例子，这种参与境况维持着并在参与物中聚集。如果我们扩大关注的焦点，将其他的实践活动也包含进来，那么在娱乐、餐饮，在出生、婚嫁和死亡这样的重大事件的庆典中，我们可以看到类似的社会境况。故而伯格曼的结论是，对于前技术时代，"在这些社会活动更广阔的地平线上我们能够看到文化和世界的自然尺度是如何展现的。"[1]

随着从前技术时代向现代技术的转变，人们的生活特征发生了前所未有的变化。火炉原本提供了构成火炉的世界所必需的其他相关要素，可是今天人们却倾向于把这些要素看作是没有用处的，或者说没有什么必要的负担，并借助于现代技术的帮助一个一个地摆脱这些负担，这些负担也就逐渐被器具、机械等等给"接管"了。更为重要的是，机器让商品和服务对于人们唾手可得，它对我们的技艺、力量和注意力几乎没有什么要求。因此，在技术进步的过程中，器具的机器部分对于人的全面发展和人的丰富的社会关系具有一种不断遮蔽或缩减的趋势。机器最大的特点则在于它取消了人们对事物具体情景的参与："在器具之中，对世界的关系被机器取代了。但机器是匿名的，而商品（它们是通过机器获得的）则是在没有参与任何具体情景的情况下被享受的。"[2]

---

① Albert Borgmann. *Technology and Character of Contemporary Life: A Philosophy Inquiry*, Chicago and London, the University of Chicago Press, 1984, p.42.

② Albert Borgmann. *Technology and Character of Contemporary Life: A Philosophy Inquiry*, Chicago and London, the University of Chicago Press, 1984, p.47.

　　器具范式的一大特点是机械的隐蔽性和器具对人们负担的解除二者之间是如影相随的："机器的隐瞒和器具的解除负担的特征是齐头并进的。"① 如果机械是强有力地出现在我们面前的话，那么它就会对我们的技能提出各种各样的要求。如果这样的要求被人们认为是过于繁重的，人们不愿意承担这样的工作，那么相应的机器就会被人们抛弃在一边。只有当一件用品能够被用来作为一个纯粹的目的被享用，只有当一件用品不受手段的妨碍，那么它才真正的是可用的和有效的。对人类这一"主人"的劳务负担的清除永永远远都是不完全的，不彻底的。人类这一"主人"总是算计着"仆人"的情绪、反抗乃至弱点。各种各样的器具提供了社会性的负担清除，也就是"匿名"。

　　由于事物被分割为机器和商品，处于各种自然、文化和社会关系中的事物都受到了器具范式不同程度的影响，并导致这样或那样的改变。伯格曼以葡萄酒为例。对于葡萄酒，机器和商品的划分不仅体现在生产葡萄酒的机器和由机器所生产出来的葡萄酒之间，葡萄酒本身也变成了一个既有机器性又有商品性的"器具"。具有机器性的葡萄酒由它的化学成分组成，功能是获得新的商品——口感更好、颜色更亮、没有任何杂质和沉淀物的葡萄酒。新葡萄酒是通过技术对原有葡萄酒的改变而获得的。随着葡萄酒变成器具，它所生产的商品离开了它得以产生的具体环境，葡萄酒作为事物所展现的世界也随之关闭。在伯格曼看来，作为器具的葡萄酒是"三无产品"：无背景、无季节、无产地，它可以在世界上任何地方、任何季节、任何时候生产出来——只要具备相应的技术条件即可。葡萄酒从事物变为器具，伯格曼认为，这不是"从一种事物的味道向另一种事物的味道的改变，而是从事物的味道向商品的味道的改变"。② 同样，借助于空调等温度调节器的帮助，现代人能够品尝赤裸裸的"温暖"——剥夺了前技术时代与文化、自然相互缠绕关系的，仅仅作为商品而存在的温暖。"在闲暇

①　Albert Borgmann. *Technology and Character of Contemporary Life: A Philosophy Inquiry*, Chicago and London, the University of Chicago Press, 1984, p.44.

②　Albert Borgmann. *Technology and Character of Contemporary Life: A Philosophy Inquiry*, Chicago and London, the University of Chicago Press, 1984, p.50.

和消费中，商品的起源和来龙去脉被技术机器接管和隐匿了。"①作为器具的机器并不给我们展示商品发明者和生产者的各种技艺和具体特征，也不揭示商品被生产时的自然、地理和人文环境。在"温暖"之类的商品中，只有赤裸裸的商品和干巴巴的消费，没有文化、没有历史、没有背景，消费成了无准备、无共鸣、无后果的孤零零的活动——一个跟"三无产品"相对应的"三无活动"。

就像一个语词离开具体文本是含混和难以理解的一样，离开具体情景的商品也是模糊和难以理解的。然而，在现代技术的框架之内商品的含混和模糊性不仅不是缺陷，反而是一种"积极"的和"理想"的特征。正是由于这一点我们才可以自由和随意地处置或抛弃各种商品。在经验技术时期，一种用品（具）是和其他各种用品（具）联系在一起的，它们是一个"容器"（如海德格尔喜欢列举的房子或井），那时并不存在可供人们随意处置的"三无产品"。器具范式的特点则是把商品和商品消费当作人类生活的目的。对于消费者，他们唯一关心的是商品的质量与价格。至于商品如何生产，商品生产的历史、背景和产地如何，在消费者看来，这一切与他们毫无关系，也毫无意义。在器具范式之中，"事物"变成了机器，机器则被缩减为纯粹的手段——生产消费品的手段。

器具范式表明了技术在当今社会的统治。但是，"技术的统治并不是人们尽管怨恨或抵制但仍然不得不接受的实体力量的统治。相反，技术是在建构一种人们难以觉察的行为模式——人们通常根据这种模式给自己的各种行为确定方向——的过程中的统治。"②技术的统治隐藏在人们的行为模式之中。一旦人们实现从事物到商品、从参与到消遣的转向，器具范式就或多或少地形成了。根据日常生活的第一手材料，伯格曼认为，器具范式之所以会形成，人们之所以会从事物转向商品，从参与转向消遣，是由于"技术承诺"的魅力：免除人们家务劳动的负担；为子女提供更完备

---

① Albert Borgmann. *Technology and Character of Contemporary Life: A Philosophy Inquiry*, Chicago and London, the University of Chicago Press, 1984, p.50.

② Albert Borgmann. *Technology and Character of Contemporary Life: A Philosophy Inquiry*, Chicago and London, the University of Chicago Press, 1984, p.105.

和更简捷的发展手段；通过对财产的占有确保生存的希望；以更多的财富为保障增加与世界的交往。然而，伯格曼认为，尽管技术增加了人们的金钱和财富，但人们的幸福并没有得到相应的增加，因为保证人们幸福的物质生活水准和财富的数量会水涨船高——汽车刚开始时是地位和财富的象征，如今在很多国家却成了人们生活的必需品。器具范式所做的不仅仅是把完整的事物和活动阉割为彼此分离的机器和商品。前（现代）技术社会的各种关系的网络也被一种组织的机器所取代，这种机器产生出一种金融的商品。在前技术社会，面对灾难时的安全来自于父母、兄弟姐妹或邻居的好意和仁慈。但这样的安全有时是不可靠的，并且对于施予者和承受者总是一种负担。今日的保险技术首先把安全归之为现金支付的担保，然后通过数学的手段把社会的资源和隐患加以分解，最后建立一个金融的和法律的机器来保证资金的收集与发放。作为这种器具的机器初看之下并不是一个物理的实体，而是一个由各种计算、合同和服务所组成的网络。这种机器从一开始就具有技术机器之隐瞒、难以通达和减轻负担的特点。因此它所提供的商品展现了人们可以很便利地得到的安全和保障，这种安全和保障不需要请求或乞求他人，也无须增加他人的负担，只需给保险代理人一个电话一切便可搞定。所以，"虽然作为器具的保险技术增加了方便和舒适，但是它却减少了人间的亲情、友谊和关爱。"①

器具范式尽管可以减少人们的劳动时间和强度，但这样做的后果并非都是正面的。我们必须在技术对劳动强度的减轻与技术所导致的无所事事之间作出区分。有人认为用肩膀挑水是一件苦差事，但伯格曼认为，只是从挑水仅仅被看作是获得水资源的一种手段的现代技术的观点来看，前技术时代的挑水才是一件苦差。在经验技术时期，伴随着挑水人的不仅有挑水的辛劳，而且还有他（她）的伙伴、乡村的奇闻轶事和挑水人之间的情感交流。如今则不一样，打开水龙头就有哗啦啦的流水——自来水，一种会"自动"流到我们厨房和卫生间的水。但是，自来水只不过是一种只需付款就可以随时购买的既安全又方便的商品而已。与挑水相伴的有关自然

---

① Albert Borgmann. *Technology and Character of Contemporary Life: A Philosophy Inquiry*, Chicago and London, the University of Chicago Press, 1984, p.117.

与传统、历史与文化都已消失不见。这不是说我们要抵制自来水，而是表明我们夸大了劳动的改变所具有的革命性意义，遮蔽了与这种改变相伴随的社会和文化的损失，特别是与自然、与传统和与他人的亲密接触。"使技术生活与众不同的不是技术的乖戾，而是它把我们（浑然一体）的生活切割为艰辛的一面和愉悦的一面，以及被技术隐匿的、难以为我们所通达的各种生活的亚结构。也许正是对生活的这种阉割导致了我们的不幸。"①

器具范式的统治在很大程度上既是令人痛苦的，也是让人麻木的。如果存在着某种重新获得技术承诺的方法，这种方法必须摆脱两个多世纪以来一直占统治地位的对待自然和传统的方式。"必须发现一种反抗现代技术的方式，这种方式受到明确而又果断的技术观的指导，并且不会被现代技术所歪曲或同化。与此同时，这种反抗必须尊重技术承诺的合法性，守卫技术必不可少的和令人羡慕的成就。"②为了摆脱现代技术的器具范式的统治，伯格曼认为需要寻求一种既珍重（现代）技术的成果，又可以克服器具范式缺陷的方法，这一思想体现在伯格曼对聚焦物、聚焦活动和聚焦关注的论述之中。

二、伯格曼的技术改革："聚焦物"、"聚焦活动"和"聚焦关注"

为了摆脱现代技术的器具范式的统治，我们需要对已有的技术活动进行批判和改革，那么，我们如何进行这一改革呢？或者，我们的这一对器具范式的改革应该从何入手呢？"聚焦物和聚焦活动可以允许我们提议甚至立法进行技术改革。"③伯格曼技术分析的重点不是对技术进行形而上的分析和论证，而是通过对现代技术不同于传统技术的特点的分析——这

---

① Albert Borgmann. *Technology and Character of Contemporary Life: A Philosophy Inquiry*, Chicago and London, the University of Chicago Press, 1984, p.135.

② Albert Borgmann. *Technology and Character of Contemporary Life: A Philosophy Inquiry*, Chicago and London, the University of Chicago Press, 1984, p.153.

③ Albert Borgmann. *Technology and Character of Contemporary Life: A Philosophy Inquiry*, Chicago and London, the University of Chicago Press, 1984, p.155.

一分析体现在他的器具范式（有时也称为技术范式）的概念之中——探讨如何实现对现代技术的变革，而他的技术改革是围绕着"聚焦物"（focusing thing）、"聚焦活动"（focal practice or engagement）和"聚焦关注"（focal concern）展开的。伯格曼认为需要区分两种技术改革：一种是在技术范式即器具范式之内的改革，一种是对技术范式本身的改革。技术范式之内的改革是对器具范式的修补，反而会增强技术的统治。只有对技术范式本身的改革才会提供一种对待技术的新的态度和新的方式。

虽然今天人们对待现实的典型方式是技术，技术在器具范式中得到了最具体和最明显的体现，器具代表了现代技术的本质，但器具范式并不是人们唯一的生活方式，人们还在跟其他各种事物，特别是各种聚焦物打交道，从事各种聚焦活动。"虽然我们的世界承受着技术的印记，但技术的范式既不明显，也不是唯一地统治着这个世界。它与各种聚焦物和聚焦活动进行竞争，并威胁和破坏这些聚焦物和聚焦活动。而聚焦物和聚焦活动以一种不同的、深刻的方式集中和打点着我们的生活"。① 就像海德格尔通过对一些简单而著名的事物的分析得出深刻的结论一样，伯格曼也试图通过对日常生活中常见经验事物的分析来建立他的哲学基础。他首先从词源上分析"focus"。在拉丁语中，"focus"意味着炉边。在前技术时代，房中的壁炉构成一家人温暖、光明和生活的中心。对于罗马人来说，"focus"是神圣的，是一个家庭守护神居住的地方。一个刚刚出生的婴儿只有被抱放到炉边之后才成为这个家庭正式的一员。罗马人的婚姻也是在壁炉旁边得到"恩准"的。壁炉不仅维系、安置和聚集着室内的一切物品，而且还维系、安排和聚集着全体家庭成员。

今日之美国，在很多家庭的壁炉中仍然可以看到火炉所具有的意义。壁炉通常处于房屋的中央，不过，如今它的火焰只是具有象征性的意义，因为它很难提供现代人所需的足够的温暖。尽管如此，那些堆放在一起的木材，它们在烈火中熊熊燃烧，闪耀着红色的光芒，发出各种各样的声音，释放出各种各样的气味，这一切表示木材仍然保持着它们原有的力

---

① Albert Borgmann. *Technology and Character of Contemporary Life: A Philosophy Inquiry*, Chicago and London, the University of Chicago Press, 1984, p.1.

量。只不过在熊熊燃烧的火焰中不再有古老的神灵的影像。在今天，每家每户都有一个带有"壁炉"的客厅，这一具有象征性的房屋的中心，却比不上有着诱人的香味和声音的厨房，后者才是现代人家庭生活实实在在的中心。有鉴于此，有的现代建筑设计师想重新设计房屋，把它们再一次设计成火炉的样子，以便它是"一个给人们带来温暖和进行活动的场所"①，人们围着它烹调、用餐和生活，它会重新成为家庭的活动中心——即使它并不具有一个传统意义上的壁炉。只有这样，现代社会的人才会满足他们在家庭生活中对聚焦场所、焦点场地的需求。

在现代英语中，"Focus"是一个几何学和光学术语：镜片或镜子的焦点，一个各种光线以有规律的方式向它汇聚又从它向外发散的点。通过这种比喻，伯格曼认为，焦点汇聚它所处环境中的各种关系并重新把它们反射回去。聚集在某物上或以某物为焦点就是使它成为中心，成为聚焦点，并得到澄清和说明。"Focus thing"是指一个汇聚它所处环境中各种自然、文化和历史关系的事物，可以称之为"聚焦物"或"焦点事物"。"我们现在可以看到，在这一大陆上的原野就是一个聚焦物。它提供了一个定向的中心，当我们把周围的技术带进原野的时候，我们与技术的关系就会得到澄清，就会得到更好的解释。"②伯格曼认为，当今社会还有其他的各种各样的聚焦物和聚焦实践，如音乐、园艺、餐桌文化和奔跑等等。

我们可以尝试着将上面提到的这些事物看作是聚焦物，但我们更加清楚、更加容易地看到的是，这些聚焦物是多么的不显眼，是多么的稀松平常，又是多么的分散。与此形成鲜明对比的是传统技术时代的聚焦物，比如说古希腊的神殿，或者中世纪的大教堂。"希腊神殿所具有的导向力量给马丁·海德格尔留下了深刻的印象。对于海德格尔来说，希腊神殿不仅仅给它所在的世界提供了一个意义的中心，而且在开创或者说建构世界、在揭示世界的本质维度和标准的强烈的意义上，它具备一种定向的力

---

① Albert Borgmann. *Technology and Character of Contemporary Life: A Philosophy Inquiry*, Chicago and London, the University of Chicago Press, 1984, p.197.

② Albert Borgmann. *Technology and Character of Contemporary Life: A Philosophy Inquiry*, Chicago and London, the University of Chicago Press, 1984, p.197.

量。"① 伯格曼认为，无论这个如此极端的命题是否能够得到合理的辩护，希腊神殿无疑不仅仅是一个独立的建筑作品，不仅仅是一个巧妙地建造、各个部分平衡与和谐的珍品，甚至还不仅仅是一个供奉神像的圣地，而且它还集中并揭示了它所在的大地和海洋，大地和海洋的神性都聚焦在这一神殿之上。

在伯格曼看来，海德格尔的桥、壶和寺庙实际上都是聚焦物。比如寺庙，不仅是它所处世界的意义中心，而且对整个世界的起源和建造、世界的本质和标准等等各个方面都有定向力量。伯格曼对聚焦物的理解与海德格尔又有区别，他认为自己在两个方面超越了海德格尔。首先，伯格曼认为，海德格尔的建议和做法——为了面向聚焦物我们不得不挑选出前技术时代的"飞地"如鞋子和寺庙——会误导人并使人沮丧，因为绝大部分从现代技术之中得到舒适和方便的人并不乐意回到传统中去。相反，必须看到任何这样的"飞地"在今天都是被它周边的技术环境所凸现出来的聚焦物，传统事物或聚焦物在现代技术的情景中获得了新的意义。伯格曼超越海德格尔的第二个方面表现在他"实践的转向，转向聚焦物社会的，然后是政治的方面。"② 虽然海德格尔在描述"壶"时在四重整体中给有死者留下了位置，但我们基本上看不到握壶的手，看不到壶的倾倒所发生的社会情景，而伯格曼则认为聚焦物只有在人类的实践之中才能得到繁荣兴旺。

伯格曼认为，聚焦物是"紧密的"（compact），如果只从它们所处的直观当下的时间和空间境域来观察它们，它们将很容易被误解。如果被看作是主体意义上的经验，或把人变成某种智力或情感状态的具有自己意义的事物，它们更容易受到误解。这样设想的聚焦物完全落入了技术（仅仅把技术当作人的一种手段）的统治。当主体性因素越来越关键的时候，对在功能上与器具范式下的机器没有什么两样的技术的研究就开始了，人们将会被刺激去寻求事物能够更直接地显现给我们的、无处不在的以及更

---

① Albert Borgmann. *Technology and Character of Contemporary Life: A Philosophy Inquiry*, Chicago and London, the University of Chicago Press, 1984, p.197.

② Albert Borgmann. *Technology and Character of Contemporary Life: A Philosophy Inquiry*, Chicago and London, the University of Chicago Press, 1984, p.200.

安全和方便的状态。另一方面，"如果我们能够守卫聚焦物的深度和完整性，更充分和真实地看护它们，我们必须在它们所处的情景之中理解它们。剥夺了具体情景的事物将是模糊不清的。单独的字母'a'并没有什么意思。一个字母只有从上下文中才能理解，一个事物也只有从它所处的情景之中才能得到理解，而它的情景又只能从整个世界的内容和构造中得到理解。"①

伯格曼眼中的聚焦物很多，如原野、音乐、花园、餐桌文化和跑步，他以这些具体事例来说明聚焦物和围绕着聚焦物而展开的聚焦活动。伯格曼认为，对原野的思考可以让我们对当今技术有深刻的感受。"对原野的思考揭示了一个中心，一个对（现代）技术完全处于对立面的中心。"②我们是在现代技术的范围之外来跟原野打交道的，我们与原野打交道的方式也无法被纳入现代社会的消费方式。虽然如此，原野却教会我们如何接受和使用现代技术。我们必须尝试去发现，在与技术的器具范式日常生活接触中，能否找到像原野这样的定位中心。伯格曼认为，只要我们追寻跟从那些来自海德格尔的线索（包括那些反对海德格尔的线索），只要我们贯彻这些建议——也就是尽管聚焦物看上去是卑微的和分散的，但是，一旦我们恰当地掌握技术，它们就会在现代技术中闪闪发光——那么，我们是能够找到这样的定位中心的。

伯格曼还以跑步为例，对现代技术范式条件下的人类生活进行了深刻分析。跑步，从表面上看似乎只是在某个空间和某一时间中一步接一步、一步重复一步的简单而又枯燥的物理运动，但是，伯格曼认为，在这种平凡的表面背后隐藏着意义非同小可的辉煌和壮丽。"聚焦物是谦卑的和分散的，但是如果我们能够适当地把握技术，聚焦物就会在技术之中获得它的辉煌。"③即使我们没有过赛跑或急速的奔跑，也有过慢跑的经历。当脚

---

① Albert Borgmann. *Technology and Character of Contemporary Life: A Philosophy Inquiry*, Chicago and London, the University of Chicago Press, 1984, p.202.

② Albert Borgmann. *Technology and Character of Contemporary Life: A Philosophy Inquiry*, Chicago and London, the University of Chicago Press, 1984, p.200.

③ Albert Borgmann. *Technology and Character of Contemporary Life: A Philosophy Inquiry*, Chicago and London, the University of Chicago Press, 1984, p.200.

掌触及地面的时候，当微风轻轻地吹拂我们身体的时候，当闻到雨水之中满是泥土芬芳的味道的时候，当血液在我们血管之中更加平稳地流动的时候，我们会感到惊奇，会产生一种愉悦和激动的感觉。在伯格曼看来，跑步具有完整性，原则上不同于仅仅用来锻炼身体的体育锻炼（如跑步机上的跑步）。相反，如果不是跑步，而是驾驶一辆汽车，那么，我们不仅"运动"得更快、更远，而且更舒适。然而，这并非以我们现有的力量进行运动，因为汽车的速度与我们所付出的力量不成比例。汽车是以以前的劳动、辛劳和付出为现在的运动和舒适"埋单"，我们现在所释放的是过去的辛劳所得和过去所储存的东西。我们现在所做的事情（驾驶）不需要多大的努力，也无须多大的技巧和训练。"我是一个被分裂的人，成就在于过去，享受则在眼前。"[1] 跑步则不一样。对于跑步者，努力与消耗是统一的，付出和所得是同步的，手段与目的、劳动与闲暇的分裂愈合了。

"成就与享受、能力与消耗的这一统一，只不过是跑步归还给我们的中心完整性的一个方面。"[2] 健康有益的跑步既有身体的参与，又有心灵的相伴。当我们在跑步的时候，大脑不仅是在身体内部进行智力活动的器官，而且还具有身体的敏感性和忍耐力。除非跑步者完全集中于身体行为——如以最快的速度狂奔，在一般的跑步中我们的大脑随身体的运动而遨游。一旦在未来与过去、可能与现实中翱翔，大脑就像我们的呼吸一样有节奏地把过去与未来、可能与现实聚集于此时此地，然后又把它发散到时间和空间上离我们遥远的过去。跑步者的身体充满着思维和智慧，他们的身体与整个世界紧密相连。但是，一旦身体与世界相分离，就犹如世界被切割为空旷的外表和难以通达的机器，大脑也就无所事事。

从上面对跑步的反思中可以清楚地让我们看到，跑步者留心于自己的身体，因为他们的身体熟悉它们所处的世界。当身体与世界的核心相分离，也就是当世界被分裂为宽敞的表面和难以深入的机械的时候，人类的

---

① Albert Borgmann. *Technology and Character of Contemporary Life: A Philosophy Inquiry*, Chicago and London, the University of Chicago Press, 1984, p.202.

② Albert Borgmann. *Technology and Character of Contemporary Life: A Philosophy Inquiry*, Chicago and London, the University of Chicago Press, 1984, p.203.

心灵也就变得空洞起来。故而，目的与手段的统一、心灵与身体的统一、身体与世界的统一实际上是一回事。著名长跑运动员伍德曾经说过："不知道为了什么，当你慢慢跑过大量市区内的住宅——慢到你足以能够看到各种难以入目的细节，并且出人意外地受到没有离开的居民的鼓励的时候，你将更加深切地体会到市内住宅这一问题的现实性。"① 可以说，由跑步所建立起来的整体也包含了人类的家庭。跑步这样一个简简单单的人类经验，表达了一种既简单而又深刻的人性之中所包含的同情心。它是自然而然地流露出来的善意，既不需要药物的麻醉，也不需要一个共同敌人的出现。当长跑运动员从平时充满了犯罪和暴力的街区跑过的时候，他们会对这些以暴力犯罪闻名的街区所散发出来的温暖感到非常吃惊。

餐桌文化在伯格曼眼中也是聚焦物。一日之中最主要的就餐，或是中餐或是晚餐，是一个特别突出的聚焦物或焦点事物。它把一家分散的成员聚集在餐桌上，把自然赐予的最赏心悦目的事物聚集在一起，奉献给大家。同时，它把过去的传统重新收集并呈现在人们眼前，使人们回想起自己的祖先在挑选和培育植物、驯养和屠宰动物过程中的各种古老的经历。随着食物的获得就像各种日常用品的获得一样容易，随着食品工业对餐桌文化的取代，我们传统的日常生活结构被彻底撕裂。"一旦食物变成唾手可得之物，唯一持续不断地发生的事情就是通过就餐来聚集家庭成员成为泡影，并被分崩离析为各种各样的快餐、电视便餐、拿过来就可以吃的点心；就餐活动本身被分散在了电视节目、早晚会议、各种各样的活动、加班，以及其他各种事务之中。这正日益成为技术时代就餐的标准模式。"② 问题是，一旦我们世世代代所熟悉的、生动的聚餐感（觉）因作为商品的食物的出现而被出卖了，那么，餐桌文化也被生产出无数快餐商品的食品工业所取代。现代技术之危机并不在于一个个具体的器具或机器，而在于器具范式的无所不在，在于器具范式像洪水一般淹没了一切聚焦物和聚焦

---

① Albert Borgmann. *Technology and Character of Contemporary Life: A Philosophy Inquiry*, Chicago and London, the University of Chicago Press, 1984, p.203.

② Albert Borgmann. *Technology and Character of Contemporary Life: A Philosophy Inquiry*, Chicago and London, the University of Chicago Press, 1984, p.204.

活动。聚焦物和聚焦活动在现代技术之中再也无藏身之处。

伯格曼认为，聚焦或焦点活动的目的是认同对聚焦活动具有中心地位的聚焦物，守护聚焦物的深度和完整性，使它具有对抗器具范式普遍统治的能力，从而免遭器具范式"手段—目的"的割裂。聚焦活动守护聚焦物，不仅是防止技术对人类生活之颠覆，也是保护人类在当代技术面前之脆弱。现代社会上帝已经死去，我们不再拥有具有终极意义的事物。当我们去争取它们的时候，有时是偶尔，有时是在相当长的时间内错失了它们。在今天，跑步成了一种令人厌恶的苦差，烹调成了一件缺乏感恩的琐事。"如果我们所坚持的器具范式继续发挥作用，如果我们还是普遍以最近的经历为依据评估未来努力之价值，聚焦物就会从我们的生活之中消失。"①

人们为什么会离开聚焦物呢？伯格曼认为这是由器具范式所导致的。在今天人类追逐的是一种快捷、方便并且无所不在的可能性，这种可能性唯有（现代）技术才能提供。现代技术的必要前提——也是必然结果——是劳动分工，现代技术与劳动分工是互为因果的。分工的劳动是单调的，枯燥的，也是令人疲劳和厌恶的。身心疲惫的劳动者回到家中试图从种类繁多、外表俊美的各种商品——主要是电视——中寻求自己的安慰。由于人们对聚焦物的离弃是器具范式所导致的结果，所以对聚焦物的保护和接近也只有通过对器具范式的克服（并非简单的抛弃）才能做到。"我们对（现代）技术的感觉越强烈，对技术的一贯性和特征的理解越充分，那么，我们越是强烈地意识到，技术必须被一种对等的有方案的和社会的承诺，比如说一种实践活动所平衡。"②

伯格曼就聚焦物和聚焦实践提出了自己的强有力的主张。聚焦关注允许我们聚焦我们的生活，发起技术的革新，从而迎接那些逃离技术的美好生活。伯格曼认为，虽然当今的聚焦实践有些孤立的和不那么完善的倾

---

① Albert Borgmann. *Technology and Character of Contemporary Life: A Philosophy Inquiry*, Chicago and London, the University of Chicago Press, 1984, p.209.

② Albert Borgmann. *Technology and Character of Contemporary Life: A Philosophy Inquiry*, Chicago and London, the University of Chicago Press, 1984, p.208.

向，但这些只是由于环境的不适宜所带来的微不足道的缺陷。另外一方面，无论聚焦实践发展得是多么的好，它们也总会存在这样那样一些问题。在能够继续讨论如何进行技术革新、从而为美好生活留下空间之前，伯格曼认为我们首先需要的是必须思考聚焦实践会碰到哪些重要的障碍，技术革新的关键是什么。伯格曼分析的重点在于努力使聚焦实践的概念与当今社会主流的概念情境与社会情境联系起来，从而提高聚焦关注在人们心目中的地位，进而使善于容纳聚焦物的技术领域成为我们技术改革的核心。

让世界（技术世界）善待聚焦物是技术变革的核心。伯格曼的技术改革既不是对技术范式的改变，也不是对它的拒绝，而是对它的理解，限制它的范围，把它限制在适当的方面，以便让"聚焦关注"（或焦点关注）在我们生活之中占据核心的位置。受到限制的器具范式仍以某种方式存在于生活世界之中，不过它只是聚焦物和聚焦活动的背景和外围。跑步者完全可以欣赏现代技术所生产的轻便、结实和减震的鞋子，因为这样的鞋子可以让他们跑得更快、更远，甚至可以让他们的步法更加轻盈。但是他们绝不会通过汽车来获得这样的运动，也不想通过跑步机来获得运动单纯生理学上的好处。如果一个人的聚焦关注是跑步，但他不会跑步去他任何想去的地方。上班的时候他需要一辆汽车。他依赖于汽车这种器具以及相关的生产、服务、资源和道路等等方面的技术。很明显，人们想尽可能地完善他的汽车：安全、可靠、容易驾驶、无须维修等等。由于跑步者深深地享受的空气、树木和开阔的旷野给他带来的愉悦，同时由于人类的活力和健康对于他们也是必不可少的，因此人们总是想要一辆环保的汽车，一辆没有污染的汽车，一辆生产与驾驶所需能源不多的汽车。由于跑步者是通过他们的锻炼来表现自己的，故而他们不需要用豪华、气派和崭新的交通工具来炫耀自己。聚焦活动对技术产生明智和有选择性的态度，在聚焦关注的背景中倡导简单和完善的技术，以聚焦活动为中心来审视对技术产品的使用。"在焦点关注的入口处，跑步者把技术抛在脑后。"①

---

① Albert Borgmann. *Technology and Character of Contemporary Life: A Philosophy Inquiry*, Chicago and London, the University of Chicago Press, 1984, p.221.

　　然而，荧光屏前的跑步机则大不一样。伯格曼认为，跑步机之类的技术或工具是一种"超现实"（hyperreality），这种超现实的特点是技艺高超：包括人的一切感觉（如听觉、嗅觉、温度的甚至本能的感觉），排除现实中会干扰我们跑步的一切不必要的信息；内容丰富：既可以让我们在风雨交加中跑，也可以让我们在明媚的春光中跑，还可以让我们在高原皑皑白雪上跑；容易驾驭和支配。但一旦从超现实中返回，人们就再也无法安于真正的现实了。现实的景色和超现实表面上虽然一样，但实际上隐藏着深刻的差别。超现实的跑步根本不会显示跑步者周围环境的实际情况，不会给他带来任何欣喜和幸福感，不会给他真正接触周围世界的机会。只有与生活世界的具体情景或环境相分离，跑步机才可以随意地使用，如跑步场景和背景音乐的随意调换。而"随意使用"或"随意性"正是商品的特征，这一特征对于人们虽然富有诱惑，但是它却不能长久，因为我们是现实中的人，迟早会走出商品世界而步入真实的世界。后现代主义初期显示了两个特殊倾向：第一个是使技术"纯净"。后现代主义和现代主义都毫无保留地忠诚于技术，但它不同于现代主义之处在于它给技术以极细致与极复杂的设计，伯格曼称之为"超现代主义"，其产品是"超现实"的工具，如跑步机或飞行模拟器。另一个倾向是使技术发展为一种生活方式，使它为现实服务，为那些令我们尊敬我们的生活、使我们的生活高尚、增色的种种事物服务。伯格曼称之为"后现代现实主义"。①

　　伯格曼认为，如果人生的目的不同于商品的目的，那么，现在的技术改革必须完全不同于以前的各种改革建议，必须为聚焦物和聚焦活动准备空间。"限制器具范式就是把它限制在适当的方面，作为聚焦物和聚焦活动的背景和外围。如此改革的技术不再是我们对待现实典型的和统治性的方式。"②技术改革必须把整个器具范式——既包括机器，也包括商品——都限制在一种手段的地位上，让聚焦物和聚焦活动成为我们的目的。大多

---

　　①　［美］艾尔伯特·鲍尔格曼：《跨越后现代的分界线》，孟庆时译，商务印书馆2003年版，第98页。

　　②　Albert Borgmann. *Technology and Character of Contemporary Life: A Philosophy Inquiry*, Chicago and London, the University of Chicago Press, 1984, p.220.

数传统的改革建议最终还是局限于器具范式，没有挑战技术器具范式的统治。革命性的技术改革就是认识并限制器具范式使用的范围。

伯格曼为技术改革提出了一系列非常详细和具体的建议。伯格曼认为技术改革至少应该包括三个方面的内容：第一，为聚焦物和聚焦活动清理出一个核心位置，如在日常生活之中为跑步确定一个不受干扰的时间，在居家之中为餐桌文化准备一个中心场所；第二，简化围绕和支撑聚焦活动的背景；第三，尽可能扩大亲自参与、身体力行的活动的范围。伯格曼认为，一旦人们在聚焦活动中能够经历到事物的深度和丰富性，体验到全身的心投入与胜任给他们所带来的愉悦，他们就会把这种感觉延伸和扩展到生活的各个方面。"亲自动手"是聚焦活动的座右铭，"自我满足"是聚焦活动的奋斗目标。伯格曼还在其他方面提出了一些具体的建议，如"国民的权利和司法裁决必须根据在私人生活之中已经存在的聚焦活动来理解。"[1]

伯格曼建议人们在闲暇时不要把聚焦活动看作是前技术时代的残留物，而要看成是在技术时代仍然具有自己的辉煌和权利的行为——只要我们为它准备足够的空间。一旦人们在聚焦活动中与高度自动化的工业技术背景处于一种不同于器具范式但又肯定技术的关系之中，聚焦活动就会显现出真正的意义。在工具、机器、能源、物质、交通和通讯等方面，参与性工作不得不依赖于现代技术，但是它并不会不加区别地使用技术器具。是否使用某一种技术性器具，标准是这种器具对人们的技艺和工作的聚焦深度（the focal depth）有益还是有害。工作或服务的聚焦深度，是指聚焦物聚集和体现人们的能力、顾客的愿望、当地环境特点和文化传统的程度。伯格曼认为，我们应该以对待工作而不是对待业余爱好的态度来为聚焦活动准备空间，只有这样才能确保亲身参与活动的命运。这样的聚焦活动不仅是技术无所事事的补充，而且是——作为一种有强度的劳动——减少技术的劳动。

伯格曼的技术改革建议经济分为两个部门：一个是集中的、计划的经

---

[1] Albert Borgmann. *Technology and Character of Contemporary Life: A Philosophy Inquiry*, Chicago and London, the University of Chicago Press, 1984, p.230.

济部门，一个是当地的、需要紧张劳动的部门。人们首先必须一致同意生活之中某些产品和服务应委托给当地的、需要紧张劳动的产业。这些产品和服务——包括食品、家具、服装、医疗健康、教育和音乐、艺术和体育指导等等——应该让人们从事参与性劳动，体验聚焦物（活动）的深度。集中的和越来越自动化的经济部门有三个。首先是运输、公共事业、通讯等等基础设施的维护和改善；第二是诸如工具、汽车、电器、原材料、保险和金融等商品和服务的生产；第三是研究和发展。一方面，这个部门应确保和改进今天人类生存和发展所必不可少的各种技术条件；另一方面，"这个部门的技术应该看作是我们生活的背景而不是生活的标准或中心。"[1] 伯格曼认为，技术改革就是聚焦关注，这种改革并没有什么独特的东西，它只是让聚焦物繁荣昌盛。这就要求我们以一种原则性的和有保证的方式把（现代）技术与聚焦物紧紧地联系在一起。

最后，伯格曼设想了现代技术条件下人们应该拥有的生活方式：通过聚焦活动和器具范式的平衡，"技术能够完成一种新型的自由和富裕的承诺。如果我们的生活集中在聚焦关注上，技术将真正地展现出世界的深度和广度，允许我们成为真正的世界公民。它将使我们免于偶尔的时间短缺、设备缺乏或身体虚弱，转向世界上具有自己品性的伟大事物。"[2] 在伯格曼这里，聚焦活动是神圣的，这种神圣的聚焦活动连接了社会的、经济的和宇宙的活动，它自然是一种卓越的和公共的事务。并非所有前技术时代的技术活动都是神圣的聚焦活动，但这确实显示出它们的一个重要的方面，并且为技术场合之下的聚焦活动充当了一种背景。很明显，技术本身并不是一种活动，它获得它自己的那种秩序和安全。技术史上包含许多伟大的创新运动，但并没有从中产生出一种具有聚焦特点的奠基性事件，也没有产生聚焦性的事物。因此技术本身并非一种聚焦活动，它实在是具有一种分散我们的注意力和把我们的环境弄得乱七八糟的弱化我们的趋

---

[1] Albert Borgmann. *Technology and Character of Contemporary Life: A Philosophy Inquiry*, Chicago and London, the University of Chicago Press, 1984, p.241.

[2] Albert Borgmann. *Technology and Character of Contemporary Life: A Philosophy Inquiry*, Chicago and London, the University of Chicago Press, 1984, p.248.

势。"今天的聚焦活动并没有从它的背景之中遇到明显的或公开的充满敌意的反对，因而被剥夺了来源于这种反抗的有益的活力。当然也有一种反抗——在一种更深刻和更微妙的层次上。为了感觉到反对力量的支持，人们不得不经历技术之微妙地使人虚弱的特点，因为它们必须理解——不管是明确地还是不明确地——技术的危机不在于技术这样或那样的显现，而在于技术范式的无处不在和无时不在。"[①] 我们对技术的感觉越强烈，我们越是明确地理解到技术的连贯性和无所不在，我们越是明确地看到技术必须被一种对等的范式和社会许诺如实践所平衡。

三、伯格曼技术思想：困难与启示

伯格曼的技术哲学跟传统技术哲学，特别是海德格尔技术哲学有着密切渊源。"哲学、神学与海德格尔的名字在我青少年时代的心理中是模糊的，令人崇敬的。"[②] 伯格曼是海德格尔的再传弟子：伯格曼在慕尼黑大学攻读博士学位期间师从 M. 缪勒和施泰格缪勒，而 M. 缪勒是海德格尔的学生。海德格尔技术哲学最重要的发现是人们对待现实的技术方式。传统社会人们是艺人或工匠，他们的技术活动是由先于他们的自然、社会、文化、传统、宗教等方式所引导的。现代技术打破了这种状况，对待现实的纯技术方法不再承认自然、社会、文化、传统等因素的限制。海德格尔认为，现代技术的本质居于座架之中，"座架乃是那种摆置的聚集，这种摆置摆弄人，使人以订造方式把现实事物作为持存物而解蔽出来"。[③] 然而，海德格尔技术哲学的重点不是对技术自身的研究，而在于对技术之所以可能的形而上的分析，他并不关注技术活动的具体特点。今天的技术跟海德格尔时代相比又有了长足的进步，技术对社会生活的影响更加广泛，更加深远，影响的方式也有所不同。在今天，我们既要从形而上的角度研究技

---

① Albert Borgmann. *Technology and Character of Contemporary Life: A Philosophy Inquiry*, Chicago and London, the University of Chicago Press, 1984, p.208.

② ［美］艾尔伯特·鲍尔格曼：《跨越后现代的分界线》，孟庆时译，商务印书馆 2003 年版，第 239 页。

③ 孙周兴主编：《海德格尔选集》下，上海三联书店 1996 年版，第 942 页。

术的本质，而且还要从经验层面入手，研究技术本身的各种具体特点，研究技术对我们的生活和世界的具体而细微的影响。这就需要我们以海德格尔的研究为基础，不断深化和细化对技术的分析。

伯格曼的技术哲学正是海德格尔技术分析的进一步发展。一方面，伯格曼承接了海德格尔的思路，继续在现象学层面上对技术进行研究，如"器具范式"的提出，对"聚焦物"、"聚焦活动"的论证；另一方面，伯格曼试图摆脱海德格尔，从具体的技术人造物出发分析技术，取代把技术看作抽象的"座架"的观点。海德格尔以超越主义方式看待技术，他的技术哲学重点在于分析技术之所以可能的条件，主要兴趣是隐藏在技术器具具体制作和使用方式背后的技术对世界的解蔽的方式。海德格尔眼中的技术事实上是技术对世界的解蔽方式而不是技术本身。伯格曼认为自己的方法不是超越的而是"范式"的，他提出器具范式，意图不是去理解"什么东西使技术成为可能"的超越的构成，而"是一种技术影响的经验观察，这种观察充当伯格曼哲学分析的起点。"① 尽管如此，伯格曼的做法还是明显受到海德格尔甚至还有哈贝马斯的影响，他对技术的批评在认识论上与海德格尔和哈贝马斯的技术批评理论在同一层次上。他把"器具"分为"机器"和"商品"的二元论具有海德格尔"存在"和"座架"的区分、哈贝马斯"劳动"和"交往"的区分的痕迹。而在我们看来，不论是在理论的抽象性上，还是在生活世界的明证性上，伯格曼的器具范式都有待进一步的还原和悬置，需要进一步回溯和还原到技术的实事本身——作为人造物的技术上去。

跟他的前辈一样，伯格曼的技术哲学也存在着一定的困难。"伯格曼的方法既有海德格尔技术起源理论的模糊性，又有哈贝马斯技术批评理论的局限"。② 伯格曼的器具范式始终徘徊于如何面对技术（经验层面）和如何获得技术（形而上学层面）两种描述之间难以取舍。对于器具范式的

① Peter–Paul Verbeek. Device of Engagement: On Borgmann's Philosophy of Information and Technology〔Z〕. Techne: Journal of the Society for Philosophy and Technology. Volume 6, Number 1: Fall 2002. Http://scholar.lib.vt.edu/ejounals/SPT/spts.

② Feenberg, Andrew. From Essentialism to Constructivism: Philosophy of Technology at the crossroads〔Z〕. www_ro_han.edu/facult/feenberg/talk4.

方法和聚焦活动的作用，美国哲学家 Peter–Paul Verbeek 认为，像海德格尔一样，伯格曼过于担心技术对人的威胁，这使他不能充分认识到技术在人与现实的关系方面所起的积极作用。技术承诺免除人们的负担和使人富裕，但减少了人们对现实的参与，从而妨碍了人们的幸福。对此伯格曼以围绕聚焦物展开的聚焦活动作为平衡。伯格曼的这一观点跟传统技术哲学技术会使人异化的观点非常相似。伯格曼认为聚焦活动之所以被技术器具所取代，是因为人们完全沉湎于因使用技术所产生的消费态度之中。他要求人们"不再不停地到别处寻找超现实，而是耐心地、充满活力地使自己顺从自然与传统"。① 然而情况并不总是这样，技术器具跟聚焦活动并不总是处于对立的两极，在很多情况下"器具可以成为人们从事聚焦活动的工具"②。比如轻装旅行的学生可以利用随身听提高和维持他们的音乐技能，参与的器具可以通过很多方式给那些资源有限的人提供丰富文化的机会。技术在人与现实之间所充当的角色比伯格曼所理解得更复杂。"技术不仅会创造一些扰人心智的消费，同时也会创造出新的参与机会。"③ 技术哲学需要一种更加宽广的哲学视野，分析技术是如何"聚焦"生活世界和组成这一世界的各种因素，并进而如何影响生活世界和这些因素。这将导致对海德格尔、伯格曼技术观的修正。

作为技术本质主义在美国的主要代表之一，伯格曼认为器具范式可以说明现代技术之本质。"器具范式"是不是技术之本质呢？如果是，海德格尔的"座架"，埃吕尔的"技术系统"，芒福德的"巨机器"是不是技术的本质？技术之本质这一问题有待进一步的研究。什么是技术，什么是技术人造物？在伯格曼那里，发电厂是技术人造物，火炉同样也是技术人造物；在海德格尔那里，莱茵河上的大坝是技术人造物，独木桥同样

---

① ［美］艾尔伯特·鲍尔格曼：《跨越后现代的分界线》，孟庆时译，商务印书馆 2003年版，第 152 页。

② Phil Mullins. Introduction: Getting a Grip on Holding to Reality〔Z〕. Techne: Journal of the Society for Philosophy and Technology. Volume 6, Number 1: Fall 2002. Http://scholar.lib.vt.edu/ejounals/SPT/spts.

③ Peter–Paul Verbeek. Device of Engagement: On Borgmann's Philosophy of Information and Technology〔Z〕. Techne: Journal of the Society for Philosophy and Technology. Volume 6, Number 1: Fall 2002. Http://scholar.lib.vt.edu/ejounals/SPT/spts.

也是技术人造物——没有一定技术在莱茵河上是建不起来独木桥的。火炉或发电厂，独木桥或大坝，从表面上看是器具或人造物的不同，实际上不同的技术人造物聚集和反映的是不同的生活世界，是组成这一世界的不同要素和这些要素之间的不同关系。独木桥在聚集生活世界时，由于前技术时代的特点——没有哪一种要素具有人或主体在今天所具有的那种独占性的统治地位，生活世界中自然、社会、历史、文化甚至宗教、迷信等因素都得到了反映和聚集，人们在建造独木桥时必须考虑或尽可能考虑所有这些因素，因而独木桥代表了人类一种全面的和丰富的生活方式（虽然这种生活方式在今天看起来欠缺一定深度）。但是在现代，虽然发电厂也是对生活世界的聚集和反映，但生活世界不同因素在发电厂之中所"享受"的待遇是不同的：经济效益的考虑和为了提高经济效益而从事的科学研究和技术开发占有统治性地位，自然的、社会的、传统的、文化的等等其他因素要么被认为不重要或无关轻重而遭到忽视和拒绝，要么被认为是过时的或毫无关系的东西而被完全抛弃。因此，不同时代的人造物代表的是这个时代聚集或对待生活世界的不同方式和态度，不同人造物的背后隐藏着的是不同要素在生活世界之中所有的不同位置和关系——这些不同的位置和关系最终通过不同的人造物体现出来。生活世界各因素组成一个个相互联系、相互牵涉、相互缠绕在一起的网络，人造物就是这些网络相互缠绕在一起的"节点"（物质载体）。人造物是生活世界各因素相互"角力"的产物：人的要素与物的要素、自然的要素与社会的要素、历史的要素与现实的要素、文化的要素与经济的要素、科学的要素与技术的要素等等相互较量、对抗、冲突、妥协、协调或交融，最后以不同人造物的形式显现出来。技术与生活世界的关系不是通过把器具划分为机器和商品就能完全解释清楚的，器具范式只是从一个方面对技术本质的解释——虽然同海德格尔的座架一样是一种很深刻的解释。要弄清技术的本质，首先必须认识技术如何聚集生活世界和组成这一世界的各种要素和关系，或这些要素和它们之间的相互关系是如何物化在人造物身上的。技术既不仅仅是伯格曼器具范式中的机器和商品，也不仅仅只是海德格尔"天地神人"四重奏的聚集，而是比机器和商品、"天地神人"更为复杂的自然（包括自然地理环境，自然规律、自然的物理和化学性质等方面）、人（包括人的自然生理结构、需要与欲望、知识、情感、意志等方面）、社会（社会的文化、制度、风俗、习惯等方面）、历史、科学、技术等各种因素和它们之间的相互关系的聚集物化和凝结。从技术与技术得以产生和形成的生活世界之间的相关性出发，即使不是研究技术本质唯一的途径，也是最重要和具有始源性的途径。

伯格曼认为，虽然现代技术无处不在，无时不在，无孔不入，但是不能由此得出结论，认为器具范式是当今人们唯一的生活方式。聚焦物和聚焦活动并不是前技术的，也不是反技术的，相反，它们以对技术自信的和明智的接受展示了它们在今天仍然具有存在的意义。尽管器具范式在现代生活之中占有统治地位，但是，只要人们仍然保持跟其他事物特别是聚焦物密切的交往，只要人们依然从事各种围绕着聚焦物而展开的聚焦活动，就可以消除或最大限度地减少当今的各种技术问题。"不仅聚焦关注在技术的情景中获得了它们适当的辉煌，而且通过把聚焦关注安置在核心位置，技术背景也恢复了它原先承诺的尊严。"[①] 然而，我们不禁要问：聚焦物、聚焦活动果真能如伯格曼所愿，真的能解决当代社会的各种技术问题吗？你可以去跑步，我可以去钓鱼，他可以去爬山，但世界上还是有人去制造原子弹，还是有人去设计、发明和生产能做定点清除的智能导弹，还是有人想尽一切办法克隆人——甚至他们还能够从中得到很大的乐趣和享受，把这当作他们真正的人生。这个世界需要有人去跑步，去钓鱼，去打猎，可这只能减少一些技术问题，顶多减少一些我们不愿意看到的、会给我们带来明显副作用的技术问题，而不可能从根本上解决技术问题。"生产汽车是为了赚钱、制造洲际导弹是为了杀人……全面地探讨技术哲学必须考察这些技术事件得以发生的基本前提，一定要对这些事件对整个人类的意义作出估价。"[②] 要想从始源和根基处研究当代的技术问题，必须考察

---

① Albert Borgmann. *Technology and Character of Contemporary Life: A Philosophy Inquiry*, Chicago and London, the University of Chicago Press, 1984, pp.247—248.

② ［德］F. 拉普：《技术科学的思维结构》，刘武译，吉林人民出版社 1988 年版，第 92 页。

当代各种技术事件得以发生的基本前提，必须考察当代人类的生存状况和现代技术对人类的生存所具有的意义。无论是技术之产生，还是技术之"本质"，都在于技术与生活世界的相关性，技术是生活世界的物化和聚集。现代技术各种问题的产生，最根本的原因在于当代的生活世界，在于当今人们所生活的世界或这一世界的某些要素出现了问题，在于当代社会组成要素之间的关系出现了昏乱和扭曲。生活世界既有自然和传统因素的作用——伯格曼的聚焦物主要是要求人们顺从自然和传统（聚焦物实际上就是与自然和传统保持密切关系的传统事物），也有社会、经济、（现代）科学和（现代）技术等因素的作用。我们固然需要面向自然和传统，因为自然和传统确实可以在很多方面丰富人们的生活、充实人生的意义；但是，仅仅通过面向自然和传统既不能给人类提供健康和全面的生活，更无法解决当代社会的各种技术问题。

伯格曼技术哲学的目的是对现代技术进行必要的改革。在他看来，技术改革就是限制器具范式，把器具范式限制在人们生活之中某些适当的方面，把它作为聚焦物、聚焦活动和聚焦关注的背景和外围。但是，如果技术是物化为人造物的技术，是生活世界的物象化，这一命题对经验技术和科学技术是一样的，因为它们从起源上讲都是生活世界的物象化。那么，为什么要把现代技术作为传统技术的背景和外围呢？伯格曼的解释是现代技术被分割为机器和商品、劳动和闲暇、成就与享受，而在经验技术中这一切是统一的。但这一解释是有问题的。如果把伯格曼的观点坚持到底，不仅科学技术，即使是经验技术（如独木桥）对于使用者来说劳动和闲暇、成就和享受也是分离的，因为使用者只是利用现成的独木桥，独木桥对于他们并没有什么劳动和成就感——驾驶汽车是用自己以前的劳动为现在的享受"埋单"，过独木桥则是用前人的劳动为后人的方便"埋单"。只有对于建造者本人而言劳动和闲暇、成就和享受才是统一的，但我们不可能自己动手建造一切人造物——哪怕是在经验技术时期。现代技术的问题并不出现在机器和商品、劳动和闲暇、成就与享受的分离上，而在于现代技术在聚集和反映生活世界的方式上出现了问题，在于生活世界本身出了问题。伯格曼虽然意识到了这一点，但他并没有明确地表达出来。现代技术最大的问题是经济、科学等少数因素在生活世界物象化的过程中具有越来越强势的排他性地位，自然、社会、历史、宗教、文化、政治、法律等因素则逐步走向没落和边缘化（如世界上很多国家明确立法禁止克隆人的研究，但有一些科学家或科学团体出于这样或那样的动机仍在从事克隆人的研究）。人造物是生活世界各要素和关系的物化，但这一物化在不同时代具有不同的特点。在经验技术时期，生活世界的诸多要素基本上都能够得到聚集和反映，各因素在人造物之中保持着一种比较平衡和协调的关系。现代技术反映和聚集的因素越来越集中在生活世界少数几种要素之上，生活世界之中很多与人的生存与发展（特别是与人的全面发展）关系密切的要素在现代技术中被遮蔽或忽视了。伯格曼试图通过聚焦物来恢复被现代技术所忽视或遮蔽的因素，但在这样做的同时人为地把生活世界浑然一体的各因素给切割开来，其做法与现代技术实际上是一样的，只不过强调的重点从经济与科学转向了自然与传统而已。是限制科学与经济的发展而给自然和传统腾出更多的空间，还是在经济和科学发展的同时全面和深刻地聚集和反映生活世界之中尽可能多的因素（当然是有益于人类发展的因素），伯格曼赞同的是前一种观点，我们坚持的是后一种观点。伯格曼对聚焦物、聚焦活动、聚焦关注和技术改革的各种论述，只有放在生活世界全面、协调和深刻发展的基础之上，才能真正实现它们的价值。技术问题，如果从技术与生活世界的相关性的角度看，实际上是生活世界的问题。技术的改革是生活世界的改革，是对我们的生活和我们所生活的世界的改革。

在我们看来，伯格曼的器具范式是对技术（人造物）在存在者层次上的本质——结构与功能的二重性——的简化。人造物的本质或它的不可还原属性是结构与功能的二重性。伯格曼器具范式中的机器只不过是人造物"结构"的一种特殊表现，但人造物在结构上除了表现为机器外还表现为工具、器皿等多种形式；商品则是人造物的功能—意向的一种特殊形式。不排除人造物具有商品这一表现形式，但充当商品仅仅是人造物众多功能—意向中的一种而已。伯格曼的器具范式，积极意义在于它凸现了现代技术在结构上表现为机器，在功能—意向上表现为商品；不足之处是忽视了人造物结构与功能的二重性在其他方面的表现。

伯格曼技术哲学的又一启示是把对技术形而上的分析与经验的分析有机地结合起来。为了让自己的技术分析具有形而上的底蕴，伯格曼运用现象学方法"悬置"了技术的各种具体历史条件，提出了器具范式、聚焦物、聚焦活动等形而上的概念。另一方面，伯格曼又突破了传统现象学技术哲学的框架，在他的分析中增加了大量的经验案例，在传统现象学分析之外引进了大量的社会学、经济学、政治学的分析。伯格曼这一思路对我们大有启发。一方面，对技术的分析必须有哲学的视野，研究那些使技术之所以可能的条件即技术的本质问题。另一方面，技术哲学不能始终站在技术之外和之上研究技术。技术哲学必须"走进"技术，打开并进入技术这一"黑箱"，具体而又详细地研究人造物这一技术的实事本身聚集和反映生活世界的具体特点和机制。技术的物象化是一个复杂的社会过程，涉及自然、社会、历史、政治、经济、文化、科学等生活世界的各个方面，这就要求技术哲学转向经验研究，跟当今的社会学、经济学、政治学、科学学、技术学以及自然科学等其他学科结盟，让技术哲学始终朝向生机勃勃的现实生活世界。

第九章　伊德：技术、生活世界与工具实在论

唐·伊德（Don Ihde）（1934——）的技术哲学也属于现象学技术哲学流派。伊德的技术哲学建立在对以前的各种技术哲学理论的现象学还原的基础上，"还原"或"悬置"是伊德通达技术的基本途径。伊德也是通过还原的方法，将已有的赞成技术和反对技术的各种理论放入括号中存而不论，直接面向技术的实事本身。作为现象学家，胡塞尔的实事本身是"意识"，海德格尔的实事本身是"存在"，伊德的实事本身则是具体的"技术"（人造物）——是以盲人的手杖、牙医的探针和各种光学仪器作代表的各种技术工具。胡塞尔通过"意识"与"某物"的相关性研究意识，海德格尔通过"存在"与"此在"的相关性研究存在，伊德通过"人——技术——世界"的相关性研究技术。伊德的技术哲学著作很多，其中主要包括《技术与实践》（1979）、《技术与生活世界：从伊甸园到尘世》（1990）、《工具实在论》（1991）和《技术哲学导论》等等。

一、伊德：技术实践与人类的生活世界

伊德认为，不存在纯粹的技术本身，技术是一种关系性存在，技术就在于技术与人和世界的相关性。"在每一批评或赞扬技术的观点之中，都有一些在人和技术之间发生了什么的必要前设。这里至少有一种暗含的对技术的'先行视见'，以便决定对技术是批评还是赞扬。正是在这个基

本的前设和暗含的'先行视见'的层面上，现象学找到了研究技术问题的入口。"[1]伊德认为，人与技术的关系是技术观的基础和核心，他从这种关系开始他的技术研究，因而伊德的技术哲学是一种"人—技术（机器）关系"的现象学。伊德的技术哲学并没有研究技术的产生和形成，他的重点不是分析技术产生和形成的机制与条件，而是通过对人类使用技术的经验和知觉与没有使用技术的经验与知觉的对比，研究技术对人类的经验与知觉，以及最后对整个人类生活（世界）的影响。他的主要著作如《技术与实践》、《技术与生活世界》都是围绕着技术与生活世界的相关性而展开的。

"无技术/技术协调的人类经验是分析人—技术关系入口处的重点"。[2]伊德技术哲学研究的是人与技术之间的关系，起点是有技术协调的经验与没有技术协调的经验之间的区别，是技术的使用对人类经验的影响——既包括对技术所作用的对象的影响，也包括对技术使用者自身的影响。用伊德的话就是人造物的使用既改变了意向相关项，又改变了意向活动，技术哲学的任务就是寻找技术在改变人们的意向活动和意向相关项的过程中所显示出来的常项。"工具既改变了意向相关项的某些特点，也改变了意向活动的某些特点，我将试图展现在工具的使用过程中所体现出来的结构或常项。"[3]通过对各种工具或人造物的研究，通过研究人们对不同类型的人造物的经验，伊德认为既可以显示出技术如何影响我们对世界的看法，也可以显现出技术如何影响我们对自身的看法。

"甚至可以说我们的生存是技术建构的，这不仅是由于许多在发达技术文明中所产生的激烈的和批评性的问题，诸如核战争的危险或全球污染的担忧，以及它们的各种不可逆转的后果，同时也是由于日常生活的节奏和空间。"[4]伊德认为，当代人的生存是一种"技术建构"的生存，主要原

---

① Don Ihde. *Technics and Praxis*. D. Reidel Publishing Company, Dordrecht, Holland, 1979, p.3.

② Don Ihde. *Technology and Lifeworld: From Garden to Earth*. Indiana University Press, Blooming and Indianapolis, 1991, p.17.

③ Don Ihde. *Technics and Praxis*. D. Reidel Publishing Company, Dordrecht, Holland. 1979, p.69.

④ Don Ihde. *Technology and Lifeworld: From Garden to Earth*. Indiana University Press, Blooming and Indianapolis, 1991, p.1.

因不仅是现代技术所产生的各种全球性问题的影响，更重要的是技术对我们的日常生活节奏和日常生活空间的影响。技术对我们日常生活的影响既丰富又复杂。"如果转向我们在日常生活中所面对的广阔的人—技术关系的领域，在前—现象学条件下我们所面对的是多种多样的复杂的人—技术关系。"① 以日常生活中每一天的早晨为例：闹钟的铃声把我们惊醒，看看是几点，起床走进浴室，最先使用的技术产品是牙刷（一种简单的人造物）。早餐利用现代技术所生产的电炉、咖啡壶和自来水②，然后把各种碟子放进微波炉。出门上班开动汽车，汽车是由各种零部件所组成的整体。到达办公室后使用传真机、打字机、复印机，更不用说电话。与此同时，没有人注意到我们被荧光灯和机器发出的声音所包裹，机器的能量由我们看不到的各种管道所提供。尽管这些人—机器（技术）的关系只是我们一天之中所遇到的一小部分，但这足以说明我们已经生活在一个技术所组成的世界之中。

初步的反思可以揭示出技术存在的普遍性，但对技术的熟知能不能直接给予我们对技术的真知呢？"熟知，正如海德格尔明确指出，倾向于遮蔽我们跟世界的关系中最重要的东西。"③ 伊德认为，技术哲学必须研究人—技术关系中人们认为是理所当然的东西背后所隐藏着的东西，研究丰富和具体的技术现象的描述性变量后面的不变的常项。

伊德将日常生活之中丰富多彩的人—技术关系划分为四种模式："具身关系"、"解释学关系"、"背景关系"和"一体化关系"。在"具身（或体现）关系"（embodiment relations），如驾驶汽车中，技术（汽车）成了人（驾驶者）身体的一部分，人们几乎感觉不到汽车的存在。在"解释学关系"（hermeneutic relations），如工厂的各种仪表中，技术在某种程度上

---

① Don Ihde. *Technics and Praxis*. D. Reidel Publishing Company, Dordrecht, Holland, 1979, p.6.

② 发达国家的自来水不同于发展中国家的自来水，它们是经过现代技术处理之后的可以直接饮用的"自来水"。即使在发展中国家，自来水也不是所谓的"自来水"，而是经过一定的技术处理之后的"人工水"。

③ Don Ihde. *Technics and Praxis*. D. Reidel Publishing Company, Dordrecht, Holland, 1979, p.7.

成了一个他者，人们通过对这个他者的解读来理解世界。"在具身关系中，技术被吸收为人的自我经验的一部分，在解释学关系中技术成为一个对象被人所感知。"[1] 在"背景关系"（background relations）中，技术成了日常生活中不被人注意，但却无处不在的背景。在技术"一体化关系"（alterity relations）中，技术成了人类自我经验和自我表达的一部分，作为"准他者"（quasi-others）的技术成了我们熟悉的对应物，这些对应物从四面八方包围着我们。"世界成了技术的构造并且带有一体化的倾向。在这种意义上，我们处处存在主义地遭遇技术—人造物。"[2]

"技术的使用是非中立的，它改变了人的经验。"[3] 伊德用狐狸和葡萄的故事来说明技术改变了人对世界的感知。狐狸发现树上有葡萄，它想吃，可树太高，不管它怎么跳，但始终够不着。于是狐狸得出结论："葡萄是酸的"。人会不会得出同样的结论呢？伊德认为，如果人类会使用工具就不会得出跟狐狸一样的结论。人也许也够不着葡萄，跳起来也够不着，但人可以拿起一根棍子把葡萄打下来，因而发现没有必要得出酸葡萄的结论。狐狸和人的微观知觉都把葡萄感知为能吃的，并且都渴望得到这种对象，但直接的或者说没有使用技术的知觉有可能把葡萄感知为酸的，而使用技术的知觉则不会得出同样的结论。因此，即使是最原始的技术（工具）也会改变人们对被感知对象的知觉，在狐狸的例子中就是对葡萄的知觉。随着技术人造物在人类世界中的不断积累，特别是现代技术的越来越精致和复杂，技术对人的知觉的改变也就越来越大。同一种自然、社会、历史或文化现象，使用与没有使用技术，哪怕是使用不同技术的人会得出不同的知觉：一个穿着厚厚羽绒服的人，望着满天飞舞的雪花，赞叹这是人间难得的美景；一个衣着单薄的人，望着这从天而降的雪花，会从心底发出难听的诅咒。

---

[1] Don Ihde. *Technics and Praxis*. D. Reidel Publishing Company, Dordrecht, Holland, 1979, p.12.

[2] Don Ihde. *Technics and Praxis*. D. Reidel Publishing Company, Dordrecht, Holland, 1979, p.15.

[3] Don Ihde. *Technics and Praxis*. D. Reidel Publishing Company, Dordrecht, Holland, 1979, p.53.

伊德认为所有的技术人造物都以某种方式体现了人的经验，扩展和改变了人对世界的知觉。通过对身体的意向关系（完全不使用任何人造物）与工具的意向关系（以某种方式使用一定的人造物）的对比，伊德试图寻找工具使用中不变的"常项"。例如，在牙医使用探针收集患者牙齿信息的过程中，一方面，探针扩展了牙医的感知，放大了牙齿的某些特征，让牙医对牙齿表面的硬度和柔软性有更好的感知；另一方面，在扩展和放大牙医对牙齿某些方面感知的同时探针又减少了牙医对牙齿其他方面的感知，比如用手指可以感知到牙齿更多的物理性质如潮湿感。"探针在与微观特征有关的方面给予我们更好的分辨，但与此同时它'忘记'或简化了在手指触摸过程中可以感知到的牙齿完整性的其他方面。"[1]探针改变了牙医直接的感知经验，这是一种非中立的改变，并且在这种改变中显现出一种不变的特征："放大—简化（缩小）"的结构——对于每一个通过探针放大了的牙医的感知都伴随着一个相应地简化或缩小的感知。

技术的放大和缩小会对人们的生活世界产生什么样的影响呢？"在我平常所经验到的东西与我通过工具所经验到的东西之间的间断性开始扩大到这样一个地步，以至于出现了设想两个世界的诱惑：一个是日常的世界，另一个是工具建构的世界——这个世界只有通过工具或使用工具才能达到。"[2]在现代技术条件下生活的人，面临着日常丰富的感觉世界与工具协调的单一感觉世界之间的严重脱节。如果我们相信人类的视力在生理上是有限的，它隐瞒的东西比看到的东西还要多，那么我们就可以通过"工具实在论"（instrument reality）来承认与接受工具协调的世界，即"工具协调的世界才是'真实'的世界。我们不仅遗忘了日常世界，而且日常世界开始变得'丢脸'（downgraded）"。[3]

工具以自己的倾向性使我们对世界的知觉带有工具的意向特征。为了

---

① Don Ihde. *Technics and Praxis*. D. Reidel Publishing Company, Dordrecht, Holland, 1979, p.21.

② Don Ihde. *Technics and Praxis*. D. Reidel Publishing Company, Dordrecht, Holland, 1979, p.46.

③ Don Ihde. *Technics and Praxis*. D. Reidel Publishing Company, Dordrecht, Holland, 1979, p.46.

更清楚地说明技术协调的知觉与没有技术协调的知觉的区别，伊德设想一个完全没有使用技术的世界——"伊甸园里"的"亚当"。伊德认为，亚当与我们的差别是典型的技术协调的知觉与没有技术协调的知觉之间的差别。然而，虽然我们的知觉与亚当的知觉之间是不连续的，但二者之间仍有交集。"我们不需要返回伊甸园；尽管我们的世界是技术建构的，但在微观层次上依然有非协调的知觉"[1]。比如，当炎热的夏天走出家门来到海滩散步的时候，我们可以找一个四周无人的僻静地方脱掉衣服，坐下来，然后环顾四周。海面微风轻轻地吹拂，沙滩热浪迎面袭来，波涛细浪的潺潺水声，还有横跨海湾的茂密的森林——所有这一切都呈现在我们的没有经过技术（工具）协调，或者说没有被技术改变的知觉之前。我们可以把这一切是理所当然的，它们是那么的熟悉。这是我们感知周围世界的一种基本方式，这种直接的未协调的知觉，伊德称之为"人——世界关系"。

当我们随意坐在沙滩上时，我们并没有明确意识到自己目光的指向，也不清楚地意识到凸现在我们眼前的东西与背景领域之间的格式塔关系，但这种关系在反思中可以轻易地被我们发现。呈现在我们面前的东西反身指向或确定我们自身的位置，即指向一种具体的、身体的空间性的"此在"。这种身体的空间性不是单向的和明白无误的，相反，它是灵活和多面的。伊德认为，"所有这一切是我们与想象中的新亚当共有的。他没有与我们分享的是我们离开伊甸园之后所有的由技术协调和体现的知觉经验。我们的生活之中再也没有多少赤裸和生动的感知，尽管偶尔有，但也从未远离过技术体现的物质外衣。"[2]现代人与古代人都有对世界的没有技术协调的知觉，但是与古代人不同的是，现代人的知觉和经验中没有技术协调的，或者说没有被技术改变的成分越来越少，也就是生动、朴素和本真的成分越来越少。即使是现代人的生动的和朴素的知觉，其中也渗透着技术的成分。这是现代人与古代人在知觉上的本质区别。

---

[1] Don Ihde. *Technology and Lifeworld: From Garden to Earth*. Indiana University Press, Blooming and Indianapolis, 1991, p.45.

[2] Don Ihde. *Technology and Lifeworld: From Garden to Earth*. Indiana University Press, Blooming and Indianapolis, 1991, p.46.

比较一下亚当和现代人：亚当爬上伊甸园最高峰瞭望他的王国；现代人坐电梯来到摩天大楼顶层透过刚刚擦洗干净的平板玻璃观看城市的空中轮廓。亚当用肉眼观看他的王国；现代人隔着窗户观看下面的城市。在亚当那里的"人—世界"的关系变成了今日的"人—窗户—世界"的关系。如果窗户非常干净和一尘不染，那么窗户可以隐匿，显现给我们的是"（人—窗户）—世界"。但窗户在观察者的感觉中不可能完全消失，它或多或少改变了观察者对世界的感知。窗户在完全隔绝和绝对透明之间存在着一系列的可能性。如果玻璃是有色的，如蓝色或者灰色的玻璃，它还会改变景象的颜色。隔着不同的窗户观察者得到不同的物理世界，但每一片玻璃背后的世界对于观察者都是"真实的"。

处于人与世界之间的技术并非完美无缺，这会导致对人—世界关系的进一步改变。如果玻璃上有气泡，或玻璃本身不平坦，它将放大或者扭曲被观察的对象。人们的"看作……"是一种放大的"看作……"，所有"看作……"是一种"从……的看"。通过凸镜的观察导致了视觉的改变，不管这种变化多么轻微，它都会改变我们身体的空间知觉：远的变近了，模糊的变清楚了，看不见的看得见了。我们曾经看作是真实或裸露的身体空间现在被显微镜、放大镜、望远镜等光学仪器改变了。

通过显微镜能够改变我们的空间知觉，但这种改变对于一般人来说并没有眼镜的改变那么明显。眼镜用于纠正视力，它可以把模糊不清的世界重新变得清晰，所以人们都喜欢佩戴眼镜。但是这种改变是有代价的。伴随着眼镜对世界的改变（放大或变清晰）也有一种对世界的简化或缩小。最小的代价是对眼镜本身的照料，更重要的是世界被我们装上了框子，不断受到所戴眼镜的干扰，如反光、灰尘或水汽会使我们看不清甚至看不见世界。技术对世界的每一个揭示或解蔽，同时都有一个相应的隐瞒或遮蔽，这一切都是通过技术（工具）的协调所发生的。

人们不仅追求对世界的放大，而且不断追求更大的和更完美的放大，但是伊德认为，更有力和更完美的镜片不仅带来更大的放大，同时也带来更大的简化和缩小，直至把物体所有的方面简化为看的一面，从而失去了对事物的厚度和位置感。光学仪器的改变还有一个重要特点——通过镜片所展现的是我们以前并不知道的宏观和微观世界。科学家在其职业生涯中不是生活在常人的日常世界中，而是生活在一个由各种光学仪器所显现的"科学"或"技术"世界之中。工程师和技术人员的创造发明（如电子和生物技术）越来越多地以宏观和微观世界的理论为基础。这样创造和发明的技术产品一旦进入生活世界将会对人们传统的日常生活产生非常大的改变。另外，现代的镜片技术也完全改变了人们的空间感觉，"它把世界变成一种不真实的、扁平的和狭窄的'世界'，它的距离总是一种'近距离'。但是当我们把技术体现为我们熟悉的行动时，我们'遗忘'了这一点。"①

技术不仅改变了人们对世界的空间知觉，而且改变了人们对世界的时间知觉。"时钟一旦被发明，它就改变了时间的知觉"。② 测量时间是现代人的核心活动之一，时钟的任务就是把这样的测量变得更加准确。但是随着测量的出现，测量技术呈现出一种自己的发展可能性：时钟将会创造一种与非时钟的生活完全不一样的新的生活方式。"我们对自然计时的分析曾以'原始的'此在作为根据；如果我们拿'原始的'此在与'现代的'此在相比较，就会显示出白日与阳光的在场对于'现代的'此在不再具有优先作用，因为这种此在有着把黑夜变成白日的优点。同样，它也不再需要通过对太阳及其位置的直接观察来确定时间。测量工具的制造与使用，使人们能够从特为这一目的制作的钟表来直接解读时间。"③一方面，时钟的创造和发明给人类生活带来了许多方便；另一方面，这种方便从根本上改变了人造物聚集和反映生活世界的方式和内容：时钟的形成和运行，聚集和反映的是机械的和电子的运动规律，不再聚集和反映太阳、月亮和星空的运动，时钟的运行成了一种与天地运行无关的东西。时钟的世界没有给天地留下位置。这样，"通过钟表的阅读代替了

---

①　Don Ihde. *Technology and Lifeworld: From Garden to Earth*. Indiana University Press, Blooming and Indianapolis, 1991, p.50.

②　Don Ihde. *Technology and Lifeworld: From Garden to Earth*. Indiana University Press, Blooming and Indianapolis, 1991, p.60.

③　Don Ihde. *Technology and Lifeworld: From Garden to Earth*. Indiana University Press, Blooming and Indianapolis, 1991, p.60.

被阅读的东西；人们阅读的是钟表而不再是天空。"① 即使自然的节奏在时钟中没有完全被抛弃，它们也只有背景的意义而不再是人类生活的舞台。人类从天地的大世界跌入了时钟的小世界。这是对天地无限丰富、可以给人类带来无限想象的时间的背离。时钟的时间是一种单向度时间。拥有时钟时间的人类主动把自己从天地之中放逐了出来。不再聚集天地的时钟一旦嵌入人们的日常生活，一旦成为人们生活世界的熟知和"不言而喻"，它就切断了人们的活动与"天地"进而与"神人"的联系。人的行动只需考虑自己的无机的机械（电子）时间而抛开孕育世上万物的天与地的有机的时间：现代养鸡场可以通过人为的时间安排，借助于灯光调节鸡的生理节奏，以达到让鸡多下蛋的目的。时钟不再聚集天地，根据时钟生活的人逐渐排除了天地对他们的生活的影响，进而也就用不着考虑他们的行动对天和地的影响。

二、伊德："工具实在论"

伊德不仅仅是一位技术哲学家，他的哲学研究涉及的范围非常广泛。他既深受胡塞尔、梅洛-庞蒂等人的现象学、海德格尔的存在主义哲学的影响，同时也受到美国土生土长的实用主义哲学，比如杜威的实用主义思想的影响，进而提出了自己的"工具实在论"思想。伊德的这一思想在技术哲学界产生了广泛的影响。下面主要介绍伊德在 1991 年出版的《工具实在论》这部著作中所提出的"工具实在论"理论。

为了更充分地理解以技术设施为基础的科学发现（知识）中，实践和知觉是如何起着一种关键的作用，伊德简要回归了科学和技术哲学史上五位北美哲学家的著作。德里福斯（Hubert Dreyfus）在这一背景中起着先锋的作用；希伦（Patrick Heelan）代表（欧洲）大陆裔美国人一边；埃克曼（Robert Ackermann）、黑克（Ian Hacking）代表英裔美国人一边。五位哲学家都看到了体现具身和工具在科学哲学和技术哲学中所起

---

① Don Ihde. *Technology and Lifeworld: From Garden to Earth*. Indiana University Press, Blooming and Indianapolis, 1991, p.62.

的关键作用。

《工具实在论》一书包括两个部分：第一部分是"通过技术哲学对科学哲学的理解"，第二部分是"作为界面的工具"。"通过技术哲学对科学哲学的理解"这一部分分为三章：简介、哲学家和技术、新的科学哲学和技术哲学。在简介部分，伊德同意 Rachel Laudan 的这一判断："对于所有关于技术对现代生活的灾难性后果的指责，对于所有同样非批判性的对于技术包医百病的赞扬，这些大叫大嚷的赞成和反对技术的运动都没有说明技术的本质。"① 伊德认为，技术哲学远远还没有成熟。不同于技术哲学，科学哲学与柏拉图主义传统有关，早期的科学哲学是概念的、抽象的科学，是非历史的、脱离身体和知觉的。"它是一种没有知觉的科学，也是一种没有技术的科学。"②

传统的观点认为，技术是科学的应用，同海德格尔一样，伊德对这一观点并不认同，他认为大量的案例可以证实，科学更多的归功于蒸汽机，而不是蒸汽机归功于科学。新的科学哲学的产生，部分原因在于对在旧的占统治地位的科学哲学中经常见到的脱离身体知觉的、本质上是唯心主义的和抽象的科学概念的明显的不满。作为实践和知觉知识的一个方面，只可意会不可言传的知识、身体的知识在科学中起着隐蔽的作用。这种作用，大多数科学哲学是看不到的。伊德对库恩的范式理论作出了自己的新的解释：从知觉和实践的角度来解释科学。福柯既是库恩的同代人，也是库恩的同路人，伊德用福柯的理论来对库恩进行"修正"，从而提出了自己对范式与规则关系的看法：范式是规则的基础而不是规则是范式的基础。旧的社会和传统实际上决不会完全让位于新的技术。柴油机的发展不会独立于蒸汽机的发展。范式改变的时候世界本身也随范式一起改变了。"在新的范式的引导下，科学家采用新的工具并在新的位置上观察自然。更重要的是，在革命时期，科学家用相似的工具在看他们以前看过的地方

---

① Don Ihde. *Instrumental Realism: The Interface between Philosophy of Science and Philosophy of Technology*. Indiana University Press. Blooming and Inianapolis, 1991, p.1.

② Don Ihde. *Instrumental Realism: The Interface between Philosophy of Science and Philosophy of Technology*. Indiana University Press. Blooming and Inianapolis, 1991, p.7.

时看到的是新的和不同的事物。"①

一样的工具为什么会产生不同的知觉呢？库恩认为同一件工具的使用能够产生不同的知觉，但从历史上讲，这种改变只有在工具本身改变之后才会发生。对于库恩，格式塔的改变是"把什么……看作什么"的改变。范式的改变是整个知觉领域的改变。伊德认为，从根本上讲，库恩的模式是维特根斯坦的知觉模式，它承认格式塔是知觉的情境，在这种情境中各种要素根本性地和间断性地相连。这就使库恩非常接近知觉主义者现象学一族。"如果在一种范式的转变中'世界'改变了，那么，在这一世界的整个领域中的知觉对象或者参照物也就改变了。"②

伊德认为，胡塞尔依然是一个基础主义者，这就是说某种层次——在胡塞尔看来是人类的行动——是一个奠基的层次，而其他层次是被奠基的，是依赖于奠基的层次的。奠基性或基础性的东西是日常的人类实践和知觉，是人类在物质事物与其他因素之中的行为世界。它对它者的开放是感官的，这种关系在核心上是知的。然而，伊德认为，在一般的知觉和实践中的这种奠基性并没有人们批判性地审视，它完全被视为是理所当然的东西。这种一般的情境既是基本的东西，又是贯穿于整个人类社会的被共同分享的东西。接着，伊德引用了胡塞尔在《欧洲科学的危机与超越论的现象学》中的一段话来证明说明自己的观点："在生活世界之中，我们总是有意识地活着的；一般来说，对于我们自己普遍地作为世界的东西，并没有什么理由把它作为我们专题的研究对象。作为视域的世界意识，我们为了某种特殊的目的生活，不管是作为暂时的和变化的目的，还是我们挑选作为我们生活职业的持续的目的，是在我们的实际生活中占统治地位的目的。作为具有某种职业的人，我们可能坚持对其他的事物不感兴趣，我们可能盯着这一领域，以及这一领域自己的各种活动与可能性，作为我们的世界"。③

---

① Don Ihde. *Instrumental Realism: The Interface between Philosophy of Science and Philosophy of Technology*. Indiana University Press. Blooming and Inianapolis, 1991, p.8.

② Don Ihde. *Instrumental Realism: The Interface between Philosophy of Science and Philosophy of Technology*. Indiana University Press. Blooming and Inianapolis, 1991, p.16.

③ Don Ihde. *Instrumental Realism: The Interface between Philosophy of Science and Philosophy of Technology*. Indiana University Press. Blooming and Inianapolis, 1991, p.17.

在知觉和实践这种基本的和普遍的领域中，可能发生具有特殊选择的特殊活动形式，这些活动可能成为"科学"。在这种意义上的科学，既相关于生活世界，又以某种特殊的方式相异于一般经验上的作为基础的生活世界。生活世界可以包括各种"世界"。在生活世界与科学世界之间有几个方面的对比。第一，一般的知觉和行动是主要的和普遍的，是被现实的科学家预先设定的。第二，生活世界可以说包括了科学世界，相反的说法则不成立。第三，在科学的知觉与生活世界的知觉之间存在着明显的对比。一般的知觉，未被批判地和反思地审视，显示出不同于科学的知觉。几何学起源于某种知觉和实践。生活实践是最基本的科学实践。在几何学的实践中知觉也改变了。"一种新的实践是一种获得之物，它一旦获得便成为熟知的；它的起源和手段——通过这种手段它得以产生——被遗忘了。变得熟悉的东西成了透明的和理所当然的。虽然它成为了一种'知觉'，但是现在，尽管是凭直觉获知的，它成为某种开始接近宏观知觉的东西，一种'文化'的知觉。准确地说，正是这一运动，它使胡塞尔对以伽利略和笛卡尔为代表的现代科学产生的解释具有自己的特点。"[1] 伽利略所面临的理所当然的东西是什么呢？古代几何学。伽利略把这种几何学数学化，这种数学化的几何学成为后人理所当然的东西。形状被数学化，充盈也被间接地数学化了。第二性质是主观的。伽利略的观点一旦被格式化，它就成为一种宏观知觉。于是，数学世界便逐渐地取代了生活世界。

胡塞尔似乎认为，生活世界是，而且必然是感官的世界，奠基于现实的人类与具体的、物质的事物和存在的世界之间的关系之上，这种世界是身体体现的。所有这一切对于所有人都是直觉的、知觉上可得的。对于胡塞尔，实践和知觉是生活世界的核心基础。生活世界是经验的那种结构，在这种结构中技术既是知觉的又是历史的。它包括积淀和传统。"现象学没有注意到的是，就像所有的积淀和传统一样，所有的直觉都是建构的而

---

① Don Ihde. *Instrumental Realism: The Interface between Philosophy of Science and Philosophy of Technology*. Indiana University Press. Blooming and Inianapolis, 1991, p.19.

非给予的。"① 现象学不是一种"主观的"程序。直觉和传统，当被批判性地审视时，只有当它们的建构领域或情境被弄清楚的时候，才显示出它们是什么。被给予的直觉或者传统与库恩当作常规科学的东西平行，而透视法的建立（如伽利略的透视法）则是科学中的革命。真理——明显的、透明的——是它所是的东西，因为它已经是熟悉的、被建构的、积淀的。但是这必须归之于使建构成为可能的领域和从事这些建构的行动，或者建立这些建构的革命。胡塞尔坚持微观意义上的感官的知觉，第二位的或宏观诠释学意义上的知觉对于他来说是非知觉意义上的感觉。但是只要第二种知觉意义上的感觉被使用，只要它能够格式化理所当然的文化传统，它明显也是"直觉的"。在这一点上库恩不同于胡塞尔。尽管胡塞尔坚持微观知觉是奠基性的，宏观知觉如科学的知觉是派生物，甚至是"更高"的，但是库恩强调第二个方面的知觉。对于库恩来说，只有宏观知觉才是基础性的。在宽松的意义上讲，特殊知觉，如科学观察，它是在范式或宏观知觉的领域内产生的。

虽然生活世界的基础能够在一般的经验中被人们发现，但是，在批判性的分析之前它依然是那些被认为是理所当然的东西。批判性的现象学的任务就是唤醒这种意义，"悬置"日常的经验，让它们不起作用。伊德用梅洛-庞蒂的一段话来证明自己的观点："不是因为我们拒绝一般知觉和对待事物的自然态度的确定性——相反，它们是哲学的永恒的主题——而是因为，作为任何思想的事先设定的基础，它们被看作理所当然的，因而未引起人们的注意。为了唤起它们，把它们带入研究的视野，我们不得不暂时悬置我们对它们的认识。"② 被知觉的世界总是所有理性、所有价值、所有存在的事先设定的基础。世界—自我的主要关系是行动的和知觉的。"我们不必怀疑我们是否真正感知世界，相反我们必须说：世界是我们感知的东西……寻找知觉的本质就是宣布知觉不是被假定是

---

① Don Ihde. *Instrumental Realism: The Interface between Philosophy of Science and Philosophy of Technology*. Indiana University Press. Blooming and Inianapolis, 1991, p.22.

② Maurice Merileau-Ponty. *Phenomenology of Perception*, translated by Colin Smith, London: Routledge and Kegan Paul, 1962, p.viii.

真的，而是被解释为通达真理的道路。"① 理性奠基于知觉，是知觉的相互混合、相互确证。

根据伊德的理解，现象学远远不是一种唯心主义哲学的程序，相反，它属于存在主义哲学：海德格尔的"在—世界中—存在"明显只是在现象学还原的背景之下出现。存在主义正是意味着那种"物质性"，这种物质性在实践和知觉中发生。它基本上是"世界—身体—我"的关系的解释，而不仅仅是由胡塞尔开始的"纯粹意识"的分析。这种"我—世界"的相互关系，它是意向性的，被梅洛-庞蒂重新解释为在被经验的环境—世界和我对它的经验之间的关系，这种关系是一种具身或体现的存在。知觉的这种观点因而集中在（身体的）具身性上，围绕着身体存在的各个维度而展开。"身体（作为经验的或活的身体）不仅牵涉到所有的知觉以及什么被知觉、事物如何被知觉的条件，而且'身体的理论已经是一种知觉的理论'。"② 不管是否被解释为奠基性的，对于任何现象学的透视法来说，有一种身体存在的特殊的优先性。如果不考虑空间性（位置），行为知觉的时间性（存在的时间）或行为知觉的各种维度（必死性、表达、性）将是不恰当的，这将会使这种解释非人化。

伊德对梅洛-庞蒂的知觉现象学进行了自己的解读。伊德认为，梅洛-庞蒂的知觉理论具有几个非常简明的特点：

第一，发现生活世界的知觉，这被梅洛-庞蒂理解为一项重新发现知觉复杂性和多维度的任务。知觉是复杂的，也是多维度的。

第二，对于梅洛-庞蒂来说，身体的运动、行动是基本的。他特别痴迷于各种幻觉和知觉的欺骗性。在他看来，幻觉的性质依赖于实践和身体的行动。"对于场景的定位起作用的不是我的身体事实上是什么，不是我的身体在客观的空间中作为一个事物，而是一个可能的行动的系统，一个有它的现象的'场所'的现实的身体，这一场所由它的任务和情境所

---

① Maurice Merileau-Ponty. *Phenomenology of Perception*, translated by Colin Smith, London: Routledge and Kegan Paul, 1962, pp.x-xvi.

② Don Ihde. *Instrumental Realism: The Interface between Philosophy of Science and Philosophy of Technology*. Indiana University Press. Blooming and Inianapolis, 1991. p.25.

决定。我的身体是从事具体行为的位置。"① 身体的存在既是行动的，又是定位的。方向不是随意的，而是与在潜在任务中的身体的能力和关系有关的。

第三，如果从行动中解释"身体—世界"的关系是基本的，那么，知觉的模式是格式塔的人物／背景现象中的那种模式。"在一个背景中的一个人物是我们可以得到的被给予我们的最简单的感觉。没有这种特点一个现象改变就不能被我们感知。知觉'某物'总是在其他事物之间进行的，它总是一个视域中的一部分。对于现象学的分析，从来没有什么孤立的事物本身。所有的事物与某个背景或者其他事物有关。"②

第四，有一种相关的整体／部分战略，这种战略统治着人物—背景的分析方法。在整体（世界）和它的部分之间有分量的不同。"整体上对世界有一种绝对的肯定性，但对于部分中的个别事物没有这种肯定性。"③

第五，因为在任何给定的情境或整体中可能有部分的不确定性，人类的知觉形式既是流动的，又是暧昧的。人类的知觉具有变动的多稳态形式。

接下来，伊德对梅洛-庞蒂与福柯的理论进行了比较。梅洛-庞蒂的《知觉现象学》集中在微观知觉，也就是行动和知觉上，这些行动与知觉发生在与直接的环境或者世界的身体的或具身化的行为之中。梅洛-庞蒂的知觉分析补充了库恩后来在《科学革命的结构》中所发展的东西，比如说人造物（妇女身上的羽毛）等等都是一种具身的关系。而福柯准确地发展了技术哲学所需要的实践—知觉模式。以一种非常平行的方式，福柯的《事物的秩序》是对人文科学的重新解释，就像库恩的《科学革命的结构》是对自然科学的重新解释一样。福柯的知觉考古学和历史也强调透视法的突然的和间断的改变，他像库恩一样强调宏观知觉领域的转换。《知识考

---

① Maurice Merileau-Ponty. *Phenomenology of Perception*, translated by Colin Smith, London: Routledge and Kegan Paul, 1962, p.250.

② Maurice Merileau-Ponty. *Phenomenology of Perception*, translated by Colin Smith, London: Routledge and Kegan Paul, 1962, p.4.

③ Maurice Merileau-Ponty. *Phenomenology of Perception*, translated by Colin Smith, London: Routledge and Kegan Paul, 1962, p.297.

古学》（1969）认为知识是非线性的、非进化的和非连续的。福柯强调匿名的历史，甚至是"无意识的"历史，历史不属于任何特殊的个人而是属于社会实践。福柯拒绝现象学的超越的意识，但是现象学的这种旧的传统已经被梅洛-庞蒂和海德格尔抛弃了，后胡塞尔的现象学在形式上是存在主义的和诠释学的。"这就把实践和知觉放置在语言学和文化的层次上。"①在福柯看来，人是最近的一种发现，他的轮廓由他最近在知识的领域中所占据的位置决定。一旦知识发现了一种新的形式，人不久就又会消失。

在把胡塞尔整个的知觉弧概念存在主义化的过程中，梅洛 - 庞蒂更加远离了超越的基础主义解释。在梅洛-庞蒂看来，意向性已经是存在的，在很多方面它是只可意会而不可言传的"意识"。身体，尽管依然是具体的和物质的，但不是知识的"普遍的"基础，虽然它是通达世界的路径。但是，世界在多维度的知觉内既被看作是暧昧的，又被看作是多种形态的。福柯认为身体是高度暧昧的和多样态的。身体，不仅仅是一个简单的物质的身体，而且也是一个文化的身体。身体惩罚范式的改变: 从公开到隐蔽。福柯从结构主义和语言学的角度对知觉模式进行了修改。在维特根斯坦看来，知觉总是位于语言的情境之中。知觉不可避免地属于语言。语言和话语，在福柯看来确定知觉的位置，是知觉的情境。认识论的改变也就是在我们的历史上的范式的改变。知觉是一种被确定了秩序的知识，它是在秩序被形成的方式中被揭示的。中世纪强调事物的相似，文艺复兴以后强调差异，这是一种明显的范式转换。这是一种文化知觉上的间断性。平行于库恩，福柯提出了一种范式转化的理论。伊德在此引用了福柯在《事物的秩序》中的一段话: 在中世纪的认识论中，"被观察的东西与被阅读的东西之间、观察与关系之间没有间断性。"② 观察不仅必须包括颜色，而且包括它们与整体的关系。

现代范式的特点是知觉的细化:"眼睛因此注定是看而且只是看，耳

---

① Don Ihde. *Instrumental Realism: The Interface between Philosophy of Science and Philosophy of Technology*. Indiana University Press. Blooming and Inianapolis, 1991, p.33.

② Michel Foucault. *The Order of Things: An Archeology of the Human Sciences*. New York: Vintage Books, 1973, p.39.

朵注定是听而且只是听"①。语言与世界的密切关系因而也被分离了。感官开始被划分为不同的具体方面。中世纪对事物相似性的分析变成现代对事物秩序的分析，在事物之间建立一个秩序的连续体。测量的目的是建立秩序。福柯通过他的不同学科的分析扩大了胡塞尔对几何学和物理学的分析。在伽利略和笛卡儿的机械主义的影响下，在解剖学和生物学的领域中，17 和 18 世纪知识的核心是图表。自然历史产生了，它的秩序是有形的分类学。在解剖学中生物的形式、习惯、出生和死亡，就像被剥光了的身体赤裸裸地出现。自然的历史只不过是各种可见物的提名。这里是一种新的观察方式：它把先前的知觉改变为"观察"。观察具有唯一的特权。这种新的秩序决定了哪一种知觉被偏爱，这些感觉是如何被集中的。知觉变成了视觉，这是一种视觉的还原论。"对于福柯来说，正是事物的秩序而不是其他方式决定了技术的选择和使用。"②事实上正是这种同样的消极条件的复杂性限制了经验的领域并使光学仪器的使用成为可能。

科学观察诞生于 17 世纪，它是一种特殊的确定秩序的知觉，虽然与可见物联系在一起，但是也只是在可见物的范围之内。观察满意于看，系统地看某些事物。科学的任务是命名、组织与分类。"从居维叶开始，正是生命在它的非知觉的、纯粹功能的方面，给分类这一外在的可能性提供了基础。"③生物学研究生物内部的半有形的微观结构。生物学并不转变到无形之物，但它是一种不同的有形，福柯称之为"半有形"（quasi-invisible），它有自己的内部的和微观的结构。但是这种领域是科学的技术—工具才使它们对于 17 世纪的观察才成为可能的。这种新的看是通过工具，一种并非无关紧要的现象才成为可能的。正是这种被玷污的技术才使以前看不见的东西在显微镜之下成为有形的。故而我们可以看到，无论是库恩，还是福柯，他们都是把科学放置在一个实践的情境之中的，虽然

---

① Michel Foucault. *The Order of Things: An Archeology of the Human Sciences*. New York: Vintage Books, 1973, p.43.

② Don Ihde. *Instrumental Realism: The Interface between Philosophy of Science and Philosophy of Technology*. Indiana University Press. Blooming and Inianapolis, 1991, p.41.

③ Don Ihde. *Instrumental Realism: The Interface between Philosophy of Science and Philosophy of Technology*. Indiana University Press. Blooming and Inianapolis, 1991, p.42.

他们仍未看到科学的技术化体现。

伊德工具实在论的一个基本观点是，"研究工具在科学中的作用可以走向新的技术哲学。"[①]新的科学哲学，不管是欧洲的还是英美的，都从概念的、逻辑的关系（推理法则的模式）转向"看"的动力学（潜在的实践的和知觉的模式）。"虽然这些科学哲学是新型的，但是，它们依然对科学的物质体现，对科学的技术的范围依然不敏感。"[②]比如说，虽然库恩意识到工具在科学中所起的作用，但他只是简单地假设工具起着观察条件的作用。库恩很少认识到一种新的工具在范式的转换中所起的序曲的作用。又如胡塞尔，在基本的水平上，生活世界中的知觉是与物质实体相关的，考虑到胡塞尔的重点集中在纯粹几何学的获得上，物质的、实践的活动在这种获得中依然是一种物质条件，技术只是概念化发展的条件或者场所。虽然梅洛-庞蒂没有直接论述技术哲学，但是他对人造物在身体的自我意识中所起作用的分析对技术哲学很有启示。福柯认为既有向有形的还原，又有对无形的还原，这些还原是"现代"开始时的科学实践的特征。

上述哲学家依然有一些对纯粹知觉，或者说对技术的物质体现之外的知觉的某些方面的残余的偏爱。尽管每一位新的科学哲学家给予科学的具体体现一些微小的作用，但是，工具的技术依然只是第二位的。他们依然处于柏拉图主义残余的影响下。伊德认为，为了创造一种新的格式塔，需要转向诸如工具之类的现象。

伊德从海德格尔"此在—在—世界中"的命题开始。此在意味着存在，它在字面上意味着"此—存在"。这种经验的存在主义化把一直是一种自我意识的、集中在知识上的意识推向空间时间的、具体的身体的位置感觉。此—在是我所占有的空间—时间，从这种空间—时间中我经验周围的世界或位置。此在—存在于—世界。这种三边的关系包含着现象学的相关性。这些关系中没有一项可以与其他各项相分离。如果世界能够被

---

① Don Ihde. *Instrumental Realism: The Interface between Philosophy of Science and Philosophy of Technology*. Indiana University Press. Blooming and Inianapolis, 1991, p.45.

② Don Ihde. *Instrumental Realism: The Interface between Philosophy of Science and Philosophy of Technology*. Indiana University Press. Blooming and Inianapolis, 1991, p.45.

理解，它是从所表达的位置感得来的，也就是字面上的"此"（在）。因此对人类有一种明显的"物质"的感觉。人类总是发现他或她自己已经在身体上处于一个位置之中，或一个世界之中。"更重要的是，这种存在的'在……之中'（in）对所有其他的'在……之中'（ins）是原始的，所有其他的'在……之中'（ins）都是从'在……之中'（in）中被分离出来的，或者说来源于它的。"①存在在世界之中也就是存在—在—位置中。不过，伊德认为，海德格尔在两个方面依然有柏拉图主义的残余。在超越主义者的传统中世界依然由对象，更准确地说是知识的对象所组成。对传统现象学的分析：被认识的对象与如何认识对象的方式相联系，被认识的对象反身指向一个认识者；而对世界的认识者，不管是在哪一种可能性上，其特征都是由不相干的观察者来赋予的。现代知觉是一种赤裸的和还原的知觉。

根据伊德的理解，海德格尔和胡塞尔一样仍然是一个基础主义者，基础是奠基的层次，其他的则是被奠基的层次。海德格尔则是第一个转向技术哲学的哲学家，他建议审视在日常生活中所隐藏的存在本体论的含义。海德格尔的结论是，明确的知识行为不是人类活动的特征，相反，我们的日常活动是讲究实际的活动，在其日常性中它从一开始就涉及用具。用具的知识是与理论的知识不一样的。实践与我们的关系更密切，只有在实践中断时客体的知识才会产生。海德格尔著名的工具分析是依赖于胡塞尔早期的知觉分析的。知觉某物永远不是感知一个赤裸裸的事物，它总是感知一个处于某一环境或者背景中的某物。在事物和它的领域之间有一种人物／背景的关系。"用具"——"用具整体"——"为了作……"。虽然人类的实用行为与现象学的知觉具有同样的结构，但是，严格地讲，这种知觉不是认识的而是行动的。海德格尔看出了日常生活的基础性方面：从技术上变得更为复杂的实践。它是上手和在手关系、知识和行动关系的颠倒。锤子是什么——它首先不是一个认识论的对象，一个具有重量、颜色和广延等等属性的实体，并且只有后者才能被看作是一把锤子——相反，

---

① Don Ihde. *Instrumental Realism: The Interface between Philosophy of Science and Philosophy of Technology*. Indiana University Press. Blooming and Inianapolis, 1991, p.49.

它首先是一种具身，这种具身把人类的活动扩展到在一个直接的环境中的实用的情境。"在动态的意义上，正在使用中的锤子是一种具有独特性质的存在，它们不再主要是'被认识'的对象。锤子，在使用中成为'透明的'。"[1] 锤子的情境是锤子所在的整个环境，是它所在的世界。锤子的使用并不涉及什么科学，对于锤子的使用来说，技术是先于科学的。

海德格尔用一个实用的和存在的人类"演员"代替了现代和批判时代的"观察者"。这种行动着的存在是一种具体化的或者存在主义的存在。这种具体化的存在也是特殊的，因为他或者她技术地涉及和延伸进他或者她的直接环境之中。这种海德格尔式的人类的存在主义化同时具体化、技术化人类的行动。故而，伊德的结论是，《存在与时间》为新的技术哲学开辟了一条道路。海德格尔对实践与认识的关系的颠倒可以称作"一种存在主义的唯物主义（an existential materialism）"[2]。"实践，它在日常生活中已经变得明显，现在被改变为一种特殊的技术的看的方式。"[3] 在海德格尔这里，现代技术是人与周围世界关系的一种特殊的、历史的但也是存在主义的变量。

伊德并不完全赞同海德格尔的技术思想，他认为，海德格尔的缺陷是过分强调现代技术与古代技术的区别。现代技术只不过是古代技术的延伸。L. 怀特在《中世纪的技术和社会变革》一书中用技术来重新解释中世纪的生活，他认为导致真正的技术革命的东西在文艺复兴和现代科学诞生之前就已经产生了。伊德同意怀特的观点，认为中世纪欧洲的技术创造是历史的最深远的因素之一。中世纪的欧洲非常乐意使用和发展技术。中世纪晚期，是现代科学升起的黎明时期。对于这一时期的欧洲人来说，用技术来控制自然，人类通过为自己服务来服务于上帝，这是不言而喻的事情。到公元 1500 年，欧洲已经有了一种对技术和发明过程的自我意识，

---

① Don Ihde. *Instrumental Realism: The Interface between Philosophy of Science and Philosophy of Technology*. Indiana University Press. Blooming and Inianapolis, 1991, p.52.

② Don Ihde. *Instrumental Realism: The Interface between Philosophy of Science and Philosophy of Technology*. Indiana University Press. Blooming and Inianapolis, 1991, p.55.

③ Don Ihde. *Instrumental Realism: The Interface between Philosophy of Science and Philosophy of Technology*. Indiana University Press. Blooming and Inianapolis, 1991, p.56.

有了对通过人造物控制自然的渴望。中世纪的技术不仅仅是广泛的，而且很复杂，在结构上"就像机器一样"。故而，"技术——在海德格尔的用语上——不仅在本体论上先于科学，而且在历史上先于科学。"[1]海德格尔对技术误解的原因，在于他缺乏相应的技术史方面的知识。

伊德认为，研究科学与技术的关系可以从科学的产生时期入手。培根的著名观点是知识是一种力量。科学通过工具得到它的知识和力量，科学是技术的科学。科学在某种程度上是"大脑的工具"。对科学与技术关系的培根式观点和海德格尔式解释为科学与技术的界面打开了一条通道。这样一条界面既是复杂的，又是深远的。当代科学在它必要的工具性上是技术地体现的，在技术的社会结构上又是制度体现的。科学哲学的革命由库恩与福柯两人完成，而北美的技术哲学强调科学在技术中的体现。伊德用怀特海在《科学和现代设计》中的一段话来强调工具在科学发展史上的地位。"我们为什么处于一个更高的想象力水平上，这不是因为我们有一个更精致的想象，而是因为我们有更好的工具。在科学史上，过去50年所发生的最重要的事情是工具设计的发展……一件新鲜的工具充当外国旅游一样的目的……工具的所得不仅仅是一种添加，它是一种转换。"[2]

身体哲学家批评传统的现代认识论忽视了身体的作用。北美的技术哲学家超越了他们的欧洲前辈，他们研究技术时把科学哲学等同于技术哲学。"技术，以工具的形式，成了这样一种方式，在这种方式中生活世界与科学世界的鸿沟消失了。"[3]如果科学不是一种纯粹理论的或完全是理性推导的事情，它与技术相关的更积极的方面是它在技术中的体现。伊德认为，德里福斯在《计算机不能做什么》一书中所提出的技术哲学的新观点描述了科学与技术界面的某些领域。

正是以现象学唯物主义的出现为背景，德里福斯开辟了一条通往工具

---

①　Don Ihde. *Instrumental Realism: The Interface between Philosophy of Science and Philosophy of Technology*. Indiana University Press. Blooming and Inianapolis, 1991, p.61.

②　Alfred North Whitehead. *Science and the Modern World*. New York: New American Library, 1963, p.107.

③　Don Ihde. *Instrumental Realism: The Interface between Philosophy of Science and Philosophy of Technology*. Indiana University Press. Blooming and Inianapolis, 1991, p.68.

具身概念的道路。德里福斯声称，为了思维人类不得不拥有一个身体。这种判断的逻辑依据在于存在主义的现象学，特别是梅洛-庞蒂的现象学。因为计算机没有人类的身体，所以它们不能像人类一样思考。人工智能之所以不可能，就是因为计算机没有人类的身体。"如果身体被证明是对于智力的行为是不可或缺的，那么，我们将不得不追问身体能否在试探地设计的数字计算机上被摹拟。"① 我们应该注意到，人工智能程序最成功的是那些思想中最能够格式化和最封闭的区域——但这些区域离人类身体的活动是最远的。的确，正是智力行为者的身体这一面对人工智能造成最大的困难。德里福斯认为运动系统比中心神经更"高级"。"结果证明，正是这种智力——我们与动物共有的这种类型的认识——它们才抵制机器的摹拟。"②

受胡塞尔影响，德里福斯认为，现象学的意向性具有一些格式塔的特点：第一，它的结构包括对整体的全方位的感知。"模式认识要求某种类型的模糊的整体预测。这一模式或者预测是作为一种神经和肌肉的'机器'的我们的身体的特点"。③ 第二，这种结构采取了图像—背景的形式。我们所见到的任何东西总是处于一个或多或少模糊的背景之中。第三，内视域与外视域的区别。对于计算机，它或者是必须明确占据每一个信息，或者是完全没有任何信息，它没有外部视域。外视域是一种情境，这种情境允许对象有选择地被识别。由胡塞尔和格式塔心理学家所研究的第二种类型的知觉模糊性，胡塞尔叫作内视域的东西，事物总是比它自身更多，这种情况不具备外视域的模糊性。格式塔解释的关键特点在于，每一个部分只有根据整体才能理解它的意思。这样一种知觉模式的认识在本质上是与具身的体现有关的。

德里福斯认为，身体的"硬件"与计算机的硬件不一样。计算机的硬件限于数字模式的可能性，它由试探的形式化规则所决定。凭借其知觉和运动的功能，人类的身体避免了有数学规则的行为者的限制。在思考和体

---

① Hubert Dreyfus. *What Computers Can't Do*. New York: Harper and Row, 1972, p.147.

② Hubert Dreyfus. *What Computers Can't Do*. New York: Harper and Row, 1972, p.149.

③ Hubert Dreyfus. *What Computers Can't Do*. New York: Harper and Row, 1972, p.149.

现之间存在着本质的和必然的联系。正是人类身体的能力，它使人类能够避免人工智能的封闭的模糊性。计算机不能构想人类身体三个方面的功能：（1）内部视域，局部的模糊性，由局部模糊的数据所预先刻画的预期；（2）这种预期的整体特点：它决定它所吸收的细节的意义并由这些细节所决定；（3）这种预期从一种感觉形式和行动器官向另一种感觉形式和行动器官的可改变性。所有这一切都包含在人类获得身体技巧的总的能力之中。"由于这种基本的能力，作为具身的人能够以这样一种方式生活在地球上，这种方式能够使人免除把一切事物都格式化的这一无穷无尽的任务。"①

尽管人类有一天能够制造出"肉体的机器"，但它们仍然与人类的身体不一样。不像柏拉图主义和笛卡尔传统对身体体现的消极评价，在现象学的身体哲学家眼中，身体在所有的认识论中都起着一个重要的作用。然而，不管德里福斯关于人造物和人工智能的区别是多么正确，但是没有一个人能够否认计算机在增加某些方面的知识时所显示出来的力量。"德里福斯的观点——计算机没有（人类的）身体，为了像人类一样思考计算机必须模仿人类的'硬件'——错失了两个重要的方面：第一，正因为计算机的'身体'不同于人类的身体，所以计算机的思考必然不同于人类的思考。在人工智能的支持者和德里福斯之间的争论之间可能错失的东西正是这种差异，而这种差异正是最有意义的。"②计算机与人的身体之间的差异比共同点更重要。第二，在整个人工智能和德里福斯的争论中出现的重点是，仍然坚持把计算机看作某种独立的实体。可是，技术是它们在使用中所是的东西，是它们在与使用者的关系中所是的东西。这是海德格尔所提出的一个主要观点，没有所谓离开关系和相关性情境的单个技术或用具之类的事物。德里福斯没有把这一观点运用到"人—计算机"的使用关系中，没有看到人工智能现象学分析的第二种可能性——把计算机看作与人—技术的情境相关的可能性。技术不能被看作是抽象的事物本身，而应看作与它们的人类使用者相关和共生的。计算机摹拟的不是人类的其他活

① Hubert Dreyfus. *What Computers Can't Do*. New York: Harper and Row, 1972, p.167.

② Don Ihde. *Instrumental Realism: The Interface between Philosophy of Science and Philosophy of Technology*. Indiana University Press. Blooming and Inianapolis, 1991, p.72.

动，而是人类的语言—解释活动。人类通过计算机产生完全不同的知觉模式。人与技术是一种共生关系。

伊德同意希伦的观点，认为在"科学世界"和"生活世界"之间并没有一条所谓的鸿沟。希伦在《空间知觉和科学哲学》（1983）一书中揭示了知觉主义者和科学的实践理论使工具体现成为必要的方式，他拒绝"现代"对事物第一性质和第二性质的区别，从而提出了自己的科学实在论或者视域实在论的观点。传统的近代哲学认为，像原子这样的科学或理论的实体原则上是不可知觉的，但是，现象学拒绝做这种形而上学的区分。"在科学的实践中这样的实体不仅原则上不是不可知觉的，而且是通过各种工具，比如技术的协调是可以感知的。"[1]通过科学的技术，希伦把以前认为是不可知觉的东西带进了人类知觉的领域。因此，希伦拒绝在"科学世界"和"生活世界"之间的任何鸿沟。这些世界在技术体现的连接中重叠在一起。"所以说，科学的工具所做的事情，就是把先前受到限制的'眼球世界'扩展到微观的世界和宏观的世界，一种在工具上是真实的、科学的世界。"[2]事实上，科学的知觉是一种高度专门化的知觉模式。在科学的知觉中，一个人既可以说是知觉的也可以说是测量的。正是这种专门化的测量知觉的引入导致许多争论。

科学的知觉类似于对一种文本的阅读。科学世界的揭示离不开测量，或工具的测量。比如说，对温度计的测量就是这种性质的测量，"本质上既是诠释学的又是知觉的。"[3]在阅读温度计时，人们不需要通过温度计所推导的论述，从温度计上水银的读数的陈述推断出关于房间的温度的结论。对于科学，为了揭示它的世界，工具或技术必须像知觉在它的直接形式中一样运行。科学的工具，总是一种宏观的器具，在这种方式上充当一种调查者：间接的和推理的，这种使用是理论的；直接打开自然隐藏的过

---

① Don Ihde. *Instrumental Realism: The Interface between Philosophy of Science and Philosophy of Technology*. Indiana University Press. Blooming and Inianapolis, 1991, p.78.

② Don Ihde. *Instrumental Realism: The Interface between Philosophy of Science and Philosophy of Technology*. Indiana University Press. Blooming and Inianapolis, 1991, p.79.

③ Don Ihde. *Instrumental Realism: The Interface between Philosophy of Science and Philosophy of Technology*. Indiana University Press. Blooming and Inianapolis, 1991, p.80.

程和结构的窗户，这种使用是观察的。"观察"不再意味着独立的知觉，它表示理论的状态和实体都是真的，并且属于"地球的装备"。不过在科学之中依然存在着直接的身体知觉。

伊德从希伦等哲学家的论述中得出的结论是：当代的科学是技术体现的科学，它与技术的关系不是偶然的，而是必然的。对科学的这样一种重新定义对于任何恰当的科学哲学来说都是必要的。科学哲学从对工具的强调中走向技术哲学，技术哲学需要从对工具的强调走向对知觉和实践的强调。但是，传统的科学哲学存在着对理论的嗜好与对实践的轻视：它唯一重视的是语言、逻辑、命题分析。伊德的观点是："工具实在论给予各种通常被认为是理论上的实体某种程度或某种类型的'现实地位'（reality-status），仅仅给剩余的理论留下较小的地盘。"[1]故而，只要是工具所能够达到的领域，它就不再属于理论！库恩的范式转换只注意理论而忽视了工具，传统的现象学也忽视了技术。胡塞尔也对理论和观察作出了明确的划分：生活世界中的身体知觉完全不同于具有理论或者概念实体的科学世界。后者在近代哲学的意义上被认为是简化的实体，因为它们被简化为缺乏感官维度的几何学的物理实体，并且它们总是起源于身体存在的原初的感官世界。

对于早期现象学来说，与科学对象相比，日常对象的建构方式是不一样的。但是，传统的现象学没有注意的是科学对象通常是——如果不是典型的——工具建构的。是技术或者工具造成了这种区别。缺乏对能够体现知觉的工具的地位的评价，早期现象学传统倾向于把科学的建构解释为派生的和抽象的，比如人们可以说，与原初知觉的无限丰富性相比，科学的知觉仅仅是"理论的"。"工具的介入填补了生活世界和科学世界之间的鸿沟：工具起着这样的作用，它被看作是提高了身体（'物质的'）知觉的理解能力，这种能力在现象学中被认为是核心的。"[2]

---

[1]　Don Ihde. *Instrumental Realism: The Interface between Philosophy of Science and Philosophy of Technology*. Indiana University Press. Blooming and Inianapolis, 1991, p.100.

[2]　Don Ihde. *Instrumental Realism: The Interface between Philosophy of Science and Philosophy of Technology*. Indiana University Press. Blooming and Inianapolis, 1991, p.103.

伴随着对工具的重视，残余的科学的"负面"特征也就消失了。通过对作为具身的协调工具的新评价，生活世界和科学世界的对象统一性便成为可能。因此，无论是欧美传统，还是英美传统，工具实在论的一致达到了科学和技术的界面，也就是科学哲学和技术哲学的界面。所以，海德格尔的"技术揭示世界"这句话对我们有了新的意义——技术揭示处于独立的感官之外的微观和宏观世界。工具实在论强调通过工具成为可能被提高和被放大的东西。"正是在这里，以前被认为是理论的领域缩小了，被工具化的'可观察'所取代，这种可观察性事实上成了新的知觉领域的一部分，这是工具实在论的核心。"[①]当代的大科学以一种完全不同的方式，即工具的广泛使用区别于早期实证或逻辑的解释。工具的设计者和熟练的使用者在科学的整个制度中被提高到一个更高的位置上。

三、伊德技术思想：批判与启示

根据伊德的理解，技术"不可能是一种纯粹中立的东西；它是在世存在的一种可能方式的选择。"[②]此在是在世的存在，这种存在并非动物式的纯粹自然的存在，而是一种借助于技术人造物的在世。伊德的技术哲学详细研究了人类技术的在世方式，研究了技术协调的知觉与没有技术协调的知觉之间的区别，研究了技术的使用对人类对自身和世界的知觉和经验的影响和改变。伊德的结论是伴随着技术人造物对世界的每一个放大，同时也存在着相应的简化和缩小。"这种放大—缩小是工具协调结构性的或本质的特点，是工具使用的非中立性的基础"。[③]

可是，人们为什么要使用技术（人造物）呢？伊德认为是为了追求对事物或世界的放大，但任何对世界的放大都必然伴随着相应的缩小和简

---

① Don Ihde. *Instrumental Realism: The Interface between Philosophy of Science and Philosophy of Technology*. Indiana University Press. Blooming and Inianapolis, 1991, p.107.

② Don Ihde. *Technics and Praxis*. D. Reidel Publishing Company, Dordrecht, Holland, 1979, p.xxvi.

③ Don Ihde. *Technics and Praxis*. D. Reidel Publishing Company, Dordrecht, Holland, 1979, p.74.

化。伊德成功之处是指出了技术放大与缩小效应的相关性，不足是没有指出经验技术的放大—缩小与现代技术的放大—缩小之间的区别。对于我们，不仅要看到放大与缩小是技术人造物结构性或本质性的特点，而且还要看到经验技术的放大与缩小与科学化、商业化技术的放大与缩小之间的区别。在经验技术时期，不仅技术对世界的放大不明显，更没有达到"失真"的程度，而且与技术的放大所伴随的减少不明显，这些减少人们可以通过其他途径或方法加以认识和弥补，它们并不从根本上影响人们对世界的认识，也不影响人们的正常生活。可是现代技术的放大（暂且不说这些放大有可能超出人类的控制能力）所伴随的减少不仅影响人们对世界整体的认识，而且塑造了我们生活的周围世界，塑造了我们"看"世界的方式，进而从根基处影响和改变了人们的"正常"生活。

现代技术对周围世界塑造的后果是双重的：有的更有利于人的生存与发展，能够给人类提供更有意义的生活和生活方式；有的则是"变形"乃至"畸形"的，短期内能够给人带来感观上的刺激和享受，从长远看则不利于人全面、健康和协调地发展。前现代技术的人造物如锤子、马车等，它们结构虽然简单但功能丰富，人们利用它们可以实现自己多元化的目的，这些技术人造物可以让人从事丰富多彩的工作和生活。相反，现代技术主要是各种复杂的机器，与传统的人造物相比，这些机器虽然结构复杂，但功能却呈现出一种单一、固定和简化的趋势（目的是提高机器的工作效率）。随着机器功能的单一、固定和简化，结果是导致使用和操作机器的人的工作与生活也表现出一种单一、固定和简化的倾向。因此，尽管技术放大的一面在某些方面丰富和扩展了人类的工作与生活，如各种光学仪器让我们能够认识到前人所不知晓的微观和宏观宇宙，跑步机能在天公不作美时给我们提供一种室内锻炼的选择，但是，技术缩小的一面却让我们逐渐轻视甚至最后完全忽视生活世界的其他方面。一个人一旦沉迷于跑步机的舒适与方便，他就再也不愿意到户外寒冷和炎热的自然环境中去锻炼；光学仪器的发达让我们把注意力主要放在视觉上而忽视了对世界其他方面的感知，如现在人们的业余时间大部分花在看电视上而忽视了读写、户外活动和人际交往方面的锻炼。

　　伊德认为，在直接感知的意向相关项与技术协调感知的意向相关项之间存在着很大的区别。首先，在直接感知时对象总是处于宽广的区域和背景之中；但在光学仪器如望远镜协调的知觉中，对象所处的区域被改变了。经过望远镜高倍数的放大，月亮不再悬挂在半空之中，而是直接呈现在人们眼前，它的领域（实际上是视域）由望远镜的镜框所决定。技术或望远镜的协调改变了对象的区域变项（量）（expanse-variable）。其次，对象的深度变项（量）（depth-variable）也改变了。"从意向相关项上讲，当通过光学工具进行协调时，对象的区域变量和深度变量都被改变了，这种改变不仅仅是所假定的视觉距离的改变。"①望远镜对月亮的感知是一种非真实的和抽象的感觉：似乎我们离月亮更近，但实际上我们并没有完全感觉到自己在月亮"那里"。技术协调的身体感知与没有技术协调的身体感知不一样，后者涉及全身心的投入与参与（类似于伯格曼的聚焦活动）。在工具使用中也有身体的参与，但是这种参与总是或多或少地被工具替换了，因为工具至少替换了一部分身体对对象的参与。"通过工具协调的对象可能显现为一种知觉上被减少了的对象。工具的能力在这儿就是'分析地'把一个知觉上丰富的对象简化为它的某一个单一的特征。"②伊德的这一认识非常深刻。现代技术特别是各种精密仪器，由于它们只是在某些甚至某个方面具有非常卓越的功能，通过它们去感知世界，只会突出世界某些或某个方面的内容，并且还会高度扩大或放大我们对世界的这一方面的认识。直接身体感知的对象的丰富性被简化或凸现为该对象被技术放大了的个别方面的特征。这一点在现代科学技术所提供的光学仪器上表现得尤为明显。光学仪器遮蔽了被认识对象除视觉之外的其他方面，呈现给我们的只是对象的可视方面。比如望远镜，它所提供的就是一种典型的被简化了的视觉：望远镜最重要的不是对月亮位置、运动状态的改变（运动变为静止），而是对主体观察状态和主体知觉的简化——对月亮的全部知觉只

---

　　① Don Ihde. *Technics and Praxis*. D. Reidel Publishing Company, Dordrecht, Holland, 1979, p.75.

　　② Don Ihde. *Technics and Praxis*. D. Reidel Publishing Company, Dordrecht, Holland, 1979, p.76.

剩下单一的视觉，望远镜只让我们与月亮发生视觉关系——一个没有声音、温度和气味，仅有视觉图像的"单向度"月亮。在今天，对天文对象的观察望远镜占据了统治地位，对微观世界的观察显微镜占据了支配性地位，对日常生活的感知各种光学仪器（电视、电脑、照相机、眼镜等）占据了至高无上的地位。"图像，不仅是表象，而且'教给'一种看的方式。"① 在"图像"之看中，完整的、具有整体相关性的世界变成了一个被有意识地挑选了的"镜头中的世界"，运动的世界变成了静止的世界。所有在时间与空间中运动着的物体，在各种肖像技术中变成了非时间和非空间的静止的、孤立的和抽象的东西——一个无"此"之在。

伊德技术观给予我们的启示是不能简单地看待技术对人类经验的改变。一方面，工具决定知觉的水平，"正是通过工具，新的和未曾预料的知觉被人类发现，并形成新的感知领域。"② 工具，特别是科学的工具是丰富和扩展人类感知的有力手段。人们拥有什么样的技术（人造物）决定他们具有什么样的知觉水平，而知觉水平直接决定他们认识世界的范围和深度。现代人对宏观和微观世界的感知就是通过各种光学仪器实现的。没有当今的各种光学仪器，我们不可能跟宏观和微观宇宙打交道；没有现代化的光学仪器，许多宏观和微观世界对于我们根本就不存在。"工具实在论"由此得出结论：只有通过工具所展示的世界才是真实的世界，并且是唯一真实的世界。另一方面，我们在日常世界中对事物的认识——这些认识在科学的技术看来是无效的——揭示了世界的方方面面，这些认识是通过对世界的多种知觉而非视觉一种知觉获得的。可是现代技术给我们提供的几乎全部都是光学工具，或最后都通过光学工具体现出来。借助于科学的技术，当今人类正在走向一条用完全单一的尺度建构世界的道路。伴随着现代科学对工具实在论日益强化的信仰，人们越来越相信只有通过工具（现代技术工具）建构的世界才是唯一真实的世界。"工具实在论成为

---

① Don Ihde. *Postphenomenology: Essays in the postmodern Context*. Northwestern University Press, Evanston, Illinois, 1993, p.48.

② Don Ihde. *Instrumental Realism: The Interface between Philosophy of Science and Philosophy of Technology*. Indiana University Press. Blooming and Inianapolis, 1991, pp.92–93.

可能甚至可信是因为无形的东西成为有形的，成为一种可以实现的意向活动。"① 无形的东西变成有形的，这是在技术（各种光学仪器）的建构——用海德格尔的话是在"座架"的促逼——之下发生的。在越来越复杂、"现代"的技术的帮助下，现代科学日益集中于宏观和微观世界的规律（特别是后者），这导致先是科学家，随后是工程技术人员对日常世界的逐渐遗忘——更准确的说法是对日常生活世界其他因素的遗忘。这一遗忘最严重的后果是它从科学家和技术人员的小圈子向一般大众转移。当今科学家，不论是作为个人还是群体，他们相信工具协调的世界是更加真实的世界。在一般大众日常生活之外的微观和宏观世界是当今科学研究的前沿领域。伊德对此发出自己的担心："当代科学主要研究和前沿研究的这种集中化的特点是否会导致遗忘世界上同样有益的、重要的和有希望的其他方面？"②伊德的担心不无道理。由于当代科学的鲜明特点（主要研究微观和宏观世界），以及现代技术日益科学化或实验室化的倾向，很容易产生只是聚集科学而忽视或轻视生活世界其他因素的技术人造物，结果是在新的技术的产生和形成的过程中，自然、传统、文化、历史等其他感性因素都逐渐被排除在外。在新技术之中我们越来越难以看到科学之外的、组成生活世界必不可少的其他因素。打开水龙头，我们只看到哗啦啦的流水，看不到贮存水流的湖泊，流水淌过的山川和田野，以及流水和自来水管的建造所代表的社会、文化和历史。生活世界之中越来越多的因素，并且是对于人类全面和健康的发展必不可少的因素，在现代技术之中日益受到了遗忘和遮蔽。"海德格尔认为'技术展现世界'，这句话对于我们具有新的意义——技术展现没有就是（技术）协调的感官之外的微观和宏观世界。"③

　　现代技术对"人—世界"关系的改变在日常生活之中产生了不同于经验技术的影响。如果我们将技术的现实与电影进行比较，就会发现有一种

　　①　Don Ihde. *Technics and Praxis*. D. Reidel Publishing Company, Dordrecht, Holland, 1979, p.47.

　　②　Don Ihde. *Technics and Praxis*. D. Reidel Publishing Company, Dordrecht, Holland, 1979, p.48.

　　③　Don Ihde. *Instrumental Realism: The Interface between Philosophy of Science and Philosophy of Technology*. Indiana University Press. Blooming and Inianapolis, 1991, p.107.

被颠倒了的感觉："不是电影像现实，而是现实像电影"①。日常生活世界呈现出一种电影化的倾向，日常生活成为电影或电视镜头中的一个片段。然而，这并非生活世界的本来面目。不像电影和电视，生活世界在时间上无始、无终，在空间上无边、无际。生活世界中的视域是不断移动的，是没有固定边界的。可是电影电视中的对象在时间上有"始"有"终"（遥控器既是电视生活的起点，也是电视生活的终点），在空间上有边界——电视机的框架。现代技术对象没有生活世界视域的那种灵活性与多样性，缺乏生活世界视域的"更多"。电视中的距离与电视的准—现时有关：伊拉克战争"发生"在起居室之中；电视中的他者不再是我们对他有充分理解的他者，但他与我们的"亲密性"，我们跟他"接触"的时间，我们对他命运的关注超过我们现实生活中的任何一个人，包括我们的父母、配偶和子女。可这是一个我们不能跟他有任何现实交往的他者。电视聚集和反映的是他人的生活和世界，是他人生活和世界的物化或图像化，这一生活和世界不仅与我们自己本真的生活和世界有很大的差异，而且也不是"他人"本真的生活和世界，只是他人生活的一个片段，一个被有意甚至刻意地裁剪、挑选、润色、包装的夸张和走形的世界。电视把经过精心修饰和包装的他人生活和世界呈现甚至可以说是"展销"在我们面前，让我们沉浸在他人的生活和世界之中，把画面上的世界当作真实的、值得自己向往和模仿的东西，结果必然是对我们自己本真生活和世界的遮蔽和遗忘。我们关注他人的生活，关注他人的命运，可是对自己的生活和命运，对自己生活世界中的自然、社会、历史和文化的命运逐渐冷淡和漠不关心。"不像笛卡尔主义者对象化观察的视觉，电视观众更多的牵涉到作为图像的世界之中。笛卡尔主义者是冷淡的，与对象保持一定距离，但电视的观众已经是'准—参与—牵肠挂肚'，他完全陷入他所观看的戏剧之中。他的感情，他的价值，他的狂热和担忧，通通都牵涉到这一图像之中。"②视觉的

---

① Don Ihde. *Technics and Praxis*. D. Reidel Publishing Company, Dordrecht, Holland, 1979, p.89.

② Don Ihde. *Technics and Praxis*. D. Reidel Publishing Company, Dordrecht, Holland, 1979, p.91.

影像可能性在今天逐渐代替垂死的笛卡尔主义者的视觉。对于今天的观察者即电视观众，世界是非实在的，在任何时刻都向着变化莫测开放。对于电视迷，情节复杂和回肠荡气的他人生活才是真正"真实"的生活，自己和周围常人的生活则是平淡无味的虚假人生。由于影视技术仅仅聚集、展现他人的生活和世界（并且多是编写和杜撰的虚假世界），这一技术越发达，越是衬托出我们自己的生活和世界没有"厚度"，没有"丰富性"。伊德的这一观点的确值得我们深思与反省：现代技术在聚集和反映生活世界的深度上是经验技术无法比拟的，但现代技术要把我们的生活引向何处呢？

伊德的观点是技术人造物不仅改变了人对世界的感知，而且它们存在着自己的"意向性"（Intentionality）。"存在着由工具的使用所产生的变量，以至于可以说工具的协调产生了一种与日常视觉意向性不同的'意向性'的产生。"[1]"所有的工具都有不同形态的'意向性'，这些意向性准确地揭示出迄今为止要么被忽视、被认为不重要的方面，要么是不为人所知、完全未被怀疑的方面。"[2]在伊德看来，正是由于技术协调的知觉与未经技术协调的知觉之间的区别，人们才得以产生对世界的新的感知。在红外线图片中，通过从肉眼能够直接感知的图像转化为根据红外线所拍摄的图片，人类肉眼看不到的图像通过红外线的拍摄现在可以看得到了。平常或裸眼的可见性被"工具意向性"即通过工具的使用所产生的意向性代替了。工具所作用的对象是什么（意向相关项）是由所使用的工具（意向活动）决定的。现象学在胡塞尔那里是有什么样的意向活动就有什么样的意向相关项，意识是关于某物的意识；在伊德这里是有什么样的技术（人造物）就有什么样的对象——既包括海德格尔"在手"的对象，也包括海德格尔"上手"的对象，对象是什么与人们使不使用技术以及使用什么样的技术相关。与没有使用技术人造物的活动相比，使用人造物的活动或多或少，

---

[1]　Don Ihde. *Technics and Praxis*. D. Reidel Publishing Company, Dordrecht, Holland, 1979, p.34.

[2]　Don Ihde. *Technics and Praxis*. D. Reidel Publishing Company, Dordrecht, Holland, 1979, p.78.

或深或浅地改变了人们对世界的感知。伊德的这一观点对我们具有很大的启发。如果技术是物化为人造物的技术，是生活世界的物象化，那么，与不使用人造物的活动相比，使用人造物的活动聚集和反映生活世界的方式不一样，所聚集的生活世界的具体内容也不一样。如使用显微镜的人在一碗裸眼的人看起来非常干净的水中会看到许多细菌；用望远镜看月亮的人在月亮上会看到人们肉眼看不到的环形山；在乡村小道或公园林荫道上的跑步与跑步机上的跑步所体现的对待生活世界的态度、所聚集的生活世界有着本质的差异。一样的世界，但展现在使用人造物的人与不使用人造物的人眼中的自然、社会、历史和文化是不一样的。伴随着现代技术的意向性越来越突出，新技术放大和缩小的效应越来越明显，人们通过工具对生活世界的感知和干预与不通过工具对生活世界的感知和干预之间的差异越来越大，最后导致生活世界的范围和性质发生了根本性的改变。

"技术哲学，如果研究人类生活中更为宽广的各种技术问题，必须实现一种转向：把它的重点转向日常生活问题，转向技术伦理上的影响……转向技术和生活世界界面的整个领域。"[①] 具体技术把我们的视野集中于世界的个别方面，但哲学反思不能盲目地跟从技术的脚步。技术哲学是对技术的反思，研究的不是具体的技术问题，目光不能局限于单个的技术问题，必须研究人类生活中更为宽广的技术问题。单个技术影响的是人们日常生活的个别领域，技术哲学反思的是整个技术对生活世界的影响，它必须研究日常生活之中的各种技术问题，既要研究技术对生活世界的影响，也要研究生活世界对技术的影响，技术哲学必须转向技术和生活世界界面的整个领域。遗憾的是，在技术与生活世界的相关性研究之中，伊德主要研究的是技术对人的生活和人所生活的世界的影响，至于人的生活世界对技术的影响，伊德在其整个著作中论述不多。在我们看来，与技术对生活世界的影响相比，生活世界对技术的影响更为关键。这就需要我们把技术放在一个更加宽广的领域中加以研究。

---

① Don Ihde. *Instrumental Realism: The Interface between Philosophy of Science and Philosophy of Technology*. Indiana University Press. Blooming and Inianapolis, 1991, p.140.

第十章 斯蒂格勒：技术与时间

贝尔纳·斯蒂格勒（Bernard Stiegler,1952—　），法国当代著名哲学家德里达的学生和好友，他在其多卷本的《技术与时间》中对技术问题进行了广泛而又深入的研究。《技术与时间》预计有 5 卷，现已经出版了 3 卷，这里主要介绍斯蒂格勒在第一卷《技术与时间：爱比米修斯的过失》中所提出的技术思想，因为他在第一卷中所提出的理论和观点是其他著作的基础和前提。斯蒂格勒的技术思想有两个主要来源：一个是以西蒙栋、吉尔、勒鲁瓦—古南等人类学、民族学和史前史学家为代表的技术进化理论，一个是以海德格尔为代表的生存现象学。斯蒂格勒借此对技术与时间在人类本性中的作用和地位进行了重新讨论，从而建立技术、时间跟人的本性之间的关系。下面从"技术进化论"、"人的发明"和"已经在此"这三个核心概念来描述斯蒂格勒的技术思想。

一、斯蒂格勒："技术进化论"

斯蒂格勒的意图是试图组合技术问题和时间问题，把技术问题放到时间中考察。《技术与时间：爱比米修斯的过失》从技术史范畴的角度研究技术自身的历史。斯蒂格勒之所以要研究技术的进化过程，是因为当代技术是我们面临的一个极大的难题：我们并不立刻理解技术的实际内容和深层变化，尽管我们对当代技术采取了许多对策，但这些对策的许多结果是人类始料不及的。"更进一步说，问题的实质在于弄清我们是否能够预见或引导技术的进化——即技术的力量。我们对技术的力量到底有什么权利？这个问题虽然并不新鲜，但在当代技术面前，它却以崭新的姿态被提了出来：自笛卡尔以来对此问题的自信已被动摇了。"①

《技术与时间：爱比米修斯的过失》分为两个部分，第一部分是"人的发明"，这一部分包括"技术进化论"、"技术学与人类学"和"谁？什么？人的发明"三章。第二部分是"爱比米修斯的过失"，这一部分也分为三章："普罗米修斯的肝脏"、"已经在此"和"'什么'的解脱"。我们首先来看斯蒂格勒在第一部分第一章对"技术进化论"的分析，他的这一分析是以吉尔、勒鲁瓦-古兰和西蒙栋分别提出的"技术体系"、"技术趋势"和"具体化过程"这三个概念为基础来展开的。

一般人谈到技术时，头脑中出现的是一个个作为我们的手段的具体的技术。法国技术史专家吉尔则认为，当我们分析技术的时候，我们应该从"技术体系"入手。和手段范畴格格不入的技术体系性在现代技术之前就已经存在，它是构成一切技术性的基础。那么，何谓"技术体系"？"这个概念并非指某个特定的技术体系，而是指不同的技术体系的接替。一个体系的确立是指：在一定的历史时期中，技术的进化达到一个稳定的状态，从而使以往的成果、由一系列的相互依赖关系决定的结构化趋势、各类互补的发明、以及技术和同时期特有的其他领域的关系都相对稳定化。"②吉尔研究的是从一个技术体系向另一个技术体系过渡的可能性。他试图以共时性原则出发，描述和解释历时性的断裂、转变和变革，即通常所说的技术特有的发展。

技术发明是如何产生的？同科学的发展相反，如果技术的发展有一定的逻辑可寻，那么这个逻辑不完全是独立的，技术发展首先需要一种协调，因为孤立的技术是不存在的，它需要其他辅助技术。对于某个特定的

---

① ［法］斯蒂格勒：《技术与时间：爱比米修斯的过失》，裴程译，译林出版社2000年版，第25页。

② ［法］斯蒂格勒：《技术与时间：爱比米修斯的过失》，裴程译，译林出版社2000年版，第34页。

技术来说，它的发展逻辑首先是由它存在于其中的技术体系决定的。然而，如何协调一般性历史和技术史之间的关系是相当困难的。首先是存在着"技术"这个对象的内在困难，即怎样避免局限于特殊的、孤立的技术史之中，技术史涉及的是超越各种技术之上的一般性技术本身。历史上存在过的只能是各类具体的技术，一般性技术不是事实而是研究的结果。然而各类具体技术的历史又需要这个结果来形成一门技术史。其次，如何同一般性历史的其他领域恰当地衔接，这就使技术史内在的困难上升到一个更高的层次。经济、政治、人口等方面的事件只有在一个历史事件的统一中才能构成一般性历史。"技术体系的概念就是要解决以上两方面的困难。它是一个结论，但是这个结论反过来为一个更可靠的起点提供了可能性。"①

技术体系是整个技术史最核心的范畴，问题的关键在于弄清体系的进化是怎样发生的：即发明的逻辑。虽然科学发现可以诱发技术革新，但二者的发明和发现过程是不同的，技术发明的逻辑有其特殊性，吉尔借用的概念是"扩散理性"。所谓理性，是因为技术的运用遵循因果关系这一理性原则，它既改造现实又属于现实，因而具有自身的规律。但这个理性是扩散的，和科学理性相比，技术理性的必然性较为松散：由于技术的发明并不受一个先于应用的理论程式的引导，所以它是检验性的；但我们又不能因此断言技术的发明行为是纯粹偶然的，因为技术发明的一个重要部分是通过转移实现的，即根据类比的原则将一个技术体系中的运行结构移植到另一个技术领域之中，技术发明具有一种组合特性。对于发明者来说，关键就在于认清自己所选择的是一条阳关大道还是一条羊肠小道。与严格意义上的决定论不同，尽管技术进化在事后看来是必然的，但是它却无法被事先预料。技术发明的可能性取决于技术体系自身的动力，这就是吉尔技术体系概念的精髓：构成发明的各种可能的选择依技术体系的制约条件而实现于某时某地，同样体系又受一定的外在条件的制约。"无论我们考察哪一个层次、哪一个时代，发明家的自由

① ［法］斯蒂格勒：《技术与时间：爱比米修斯的过失》，裴程译，译林出版社2000年版，第36页。

总是被该发明对应的要求而严格地规范和限制的。因此，不仅发明的选择，而且发明的时代，都是由科学的进步和一切相应的技术发展、以及经济的需要等条件决定的。"①

技术的进化有两种模式：一是由科学进步——发明——革新（技术体系变革的完成），一是由发明——革新——增长。如今是第二种模式起主导地位：革新已不再是发明的结果，它激发发明的整体进程，是诱导发明产生的原因。随着科学、发明和革新之间关系的转变，技术的进化速度达到了以往一切技术体系不可比拟的地步，怎样调整这种新技术和其他体系之间的关系成为当今时代的难题。随着持续变革的节奏，一切偶然性都变得不可能，面对各体系相互配合、相互补充的和谐体系可能崩溃的危险，必须控制一切变化。"当技术的发展途径是随机的，或呈随机之状时，技术体系和其他体系之间的调节只能通过各种力量的自由组合将就而成，这就难免产生许多失误或倒退的可能，直至一个相应的平衡建立为止。假如从今往后技术的发展无论就事实还是就时空的意义上说都进入程序化——即被指令——过程，那么程序化必须渗透一切可及的范围，不仅包括经济这类经常被提出的领域，同样还包括社会、文化等各类领域。"② 如果没有这方面的研究，加强技术发展是徒劳的，因为它不能适应一个总体平衡的必要条件。

不同于吉尔是从历史学的角度研究技术的，勒鲁瓦-古兰是从民族学的角度研究技术的。他在《人与物质》一书中提出了"技术趋势"的观点："技术趋势具有普遍性，虽然构成趋势的一系列事件具体地实现于各种不同的种族区域中，但是趋势本身却独立于种族的文化区域。"③ 趋势在穿越各种族环境的过程中衍射为无数不同的事件。同吉尔一样，勒鲁瓦-古兰也认为技术发明不属于某个民族的特性，或至少民族特性在技术进

---

① ［法］伯特兰·吉尔：《技术史》，转引自［法］斯蒂格勒：《技术与时间：爱比米修斯的过失》，裴程译，译林出版社 2000 年版，第 41—42 页。

② ［法］伯特兰·吉尔：《技术史》，转引自［法］斯蒂格勒：《技术与时间：爱比米修斯的过失》，裴程译，译林出版社 2000 年版，第 49 页。

③ ［法］伯特兰·吉尔：《技术史》，转引自［法］斯蒂格勒：《技术与时间：爱比米修斯的过失》，裴程译，译林出版社 2000 年版，第 50 页。

化中的作用是微不足道的。是技术体系推动趋势，体系实现于人和物质的耦合。

勒鲁瓦-古兰的人种—人类学的基础是对技术现象的解释。他认为，技术现象是人类的首要特征，因技术在不同种族之间造成的差别远比因人种或宗教文化因素造成的差别重要。勒鲁瓦-古兰的目的有两个：一是提供一套在很大程度上和技术起源理论相符合的人类起源理论；一是以此为基础进而认识不同种族间的文化差异现象。勒鲁瓦-古兰解释技术最重要的概念是"技术趋势"，这一概念很大程度上受益于柏格森在《创造进化论》中所提出的思想：柏格森把物质作为一种趋势来分析，即构成可以分离的不同体系、并且可以用几何方法加以研究的趋势。但这仅仅是一种趋势，物质不可能完全实现这种趋势，而且分离也不可能完全彻底。柏格森关于有机和无机关系的分析进一步确证了以人和物质的耦合为特征的技术趋势的概念已经被包含在他的物质趋势的概念之中："生命首先体现为一种作用于天然物质的趋势。这种行为的意思显然不是预先决定的，由此才会产生生命在进化过程中展示的各种不可预见的变化形式。但是这种行为总是在不同程度上带有一定的偶然性；它至少隐含了选择的痕迹。然而，选择意味着各种可能行为的超前表达。所以，行为的各种可能性就必须在它实现之前向生命存在展示自己。"①

勒鲁瓦-古兰把技术自身进化的第一因素植根于动物学领域的远古时代，他的独特之处在于，借助于人类学的"生命意向"把生命进程的分析运用在有机体之外，即有机化的无机物领域。勒鲁瓦-古兰认为，生物趋势也是不可预测的：虽然一个植物或一个动物种系的出现是有其确切的原因的，并且我们事后能够详尽地认识这个原因，并由此解释新生的种系，但是我们却无法预见种系的产生。勒鲁瓦-古兰引用了柏格森在《创造进化论》中的一段表述："毫无疑问，伴随我们思维的仅仅是我们过去的一小部分。然而伴随我们的欲望、意志和行为的却是我们的过去的整体，包括灵魂深处的细节。因此，我们的过去是通过自身的冲动以趋势的形式向

① 转引自［法］斯蒂格勒：《技术与时间：爱比米修斯的过失》，裴程译，译林出版社2000年版，第52页。

我们展现它的整体，虽然它仅有一小部分呈于表象。"[1]

在 17—19 世纪，植物学和动物学在当时绝大部分种系尚待发现的条件下，就已经建立起各自的分类原则，同样，大半个世纪以来，人类学也在分类，它区分了不同的人种、技术、民族，每一次新尝试的经验都证实了某些古老概念的可靠性，那就是动物学和人类学一样，都具有趋势的稳定特征。勒鲁瓦-古兰还引用系谱（根系）概念来说明技术继替的系谱，从而也提出了"选择"（决定论）这个吉尔已经讨论过的问题："鱼类或石器的理想原型就像是根据某个预定的系谱进化：由鱼类进化到两栖类、爬行类、哺乳类或鸟类；由简单的石器进化到石磨刀、铜刀和钢刀。"[2] 勒鲁瓦-古兰认为，解释技术现象就是要把人—生物和作为技术形式的载体的原始物质—无机物之间的关系当作动物学的一个特殊情况来分析，技术进化是人与物质的耦合的结果。

在技术趋势和具体事件，或者说在技术和种族之间存在着两种不同的因果关系：一是各种文化之间的传播和相互影响的现象；另一种因果关系是人与物质之间的几乎是动物决定论式的关系。虽然后者比前者更隐蔽、间接，但是更本质性的，是它构成了技术现象的原则。技术现象并没有什么"民族特性"。事件在各民族的环节中获得了技术物体的具体形式，然而它们的产生却取决于一种更深层的决定性趋势，唯有这个深层的决定因素才能解释超越一切种族性的技术趋势的普遍性这一举世共睹的事实。技术现象比来自民族性更深层的体系性，它的根源和动物学的逻辑是一致。斯蒂格勒同意勒鲁瓦-古兰的观点，认为人与环境之间的技术关系是生命物体和环境之间关系的一种特殊形式，即人借助于技术这种有机化的被动物质与环境发生关系。"独特之处在于：技术物体这种有机化的被动物质在其自身的机制中进化：因此它既不是一种简单的被动物体，也不能被归于生命物体。它是有机化的无机物，正如生命物体在与环境的相互作用中

---

① 转引自［法］斯蒂格勒：《技术与时间：爱比米修斯的过失》，裴程译，译林出版社 2000 年版，第 52—53 页。

② 转引自［法］斯蒂格勒：《技术与时间：爱比米修斯的过失》，裴程译，译林出版社 2000 年版，第 54 页。

演变一样，它也随时间的推移而演变。不仅如此，它还成为人借以和环境相互作用的中介。"[1] 趋势不仅来自于人的有机化动力，它不是人和物质在耦合之前具有的某种构造意向的产物，并且它不属于任何主宰意志。趋势在人与物质的交往中自然形成，这种交往使人在有机地组织物质的同时也改造自身，在这种关系中，任何一方都不占用主导地位。这种技术现象就是人与环境的关系。从这个意义上说，必须从动物学的角度来把握人的本质，同时不能简单地把它等同于动物学法则。

尽管动物性是技术现象的重要组成部分之一，并且蕴藏着技术的奥秘，但技术的分化不仅仅是生物进化。斯蒂格勒提出了"代具"（prothèro）这一概念，并且认为技术的进化是一种"代具"的进化。"代具"，字面上的意思，"是指用于代替肢体的器具（假肢）"，斯蒂格勒用它"标志了失去某个肢体的躯体对某种不属于躯体本身的外部条件的依赖"[2]，因而它从广义上泛指一切人身体以外的技术物体。代具本身没有生命，但是它决定了生命存在之一的人的特征，并构成人类进化的现实。生命的历史只有借助于生命以外的非生命的形式来延续，生命的悖论就在于它必须借助于非生命的形式来确定自己的生命形式。

人与人之间特有的交换在动物界是不可思议的，这种交换凸显了不同文化之间的联系，并提供了关于人类生命的组合进化图景，它完全不同于受自然选择支配的基因组合的进化。勒鲁瓦-古兰认为，"人类进化遵循的是技术逻辑，它不受封闭的遗传基因的支配，因为基因遗传的根本在于保证动物种类的单纯和稳定。"[3] 在技术的进化过程中动物成分是有限的，而人类的文化则具有能动性，被普遍性趋势所贯穿的种族分化是技术本身分化的根源。由于人类群体不同于动物群体，在不同的种族关系中展开了多种多样的技术事实，技术趋势的普遍性在这种事件的多样性中得到具体的实现。

---

①　［法］斯蒂格勒：《技术与时间：爱比米修斯的过失》，裴程译，译林出版社 2000 年版，第 58 页。

②　［法］斯蒂格勒：《技术与时间：爱比米修斯的过失》，裴程译，译林出版社 2000 年版，第 60 页。

③　［法］斯蒂格勒：《技术与时间：爱比米修斯的过失》，裴程译，译林出版社 2000 年版，第 60 页。

人类在自然中是如何生存的？"人类群体在自然中的行为就像是一个生命肌体……它通过一层物体（工具、器械）的中介来适应自己的环境。人类用斧头砍伐，用箭、刀锅、匙来取食肉类。人类就在这样一种中间层之中取食、自我保护、休息和行动。"①关于这一层人为外壳的研究构成了技术学。技术进化的动力既来自于外在环境，也来自于内在环境。通过外在环境，人们首先把握的是人的周围的物质环境，如地理条件、气候和动植物等等。内在环境不是人们与生俱来的东西，而是社会化的记忆、共同的过去，即所谓的文化。外在环境是被动的，它仅仅提供可消费的物质，而一个群体完全成熟的技术外壳的标志就在于：它可以使群体在内在环境条件的许可下最大限度地利用外在环境所提供的消费物质。

为了突出"内在—外在环境"相互作用的结果的可预见性这个技术进化独特的属性，勒鲁瓦-古兰使用了"趋势"这一范畴，表明一个发自内在环境、逐渐攫取外在环境的运动。勒鲁瓦-古兰认为，趋势总是来自意向性和物质性两种不同根源的结合，即来自内在和外在两种环境。两种环境的汇合实际上就是社会性的人和地理性的物质的耦合，完全类似于生物和它的生态系统的结构性耦合。"每一个工具、武器等，一句话，每一件物品——从篮子到房子——无一不对应着一个平衡的建筑构造，它的主要轮廓为理性的几何学或机械学规律提供了线索。所以技术趋势的主要作用之一在于构建世界本身。从这个意义上说，房顶向两边倾斜、斧头带手柄、箭身三分之一长度的平衡等等，就和螺类具有螺纹贝壳一样自然。［……］技术聚合是和生物聚合并列的，它从民族学的开端就部分否弃了接触论。"②趋势的另一个方面即动力来自内在环境：正如石头不会自己堆成墙，趋势的决定论绝对不等同于机械论。由于趋势的动力来自内在环境的神秘意念，因此它衍射成五花八门的事件。所以趋势的决定论是松散的。趋势是内在环境固有的，外在环境的趋势是不存在的。比如风并不能

---

① 转引自［法］斯蒂格勒：《技术与时间：爱比米修斯的过失》，裴程译，译林出版社2000年版，第68页。

② 转引自［法］斯蒂格勒：《技术与时间：爱比米修斯的过失》，裴程译，译林出版社2000年版，第71—72页。

让房屋盖上相应的屋顶，是人给自己的屋顶设计了一个最佳形式。外在环境就像一个完全被动的物体一样起作用，趋势与其碰撞而碎裂，趋势的物质事实就凝聚在这个撞击之上。本质上是普遍性的趋势包含了一般规律可表示的所有可能性，它穿过内在环境并因此而浸透着每一个人类群体的精神传统；它从中获取特别的属性，就如同穿过不同的物体而获得不同的色彩一样；它又遇到内在环境和外在环境的交接点，凝结了物质化的薄膜，这就是人类的物器。"在内在环境内部形成了一个同时作为意向之代表和衍射之调节因素的子环境，这就是技术环境。"[1]

　　勒鲁瓦-古兰通过人与物质耦合的范畴来解释以趋势为中心的技术进化。这个解释的一个重要部分，来自内在环境的意向因素仍是由人类学方法决定的。到了西蒙栋这里，这个内在环境消失了：趋势不再含有人类学意义的根源，技术进化完全取决于技术物体本身；人不再是技术的发动者，而是其操纵者。西蒙栋研究的是出现于十八世纪的工业技术物体，它的产生改变了整个技术进化的条件。斯蒂格勒引用了西蒙栋在《技术物体的存在形式》中的一段论述："如果说技术会带来人（或文化）的异化，那么其原因并不在于机器，而在于人们对技术的本性和实质的不理解。"[2]认识机器的本质，并进而认识一般意义下的技术，就是认识人在技术整体中的位置。而要理解机器，西蒙栋认为必须破除"机器拜物教"式的观点。工业技术物体的完善性不在于其自动化，而在于其不确定性。不确定性使一台机器对其他机器的机能有所感应，从而加入技术整体。人的位置就在这个技术整体之中，在各类物体配合运作的有机组织之中。在西蒙栋的技术发生学理论中，人的位置比勒鲁瓦-古兰的民族技术学中的位置次要得多。"在大工业时代，人并不是一系列分散的技术物体（机器）的意向性根源。更确切地说，人仅仅执行技术物体自身具备的'意向'。"[3]

---

　　① ［法］斯蒂格勒：《技术与时间：爱比米修斯的过失》，裴程译，译林出版社 2000 年版，第 73 页。

　　② 转引自［法］斯蒂格勒：《技术与时间：爱比米修斯的过失》，裴程译，译林出版社 2000 年版，第 79 页。

　　③ ［法］斯蒂格勒：《技术与时间：爱比米修斯的过失》，裴程译，译林出版社 2000 年版，第 80 页。

在当代技术和文化之间之所以存在着差距，是因为文化没有能够吸收技术物体带来的新动力，这就造成了技术体系和其他体系之间的不协调。"现有的文化是古老的文化，它的动力模式来自古代的手工业和农业技术状态。"① 根据技术的要求来调整文化，就意味着采纳现行技术的动力模式，抛弃那种如今已找不到现实基础的动力模式。这同时就是承认技术动力领先于社会动力，技术将自己的动力强加给社会。分析新的动力模式，理解工业技术的动力领先于社会其他领域的必然性，这就能够使我们理顺人和技术整体关系的新型知识的任务。尽管工业技术物体是人实现的，然而它们却取决于技术物体自身包含的创造性。正是在这个意义上西蒙栋认为机器具有自治性，即对于自身起源的自治。机器机能的不确定性由此而来。西蒙栋关于技术逻辑自身动力的分析比勒鲁瓦-古兰的技术趋势的理论走得更远，它超出了个体和群体的意志，并将人类的意志置于技术进化规律的支配之下。技术进化不仅操纵物质世界的规律，而且操纵人类的普遍意向，这个意向在技术进化中不再占主导地位。放弃人类学方法，从技术发展自身的进程来把握技术的动力，这就意味着停止把技术物体当作器具或方法看待，从它自身出发来定义技术物体。用具的特征就是它的被动性，而技术物体自身的创造性就是通过机能的多重决定性实现的具体化。具体化就是技术物体的历史，它使技术物体在进化中获得厚度，从而证明技术物体不是纯粹的用具。工业技术物体不是被动的，它隐含了自身特有的遗传逻辑，这就是它的"存在形式"。"这种逻辑既不是人类行为的结果，也不是人的安排，相反，人仅仅记录并执行它的训示。机器的训示就是原始意义上的发明，即发掘。"②

技术分为要素、个体和整体三个层次。要素指工具，即分散的器官；个体使分散的要素发挥作用；整体协调个体。工业技术的特征就在于技术个体的变化，它使我们得以理解现今这种人与机器关系的产生和消亡。西

① 转引自［法］斯蒂格勒:《技术与时间: 爱比米修斯的过失》，裴程译，译林出版社2000年版，第80页。

② ［法］斯蒂格勒:《技术与时间: 爱比米修斯的过失》，裴程译，译林出版社2000年版，第81页。

蒙栋认为，在工业革命之前，不是机器代替人，而人顶替机器的空缺。一旦作为一种工具的持有者，机器的出现也就意味着一种新技术个体的出现。这种新个体不仅剥脱了人的技术个体的资格，而且也剥脱了人的使用权。到了20世纪，控制论系统的机器及其制造负熵的机能带来了新的乐观前景。彻底的乐观主义者认为技术的进化呈现为一个分化、秩序化和抗拒死亡的过程。一旦是机器而不是人持有工具，技术在我们这个时代便成为一种调节因素，而调节的功能正是文化之本。"成为一种调节因素的技术现实和本质为调节的文化融为一体。"①

认识机器的技术个体性就是认识它的起源，认识它从抽象到具体的转化过程。不过不确定性是现代机器固有的属性，也是一切技术物体的本质。这种不确定性杜绝了根据技术物体的用途这类外在标准对它们进行分析的可能性。构成技术物体类别的不是它们的用途，而是实现于各类用途的广泛领域中的方法。根据用途划分技术物体的错误就在于这种做法把物体归属于完全外在于物体的人类学逻辑，必须完全独立于人类机能去理解技术物体的起源。"西蒙栋的工业技术物体的动力的范畴具有相对于人类自身的动力更大的自治性。在此，我们可以撇开这层关系中的人的因素，而专门考察属于物质动力的因素，这个物质为完成一种功能而运行。这就是有机化的无机物的动力，作为工具的持有者，它释放出一种既不属于动物系统（人类也包括在内），也不属于生态系统（风、水……）的力量，这就是工业力量，它是不受任何区域限制的自由力量。"②

我们只能从起源的标准出发，才能定义技术物体的个体性和特殊性：技术物体的个体不是一种突如其来的东西，它具有一个起源。技术物体的起源是它存在的一个部分。在西蒙栋眼中，技术物体具有一定的历史性，我们不能像讨论一堆被动物体那样讨论技术物体。这种无机物体自身发生有机化。在有机化的同时，它变成了一个不可分割的整体，并获得某种类

---

①　转引自［法］斯蒂格勒：《技术与时间：爱比米修斯的过失》，裴程译，译林出版社2000年版，第82页。

②　［法］斯蒂格勒：《技术与时间：爱比米修斯的过失》，裴程译，译林出版社2000年版，第84页。

似自我性的动力因。然而，有机化的历史绝不是人类制造物体的历史。技术存在物通过自身的聚合和适应来进化，它根据一种内在的共鸣原则在其内部集为一体。技术物体具体化的动力就是在自我适应中的形态生成运动，是一系列器官的多重功能实现的聚合，这些器官一旦彼此分割就难以考察。在技术物体生成的有机化过程中，这些器官的运行越来越整体化。以马达为例：现在的马达中每一个重要的部件都和其他部件紧密相关，并相互交换能量，以至它们不如此便不能运行。构成一个物体的部件具有该物体固有的必然形式，具体化过程就是这种必然性的实现、展开和完善，即发明。技术物体的具体化也就是它的个体化。"趋势完全在于物质的一方，是物质发明了它的形式"[1]。

西蒙栋认为，技术物体的具体化和一体化限制了不同类型的数量，因为具体、聚合的技术物体是标准化的物体。正是标准化的倾向为工业化提供了可能，因为技术进化的过程具有这种标准化的趋势，所以大工业才得以产生。因而标准物体的形式不是来自工业化的意向。手工制造的技术物体是零散的，零散的原因来自技术物体内部，同时也是和确定去"特制"规范的外在条件的零散性相对应的。由于这类技术物体没有具体化，所以它们的用途是确定的。一个物体应该内在地固有普遍性和必然性，即适应自己本身而不被周围外界确定，但是强制的技术物体并具备内在的强制规范，也就是没有自我确定性的规范。工业化是对技术必然性的肯定，它标志着技术物体对工业社会、技术体系对其他体系的巨大权威。"工业化阶段……需求的体系和物体体系相比是较松散的，需求依照工业技术物体而形成，后者因此获得了塑造文明的权利"[2]。在工业化时代，社会的其他领域只有无条件地依照技术物体的规律来调节自己。用途的不确定性为"物质体系"的调节流行可能的余地。实际上，物体提供一切可能性的境界，它从本质上领先于固有的用途。

---

① ［法］斯蒂格勒：《技术与时间：爱比米修斯的过失》，裴程译，译林出版社 2000 年版，第 86 页。

② 转引自［法］斯蒂格勒：《技术与时间：爱比米修斯的过失》，裴程译，译林出版社 2000 年版，第 87 页。

西蒙栋认为，技术物体的自我规范打乱了亚里士多德关于物理存在和技术存在的分类。"相继的和谐体系"建立了带有生物特征的互为因果关系，这种关系实现于物体的机能，因而必然明确物体的极限，即构成和谐体系的极限。"随着各部分的分体系逐渐达到饱和状态，就会出现不兼容性，极限的作用就在于此，逾越极限就是进步；但是极限的本质决定了这种逾越只能是跳跃性的。"[①]技术物体的互为因果实质是各功能的相互蕴含即复合。功能的复合不是简单的现象，复合使技术物体分化，从而消除过去构成障碍的副作用，即把副作用兼容在机能之中。消除原有的副作用就意味着一个极限的突破和新秩序的诞生（如四级管的发明是三极管的内在必然，五级管是四级管的必然）。

和生物形态的生成一样，功能的专职化不是以功能为个体分别形成的，它是各个功能协作的结果；在技术物体中真正构成物体部分个体的不是单个的功能，而是诸功能的协调群体。工业技术物体的特征就是集部分为一体的趋势，这个一体化运动并不是一种人们有意地制造物体的活动，它服从一种通常不可预测的协调必然性，因而技术物体独立于"制造意向"而自我发明："在具体的物体中，每一个部件其实已不再仅仅是为了完成制造者所要求的某一个功能，而是一个体系的一部分，该体系实施着多重的力量，并产生独立于'制造意向的效应'。"[②]勒鲁瓦-古兰的技术趋势概念仍然有人类学基础，技术趋势接受制造意向的冲击，而在具体化趋势中，产生工业技术物体的是有机化的物质，技术物体具有本身和它构成的制约体系。这个体系通过极限效应和不同力量的组合，每一次都产生出新的可能性，也就是发明新的可能趋势。斯蒂格勒认为，正是在这里涉及了真正的技术学意义上的助产术。诚然，从显存的物体出发来发明、发掘新的可能性的现象，在物理规律中也是存在的，但那还仅仅属于一种可能性。一旦被发放出来，它们就不再是一种可能性，而是不可逆转地成为

---

① 转引自［法］斯蒂格勒：《技术与时间：爱比米修斯的过失》，裴程译，译林出版社2000年版，第88页。

② 转引自［法］斯蒂格勒：《技术与时间：爱比米修斯的过失》，裴程译，译林出版社2000年版，第89页。

现实。"这些新的可能性只有借助技术物体潜在的发明性才能转化为现实，人在这个具体化过程中已不再是发明者，而是操作者；或者说，如果人仍然扮演发明者的角色，那么他像演员一样，听从物体本身提供的台词，遵循物质的念白。"①然而演员不是作者，现存的技术物体从来不可能完全具体，它们永远不会被有意识地构思并实现。具体化的逻辑是经验性和实验性的，它是一种几乎具有生存意义的逻辑，也就是它只有在物体实现的过程中展现出来。所以发明的逻辑是不可预测的，这就是技术物体永远不可能被完全认识的原因。

技术物体的存在意义不仅在于它的机能在外界机置中产生的结果，而且也在于它所载有的、使它获得"后代"的"未饱和"现象的"生殖性"。一个技术系列的第一个环节，"原始的技术物体"可定义为"未饱和体系"；具体化的过程就是定义物体的复合现象逐渐饱和的过程。在进化的过程中，技术物体构成一个物体系列、系谱，这是一个以原始技术物体为祖先的家族。在系谱之初，是"技术本质的构造性综合发明行为"。技术本质就在于它稳定地贯彻于系谱的进化过程，它非但稳定，而且通过内在的发展和逐渐饱和创造新的结构和功能。技术的进化是自然的进化，因为具体化是技术物体的自然化之路，抽象的技术物体在具体化的过程中走向自然性。"因此，自然存在和技术之间的区别变得模糊了，似乎工业技术物体带来了第三种环境，在这个环境中，技术物体变得越来越近似于自然物体。"②这种物体起初需要一个外在的调节因素，如实验室、车间或工厂，逐渐它摆脱了对这种人为环境的依赖。工业技术物体导致我们消除技术逻辑的动力中人的意向因素。只有回到这个第三环境，才能揭示操作行为的本质。

技术物体是技术和地理两种环境的汇合，是二者的调和。如电动机车就有两个方面的意义：一方面在技术环境中，它把电网系统的电能转化为

①　［法］斯蒂格勒:《技术与时间：爱比米修斯的过失》，裴程译，译林出版社 2000 年版，第 90 页。

②　［法］斯蒂格勒:《技术与时间：爱比米修斯的过失》，裴程译，译林出版社 2000 年版，第 92 页。

机械能；另一方面是在地理环境中，机车的性能和铁轨网络使机械能适应地形的变化。电动机车和工厂的电动马达不同，后者几乎完全在技术环境中运行，它的运行条件是严格确定的，所以它被专业化了而不能具体化。技术物体应该具有摆脱一切专门化的趋势，只有这样它才能适应各种不同的环境。技术物体适应环境的最佳方式是创造自己的"组合环境"。在组合环境中，这里的自然环境本身被整合，并受到多重功能的决定：具体化在物体之外实现，物体并不简单地将技术环境和地理环境堆砌，它和人类活动一样，创造自己特有的环境——"组合环境"超出地理和技术两种环境的总和。技术物体作为环境的创造者对自然形成"座架"。技术物体通过组合环境而使自己自然化，它透过和这个环境的紧密结合而实现自己的具体化，因此也根本地改变了自然环境。"所以，这种意义上的构造并不是'自然的人化'，因为它不是人为的构造。"①

　　斯蒂格勒的技术思想有两个主要来源，第一个就是以西蒙栋、吉尔、勒鲁瓦-古兰等人类学、民族学和史前史学家为代表的技术进化理论。通过上面的论述可以看到，斯蒂格勒通过借用和改造吉尔、勒鲁瓦-古兰和西蒙栋的"技术体系"、"技术趋势"和"具体化过程"这三个概念，对技术的进化论形成了比较系统和翔实的描述。斯蒂格勒在《技术与时间》中所提出的其他重要的概念和理论，如"人的发明"、"已经在此"等等，都是以他对技术进化论的描述为基础和前提的。下面我们就来看看斯蒂格勒是如何在技术进化论的基础上展开对这些概念和理论的论述的。

二、"延异"与"人的发明"

　　《技术与时间》第一部分"人的发明"包括三章，其中第一章是"技术进化论"，第三章是在"谁？什么？人的发明"。在这一章中，斯蒂格勒任认为，表面上看，"谁"和"什么"各自都有特定的含义："技术"和"人"。但是，"谁"是不是一定是指人，"什么"是不是一定是技术呢？

---

　　① ［法］斯蒂格勒:《技术与时间：爱比米修斯的过失》，裴程译，译林出版社 2000 年版，第 96 页。

"谁"能不能是技术，"什么"能不能是人？为了深入研究这个问题，斯蒂格勒认为有必要研究由东非人向新人的过渡，即人化的过程。这个大脑皮层的分裂过程和石器随着石制工具的技术的漫长进化和演变的过程是一致的。石器技术的进化是如此缓慢，以致我们难以想象人是这个技术进化的发明者和操纵者。相反，我们可以假定人在这个进化中被逐渐发明，这就是"人的发明"。

问题是：大脑皮层在坚硬的石器中具有怎样的投影？什么可塑性使得大脑对应矿物质的裂变？人类大脑皮层进化的完成意味着什么？它是否表明生命进化沿着生命以外的方式继续？这就是技术史所要探讨的问题，斯蒂格勒为此提出了"后种系生成（epiphylogenetic transmission）"这个概念。根据"种系理论"，一个物种的一切特性都已经被包含在胚胎（种）之中，物种的生成过程无非就是通过不同阶段的发育来展示其与生俱来的特性。物种的一切在生成之前已由胚胎确定了。后种系生成的意义在于，一种物种的特性并非从一开始就全部被包含在种之中，而是在后天的生长过程中逐渐形成的。斯蒂格勒用"后种系生成"解释技术发展的一般模式，认为技术并没有一个最初的包罗万象的种，如果把技术作为一个"种系"来考察，它的生成过程也就是技术的发展过程，技术的一切特性都来自后种系的技术历史本身。

勒鲁瓦-古兰的人类学必须放在本质上非人类中心的概念中来思考，它不把人们习以为常的人性和动物性的区分看作是现成的论据。德里达的相关差异思想实际上就是关于生命的一般性历史，即关于文码的一般性历史。他把这个思想建筑在人性和动物性都具有的程序这个概念之上。文码比人类特有的字符更古老。相关差异的概念体现的对立统一就是要对人和动物、自然和文化之间的对立提出疑问。"意向意识"的可能性的根源比人类更古老，它使文码以现有形式呈现。接下来的问题就是要确定"文码以现有形式呈现"的条件，以及这个呈现给生命或文码的一般性历史带来的后果。文码的历史也就是电子文件和阅读机器的历史：即技术的历史——人的发明就是技术。"技术发明人，人也发明技术，二者互为主体和客体。技术既是发明者，也是被发明者。这个假设彻底推翻了自柏拉图以来，直至海德格尔、甚至海德格尔以后的关于技术的传统观念。"①在东非人和新人之间发生的就是由遗传性向非遗传性的过渡，这种过渡是一种新型文码—程序的产生。既然我们不能把人类建立在它自身的起源之上，那么就要指出人类从何而来，这就意味着要建立文码—程序的类型学。斯蒂格勒同意保尔·利科尔的观点，认为文化编码和遗传编码一样，都属于行为的程序，都给生命提供模式、秩序和方向。不同的是，文化编码滋生于遗传调节失控的领域。一切习惯、风俗和伦理道德实体就是如此取代遗传编码的。

　　"相关差异"同时包含了截然不同的"差异"和"延迟"两个方面的意思。斯蒂格勒引用了德里达在《文码学》中的一段话："纹迹是这样一种相关差异，它开启了生命在一般的非生命上的展示和意思，这也就是一切重复的根源。"②虽然使生命在非生命上展示在某种程度上是一种断裂，但这种断裂比传统的人性与动物性的划分要无足轻重得多。一切问题都在于，一般性的生命组织作为随断裂的发生而出现的生命组织，就是死亡——在断裂之后生命就意味着组织的死亡。相关差异的问题就是死亡。而断裂之后则是文化，德里达在《哲学的边缘》中是这样说的："它是一致延迟—相异的自然；它是指一切不同于自然的因素：技术、法律、社会机构、自由、历史、精神等等，这些因素都可以被作为一种延迟的自然和相异的自然。即自然处于相关差异之中"。③自然作为生命已经是相关差异，然而，这里有一个困难：如何认识生命在断裂之后的时间性特征。当生命印记在非生命之中，生命的空间化、时间花、延迟、差异都通过并依赖生命而实现，即在死亡中实现。探讨生命的展示问题就是探讨"生存"的时间关系的起源，即"超前"。

　　海德格尔此在概念的时间性的基本因素是已经在此，这个过去是我没

---

　　①　［法］斯蒂格勒：《技术与时间：爱比米修斯的过失》，裴程译，译林出版社2000年版，第162页。

　　②　转引自［法］斯蒂格勒：《技术与时间：爱比米修斯的过失》，裴程译，译林出版社2000年版，第164页。

　　③　转引自［法］斯蒂格勒：《技术与时间：爱比米修斯的过失》，裴程译，译林出版社2000年版，第164页。

有经历过的，但是它却属于我的过去。海德格尔的已经在此的前提是：以此在为标志的生命现象把生物历史作为自身的发展，并从中形成自己的个性。生命的后生成层次并不随生物的死亡而消失，相反它自我保存和积淀，并遗留在余生和后代中。人类的后种系生成和纯粹的生命概念决裂，因为在纯粹的生命中后生成恰恰得不到保留，因为编码不接受任何来自经验的教训。

在海德格尔那里存在着两种对立的时间观，一种是技术度量的和烦忙的时间观，这种时间观意味着时间的丧失；一种是本真的时间观，这种时间观只有摆脱烦忙的技术背景才是真正的时间。"如果这句话正确的，即只有后种系的积淀才是已经—在此，那么这也只有在因积淀而产生的传播完全是技术的、无生命的传播才可能，也就是因虽无机但有机化的物质（踪迹一直所是的那种物质，不管它是工具性物质还是文字性物质）才得以可能，因此一般而言我们可以说它是一种'器官'。"①

"人的发明这个命题的模糊性的关键就在于将'谁'和'什么'并列，既使二者相连，又使二者相分。"、"相关差异既不是'谁'，也不是'什么'，它是二者的共同可能性，是它们之间的相互往返运动，是二者的交合。缺了'什么'，'谁'就不存在，反之亦然。相关差异在'谁'和'什么'之外，并超越二者；它使二者并列，使它们构成一种貌似对立的联体。"② 这种二者之间的过渡是一种投影：大脑皮层在石器岩层中的投影，岩石恰似大脑原初的镜子。这种原初的投影就是"外在化"的矛盾和非逻辑的开端，它实现于由东非人向新人过渡的几十万年之中，在这个漫长的过程中石器开始形成，大脑皮层开始自己投影、印照，这是反射的原始形式。在此问题的矛盾在于：我们必须讨论所谓的外在化，然而却不存在一个先于外在的内在，内在本身也构成在外在之中。而根据勒鲁瓦-古兰的观点，外在化的过程应当从古生物学的角度来看，人类的出现实际上就是

---

① Bernard Stiegler, *Technics and Time, 1. The Fault of Epimetheus*. Stanford University Press, Stanford California, 1998, p.141.［法］斯蒂格勒:《技术与时间：爱比米修斯的过失》，裴程译，译林出版社 2000 年版，第 166 页。译文根据英译本有所改动。

② ［法］斯蒂格勒:《技术与时间：爱比米修斯的过失》，裴程译，译林出版社 2000 年版，第 166 页。

技术的出现。"这种外在化过程包含的运动之所以具有矛盾性，就是因为，在勒鲁瓦－古兰看来，工具——即技术——发明了人，而非相反，人发明工具。换言之，人在发明工具的同时在技术中自我发明——自我实现技术化的'外在化'。因此，人就是'发明者'：由内向外的外在化运动是不存在的。"[①]内在和外都在同一个运动中构成，这个运动同时发明了内在和外在两个方面：二者在同一个运动中相互发明，好像人的形成必须求助于技术的助产。内在和外在是同一的，在内也即在外，因为人（内在）的本质是由工具（外在）确定的。就这样，通过人类学、民族学和史前史学的研究成果，斯蒂格勒把人的所谓"内在"的本质与"外在"的技术（工具）结合起来。

大脑皮层形成于东非人和新人之间，在新人之后，大脑的进化就终结了。也正是在这个时期，形成了皮层和岩层、生物和无机物的耦合。这种耦合造就了双重可塑性。矿物固体塑造"精神性"的、非矿物的流体，并由此而塑造自己（"精神性"的流体仍然是一种物质，它是物质的一种相关差异的存在形式）。这种耦合的效应仍然是遗传性的，但是它已经开始受后生成法则支配，属于后种系生成的范畴，这就是说，后生成的效应通过石器为载体而得以保存。石器是第一场反射的记忆，是大脑的第一面镜子。"在人类化——即大脑皮层形成——的开端，后种系生成的标向是石器，因为它保存了后生成的要素。大脑皮层形成的过程就如同是对这个保存的反射，而这个保存本身已经是对后生成因素的反射。"[②]

由此，斯蒂格勒的观点是，"人类并不是由一个精神的奇迹一下子降临在一个既成的肉体之上而造成的，似乎一种'心智'被嫁接在'动物'之上。"[③]人类不是猴子的子孙后代。人类的躯体在功能上和猿猴根本不

---

　　①　［法］斯蒂格勒：《技术与时间：爱比米修斯的过失》，裴程译，译林出版社2000年版，第167页。

　　②　［法］斯蒂格勒：《技术与时间：爱比米修斯的过失》，裴程译，译林出版社2000年版，第168页。

　　③　［法］斯蒂格勒：《技术与时间：爱比米修斯的过失》，裴程译，译林出版社2000年版，第169页。

同。心理植根于某种特殊的全身性的生理组织。考古学上决定性的进展是1959 年发现的东非人化石。东非人伴有石制工具，它的脑容量很小，并不具有超猿类的硕大头骨。这个事实迫使人们不得不修正人的概念。因为这个发现的结果是确认东非人的形成并不起源于大脑，而是起始于脚，在一般运动机能中大脑的发展从某种意义上说是第二性的。直立的姿态决定了上半身两个极点间的关系的新型机制：手从爬行的功能中解放出来，面部从攫取功能中解放出来。手必不可免地要制造工具——可代换的器官，手中的工具必不可免地要导致面部语言的产生。大脑在这一过程中的作用不是决定性的，它仅仅是整个身体机制中的一个部分，尽管这个机制的进化导致大脑皮层的形成。

如果说古生物学研究导致了手释放语言的结论，那么语言就和技术性变得不可分离，语言必须同技术一起探讨。勒鲁瓦 - 古兰论证了各种因素怎样从远古时代起就发生组合以致形成了独一无二的各项功能的整体系统——人，也就是技术是怎样由骨骼中"渗透"出来的。一个完整的人奇迹般突如其来是不可能的，技术作为人性的标准只能从动物学的角度才能理解。一般性的动物进化是从"解放"这个概念出发来把握的。人类的特性就在于置身于直接在手的条件之外的运动，这个运动带动动物的解放进程，与其说是大脑激发了运动适应的进程，不如说它受益于这个进程。手的解放而产生的代具性实际上就是自己置身于自己之外，置身于自己在手的条件之外。"一旦生命个体开始了外在化的进程，它的躯体就不仅仅为躯体了：这个躯体随自己的工具而运作。要理解原始的人类体系，就必须同时考察骨骼、中枢神经系统和工具。"[1]

远古人类的三个主要阶段是南方古猿、旧人和新人。虽然南方古猿的脑容量非常小，但他们已经属于人类，因为他们的大脑已经是人类的大脑。旧人的脑容量与现代人大致相同，但各部分之间的比例和我们不同。"决定性的问题就在于，发生在骨骼组织趋向稳定之后，大脑皮层扇面的展开。如果说制造的技术性起源于攫取行为，那么在攫取动物的大脑组织

---

[1] ［法］斯蒂格勒：《技术与时间：爱比米修斯的过失》，裴程译，译林出版社 2000 年版，第 174 页。

皮层中已经包含了'技术'的区域。"① 在大脑皮层中，手和脸部的段带是连接在一起的，整个大脑皮层中面部和双手运动的区域共同参与声音符号和图案符号的建立。在人类的不同进化阶段中，人的同一体是极其细微的：在从南方古猿到智人的生命现象中，唯一恒定的因素就是技术性。手以及手中的物体向手的范围之外投射，这种现象在南方古猿的阶段首先体现为一种真正解剖学意义上的结果，这对于一种完全失去尖牙利爪的存在来说是唯一的出路。"我们达到这样一个概念：工具是人类身体和大脑的真正分泌物。"② 身体和大脑都是由工具来定义的，并与之不可分割。把二者分割开来是人为的，我们必须像研究生物机体的进化一样来研究技术及其进化。进化中的技术既是无机的被动物体，也是这种物体的有机化。这个有机化过程必须服从和有机体同样的条件限制。

从东非人到尼安德特人这一段早期原始人时代，人类演变的实质在于大脑皮层扇面的展开，直接标志是工具形状的进化。虽然当时的技术动力还深深地停留在生物学阶段，但这一时代需要"技术意识"（超前）的假设。鹅卵石碎片只能向我们展示一个动作，这个动作不仅造成了一个削切面，而且还对应着一个技术意识。随着旧人模块的出现，这个动作和其他动作连成一体，这种联体并不是一个简单的动作复合，因为它要求个体对技术的操作过程有相当程度的预见。"一个动作之所以成为动作就是因为它受超前的支配，是因为它只能是超前的动作；要有动作，就必须有工具、人为的记忆、代具等身体之外并构成身体所在的世界的因素。没有这个向外的过渡、走出自我，没有人的外向异化以及'外在化'的记忆，就不可能有超前和时间。"③ "外在化"一词并不特别恰当，因为在这里既非内在也非外在，而是一个根本性的复合体，二者相互依附，同时产生。"代具"并不取代任何东西，它并不代替某个先于他存在、而后又丧失的肌体

---

①　［法］斯蒂格勒：《技术与时间：爱比米修斯的过失》，裴程译，译林出版社2000年版，第175页。

②　转引自［法］斯蒂格勒：《技术与时间：爱比米修斯的过失》，裴程译，译林出版社2000年版，第177页。

③　［法］斯蒂格勒：《技术与时间：爱比米修斯的过失》，裴程译，译林出版社2000年版，第179页。

器官。它的实质是"加入"。通过"代具"这一概念，斯蒂格勒想要说明的是两个方面的含义。第一，放在前面，或者说空间化即偏离。第二，提前放置，即已经存在（在过去存在）和超前（预见），也就是说时间化。代具不是人体的一个简单延伸，它构成人类的身体；它不是人的一种手段或方法，而是人的目的。"过去、现在和未来之间的张弛的时间问题实际上就是这样一种循环：工具即是超前的结果——外在化，同时也是超前的条件，超前本身又体现为外在化的根本性的内在化。"①

超前的过程随技术的进化而逐渐精巧和复杂化，技术在此就是超前的一面镜子，它既是超前的印记，同时又是超前或时间反射的反射面，就好像人类在技术中看到自己的未来，并把自己的未来和技术维系成一体。对于超前有两种不同层次的理解：一个超前的可能性出现在一个几乎静止的时间背景之中；一个不仅仅是所谓操作性的超前的时间，而是一种超前本身的形式在其中改变、展开的超前时间。所以有两种意义上的超前：第一种超前是工具制造的条件，没有它就不可能制造工具；第二种超前是工具发展的条件，工具制造不仅仅在同一模块下重复，而且进化、变形、发生差异。如果说这里的进化显然不能简单地由动物的"谁"来决定，那么我们就必须得出这样的结论："'什么'的进化反过来作用于'谁'，并在一定的范围内决定了'谁'本身的差异化过程：'谁'不能像其他生物那样自身差异化，它通过一种非生物的差异化来实现自身的差异……这就是一种无机的有机化物质：'什么'。"②一旦器具性开始脱离动物性，它的产生和差异化在遗传崩溃中调节。所以只有从超前的角度出发，才能解释器具模板的进化，技术的问题也就是时间问题。

存在着两种差异化：动物群体受遗传性的特定差异化运动支配；人类群体受技术社会文化性的种族差异化运动支配。在特定差异化中，决定群体记忆的是机体内在的遗传功能，而在种族差异化中，决定群体记忆的是

---

① ［法］斯蒂格勒：《技术与时间：爱比米修斯的过失》，裴程译，译林出版社2000年版，第180页。

② ［法］斯蒂格勒：《技术与时间：爱比米修斯的过失》，裴程译，译林出版社2000年版，第181页。

外在的因素。特定就是指纯粹动物性，而种族则是指非遗传的程序，因为一个种族的记忆存在于个体之外，它可以独立于遗传变异而进化，因此是时间性的。差异化的可能性前提就是，人类群体的记忆是"外在"的。一旦群体的记忆成为外在的，也就是说成为技术型的，那么这种记忆就不再是特定的。一旦外化发生，即使它还有原始的遗传特定性成分，人类就不再完全受遗传特定性的支配，人类群体间的差异化过程开始受技术逻各斯和种族特有语言的规律的支配，而不是受种族规律的支配。从东非人到尼安德特人，不仅发生了大脑皮层的差异化过程，而且也发生了石器的差异化过程。石器，作为一种记忆的载体，它的外在化投射使怎样一种超前成为可能？或者说，技术、工具和时间的关系如何？超前有其各种技术性的可能性的历史，这就是反射镜的不同阶段的历史，人性在反射镜中自我观照，并因此而塑造自己的形象。对于斯蒂格勒来说，时间问题的关键就在这里。不同于海德格尔对时间的理解，斯蒂格勒认为"时间"必须从人为记忆的技术学问题出发来把握，人为记忆只能是始终作为已经在此的人的记忆。而所谓的"已经在此"就是时间的前提和背景，它如同我们没有经历过，故而只能在留存的纹迹中去捕捉的过去。所以，我们可以说，如果没有人为的记忆载体，那么，就不可能有已经在此，我们也就不可能和时间发生什么关系。"我赖以存在的、先于我的世世代代的存在记忆，就是通过这类载体世代相传的。过去的经验和过去的后生成结果因这种载体而避免消失，这同纯粹的生物领域的一次规则恰恰相反。后种系生成的结构使已经在此及其被现在同化的事实成为可能，这是对过去的记忆的征收并化为己有，是'同化'的助产术：燧石既是劳动、计划和超前的对象，同时也是保留这些经验和后生成结果的记忆的载体。"[①]时间就是技术模块的变化过程，模块的重复性超前不过是时间的极端形式，虽然它只不过是萌芽状态的超前行为。这只是一种非常初级的时间性：东非人的已经在此仅在于他手中的石头，但这个有限的世界已经和海德格尔的世界截然不同！

---

① ［法］斯蒂格勒：《技术与时间：爱比米修斯的过失》，裴程译，译林出版社2000年版，第187页。

如果说种属是动物群体的典型形式，而种族是人类群体的典型形式，那么每个传统的实体都对应着一个特殊的记忆形式。记忆在摆脱遗传记录的基础上继续自己的解放进程，同时留下了裂变的烙印。勒鲁瓦 - 古兰区分了人类以外的三种不同类型的生物存在，它们呈现出三种不同等级的选择可能性：蚂蚁的"选择"范围比蠕虫广，脊椎动物的"选择"又比蚂蚁广。每一个层次形成的同时也保留了与低层次相同的行为实体。这三个等级上的"选择"的可能性并非真正的选择：这里涉及的是遗传的选择，被选择的可能性先天地记载在遗传基因之中，它构成个体潜在的记忆，躯体可塑性和生存环境的碰撞激发了整体表型的印记现象，从而使个体的潜在记忆现实化。本能的记忆机制在人类身上也存在，因为人类也是一种动物，人类活动的很重要的一个部分出自本能。勒鲁瓦 - 古兰在本能这个层次，即人性构造中最初级的层次中区分出理智。他把人类所属的层次分为三个：特定性层次、社会种族性层次和个体性层次。在特定性层次，人类的技术性理智直接同他的神经系统的进化程度以及个体能力的遗传决定性相关。在社会种族性层次，人类的理智行为呈现出独特的方式，因为它在个体和遗传特性之外还形成了一种具有高速进化特征的集体化机制。对于个体来说，社会种族的制约性和使它生来就是智人的动物制约性具有同等重要的意义。然而社会种族制约性的具体方式却有所不同。它在一定条件下允许某种个体解放的可能性。在个体性的层次，人类也呈现出一种特征：由于大脑系统为人类提供了以符号的形式应付自身场合的可能性，所以个体甚至可以从符号的意义上来突破遗传和社会种族的制约。"上述三个层次不可分割地构成了使'人类的技术行为'成为可能的记忆实体。"①

使人区别于其他生命现象的是时间，时间性需要以外在化和代具性为前提：时间的存在仅仅是因为记忆是"人为的"，这个人为的记忆构成自从它被"悬置在种属之外"以来已经在此的过去。继承"人"的称号，就是继承一切已经存在的过去，继承过去发生的一切，自从"古老得可怕"的过去开始。记忆这个无机物的有机化是基本的因素，它构成了第一性的

---

① ［法］斯蒂格勒:《技术与时间: 爱比米修斯的过失》，裴程译，译林出版社 2000 年版，第 202 页。

动力。这个第一动力创造了其他的一切，它在自身变化的同时也改变了其他一切事物。在这样一种复合体系中，大脑的发展是无机物的有机化运动造成的世界发生根本性变化而带来的结果之一。大脑是这种变化的有机化结果，它不是变化的原因。"理性（精神性的理智）、语言（精神性符号）、社会（种族群体）等一切历来被哲学用来定义人性的属性以前都不存在，或几乎不存在。"[①]

　　探讨人类的诞生就是探讨死亡的诞生。相关差异是一般性的生命的历史，人的发明是这个历史展开的一种调节（技术、人为因素、死亡等问题的共鸣）。裂变就是从遗传的相关差异向非遗传的相关差异的过渡，一种"延迟的自然"。外在化运动的矛盾性使斯蒂格勒得出了人和技术相互发明以及技术助产术的论断。大脑皮层的形成过程是对燧石石器中留存的经验的反射，燧石构成了一个过去，记载了过去发生的事情。超前问题带来的疑问和外在化运动的矛盾是一致的：落后同时也是领先，内在与外在相互领先。超前有两个层次：操作性超前和作为模板及超前形式的差异化的超前。外在化和内在化的运动发生在超前的第二个层次。从东非人到尼安德特人大脑和工具共同实现差异化，它们处于同一个运动之中。剩下的问题就是要为这一现象寻找一个可以接受的生物学解释：斯蒂格勒为此提出了一种全新的遗传选择过程的假设。经过加工的燧石的进化非但不单单由大脑的进化来决定，它反过来决定了大脑形成的过程。斯蒂格勒展开了人为性选择的概念：大脑在与新环境发生的关系中产生了突变性的选择，而这种关系则是以一定的技术机制为中介的，它构成了人类的防卫和采猎系统。"我们必须注重自工具产生以来出现的后生成过程的特点，即工具在制造或（和）使用工具的个体之外保存自己。"[②]工具是一种真正的无生命而又生命化的记忆，它是定义人类机体必不可少的有机化的无机物。在非人为、非技术，即没有被相关差异的相关差异调节的生命中，一切后生成

----

　　① ［法］斯蒂格勒：《技术与时间：爱比米修斯的过失》，裴程译，译林出版社2000年版，第206页。

　　② ［法］斯蒂格勒：《技术与时间：爱比米修斯的过失》，裴程译，译林出版社2000年版，第208页。

的积累都随着它们的个别载体的消亡从特定的记忆中消失。在人类这一特定情况中生命保存和积累了这类后生成的现象。

由此斯蒂格勒作出了和分子生物学规律相悖的假设：后生成因素反过来对种系的再生成产生强烈的效应，并引导和制约了选择的基本影响。根据这一假设，斯蒂格勒推断，在勒鲁瓦-古兰那里个体的发展以三种记忆为基点："根据这个假设，我们可以推断个体的发展以三种记忆为基点：遗传记忆；神经记忆（后生成性）；技术和语言的记忆"①。斯蒂格勒以此基础上提出三个层次的记忆：遗传记忆、后生成记忆和后种系生成记忆。后种系生成是一种归纳式的积累，是（后）个体经验的动力和生成形态（后种系生成），它标志着在有机体和它的环境之间出现了一种新型关系，这种关系同时也是一种新的物质类型。"如果说个体是一种有机体（有机化的个体），那么在关于'谁'的问题上，它同环境（一般意义上的、有机的和无机的物质）的关系是由一种有机化而又无机的物质为中介来实现的，这就是工具，它起着训导（器具）的作用，它就是'什么'。正是在这个意义上，我们说：'什么'在被'谁'发明的同时也发明了'谁'。"②

三、"爱比米修斯的过失"

《技术与时间》第一卷的副标题是"爱比米修斯的过失"，在某种程度上讲，整个第一卷就是围绕着"爱比米修斯的过失"这一话题展开的。"爱比米修斯并非单单是一个遗忘者：即不懂得思前想后——即经验（也就是说对即将达到的、正在发生的和已经发生的事物的反复咀嚼）之本——的象征；他同时也是一个被遗忘者。他被形而上学、被思想所遗忘。"③普罗米修斯的孤家寡人的形象是毫无意义的。他的存在意义仅仅在

---

① ［法］斯蒂格勒：《技术与时间：爱比米修斯的过失》，裴程译，译林出版社2000年版，第208页。

② ［法］斯蒂格勒：《技术与时间：爱比米修斯的过失》，裴程译，译林出版社2000年版，第209页。

③ ［法］斯蒂格勒：《技术与时间：爱比米修斯的过失》，裴程译，译林出版社2000年版，第218页。

于爱比米修斯的重复，后者又同时实现了对自身的重复：造成过失、欠思考、愚蠢、遗忘；沉思、过迟、反思、知识、智慧，以及同回忆完全不同的另一种形象——经验。在希腊语中反思的知识存在于作为完结经验的本质的技术性中。海德格尔的生存分析之所以完全错失这一问题有两个方面的原因。一方面，分别以普罗米修斯和爱比米修斯原则为代表的两种形象的交合，准确提供了时间性结构的基本要素，这个时间性被描述为一种走向终结的存在；另一方面，二者的交合意味着它们之间的关系必不可免地扎根于技术性之中，这同把真实的时间和计算的、烦忙的时间对立的观点是根本矛盾的。

根据普罗米修斯和爱比米修斯的神话，人类的到来从一开始就是因为偏离了动物世界的平衡和安宁，这是由原始的过失而造成的偏离。人类是双重过失——遗忘和盗窃的产物。如果说人类的产生是一种偏离，这不是相对于自然，而是相对于神。偏离涉及的是人（死）和神（不死）的关系，人类的起源说首先就是死亡说。由于普罗米修斯的计谋，人类吃到了牛肉；由于宙斯的意志，人类从此失去了伸手可得的生存必需的谷物。所以人类不得不日复一日地劳作、操作器具，直至忧染双鬓，至死方休。"人类发明、发现、找到、'想象'并实现它想象的事物：代具、谋生之道。代具放在人的面前，这就是说：它在人之外，面对面地在外。然而，如果一个外在的东西构成它所面对的存在本身，那么这个存在就是存在于自身之外。人类的存在就是在自身之外的存在。为了补救爱比米修斯的过失，普罗米修斯赠给人类的礼物或禀赋就是：置人在自身之外。"[1]发现、找见、发明、想象等等在神话故事中都是一个缺陷的事实。动物已经被烙上了一个缺陷：消亡。必须把缺陷和存在联系在一起认识，即认识存在的缺陷。但是和动物获得的各种性能相对应，人的那一份就是技术，技术是代具性的，也就是说人的技术性能完全不是自然的。人没有性能，所以也就没有宿命。人必须不断地发明、实现和创造自己的性能。而且这些性能一旦造就，并不一定实现人，它们与其说属于人，不如说属于技术。

---

① ［法］斯蒂格勒：《技术与时间：爱比米修斯的过失》，裴程译，译林出版社 2000 年版，第 227 页。

自从人的生存由于爱比米修斯的过失和女人联系在一起，自从人变成男人，自从出生如同死亡的反射镜一样降临，自从人注定陷入出生和死亡的双重命运，人类的生存就无时无刻不同这种双重性共存。劳作——技术——和性差异造成的繁殖来自同一个动作，即宙斯的报复——消亡。因女人（潘多拉）的降临而带来的"唯一的"意思就是她带来的瓮罐，瓮罐的意思是期待（elpis）：超前和时间。时间性的意义不仅取决于死亡，而且取决于来自性的差异和繁殖。"elpis"首先是指等待、推测假定和预见。"elpis"的意思既不是对恶的预感，也不是对死亡的先知；相反，放在人身上的"elpis"如同女人一样，由于它是盲目的，所以造成对先知先觉的麻痹；它不是解救死亡的妙方，因为死亡注定在人类生存之中，无方可解。"在人类世界中，幸运和厄运深深地连接在一起，以致二者都无法被确切地预知；在这个世界中，人类探索未来的意识总是在普罗米修斯的准确的先知和他的兄弟的完全盲目之间摇摆不定。人类之未来的前景，正是在'elpis'或期待的模糊不清的轮廓中勾画出来的：有时枉费心机，有时却不无道理，时善时恶。"[①]对于不死的神来说，"elpis"是没有用的。同样，对于不知什么是死的禽兽来说，"elpis"也是毫无意义的。假如和禽兽一样有生有死的人类能和神一样预见未来，假如人类完全处于普罗米修斯一边，那么人类就没有勇气生存了，因为它无法正视自己的死亡。但是，既然知道自己会死，却又不知道什么时候死、怎样死，这就是"elpis"的意义。"它是一种预见，但仅仅是一种盲目的预见，一种必要的幻觉，既是善也是恶。"[②]

爱比米修斯原则可以说指的是传统，它来自一个已经在此的过失：技术性本身。此在作为"被抛"的存在者继承已经在此的过去，这个过去总是先于此在，并决定了"谁"（某某的儿子或孙子等）的意义。但是此在的过去又不完全是它自己的过去，因为它从未经历过这个过去。此在的时

---

① 转引自［法］斯蒂格勒：《技术与时间：爱比米修斯的过失》，裴程译，译林出版社2000年版，第233页。

② 转引自［法］斯蒂格勒：《技术与时间：爱比米修斯的过失》，裴程译，译林出版社2000年版，第233页。

间存在形式就是历史性，已经在此的过去的是此在的遗产。此在不仅是共在，而且也是已经在此，此在自身从传统出发，并借助传统（也是对这个存在的遮蔽）对此在的预先了解。斯蒂格勒把这一特征称作"程序"：它标明了此在固有的程序性特征。然而在如何把握此在上存在着困难，因为此在总是处于行进中，它永远是一种未完成的存在。只要此在尚在生存，它就未完成。"此在不可能被完全把握，它不断地自我超越，它的终结——死亡——属于这个超越。它属于'永远的未完成中'。一旦停止超越，它就不复存在。这就是此在和'什么'的不可比，并造成了此在这个存在者对进入存在的意思的特殊地位和优越性：这个存在者的可能性就是'存在的一个特征'"①。此在的相关差异因而就是它向自己不经历的终结的存在，由此此在是不确定的，甚至是不可程序化的。此在的终结存在就是完结和不确定：不可计算性、不可程序化、不可转译性。此在的完成只能在不完成中达到，这同迟到和事后是一个结构。迟到和事后不能从一系列的先前因素出发来思考，而是相反，它们是被连续性掩盖了的、承担连续性本身的根源的结构。

终结是一种原始的确实性，但它是完全不确定的确实性，对它的知识是一种无知识的知识，是关于不确实的存在的不确实的知识。不确实的极限本身不作任何界限和确定。由于其对象始终不可达到，所以这种知识总是不断地丧失或被遮蔽，即此在对死亡的知识总是以自行退避的知识形式出现。但是这个退避的出发点不是作为存在之退避的存在，而是时间本身——关于死亡的知识。"对不确实的差异的确实的知识，使差异自行退避，在这个退避本身中的差异就是德里达所说的相关差异：时间化和空间化，日期性和指意性，偏离和公共性——但同时也就是为一个特定的回归而做的保留。"②此在的存在处在自己的退避中，不断地自我隐蔽、消失，所以不确实的此在有可能沉沦，成为"不在此"或因缺陷而在此。此在的

---

①　［法］斯蒂格勒：《技术与时间：爱比米修斯的过失》，裴程译，译林出版社 2000 年版，第 254—255 页。

②　［法］斯蒂格勒：《技术与时间：爱比米修斯的过失》，裴程译，译林出版社 2000 年版，第 258 页。

实际死亡常常就是向烦忙的沉沦，公共的和可确定的语言和时间使这种烦忙程序化。这是一种原始的而非第二性的偏差的可能性。正是对于这种可能性而言，存在才是确定的：原始的不确实性建设在原始的程序性之上，不确实性非但不是程序性的对立面，而且是它的真理所在。

自从宙斯把生命隐藏起来之后，人类消失于它唯一赖以生存的实际性（Facticite）①之中。生存的烦忙使人类不得不发明并制造一些方法以便补充自身性能的缺陷，这就为它烙下了代具的印记。这种以代具为代表的"什么"构成了在"谁"之外出现的存在本身——置身于自身之外，也就是说此在的时间性的出离和超越。代具的这种置此在之存在于其自身之外的一般性特征，也是此在"观察生成的本来状态"时不能承受的。因为它恰恰是由代具的这种特征来所承受的。"观察生成的本来状态"无非就是指人类揭示自身的死亡。超前是人类之本质属性的根源，这种超前向一种非知识的知识沉入。所谓非知识的知识就是代具性以及由代具性造成存在的在自身之外的存在、出离、死亡性和时间。时间本身在它的具体的实际性中编织代具性，并同时编织自己——纹迹代具性系列的具体实际性，就是使重复、向过去和限制回归、向缺陷的禀赋的回归成为可能的指引和呼唤。超前总是在这种回归中去而复现。在超前的悲剧性意义被形而上学遗忘之前，它的名称即是"爱比米修斯原则"：事后知识。"爱比米修斯原则意义上的超前过失，即是本质上延迟的时间……如果说此在的降生形成于'过去存在'的'真实'的重复之中，如果说这种过去存在的延迟重复——事后知识——同样赋予此在以差异和它的特有语言的自我性，即此在之'谁'的质料，那么，这种切断相关差异作用的'什么'产生的动力具有何种效应？"②在超前—相关差异中生存的此在，它非但不能由时钟给予，相反它会消亡于时钟。它的时间性即是它的未来。我们所处的"实时

---

① 斯蒂格勒认为海德格尔的此在有四个特征：时间性、历史性、自我理解和实际性（Facticite）。在海德格尔的基础之上，斯蒂格勒用"实际性"表示人（"谁"）对在自己之前形成的技术条件（"什么"）的依赖，强调"实际性"中"既成事实"和"已经存在"的意思。

② ［法］斯蒂格勒：《技术与时间：爱比米修斯的过失》，裴程译，译林出版社2000年版，第261页。

事件"的时代没有未来，是无未来的时代。如果说固定当即是可能的话，那么固定过去，尤其是固定未来是不可思议的。时钟给我们指示当即，但时钟无论如何都不能给我们指示未来和过去。时间是死亡的以及在死亡中实现的技术综合。

斯蒂格勒认为，固定不等于确定，而是指建立。建立的工具使某种确定成为可能。然而，由于工具使"谁"和"什么"各自的可能性相得益彰，所以它同样使各自确定的可能性包含多重性即非确定性成为可能。海德格尔之所以贬斥属于时钟的"什么"，因为他混同了固定和确定这两个不同的概念。斯蒂格勒的追问是：度量是否是时钟的唯一含义？度量是否也意味着对某种时间的遗忘、遮蔽？时钟的度量在日历中超前。文字就其一般意义而言首先是一个度量的手段。文码的时钟存在，或者说时钟的文码性和程序性存在，也是奥古斯丁的时间问题的含义：他不是从沙漏或水漏壶计时器，而是从诗出发提出当即和延伸的概念，这一论述海德格尔没有引用。既然时钟的度量也关系到一般意义下的文码，如果我们认为文字是相关差异在其历史的"本来状态"（并作为存在的历史的发端状态）中的（纯粹技术逻辑的）开放，"那么，只有从对技术作不同于形而上学传统的理解出发，有关本真和沉沦的问题才有实际的意义。显然，海德格尔从未摆脱这种关于技术的形而上学的理解。他之后的许多可能自以为走到他前面的人，其实也没有超出形而上学的范畴。"①

此在就是差异的存在者。差异的存在者必须从两种意义上理解：时间上的推迟，即本质地被抛射在延迟运动中；由此存在者也就根本地具有差异，既不确定，也不确实。此在并不简单地存在，它只能是它未来的存在，它就是时间。超前是指走向终结的存在。此在知道自己有一个终结，但是它不可能认识自己的终结。此在为终结而存在，但关于终结的知识总是在自身的相关差异化过程中隐退和遮蔽。自身的终结恰恰只能属于自己，就此而言自己的终结从本质上来说是隐蔽的。这种无终结的存在本身就是此在之有限性的标志，即终结的无限性只能在相关差异中完成。"这

---

①　［法］斯蒂格勒：《技术与时间：爱比米修斯的过失》，裴程译，译林出版社 2000 年版，第 268 页。

个我之为我的延迟和差异——相关差异——就是超前。超前作为此在的无终结的有效性，标志了关于此在的根本性知识的不确定性"。① 此在只能在相关差异中存在，其意义不仅仅指时间的推迟或保留，或者本质的保留或推迟，它是指差异化运动，即作为此在的时间就是真正的个体化原则。根据普罗米修斯神话，我们偏向于把存在于实际性之中表示为存在于代具之中。此在从本质上说就是在世，这就是说世界之于此在有一个"已经在此"。在这个"已经在此"中，关于"去存在"的知识既得到传播也受到遮蔽。在已经在此中遮蔽的就是我的存在、需要向终结存在。此在最通常的存在形式是"程序存在"，也即最普通的实际性的存在方式。所以超前总是以计算的形式形成于烦忙之中，确定非确定性被遮蔽了的终结的个体化和不确实性。如果超前被理解为一种计算，那么它就是自我崩溃的超前。计算的提问方式要确定的恰恰是不可确定的时间，即不可计算之物。对于此在而言，需要存在始终意味着存在于实际性中。超前总此在是向其过去和现在的回归，如果从爱比米修斯原则看，只能是向代具的回归。此在的过去就是它的实际性，因为它不可能成为它的过去本身。此在的过去必然外在于此在，然而此在却又只能是这个不属于自己的过去。此在只能在相关差异中成为过去，它既依赖于不属于自己的过去即差异，也依赖于程序性的存在，即延迟的尚未存在。它只有不确实地存在于尚且属于程序性的存在之中，才能在超前中实现存在的需要。它必须重复它的程序，正如普罗米修斯重复爱比米修斯一样。由此可见，需要存在包含了双重意义："1. 此在已经是它之所在；2. 它的已经存在只能存在于实际性之中——即依赖于不属于自己的存在：它的已经在此的形式就是不属于自己。然而，它却只能如此存在。"② 简而言之，此在——"谁"——缺乏存在。结论是：此在自身具有的超前的和延迟差异的结构，也就是既负载了它的过去，同时又由这个过去负载的结构，其中也包含了此在不再是自身的过

---

① ［法］斯蒂格勒：《技术与时间：爱比米修斯的过失》，裴程译，译林出版社 2000 年版，第 276 页。

② ［法］斯蒂格勒：《技术与时间：爱比米修斯的过失》，裴程译，译林出版社 2000 年版，第 277 页。

去。存在的历史即是此在的过去，这个过去不属于此在，其过去的意义在于超前和延迟差异。这里有两种形式：真实的形式（即作为存在问题的传递）和遮蔽的形式（即作为存在的形而上学的传递，作为对存在的爱比米修斯式的遗忘）。这个过去就是此在的历史性。

凡存在的历史，无非就是此在所要解释的历史文献。没有历史文献的时代虽然具有历史性，但是这个历史性尚未获得存在的历史含义。如果说时钟是通过"持久地固定当即"使我们从此在之中再认识时间的，那么持久地固定过去能向我们提供什么？这种把过去固定在它的具体的切实性中——从作为超前阐明的时间的角度看就是程序——的根据是什么：如果不是借助持久地也即代具化地固定过去，上述历史性怎样成为此在之时间性的本质因素？从前发生的事情这种无人格的自反表达式又是什么意思？"此在是外在于自身的、出离的和具有时间性的：这就是说，它的过去外在于它，它只能在尚未实现的形式下存在于这个过去中。对于它自身而言，切实地成为它的过去，也就意味着置自己于自身之外，亦即存在。然而此在怎样才能如此存在？那就是借助代具向外投射，即向自己的前方投射。这也就是说，此在只有以程序的方式才能体验它的不确实性。"[①]斯蒂格勒认为，本质为实际的此在是代具化的。如果没有知识以外之物或不处于自身以外，它就什么也不是。只有自身的外在化才能使它得以体验却不能证实的它所不断超前的死亡。另外，此在进入过去的通道（本来状态的超前）也是代具化的。只有在一定的代具条件下，此在才有可能进入或不进入这个过去。同样，也只有在一定的代具条件下，才可能谈论此在是否面对过去持久地固定自己的问题。

"此在的相关差异只有通过代具的体验才能被揭示出来。"[②]如果代具性从原则上说和计算、度量、确定性一样遮蔽相关差异，它同样也是对相关差异的切实推动：这种代具性使和自己同一的延迟时间的时段切实化和

---

① ［法］斯蒂格勒：《技术与时间：爱比米修斯的过失》，裴程译，译林出版社 2000 年版，第 279 页。

② ［法］斯蒂格勒：《技术与时间：爱比米修斯的过失》，裴程译，译林出版社 2000 年版，第 280 页。

具体化。存在的历史是一个记录史、代替史和无人格的历史。线性的拼音文字是一种程序化的中断。它把本身是程序、但又不以程序之原型表露的传统的诸形式悬置起来。在这种悬置中它编造另一种程序，一种新的过去、现在和超前的持续，其首要的形式是现在。文字在展示相关差异的同时，又将它遮蔽。超前就是代具性，就是展示时空差异化，同时作为普罗米修斯原则和爱比米修斯原则。完成代具性超前的切实条件就是技术的提示，即过去对超前、超前者对超前对象的提示，也就是超前的代具性或过去。"超前除了代具的意义之外不可能有其他的意义；不确实性只能是作为重复的程序性。"①问题的关键就集中体现在这种重复的意思上，线性文字的诞生并不能解释历史的开端。

代具的意思是"放在前面"。代具性是世界的已经在此，因而也就是过去的已经在此。代具可以从字面上被翻译成提示或放在前面。"代具就是自己提示或放在前面之物。技术就是过去向我们提示并放在我们面前之物（这个提示存在于一种根本性的知识之中，它是'把某物放在我们面前'的理念。"②关于死亡的知识也就是提示的，或放在面前的知识，而这些知识从根本上说也就是技术的知识，即关于一种根本性的缺陷的知识——属性的缺陷，需要存在，没有既定的命运。放在前面或技术性提出了时间。普罗米修斯和爱比米修斯共同编制了对偶的两个原则，这两个原则形成了提示和技术的知识：即在不确定的超前中实现的时间化。爱比米修斯原则代表了提示或放在前面的事后沉思。普罗米修斯和爱比米修斯共同构成了这样一种超前的反射，它只有依靠技术才属于人类，即延迟、差异和重复的提示。

代具、已经在此是与后种系生成相关的。脱离了后种系生成的模式就无从谈论时间化运动。这个模式的特征是，每一次都重新构造，而每一次都以一种新的方式重新构造，这种重造是通过已经在此实现的，也就是通

---

① ［法］斯蒂格勒：《技术与时间：爱比米修斯的过失》，裴程译，译林出版社 2000 年版，第 281 页。

② ［法］斯蒂格勒：《技术与时间：爱比米修斯的过失》，裴程译，译林出版社 2000 年版，第 281 页。

过构成人类或技术的相继时代的记忆载体实现的。但是，通过从爱比米修斯原则出发对存在分析的再解释，我们对超前的可能性，即可能性之可能性作了先决性的陈述，这个陈述告诉我们："时间就是延迟差异。这就是说，时间不外乎是一切差异之延迟差异化运动的动因。这种相关差异是一种指引，它就是'谁'和'什么'之间的相互反射。"①对每个时代特有的已经在此所进行的技术可能性的分析，实际就是对这种"谁"在"什么"之中的反射和射象的条件的分析。

斯蒂格勒最终所得出的结论是，作为一种存在者的此在，它的存在是与什么密切相关的，它是在什么中构造自己的。存在是存在者的存在，必须通过一种存在者来探讨存在的意义，但又不能因此而把存在者削减为存在者，"谁"（此在）就是这种必须从根本上同"什么"相区别的存在者典范。"谁"需要存在的特征确定了它的自我格，即它的个体性。斯蒂格勒把个体性称为特有语言性或特有个性而不是自我性，因为自我性过于和"什么"隔离。爱比米修斯这个特有的个体性完全沉陷于"什么"之中，并从中根本地构造自己，然而此在只能通过从"什么"中解脱来构造自身。海德格尔的存在分析和爱比米修斯死亡学之间最接近之处同时也是区别它们的起点，就是关于已经在此的论点：此在自己选择它的可能性，或者降临于它的可能性之上，或者成长于自己的可能性之上。既然已经在此构造了时间性，也就是构成了进入我没有生活过的过去的入口，开启了我的历史性，那么，这个已经在此是否应当构造积极的实际性？斯蒂格勒认为，这是积极的构造和历史的构造，它的物质形式的形成在历史内和历史外构造历史性。尽管海德格尔为肯定这种假设提供了主要的因素，但是他仍然不得不排除这一假设。在某些条件下，根据切入过去的一些器具可能性，已经在此构造自身，并自我构造成过去存在。这种真实的时间性确定了一种既非手下之物也非在手之物的存在者，这个存在者就是"谁"，它和"什么"发生唯一独特的关系，并以同"什么"的差异构造自身。

①　［法］斯蒂格勒：《技术与时间：爱比米修斯的过失》，裴程译，译林出版社 2000 年版，第 282 页。

斯蒂格勒在《技术与时间》的研究中所要达到的最重要目的之一，就是提出他的完全不同于海德格尔的此在理解。存在者要么是"谁"（生存），要么是"什么"（最广义的手下之物）。存在的这两种类型的特性之间的关联是什么？斯蒂格勒认为，在这一问题上他与海德格尔之间存在着关键性的分歧。不同于海德格尔，斯蒂格勒认为，死亡学的进入问题就是爱比米修斯意义上的技术问题。先于一切生物学人类学的实证论的首先是人类的起源及其所涉及的时间问题。但是，这个问题是从已经在此出发而降临到我们面前的，这个已经在此不单单是存在问题的一般性原则，而且是它的不同的组成形式，生物学就是其中之一。不能简单地悬置这些形式，而只能通过它们来感受起源（缺陷）。这就需要卢梭意义上的先验性问题。这个先验性在技术性面前遇到挫折。"对死亡的理解起始于对生命的预先理解。当生命同时为非生命，也就是说它不再单单为生命，而是通过其他'手段'继续时，死就是生。问题就在于作为切入手段的代具性。因此，先于一切生物学（之可能性）的是根本性的本体论和预备性的生存分析，但是这种领先在此同样意味着：作为后种系生成模式思考的、由'技术学'构成的分析的领先。从这个观点出发，技术性分析也是一个先验的概念。但是这个概念使自己陷入绝境：它悬置了一切有关经验和先验的区别的可靠性。"①

很显然，"谁"的命运"连接"在世界存在者"什么"之上，这就是包含它的实际性中的因素。由此产生了此在的空间性问题，这个问题融于它的在世存在，和灵与肉、内与外的区分无关，动摇了一切关于"谁"和"什么"的明确区分。"如果说建立于世界之中并构成此在的已经在此的'什么'提供了进入此在本身的入口，我们是否可以提出确定更根本层次的'什么'的动力的问题？有一种存在者的类型是生存分析不能解释的：这就是有机化的无机物，或确切地说是在手之物之类，它从自身的动力中获得'活力'。关于用具性的思想在此无济于事，因为它没有把握有机化

---

① ［法］斯蒂格勒：《技术与时间：爱比米修斯的过失》，裴程译，译林出版社 2000 年版，第 289 页。

的动力，因而也没有把握本来意义的已经在此。"①

　　在手的存在是可以造成缺陷的存在者。这个欠缺也是世界和世界的整体性的呈现的条件。在普罗米修斯（谨慎和预见）原则中产生的断裂，是事后才发现的日常的过失和缺陷的结果，即作为事后原则的爱比米修斯原则。这个原则之所以可能，是因为预见从根本上说是无预见，或没有完全预见，总是建立在爱比米修斯的过失的基础上。这个过失使人起初被遗忘，但总是不断重新出现，并为已经在此打下其实际性的烙印。已经在此也是指尚未在（不确定）。虽然海德格尔不仅思考了器具的概念，而且他是从这个概念出发进行思考的，问题是，海德格尔并没有完全把这个问题看透："他没有从中看到包括无预见在内的一切发现的原始性的和根本欠缺的背景；他没有从中看到恰恰构成存在之时间性的因素，亦即没有看到技术构成的通向过去——也即通向未来——的入口，没有看到构成历史之本来意义的东西。他总是（仅仅）从有用性的角度思考工具，总是把器具当作工具来思考；因此他无法思考诸如对世界有训导意义的技术器具之类。然而在这一点上，关于可使用性的一些必然分析决不同有用性意义下的烦忙相对应；不仅如此，在器具的实施过程中，发生了制作世界过程，而且某种断裂也由此产生。"②

　　在海德格尔那里，爱比米修斯原则属于"本体论知识"。与海德格尔不同，斯蒂格勒认为，正是以这种本体论知识为基础，一切认识才成为可能。如果说海德格尔在某种意义上"遗忘"了在代具性中提供进入世界入口的已经在此，那么斯蒂格勒的任务就是要认识这种遗忘的必然性。日常的在世存在是使用，使用同用具相遇，用具总是"用于……之物"。作为用具的"什么"一贯是"什么"的系统。用具本身也是预见。因此一般性的手在"谁"之上运作一般性的"什么"，"谁"因其手而同"什么"相对应。正因为有手，"谁"有物在手下或手中。这个被手运作的"什么"

---

　　①　［法］斯蒂格勒：《技术与时间：爱比米修斯的过失》，裴程译，译林出版社 2000 年版，第 290 页。
　　②　［法］斯蒂格勒：《技术与时间：爱比米修斯的过失》，裴程译，译林出版社 2000 年版，第 292 页。

形成系统。正是用具系统完全充满了世界。这种系统在现代技术时代将成为一个座架，它强化了计算和确定的系统性，因而成为形而上学的完成，但是它不可能具有任何特定的动力。这里的"什么"除了"谁"的动力没有其他动力可言。

四、结语：贡献与启示

斯蒂格勒说对技术与时间关系的理解跟海德格尔存在着非常大的差异。此在具有循环的性质，对于它而言，进入未来构成进入自己的"曾在"，进入"曾在"也就是进入未来，起源就是终结，终结也就是起源，这里唯一的相关差异就是时间（回归、延迟的时间），也就是实际性。问题就在于进入一个此在没有的它自己的过去，一个他自身没有经历的过去。海德格尔虽然提出了这一问题，但斯蒂格勒认为他没有把它彻底弄清楚。此在不在时间中，因为它既不是手下之物，也不是在手之物。"什么"在生存的"谁"构成的时间"中"。但是，如果说"什么"的可能性不可能总是归结于从现实性的范畴出发来理解的切实性，那么它是否还可能如此简单地被认为是存在于由"谁"构成的时间之中呢？是否从某种方式（手）来说，"什么"就是"谁"的时间呢？此在的未来不是手下之物的未来，因为它是存在的动力。但是，此在的已经在此也不是过去，因为它的"曾在"一直留在它的生存之中，而一个过去的手下之物就不复存在。"对于此在来说，它没有经历的过去比所有它经历的过去更具有已经在此、更具有它的真实在此的意义。时间性印刻在实际性之中。"① 所以，正因为超前投射到"谁"以及其他在场的"谁"之外，投向未来的"谁"，所以"谁"就要关注"什么"及其变化，投射出另一个"什么"的背景，并肯定一种由过去、现在和未来的"谁—什么"整体构成的无限有限性。

斯蒂格勒的技术哲学追求的是把对生存的分析技术化、代具化。他在《技术与时间：爱比米修斯的过失》中最后的追问是：如果把技术当作我们

---

① ［法］斯蒂格勒：《技术与时间：爱比米修斯的过失》，裴程译，译林出版社 2000 年版，第 312 页。

自己构成进的存在者进入其存在者自身的入口的原始背景，那么，是否意味着使生存论的时间分析非人类学化成为可能？如果此在的"有限"可以提供对时间现象的理解，那是因为这个理解的起点的是"什么"的无限性，它给此在提供了先于它已经存在、并只能在此在视野之外的遗产。此在的有限在"什么"中构成，"什么"作为后种系生成的投射是不确定的，并由此属于超越此在之有限的推断的无限。很显然，斯蒂格勒的哲学思想有两个来源，一个是前面对吉尔、勒鲁瓦-古兰和西蒙栋的技术思想的分析，一个是这里对海德格尔的生存哲学的分析与改造。在坚持海德格尔此在分析的立场上，斯蒂格勒通过海德格尔未能掌握的大量古生物学、历史学和民族学领域的原始技术资料，从技术"之上"进入技术"之内"，用"延异"（异 différance）将被海德格尔割裂开来的技术与人、人与自然联系起来，提出了一种新的此在生存性论证。这一论证实际上涉及的就是有时间烙印的存在者——此在或"谁"，这也是一种关于存在和身体所依赖的代具性的论证。技术或代具性是此在的已经在此的部分，已经在此本质上是代具性的，代具性对于此在的生存不仅不是消极和沉沦的因素，反而是一种积极的、不可或缺的组成部分。这一理论开启了存在（此在生存）和时间的新型关系，从而为技术哲学开辟了一条更加广阔的大道。

第十一章　未来技术的预言者：
凯文·凯利的技术思想

凯文·凯利（Kevin Kelly，1952—　），美国《连线》（Wired）杂志创始主编，他在 1984 年发起了人类历史上第一届"黑客大会"。凯文·凯利被看作是"网络文化"的发言人和观察者。1999 年上映的电影《黑客帝国》在某种程度上是对凯文·凯利对网络文化的观察和预言的一种隐喻。凯文·凯利在《失控》（1994）一书中提到，并且今天正在兴起或大热的概念包括：大众智慧、云计算、物联网、虚拟现实、敏捷开发、协作、双赢、共生、共同进化、网络社区、网络经济等等。故而，说《失控》是一本"预言式"的书并不为过，其中还隐藏着很多我们尚未印证的对技术未来的"预言"。除《失控》外，凯文·凯利的主要著作还有《技术想要什么》（2010）、《技术元素》（2012）等等。

一、凯文·凯利的代表作：《失控——全人类的最终命运和结局》

当今时代技术与自然的联姻产生了一个新文明："新生物文明"。凯文·凯利以太空生活实验舱为例：对于生活在太空舱里的人来说，不管是舱内的绿色植物，还是维持太空舱运行的机器，单靠它们自己都不足以保证人类在这个空间里的生存。确切地说，是阳光供养的生物和机油驱动的机械共同确保了人类的生存。在太空生活实验舱这个狭小的空间中，生物和人造物已经融合成为一个稳定的系统，其目的就是养育更高级的复杂物——人类。太空生活实验舱这一案例告诉我们，"在这个千年临近结束的时候，发生在这个玻璃小屋里的事情，也正在地球上大规模地上演着——只不过不那么明晰。造化所生的自然王国和人类建造的人造国度正在融为一体。机器，正在生物化；而生物，正在工程化。"①

　　将机器比喻为生物，将生物比喻为机器，这本来只不过是一个非常古老的隐喻——第一台机器诞生之时这一比喻就已经产生。如今技术的发展却印证着这一古老的隐喻。与这一隐喻产生的时代不一样的是，今天这一隐喻不再是诗意的遐想，它们正在变成现实。人造与自然的联姻，可以说是凯文·凯利整个技术思考的主题。在他看来，是现有技术的局限性迫使生命与机械联姻。"要想保证一切正常运转，我们最终制造出来的环境越机械化，可能越需要生物化。我们的未来是技术性的，但这并不意味着未来的世界一定会是灰色冰冷的钢铁世界。相反，我们的技术所引导的未来，朝向的正是一种新生物文明。"②

　　与传统的机器时代不同，现今时代是生物逻辑取得胜利的时代。自然一直在用她的血肉供养着人类。我们先是从自然那里获取食物、衣着和居所，接着从生物圈中提取原材料来合成人工材料，现在，自然又向我们敞开她的心智，让我们学习她的内在逻辑。机械的逻辑只能用来建造简单的装置；真正复杂的系统，如细胞、草原、大脑都需要一种非技术的逻辑。在今天，"除了生物逻辑之外，没有任何一种逻辑能够让我们组装出一台能够思想的设备，甚至不可能组装出一套可运行的大型系统。"③生命中到底有多少东西是能被转化的仍然是一个谜团。至今为止，那些原属于生命体，但却成功地被移植到机械系统中的特质有：自我复制、自我管理、自我修复、适度学习、局部进化。

---

　　① ［美］凯文·凯利:《失控——全人类的最终命运和结局》，东西文库译，新星出版社2010年版，第3页。

　　② ［美］凯文·凯利:《失控——全人类的最终命运和结局》，东西文库译，新星出版社2010年版，第3页。

　　③ ［美］凯文·凯利:《失控——全人类的最终命运和结局》，东西文库译，新星出版社2010年版，第4页。

与人们在将自然逻辑输入机器的同时，也把技术逻辑带到了生命之中。比如，生物工程的原动因就是希望充分控制有机体，以便对其进行改造。驯化的动植物正是技术逻辑应用于生命的范例。野生胡萝卜的根经由采集者一代代的精心选培，最终成为菜园里甜美的胡萝卜；野生牛的乳房也是通过"非自然"的方式进行了选择性增大，以满足人类而不是小牛的需求。"所以说，奶牛与胡萝卜跟蒸汽机一样，都是人类的发明。只不过，奶牛和胡萝卜更能代表人类在未来所要发明的东西——生长出来而不是制造出来的产物。"①现代技术与传统技术的不同之处在于，传统技术的进化建立在自然进化的基础上，现代技术则可以利用人工进化。胡萝卜和奶牛的培育者不得不在漫长的自然进化的基础上进行优选，而现代的基因工程师则可以利用定向人工进化，通过目标明确的设计而大大加快物种改进的进程。

机械与生命体这两个概念的含义不是固定不变的，它们的含义在不断地延伸着。总有一天，所有结构复杂的东西都被看作是机器，而所有能够自我维持的机器都被看作是有生命的。在机器与生命之间有两种趋势正在发生："（1）人造物表现得越来越像生命体；（2）生命变得越来越工程化。遮在有机体与人造物之间的那层纱已经撩开，显示出两者的真面目。"②人造物和生命体二者的本质是相同的，凯文·凯利称它们为"活系统"，用来代表所有具有生物活力特征的系统。根据其理解，自然不仅是储量丰富的生物基因库，而且还是一个"文化基因库"。

作为人类，我们应该学会向我们的创造物低头。"向机器中大规模地植入生物逻辑有可能使我们满怀敬畏。当人造与天生最终完全统一的时候，那些由我们制造出来的东西将会具备学习、适应、自我治愈，甚至是进化的能力。"③这是一种我们今天还难以想象的力量。数以百万计的生物

---

① ［美］凯文·凯利：《失控——全人类的最终命运和结局》，东西文库译，新星出版社 2010 年版，第 5 页。

② ［美］凯文·凯利：《失控——全人类的最终命运和结局》，东西文库译，新星出版社 2010 年版，第 5 页。

③ ［美］凯文·凯利：《失控——全人类的最终命运和结局》，东西文库译，新星出版社 2010 年版，第 7 页。

机器汇聚在一起的智能，也许某天可以与人类自己的创造能力相匹配。作为技术乐观主义者，凯文·凯利认为，在将生命的力量释放到我们所创造的机器中的同时，我们就丧失了对它们的控制。具备生命力量的机器将会获得野性，并因野性而获得一些意外和惊喜。人造世界就像天然世界一样，很快就会具备自治力、适应力以及创造力，也随之失去我们的控制。不同于技术悲观主义者，凯文·凯利认为这是一个"最美妙的结局"。

凯文凯利认为存在着两种不同的系统：线性运行的系统与并行运行的系统，前者是按照顺序操作的系统（如工厂），后者是将许多并行运转的部件并接在一起而产生的系统（如电话系统）。大脑和蜂群都属于后者，它们不再像钟表那样由离散的方式驱动并以离散的方式显现，更像是有成千上万的发条在一起驱动的一个并行系统。由于不存在指令链，任意一根发条的某个特定动作都会传递到整个系统。从群体中涌现出来的不再是一系列起关键作用的个体行为，而是众多的同步动作。这就是集群模型，也叫作分布式系统。分布式系统有四个突出特点（活系统的特质由此而来）：没有强制性的中心控制；次级单位具有自治的特质；次级单位之间彼此高度联接；点对点的影响通过网络形成了非线性因果关系。分布式人造系统在向人们展示有机系统的迷人之处的同时，也暴露出它们的某些缺陷。分布式系统即群系统的好处主要包括：（1）可适应。只有包含了许多构件的整体才能够在其部分构件失效的情况下仍然继续生存。（2）可进化。只有群系统才可能将局部构件经历时间演变而获得的适应性从一个构件传递到另一个构件。非群体系统不能实现类似于生物的进化。（3）弹性。群系统存在很多并行关系，因而存在冗余 。个体行为无足轻重。（4）无限性。在群系统中正反馈能够导致秩序的增加。（5）新颖性。群系统的缺陷是：非最优。因为没有中央控制，群系统的效率是低下的。（6）不可控。只要有涌现出现的地方人类的控制就消失了。另外还有不可预测、不可知和非即刻。①

随着人类的发明从线性的、可预测的、具有因果关系的机械装置转向

---

① 参见［美］凯文·凯利：《失控——全人类的最终命运和结局》，东西文库译，新星出版社 2010 年版，第 34—37 页。

纵横交错、不可预测、具有模糊属性的生命系统，我们需要改变自己对机器的期望。凯文·凯利提出了两个法则：对于必须绝对控制的工作，仍然采用可靠的老式钟控系统；在需要终极适应性的地方，需要的是失控的群件。"我们每将机器向集群推进一步，都是将它们向生命推进了一步。而我们的奇妙装置每离开钟控一步，都意味着它又失去了一些机器所具有的冷冰冰但却快速且最佳的效率。多数任务都会在控制与适用性中间寻找一个平衡点，因此，最有利于工作的设备将是由部分钟控装置与部分群件系统组成的生控体系统的混血儿。"① 科学已经解决了所有简单任务，那些清晰而简明的信号。现在它所面对的只剩下噪音；它必须直面生命的混乱。

我们可以将网络与原子进行比较。原子的内部轨道是宇宙的真实镜像，一边是遵守规则的能量核，另一边是在星系中旋转的同心球体，一切都被固定在其适合的旋转轨道上。与此不同，网络的图标是没有中心的，网络是集群的象征。网络在哪里出现，哪里就会出现对抗人类控制的反叛者。网络符号象征着心智的迷茫，生命的纠结，以及追求个性的群氓。正是容纳错误而非杜绝错误的能力，使分布式存在成为学习、适应和进化的沃土。网络是唯一有能力无偏见地发展或无引导地学习的组织形式。由真正多元化的部件所组成的群体只有在网络中才能相安无事。其他结构，无论是链状、金字塔状、树状、圆形、星形，都无法包容真正的多元化。"与其说一个分布式、去中心化的网络是一个物体，还不如说它是一个过程。在网络逻辑中，存在着从名词向动词的转移。"② 个人拥有的图书馆是文艺复兴时期个人意识的主要塑造者之一，而广泛使用的联网计算机将来会成为人类的主要塑造者。

机器不仅会具有智能，而且人也需躯体。没有躯体的智能和超越形式的存在都是虚妄的幽灵。只有在真实世界里创造真实的物体，才能建立如意识和生命般的复杂系统。心智离不开身体，单调乏味会使心智错乱。身

---

① ［美］凯文·凯利：《失控——全人类的最终命运和结局》，东西文库译，新星出版社 2010 年版，第 37 页。

② ［美］凯文·凯利：《失控——全人类的最终命运和结局》，东西文库译，新星出版社 2010 年版，第 40 页。

体是意识乃至生命的港湾，是阻止意识被自酿的风暴吞噬的机器。神经线路天生就有玩火自焚的倾向。如果放任不管，不让它直接连接"外部世界"，聪明的网络就会把自己的构想当作现实。而身体通过加载需要立即处理的紧急事务，打断了神智的胡思乱想。失去了感觉，心智就会陷入意淫，并产生心理失明。"在一个充斥着虚拟事物的时代，再怎么强调身体的重要性也不过分。"①

人类将会不断积累人工和机械的能力，同时，机器也将不断积累生物的智慧。这将使人与机器的对抗不再像今天那么明显。今天机器与人的对抗在将来可能转变为一种共生协作。人类将会拥有协助自己生活和创造的精巧机器，而人类也将协助机器生存和创造。"达尔文革命最重大的社会后果是，人类不情愿地承认自己是猿猴某个偶然的后代分支，既不完美也未经过设计改良。而未来新生物文明最重大的社会后果则是，人类不情愿地承认自己碰巧成了机器的祖先，而作为机器的我们本身也会得到设计改良。"②自然进化强调我们是猿类；而人工进化则强调我们是有心智的机器。机器现在还是不讨人喜欢的东西，因为我们没有为其注入生命的精髓。但是我们将被迫重新打造它们，使之在某天成为众口称道的东西。

凯文·凯利始终坚持这样一个观点：生物是机器的未来。"逝去的是旧的机器之道，到来的是重生的机器之本性，一种比逝去的更有活力的本性。"③生命正在变为人造的，一如人造的正在变得有生命。制造极其复杂的机器，如未来时代的机器人或软件程序，就像还原大草原或热带岛屿一样，需要时间的推移才能完成，这是确保它们能够完全正常运转的唯一途径。

今天人类的进化不是某一个物质单独的进化，而是不同物质联合在一起的"共同进化"。进化就是不断适应环境以满足自身的需求。共同进化，

---

① ［美］凯文·凯利：《失控——全人类的最终命运和结局》，东西文库译，新星出版社2010年版，第78页。

② ［美］凯文·凯利：《失控——全人类的最终命运和结局》，东西文库译，新星出版社2010年版，第81页。

③ ［美］凯文·凯利：《失控——全人类的最终命运和结局》，东西文库译，新星出版社2010年版，第84页。

是更全面进化的观点，就是不断地适应环境以满足彼此的需求。人类、动物、植物与人造物具有的共同需求。"我们共同打造的不是一个舒适的地球村；我们共同编织的是一个熙熙攘攘的全球化蜂群——一个最具社会性的'共同'世界，一个镜状往复的'共同'世界。在这种环境下，所有的进化，包括人造物的进化，都是共同进化。任何个体只有接近自己变化中的邻居才能给自己带来变化。"① 今天，地球上50%的物种都是寄生生物，最新的数据是自然界半数生物都是共同生存的！

宇宙中充满了无尽的创造力。熵和进化，两者就像两只时间之矢，一头在拖曳着我们退入无穷的黑暗，一头在拉扯着我们走向永恒的光明。在生命没有出现之前，宇宙中没有复杂的物质，整个宇宙绝对简单。在生命之外的宇宙中，我们无法找到复杂的分子团或大分子。而生命的特性在于它能够劫持所有它能够接触到的物质并把它复杂化。将来某一天，银河系也可能变为绿色。量子力学的创始人之一的欧文·薛定谔将生命活力称为"负熵"，即生命以负熵为生。凯文·凯利支持活力论的观点。虽然活力论在20世纪二三十年代遭到了生物学家的普遍否定，但是，随着最近二三十年来学界对生命独特的复杂性和整体性的重新认识，以及建立在分子生物学上的实验生命科学的飞速发展，人们不再因害怕活力论无法证实而排斥它，而是视之大有可为。凯文·凯利将生命定义为通过组织各个无生命部分所涌现的特性，但这特性却不能还原为各个组成部分。"在我们刚刚萌芽的新观点中，生命可以从活体和机械主体中分离出来，成为一种真实、自治的过程。生命可以作为一种精巧的信息结构（灵性或基因？）从活体中复制出来，注入新的无生命体，不管它们是有机部件还是机器部件。"②

一旦回顾人类的思想史，我们会逐步将各种非连续性从我们对自己作为人类角色的认知中排除。首先，哥白尼排除了地球和物理宇宙其他部分

---

① ［美］凯文·凯利：《失控——全人类的最终命运和结局》，东西文库译，新星出版社2010年版，第110页。

② ［美］凯文·凯利：《失控——全人类的最终命运和结局》，东西文库译，新星出版社2010年版，第162页。

之间的间断；接着，达尔文排除了人类和有机世界其他部分之间的间断；最后，弗洛伊德排除了自我的理性世界和无意识的非理性世界之间的间断。当今，人类仍然面对着第四个间断——人类与机器之间的间断。"我们正在跨越这第四个间断。我们不必在生物或机械间选择了，因为区别不再有意义。确实，这个即将到来的世纪里最有意义的发现一定是对即将融为一体的技术和生命的赞美、探索与开发利用。"① 将来，生物和机器共同拥有的精髓——将它们和宇宙中所有其他物质区别开来的精髓，是它们都有自我组织改变的内在动力。

自动控制的出现分成三个阶段。控制领域的每个体制，都是靠逐渐深化的反馈和信息流推进的。第一个阶段：由蒸汽机所引发的能量控制。能量一旦受到控制，它就达到了一种"自由"。由于我们达到某一目标所需要的卡里路越来越少，我们那些最为重大的技术成果也不再朝向对强有力的能源做进一步的控制。相反，我们现在的成果是通过加大对物质的精确控制得来的。对物质的精确控制是控制体制的第二个阶段。采用更高级的反馈机制给物质灌输信息，就像计算机芯片的功用那种，使物质变得更为有力，渐渐地就能用更少的物质做出没有信息输入的更大数量物质相同的功。随着尺寸堪比微尘的马达的出现，似乎任何规格的东西都可以随心所欲地制造出来，如分子大小的照相机、房子大小的水晶。"物质已经被置于信息的掌握之下，就跟现在的能量所处的状态一样……从根本上说，物质——无论你想要它是什么形状——都已经不再是障碍。物质已经几乎是'自由'的了。"② 控制革命的第三阶段是对信息本身的控制。我们产出的信息已经超过我们能够控制的范围。所谓更多的信息就好像是未受控制的蒸汽爆炸，除非有自己约束，否则毫无用处。基因工程与电子图书馆在今天预示着对信息的征服。"自动化的历史，就是一条从人类控制到自动控制的单向通道。其结果就是从人类的自我到第二自我的不可逆转的转

---

① ［美］凯文·凯利：《失控——全人类的最终命运和结局》，东西文库译，新星出版社 2010 年版，第 163 页。

② ［美］凯文·凯利：《失控——全人类的最终命运和结局》，东西文库译，新星出版社 2010 年版，第 186—187 页。

移。"①最智慧的控制方式将体现为控制缺失的方式。投资那些具有自我适应能力、向自己的目标进化、不受人类监管自行成长的机器，将会是下一个巨大的技术进步。要想获得有智能的控制，唯一的办法就是给机器自由。凯文·凯利的呼吁是：放手吧，有尊严地放手吧！只要我们利用足够的复杂性和灵活性来制造机器和机械系统，它们总有一天会"涌现"或进化。

通过生物圈二号，我们学到了有关地球、我们自己以及我们所依赖的无数其他物种的大量知识。它已经教会我们，要想像人类一样生活就意味着要和其他生命一起生活。我们无须担心机器技术将会代替所有生物物种。我们仍然还保留其他物种，"因为生物圈二号帮助我们证明了，生命就是技术。生命是终极技术。机器技术只不过是生命技术的临时替代品而已。随着我们对机器的改进，它们会变得更有机，更生物化，更近似生命，因为生命是生物的最高技术。"②总有一天，生物圈二号中的技术圈大多会由工程生命和类生命系统替代。机器和生物间的差别很难区分。当然，"纯生命"仍有自己一席之地。

在所有的技术中，凯文·凯利认为，最深刻的技术是那些看不见的技术，它们将自己编织进日常生活的细枝末节之中，直到成为生活的一部分。马达刚开始的时候就像一只巨大且高傲的野兽，但后来逐渐缩小成为微事物，融入并被遗忘于大多数机械装置中。电脑的发展可以视为一个坍塌过程。那些曾经高高悬浮在微宇宙层面上的部件，一个接一个地进入无形的层面，消失在肉眼的视线外。电脑给我们带来的自适应技术刚出场时也显得庞大、醒目且集中。但当芯片、马达、传感器都坍塌进无形王国时，它们的灵活性则保留下来，形成了一个分部环境。实体消失了，留下的是它们的集体行为。电脑最终会变成针头般大小，并能回应人类的要求。人类的智能便以这种形式传递到任何工具或装置上，传递到周围每一

---

① ［美］凯文·凯利:《失控——全人类的最终命运和结局》，东西文库译，新星出版社 2010 年版，第 188 页。

② ［美］凯文·凯利:《失控——全人类的最终命运和结局》，东西文库译，新星出版社 2010 年版，第 243 页。

个角落。因此电脑的胜利不但不会使世界非人化，反而会使环境更臣服于人类的愿望。"我们创造的不是机器，而是将我们所学所能融会贯通于其中的机械化环境。我们在将自己的生命延伸到周边环境中去。"①

　　未来会是什么样子呢？办公室的电话答录机知道你的汽车不在停车场，它就会告诉打电话的人你还没到。当你拿起一本书，它就会点亮你常坐的阅读椅头顶的灯。电视会通知你，读过的某本小说在本星期有了电影版。钟表会监听天气；冰箱会查看时间，并在牛奶告罄之前进行订购。嵌入式智能和生态流动性将不单单为房屋、厅堂所有，街道、卖场以及城镇也将拥有。环境变得生动活泼，反应敏捷，适应性也增强了。它不但回应人类，也回应其他所有机器单元。"机器永远不能完全靠自己而发展，但它们会变得更能意识到其他机器的存在。要想在达尔文主义的市场里生存，它们的设计者必须认识到这些机器要栖息在其他机器构成的环境中。它们一起构成一段历史。而在未来的人造生态系统里，它们必须分享自己所知道的东西。"②

　　今天的社会在快速迈向人造世界的过程中，也同样快速地迈向生物世界。21世纪引领风骚的并非大家所鼓吹的硅，而是生物：老鼠、病毒、基因、生态学、进化、生命。"确切地说，下个纪元的特色是新生物学而不是仿生学，因为在任何有机体和机器的混成物中，尽管开端可能是势均力敌的，但生物学却总是能最终胜出。"③对于技术的进化来说，生物学是一个必然——近于数学的必然——所有复杂性归向的必然。在天生和人造缓慢的混合过程中，有机是一种显性性状，而机械是隐形性状。最终，获胜的总是生物逻辑。由此凯文·凯利提出了一个会引起很大争议的观点：要想真正创造出具有创造性的人造物，创造者必须把控制权交给被创造者，就好像耶和华把控制权让渡到人类手里一样。要想诞生出新的、出乎意料

---

　　①　［美］乔治·吉尔德：《微宇宙》，转引自［美］凯文·凯利：《失控——全人类的最终命运和结局》，东西文库译，新星出版社2010年版，第253页。

　　②　［美］凯文·凯利：《失控——全人类的最终命运和结局》，东西文库译，新星出版社2010年版，第258页。

　　③　［美］凯文·凯利：《失控——全人类的最终命运和结局》，东西文库译，新星出版社2010年版，第270页。

的、真正不同的东西，你就必须放弃自己主宰一切的王位，让位于那些底层的群氓。"要想赢，先放手。"

世界上不仅有自然的进化，而且有人工的进化。有两种方法能制造出结构复杂的东西：一个是依靠工程学；另一个是通过进化。二者之中，进化能够制造出更加复杂的东西。富兰克林在 18 世纪很难让人们相信，他实验室里产生的微弱电流与荒野里发生的雷电本质上是一回事；今天，我们也很难让人相信，实验室里人工合成的进化与塑造自然界动植物的进化本质上是相同的。进化是一种能被轻易地转化为计算机代码的自然而然的技术。正是进化与计算机之间的这种超级兼容性，将推动人工进化进入我们的数字生活。进化能使我们超越自身的规划能力；进化能雕琢出我们做不出来的东西；进化能达到更完美的境界；进化能看护我们无法看护的世界。然而，进化的代价就是——失控。我们在工程中引以为傲的东西——精密性、可预测性、准确性以及正确性——都将为进化所淡化。因为真实的世界是一个充满不测风云的世界，是一个千变万化的世界；生存在这个世界里，需要一点模糊、松弛、更多适应力和更少精确度的态度。生命是无法控制的；活系统是不可预测的；活的造物不是非此即彼的。凯文·凯利引用了贝尔通信研究所工程师戴维·艾克利的一段话："'正确'是水中月，是小系统的特性。在巨大的变化面前，'正确'将被'生存能力'所取代。"①

进化的交易就是舍控制而取力量。对我们这些执着于控制的家伙来说，这无异于与魔鬼的交易。凯文·凯利的呼吁是：放弃控制吧，我们将人工进化出一个崭新的世界和梦想不到的富裕。直到最近，我们所有的人工产品、所有的手工造物都仍然处在我们的权威之下。可是，由于我们在培育人工产品的同时，也培育出了合成的生命，因此，也预示着我们将丧失令行禁止的特权。那些我们赋予了生命的机器还是会间接地接受我们的影响和指导，只不过脱离了我们的支配而已。"控制的未来是：伙伴关系，协同控制，人机混合控制。所有这些都意味着，创造者必须同他的创造物

① 转引自［美］凯文·凯利：《失控——全人类的最终命运和结局》，东西文库译，新星出版社 2010 年版，第 455 页。

一切共享控制权，而且要同呼吸共命运。"[1]

由此凯文·凯利提出了他对生命的独特看法。"对于生命而言，重要的不是它组成材料，而是它做了什么。生命是个动词，不是名词。"[2]人类的祖先在看待什么是"活"的问题上很宽松，而在科学时代我们只把动物和绿色植物看作是活的。如今，很多科学家开始认识到那些一度被比喻为活着的系统确实活着，它们拥有的是一种范围更大、定义更广的生命。凯文·凯利称之为"超生命"。生物学定义的生命不过是超生命中的一个物种。超生命这座图书馆包含了所有的活物、所有的活系统、所有的抵制热力学第二定律的东西。有机的碳基生命只不过是超生命进化为物质形式的第一步而已，人类的生命既可能仅仅是超生命匆匆路过的驿站，也可能是通往开放宇宙的必经之门。凯文·凯利引用了多恩·法默在《人工生命：即将到来的进化》一书中的一段话："随着人工生命的出现，我们也许是第一个创造自己接班人的物种。"[3]

从大爆炸至今，一百亿年来，宇宙从一团致密而极热的原始物质慢慢冷却。当这一漫长的历史走到大约三分之二的时候，一些特别的事情发生了。一种贪得无厌的力量开始强迫这些正在慢慢消散的热和秩序在局部形成更好的秩序。这个半路杀出的程咬金其最不寻常之处在于：（1）它是自给自足的；（2）它在自我强化的：它自身越庞大，就产生愈多的自身。自此之后，宇宙中就并存着两个趋势。一种是永远下行的趋势，这股力量最初时炽热难当，然后嘶嘶作响归于冷冰冰的死寂。这就是令人沮丧的卡诺第二定律，所有规律中最残酷的法则：所有的秩序最终归于混沌，所有火焰都将熄灭，所有变异都趋于平淡，所有结构都终将自行消亡。第二种趋势与此平行，但产生与此相反的效果。它在热量消散前将其转移，在无序中构建有序。这股上升之流利用其短暂的有序时光，尽可能抢夺消散的能

---

① ［美］凯文·凯利：《失控——全人类的最终命运和结局》，东西文库译，新星出版社 2010 年版，第 488 页。

② ［美］凯文·凯利：《失控——全人类的最终命运和结局》，东西文库译，新星出版社 2010 年版，第 514 页。

③ ［美］多恩·法默：《人工生命：即将到来的进化》，转引自［美］凯文·凯利：《失控——全人类的最终命运和结局》，东西文库译，新星出版社 2010 年版，第 519 页。

量以建立一个平台，来为下一轮的有序做铺垫。它倾其所有，无所保留，其秩序全部用来增强下一轮的复杂性、成长和有序。"它以这种方式在混沌中孕育出来的反混沌，我们称之为生命。"[1] 上升之流是一个波浪，是衰退的熵的海洋里的上涨，是自身落于自身之上的永不消失的波峰。生物的秩序利用这上涨的波浪不断将自己送入更加有序的领域。

然而，人们对这种"上升流"持怀疑态度：上升流意味着宇宙中存在着某种方向性，即当宇宙的其余部分慢慢耗尽能量，超生命却在稳步地积累自己的力量，朝着相反的方向逆流而上。生命朝着更多的生命、更多种类的生命、更复杂的生命以及更多的某种东西进发。这就导致了某种怀疑论，好像宇宙的进化朝着人类的方向迈进——人类中心主义。比进化的进步更重要的是重新审视我们人类的位置。我们并非宇宙的中心，只不过是宇宙中一处毫不起眼的角落里一个无足轻重的螺旋星系边微不足道的一缕烟尘。如果我们不重要，那么进化会通往何处？在一刻不停地生物进化中涌现出了七个主要趋势，人工进化也是如此。这七个趋势是：不可逆性（已经发明的技术就再也不能当作从未发明过，同样，生命一旦出现就不会再退隐）、递增的复杂性、递增的多样性、递增的个体数量、递增的专业性、递增的相互依存关系和递增的进化力。

凯文·凯利最后分析了新的生物文明产生的原因。大自然从无中创造了有。分布式、自下而上的控制、递增收益、模块化生长等规律支撑着自然界的运作。如今，当科技被生物激活之后，人类得到了能够适应、学习和进化的人工制品。而当我们的技术能够适应、学习和进化之后，我们就拥有了一个崭新的生物文明。在精确刻板的齿轮系统和繁花点缀的大自然荒原之间，是连绵不断的复杂体集合。工业时代的标志是机械设计能力的登峰造极；新生物文明的标记则是使设计再次回归自然。早期的人类社会也曾依赖于从自然界中找到的生物学方案——草约、动物蛋白、天然染料等，但新生物文化则是将工程技术和不羁的自然融合在一起，直至二者难以区别。即将带来的新的技术文化带有鲜明的生物本性这是因为受到以下

---

[1] ［美］凯文·凯利：《失控——全人类的最终命运和结局》，东西文库译，新星出版社2010年版，第602页。

五个方面的影响：（1）尽管我们的世界越来越技术化，有机生命将继续是人类社会在全球范围内进行实践和认知的基础；（2）机械将变得更具有生物特性；（3）技术网络将使人类文化更有利于生态环境的平衡和进化；（4）工程生物学和生物技术将使机械技术黯然失色；（5）生物学方法将被视为解决问题的理想方法。"生命已征服了地球上大多数非活性物质，接下来它就会去征服技术，并使之接受它那不断进化、常变常新且不受我们控制的进程安排。就算我们不交出控制，新生物技术也远比时钟、齿轮和可预测的简单世界要更有看头得多。"①

二、《技术想要什么》②：作为一种新的生命形式的技术

通常的看法是，技术是外在于人而存在的，技术只是人的产物，是工具；人可以，并且应当驾驭它。凯文·凯利的观点是，与人类共同进化的、被称作"技术元素"的这支力量不是晚近数百年、几千年的产物，而是伴随着生命演化数十亿年的整个过程。在漫长的生物进化过程中，猿人、智人和现代人与环境、外在世界的关系，其实无一不与技术元素的酝酿、发育、演化有关。"凯文·凯利的思想的精髓在于：用生命特有的眼光，注视那些外在于个体的一切事物，不把它们看成是'死寂'的、无生命的，而是按照生命特有的脉动，与这个世界一同呼吸，积极投身于这个世界无穷的博弈中，拥抱生命，感受生命。"③用全新视角体察生命，与技术结缘，把技术元素尽括其中，这是凯文·凯利想要传达给我们的东西。

凯文·凯利从宇宙的视角探索人与技术的关系。人类不是技术轨迹的终点，而是中点，恰好在生命和制造品中间。这可以说是指向人类文明的

---

① ［美］凯文·凯利：《失控——全人类的最终命运和结局》，东西文库译，新星出版社 2010 年版，第 697 页。

② 该书英文书名为 *What Technology Wants*。中译本译为《科技想要什么》，之所以如此，是因为很多中文译者将"Technology"一词翻译为"科技"——实际上更应翻译为"技术"。故而，我们将该书翻译为《技术想要什么》。《科技想要什么》一书大多数时候都将"Technology"一词翻译为"科技"，后面不再一一指出。

③ ［美］凯文·凯利：《技术想要什么》，熊祥译，中信出版社 2011 年版，第 ix 页。

元命题。工业文明的元命题来自笛卡尔，他用"我思"作为巨斧将心与物一刀两断。从此生命与机器分离。凯文·凯利提出了一个与笛卡尔相反的命题，试图把工业化分裂的心与物大门轰然合上。凯文·凯利所做的工作，就是试图以信息革命的理念开辟新的天地。在笛卡尔那里分裂的心与物，在凯文·凯利这里变成了生命与机器的统一。凯文·凯利的理念与工业化的理念正好相反。工业化赖以成立的世界观基础，就是人征服自然，为此必须假设生命与机器对立。问题是，当今时代的一大特色是机器正在生命化、生命正在机器化，或者说生命长入了机器、机器长入了生命，那么，工业化的逻辑在今天不得不逆转。"如果 DNA 可以制作成正在运行的计算机，而计算机可以像 DNA 那样进化，那么在人工制品和自然生命之间有可能——或者说一定——存在某种对等关系。科技和生命一定共同具备某些基本属性。"[1]随着信息技术与生命技术的合流，将会是工业化的反转，即生命与机器的一体化。

当今社会的技术发生了异常的变化：最优秀的技术产品变得难以置信地非实体化。奇妙的产品体积越来越小，用料越来越少，功能越来越多。非实体化过程现在正在加速。如今的科学家得出了一个惊人的结论："无论生命的定义是什么，其本质都不在于 DNA、机体组织或肉体这样的物质，而在于看不见的能量分配和物质形式中包含的信息。同样，随着科技的物质面罩被揭开，我们可以看到，它的内核也是观念和信息。生命和科技似乎都是以非物质的信息流为基础的。"[2]我们必须更清楚地了解，是什么力量贯彻技术始终。贯彻技术的只是信息？或者说技术还需要物质基础？技术是自然生命的延伸这一点是可以确定的，但是它与自然的差异表现为什么形式？还有一点可以肯定，即技术来自人的大脑，但大脑的产物在何种程度上不同于大脑本身？人们倾向于将技术等同于闪烁着智慧之光的工具和器械，但凯文·凯利认为，绘画、文学、音乐、舞蹈、诗歌和通常意义上的人文科学都属于技术。他用"技术元素"来指环绕我们周围的技术系统。技术元素不仅指硬件，而且包括文化、艺术、社会制

---

① ［美］凯文·凯利：《技术想要什么》，熊祥译，中信出版社 2011 年版，第 11 页。
② ［美］凯文·凯利：《技术想要什么》，熊祥译，中信出版社 2011 年版，第 11 页。

度以及各种思想。在表示整个系统的地方凯文·凯利用"技术元素"一词，在指代具体技术时用"技术"一词。在使用技术元素一词时，他特别强调人类发明所具有的"繁殖"动力，或者说发明创造的自我强化系统的理念。"在进化过程中的某个时刻，处于反馈环和复杂互动过程中的工具、机器和观念系统变得非常密集，从而产生了些许独立性。这个系统开始具备某种自主性。"[1]

人们在学校学到的对技术的认知是：首先，它是一堆硬件；其次，它是完全依赖人类的无生命物质。按照这种理解，技术只是人类的产品。没有人类就没有技术，技术只能根据人类的意愿实现其功能。凯文·凯利的观点是，我们越深入了解技术发明的整个系统，我们就越意识到技术的强大和自我繁殖能力。大多数技术的支持者都认为技术自主性的概念只是人们一厢情愿的想法。凯文·凯利则接受这样一种观点："经过1万年的缓慢发展和200年令人难以置信的复杂的与人类剥离的过程，技术元素日渐成熟，成为自己的主宰。它的持续性自我强化过程和组成部分使之具有明显的自主性。过去它也许像老式计算机程序一样简单，只是机械地重复我们的指令，但是现在，它更像复杂的有机组织，经常跟随自己的节拍起舞。"[2]

目前，对于生命、思维、意识或自主性始于何处、终于何处并没有共识。如何判断自主性？如果某个实体表现出以下任何一种特性，它就具备自主性：自我修复、自我保护、自我维护、对目标的自我控制、自我改进。如果深入了解覆盖全球的信息网络，我们会发现互联网具有初级自主性的证据。互联网传送的信息有很少的一部分不是产生于已知的人造网络节点，而是完全来自系统本身。从这一点我们可以得出一个初步结论，那就是技术元素正在喃喃自语。人类创造了技术元素，于是希望对其施加自己的影响。不过，系统，所有系统，都会产生自我推动力。技术元素是人类思维的产物，因而也是生命的产物，甚至是最初导致生命出现的物理和化学组织的产物。与技术元素共享深层次根基的不仅有人脑，还有古生物

---

① ［美］凯文·凯利:《技术想要什么》，熊祥译，中信出版社2011年版，第13页。
② ［美］凯文·凯利:《技术想要什么》，熊祥译，中信出版社2011年版，第14页。

和其他自组织系统。"技术元素遵从我们的设想，以完成我们试图引导它们去完成的任务为目标。但是在这些驱动力之外，技术元素有它自己的需求。它要梳理自己，自我组合成不同层次，就像大多数内部关联度很高的大型系统一样。技术元素还追求所有生命系统所追求的：使自己永存，永不停息。随着它发展壮大，这些内部需求的复杂度和力度将加强。"①

我们应该如何与技术元素相处呢？凯文·凯利的观点是，"技术元素和大自然一样，在人类世界发挥巨大影响，我们应该像对待自然那样对待技术元素。我们不能要求科技服从我们，就像不能要求生命服从我们。有时候我们应该臣服于它的引导，乐于感受它的多姿多彩；有时候我们应该努力改造它的本来面目，以迎合自己的需求。我们不必执行技术元素的所有要求，但是我们能够学会利用这股力量，而不是与之对抗。"②要想实现这一目标，首先我们需要理解技术的行为，必须掌握技术的需求。理解技术想要什么，这才是凯文·凯利的结论。只有意识到技术的需求，我们才能够减少我们在决定如何与技术交往时的困扰，才能够使技术产生的福利最大、代价最小。

我们越深入追溯技术元素的发展史，它的起源就越显得遥远。"此类问题的关键在于科技先于人类出现。"③其他动物比人类早数百万年使用工具。黑猩猩、白蚁、蚂蚁、某些鸟类早在人类之前就已使用工具。改造环境，使之为己所用，就像变为自身的一部分，这种策略作为生存技巧至少有5亿年的历史。所有技术，例如黑猩猩钓白蚁的竿和人类的鱼竿，海狸的坝和人类的坝，本质上都来自自然。人们往往把制造技术与自然分开，甚至认为前者是反自然的，仅仅是因为它已经发展到可与自然的影响和能力相匹敌。"就其起源和本质来说，工具就像我们的生命一样具有自然属性。"④技术既是非自然的——从定义上说，同时也是属于自然的——从更广泛的定义上说，这种矛盾性质是人类身份的核心。

① ［美］凯文·凯利：《技术想要什么》，熊祥译，中信出版社2011年版，第16页。
② ［美］凯文·凯利：《技术想要什么》，熊祥译，中信出版社2011年版，第18页。
③ ［美］凯文·凯利：《技术想要什么》，熊祥译，中信出版社2011年版，第23页。
④ ［美］凯文·凯利：《技术想要什么》，熊祥译，中信出版社2011年版，第24页。

回顾旧石器时代，由于当时人类的工具还很原始，技术元素处于最小化状态。"由于科技先于人类甚至先于灵长类动物诞生，所以有必要超越我们人类的起源去了解科技发展的真实情况。"[①]技术既是人类的发明，也是生命的产物。迄今为止地球上的生物可以分为六大类，这六大类中所有的物种都有共同的生物化学结构。其中三个王国是极小的微观生命体，其余三个是我们常见的生物王国：菌类、植物和动物。这六个王国中的所有物种，从海藻到斑马都是同步进化的。

很多生物都学会了建造住所，这些住所有助于主人获得身体组织所没有的能力。白蚁的殖民地是两米高的硬土堆，它们像白蚁的外部器官一样发挥作用：土堆的温度受到控制，出现损坏后白蚁会进行修理。鸟巢或蜂窝最适合被看作修建出来的、而不是生长出来的躯体。居所是动物的技术，是动物的延伸部分。"人类的延伸部分是技术元素。马歇尔·麦克卢汉以及其他一些人认为，衣服是人的延伸皮肤，轮子是脚的延伸，照相机和望远镜是眼睛的延伸。这样，我们可以认为科技是我们的延伸躯体。"[②]不过，虽然技术是人类的延伸，但是这与基因无关，而是思维的延伸。因此技术是观念的延伸躯体。技术元素，或观念有机体的进化与基因有机体的进化相似，差异很小。二者有很多共同点：两种系统的进化都是从简单到复杂，从一般到个别，从统一到多元，从个体主义到互利共生，从低效到高效，从缓慢进化到更大的可进化性。"技术不仅形成相互支持的生态联盟，而且指引进化的方向。技术元素的确只能被理解为一种正在进化的生命。"[③]

以生物学家所做的研究为基础，结合自己对技术史的整理，凯文·凯利把自然的进化与技术的进化汇集成一个完整的进化链条[④]：

单一可复制分子——可复制分子互动群落

可复制分子——由可复制分子串成染色体

---

① ［美］凯文·凯利：《技术想要什么》，熊祥译，中信出版社2011年版，第45页。
② ［美］凯文·凯利：《技术想要什么》，熊祥译，中信出版社2011年版，第46页。
③ ［美］凯文·凯利：《技术想要什么》，熊祥译，中信出版社2011年版，第47页。
④ 参见［美］凯文·凯利：《技术想要什么》，熊祥译，中信出版社2011年版，第48—49页。

RNA 酶型染色体——DNA 蛋白质

无核细胞——有核细胞

无性繁殖（克隆）——有性重组

单细胞有机体——多细胞有机体

单一个体——群落和超个体

灵长类群体——以语言为基础的群体

而技术元素的重大转变则是：

灵长类群体——语言

口头传说——文字 / 数学符号

手稿——印刷品

书本知识——科学方法

手工制造——规模化生产

工业文化——无所不在的全球通讯

技术元素是始于六个生命王国的信息组合的进一步重组的，从这个角度，凯文·凯利把技术元素称之为第七个生命王国，它扩展了一个 40 亿年前开始的进程。"正如现代智人的进化树很早以前从动物祖先那里偏离一样，技术元素现在也偏离了其前身，也就是人类的思维。"① 从它们的共同根部向外涌现出新物种，如锤子、轮子、螺钉、精炼金属和农作物，还有稀有物种，如量子计算机、基因工程、喷气式飞机和互联网。技术元素在几个重要方面与其余六个王国有所差别。首先，与后者相比，技术元素形成的新物种是地球上最短命的物种。虽然自然界创造的物种很长寿，但自然界不能像人类一样储藏创新。多细胞生物进化和技术元素的进化的关键区别在于，生命领域中特性的融合多数是即时"垂直"发生的，创新从活着的亲代那里通过后代流传下来。而在技术元素领域，多数特性融合是在接触一段时间后横向发生的，这种情况甚至出现在已灭绝的技术上。所以技术元素的进化不是重复被认为与生命树相似的分叉模式，而是一种不断扩张的回归路径网络。

---

① ［美］凯文·凯利：《技术想要什么》，熊祥译，中信出版社 2011 年版，第 51 页。

　　技术元素和有机体进化的第二个不同之处是：渐进式演变是生物界的法则，革命性的步骤极少，一切进化都是通过一长串小步骤完成的。与此相反，技术可以跳跃式发展。技术与生命在进化问题上最大的差别是：与生物物种不同，技术物种几乎不会灭绝。"技术以观念为基础，以文化作为存储器。它们被遗忘了，可以复活，还可以被记录下来（通过越来越先进的方式），这样就不会被忽视。技术永存于世。它们是第七生命王国的永久边界。"①

　　凯文·凯利三次扩展了技术元素的范围。第一次，技术始于现代智人的思维，但很快就超越了智人的思维（思维的产物——人类生命、身体的延伸）；第二次，技术元素的范围超越了人类的范围，技术是作为整体的有机生命表现出来的延伸适应和扩展；第三次，技术元素超越了思维和生命，涵盖整个宇宙。凯文·凯利对技术元素的起源从宇宙学的角度进行了精彩的描述，将技术元素的本源追溯到原子的生命历程。大多数氢原子在时间的起点就诞生了。大爆炸的高温创造出氢原子，并使它们以均匀的热雾形式扩散到整个宇宙。从那时起，每个原子就踏上了孤独之旅。当一个氢原子无知无觉地漂浮在广饶宇宙时，它比周围的真空活跃不了多少。没有变化，99.99% 的宇宙空间只有极小的变化。10 亿年后，某个氢原子被吸入某个凝固星系的重力场。伴随着最模糊的时间和变化的迹象，这个氢原子朝稳定的方向飘动，靠近其他物质。下一个 10 亿年，它突然撞入遇到的第一块小物体。数百年后，又遇到第二块。一段时间后，它遇到自己的同类，另一个氢原子。它们在微弱的引力作用下一起漂浮，经过漫长的岁月，遇见一个氧原子。突然，奇怪的事情发生了。瞬间高温让它们聚集成一个水分子，接着被吸入某个星球的大气环流。在融合状态下，它们被卷入宇宙变化的大循环中。很快这个水分子被裹挟到雨团中，落至地面的水塘里，与其他原子汇集在一起。它与不计其数的同伴一起，在数百万年的时光里一遍又一遍地经历这个循环——从拥挤的水池到大片的云朵，然后又回到水池。一个偶然的机会，水分子被某个水池里异常活跃的碳链捕

----

　　① ［美］凯文·凯利:《技术想要什么》，熊祥译，中信出版社 2011 年版，第 57 页。

获，生命历程又一次得以加速。碳链中的水分子有一天被其他碳链偷走，经过多次重新装配，最后氢原子发现自己处于细胞之中，不断改变与其他分子的关系和结合力。现在它绝大多数时候都在变化着，不停地与外界互动。

技术元素的故事就是扩展宇宙活力的故事。在宇宙的起点，宇宙是彻底的死寂，没有任何差异。从万物的起点开始，宇宙开始膨胀，膨胀之后开始冷却。宇宙在其演化过程中，使能量冷却为物质。整个宇宙一方面在膨胀，另一方面又在冷却。宇宙膨胀越快、空间越大，在其范围内的势差就越高。宇宙的能量如同受到重力作用的水，流向最低和最冷的层，直到所有势差消失才会停止。而整个宇宙底层的绝对底部就是所谓的终极状态——热寂。这里将是一个无光、寂静、任意方向完全相同的地方。这个同一性地狱就是最大熵。我们可以在很多方面观察到这条无处不在的下降通道。因为熵，快速运动的物体会减速，有序的事物会崩溃，进入无序状态。而对于任何差异或个性而言，要保持独特性就得付出代价。每一种差异，无论是速度、结构，还是行为，都会迅速减退，因为每一次运动都会释放能量。正是这一保持差异的努力与熵的拉动力之间的斗争创造了自然界的奇观。我们在世间看到的一切有趣并且健康的事物，如活着的有机体、文明、社会、智慧和进化本身，在面对熵的虚无的同一性时，都以某种方式保留着持久的差异。当物质世界的其他部分滑向凝固的底层时，只有少数不寻常的事物捕捉到能量波，借此成长壮大，生机勃勃。

持久差异的广泛传播是熵的反向运动，凯文·凯利把这一现象称之为"外熵"。外熵是负熵的另一种说法。凯文·凯利对外熵一词的偏好超过负熵。外熵不是波，也不是粒子、能量。它是非物质流，与信息极为相似。外熵类似于但不等同于信息，它需要自组织过程。从宇宙的角度看，信息是世界的主导力量。在宇宙的初级阶段，即紧接着大爆炸之后的时期，能量支配存在。随着宇宙的冷却，物质成为主导者。物质成块状，分布不均匀，产生引力，开始塑造宇宙。随着生命的出现，信息的影响越来越大。我们称之为生命的信息过程数十亿年前控制了地球的大气层。现在，另一个信息过程——技术元素正在征服地球。外熵几十亿年持续扩大，产生稳定的分子、太阳系、恒星大气层、生命、思维和技术元素，可以被重述为有序信息的缓慢累积，或者说累积信息的缓慢有序化。

现今外熵的长期运行趋势是脱离物质升华为非物质。早期宇宙物理法则占主导地位，但是，随着太空的扩展以及潜在能量的相应增加，给世界引入了新的非物质动力：信息、外熵和自组织。这些可能产生组织的新机会如存活的细胞不违背物理化学规则，但又保持距离。不是生命和意识被直接装入物质和能量的世界，而是生命和意识摆脱了束缚并且超越了它们。"尽管我们认为技术元素的作用就是将器具和发明倾倒在人类的生活轨道上，但它也是宇宙释放出来的最深不可测、非物质性最强的过程。"①技术元素已超越大脑母体。"从根本上说，科技的主导地位并非因为它诞生于人类意识，给予它这种地位的是一个同样可作为其本源的自组织，并且这个自组织还孕育出星系、行星、生命和思维。它是始于大爆炸的巨大非对称轨迹的一部分，随时间的推移而扩展为最抽象的非物质形态。这条轨迹摆脱了古老的物质和能量规则的束缚，过程缓慢但不可逆转。"②

从根本上来说，凯文·凯利是一位虔信技术进步的乐观主义者。不过，他的乐观主义并非建立在对待技术的盲目崇拜上，而是对技术内在秉性的深度挖掘和思考。技术有善有恶，但善总比恶多那么一点点。只要技术的善比技术的恶多那么一点点，哪怕是1%、0.1%，长期来看，技术就会给人类带来进步。凯文·凯利从五个方面说明存在着技术进步的趋势。第一，普通人的寿命、教育、健康和财富的持续改善。总体而言，人们的生活越靠近现代，他们的寿命越长，获取知识的渠道更加丰富，享有更多的工具和选择。第二，我们的一生见证到技术发展的明显正面趋势。这种连续的浪潮也许比其他信号更具说服力，每天都让我们相信社会在进步。过去多年有这样一种观点，一旦某人达到最低生活标准，更多的钱不会产生更多的快乐。如果生活在某个收入水平以下，财富增加会带来不同感受，但在这之后金钱买不到快乐。这是一项1974年所进行的现代与传统对照研究的结论。不过，最近的一项研究表明，在世界范围内，富裕能够

① ［美］凯文·凯利：《技术想要什么》，熊祥译，中信出版社2011年版，第71页。
② ［美］凯文·凯利：《技术想要什么》，熊祥译，中信出版社2011年版，第72页。

增加满足感，收入更高的人的确更快乐。金钱带来的是更多的选择，而不只是更多的物质。"我们不会因为更多的器具和阅历而快乐，让我们真正感到快乐的是能控制时间和工作，有机会享受真正的休闲，逃离战争、贫困和腐败导致的不确定性，以及抓住时机追求个人自由——这一切都伴随财富增长而发生。"①

第三个表明存在稳定、细微的长期进步的证据与道德领域有关。伴随着技术的发展，人类的法律、习俗、道德伦理一直在缓慢地扩大人类的共识。第四个证据：我们的文化变迁可以被视为40亿年前开始的进步过程的延续。第五个证据是大规模的城市化。人们之所以迁入城市，是因为与乡村相比，城市充满选择和机会。虽然城市有贫民窟，但这仍不能阻止人们进入城市。就像所有人一样，满怀希望的人持续涌入，追逐更大的自由和更多的选择机会。城市是技术的产物，是我们发明的最大技术产品。虽然总有人选择回归原始状态，但真正希望生活在乡村中的人远少于希望生活在城市中的人。"穷人移居城市的理由和富人跨入未来科技时代的理由相同，都是追逐机会和更多的自由。"②

作为第七生命王国，技术元素目前正在放大、扩展并加速在漫长岁月里推动生物进化的自组织进步。技术元素是"加速的进化"。现在正统教科书认为生物进化是宇宙的随机运动，凯文·凯利的观点相反，他认为，进化，乃至技术元素，遵循由物质和能量的本质决定的固有方向。该方向使生命的形成具有若干必然性。这些普遍的趋势还渗入了技术的产生过程，这表明技术元素的某些方面也是不可避免的。生命和意识的产生，不是反常事件的结果，而是物质的自然显现，事先已被编入宇宙的结构中。对于地球的进化而言，智人是个趋势而非特例。"我们也可以说，技术元素是趋势，而非个例。技术元素和它的构成技术与其说像伟大的人类发明，不如说更像伟大的过程。没有任何事物是完美的，一切都在变动中，唯一重要的是运动的方向。"③

① ［美］凯文·凯利：《技术想要什么》，熊祥译，中信出版社2011年版，第82页。
② ［美］凯文·凯利：《技术想要什么》，熊祥译，中信出版社2011年版，第90页。
③ ［美］凯文·凯利：《技术想要什么》，熊祥译，中信出版社2011年版，第130页。

有三个证据表明技术的发展之路存在着必然性：第一，任何时期大多数的发明和发现由多人独立完成；第二，在古代，不同大陆存在独立的技术时间表，但单项的排列顺序趋向固定；第三，在现代，一系列进步难以阻挡、偏离或变更。在历史时期和史前时期，世界各个分隔地区的新技术发展路径相同。"技术元素独立于发源地的不同文化、统治者的政治体系和可供使用的自然资源储备，沿着一条普适的轨迹一路走来。科技的总体进程是预设好的。"[①] 当过去的技术孵化出的全部必要条件准备就绪时，新的技术就是水到渠成。一个社会的已有技术以前所未有的规模混合在一起，产生了充满活跃潜能的过饱和的母体。当合适的理念被植入这个母体时，必然的发明就会突然成型。白炽灯、电话或蒸汽机的精华结构具有必然性，但其不可预测的表现形式可以有上百万种变化，这些变化取决于它的进化环境。这与自然界的差别不大。"任何物种的诞生都有赖于其他物种组成的生态系统是否准备好养分和生存空间，激励它的新生。我们称之为共同进化，这是因为物种会相互影响。在技术元素领域，许多发现需要以其他科技物种——合适的工具或平台——的发明为前提。"[②]

虽然从微观层面来看，技术发明似乎充满了变数、不确定性和偶然性，但是从整体看，技术发展的方向性势不可挡。凯文·凯利将此概括为"技术发展的三元力量"。技术发展首要的推动力是预订式的发展，即技术自身的需求。"技术元素一定程度上是由其内在本质——这是本书更高层次的主题——预先决定的。基因推动人类成长的必然过程，从受精卵开始，发育为胚胎，然后变成胎儿，接下来是婴儿、蹒跚学步的幼童、儿童、青少年，这也是技术元素在各发展阶段表现出来的最长远趋势。"[③]

其次是技术史的影响。不同技术系统获得自身的动力，发展如此复杂，以至于它们相互间构成了交叉环境，如汽车、公路和各种辅助设施相互不可或缺。在必然性力量构筑的边界内部，人类的选择产生这样的结果：它们长期获取动力，最终这些偶然事件升华为技术规律，其未来形态

---

① ［美］凯文·凯利：《技术想要什么》，熊祥译，中信出版社2011年版，第152页。
② ［美］凯文·凯利：《技术想要什么》，熊祥译，中信出版社2011年版，第153页。
③ ［美］凯文·凯利：《技术想要什么》，熊祥译，中信出版社2011年版，第180页。

几乎不可改变。比如，罗马的普通运货马车宽度与罗马帝国战车匹配，因为这样更容易跟随战车在道路上碾压出的车辙。战车的尺寸不小于两高大匹马的宽度，换算成英制单位为 4 英尺 8.5 英寸。庞大罗马帝国的道路都是按照这个特定的尺寸修建的。罗马军团长驱直入不列颠岛时，建造了 4 英尺 8.5 英寸宽的帝国大道。英国人开始建索道时，采用的同样的宽度，以便相同的四轮马车派上用场。而当他们开始修建铁路用于无马火车厢行驶时，铁轨的宽度也是 4 英尺 8.5 英寸。英伦三岛的劳工移民在美国修建首条铁路时，使用的是相同的工具和规模。现在发展至美国的航天飞机，它的零部件产自全美各地，最后在佛罗里达州组装。因为发射端的两台大型固体燃料火箭发动机通过铁路从犹他州运来，这条线路要穿过一条比标准铁轨略宽一点的隧道，火箭本体直径不能超出 4 英尺 8.5 英寸太多。"于是，世界上最先进的交通体系的一个重要设计参数 2000 年前已经由两匹马的屁股宽度决定了。"①

技术发展的第三股力量是人类社会在开发技术元素或确定选择时的集体意志。在第一种必然性力量的作用下，技术的进化路径既受到物理法则的制约，又被其复杂的大型自适应系统内部的自组织趋势控制。技术元素趋向于特定的宏观形态。与我们能想到的全部机会相比，我们的选择范围非常狭窄。人类自由实际上只存在于历史进程的约束中。

如果技术元素确实是生命进化过程的加速延伸，它应该受同样三种力量的控制。"一种动力是必然性。基本的物理法则和自发的自组织过程推动进化向特定形态发展。具体物种（生物或科技）的微观细节是不可预测的，但是宏观形态（如电机、二进制计算）是由物质和自组织的物理法则决定的。这股无法逃避的力量可被视为生物和科技进化的结构必然性。"②第二种力量是进化的历史或者说偶然性因素，第三种力量是适应性能。在生物学中，这是无意识、无目的的自然选择所具有的不可思议的力量。可是对于技术元素，适应性功能不像它在自然选择中那样是无意识的。相反，它对人类的自由意志和选择开放。生物进化没有设计者，而技术元素

---

① ［美］凯文·凯利：《技术想要什么》，熊祥译，中信出版社 2011 年版，第 182 页。
② ［美］凯文·凯利：《技术想要什么》，熊祥译，中信出版社 2011 年版，第 183 页。

的进化有智能设计者，即人类。这种有意识的开放式设计就是技术元素成为世界上最强大力量的原因。"断言技术元素凭借自身动力实现某些必然的技术形式，不代表认为每种技术都有数学上的确定性。确切地说，它更多的是显示一种方向，而不是宿命。更确切的说法是，技术元素的长期趋势揭示了它的内在属性，而内在属性又说明技术元素注定的发展方向。"[①]技术元素的父母和创造者——人类不再拥有完全的掌控力。

我们面对技术的自我意识时的震惊与这一事实有关：从技术元素的定义上说，我们是它的一部分，并且将始终保持这样的关系。"科技是人类的'第二自我'。它既是'他者'，也是'我们'。它与我们的生物后代不同，后者长大后思维完全独立，技术元素的自主性包括我们和我们的集体思维。我们是它自我本性的一部分。"[②]因此，人类永远无法摆脱技术正在面对的困境。人类既是技术元素的主宰者，也是它的奴隶。我们的命运将是保持这种令人不快的双重角色。所以，我们将始终对技术存有矛盾的心理，难以作出选择。"可是我们的担忧不应该包括是否拥抱科技。我们已经不只是拥抱，而是与它共同进退。"[③]

如何看待和处理人类与技术元素之间的矛盾？凯文·凯利认为，"技术元素在我们心中激起的矛盾归因于我们拒绝接受自己的本性——事实上，我们与自己制造的机器连为一体。我们是自我创造的人类，是我们自己最优秀的发明。"凯文·凯利还引用了布莱恩·阿瑟的一段话来证明自己的论述："我们信任自然，但我们的希望来自科技。"[④]我们与技术元素同步运动。通过追求技术之追求，我们可以更加轻松地发挥它的全部作用。10万年前，现代智人在觅食期间通常远离技术。1万年前农夫每天也许会抽出几个小时干活。仅仅1000年前，中世纪的技术无处不在，但只是游走于人际关系的边缘，没有进入中心。今天的技术处于我们学习的、看到的、听见的、制造的一切事物的中心。它已经渗透至食物、爱情、性生

---

① ［美］凯文·凯利：《技术想要什么》，熊祥译，中信出版社 2011 年版，第 186 页。
② ［美］凯文·凯利：《技术想要什么》，熊祥译，中信出版社 2011 年版，第 188 页。
③ ［美］凯文·凯利：《技术想要什么》，熊祥译，中信出版社 2011 年版，第 188 页。
④ ［美］布莱恩·阿瑟：《技术的本质——技术是什么，它是如何进化的》，转引自［美］凯文·凯利：《技术想要什么》，熊祥译，中信出版社 2011 年版，第 189 页。

活、抚养后代、教育、思维等方方面面。"既然我们可以无限制地研究科技能够达到的生物性程度，那么这种可扩展的范围向我们表明，科技本性是亲生命的。从最基本的层面说，技术元素与生命有可能兼容，它需要的只是发挥出那样的潜力。"①

大约 1 万年前，人类越过了这样一个临界点：我们改造自然的能力超过了地球改造我们的能力。这个门槛就是技术元素的起点。当技术元素改造我们的能力超过我们改变技术元素的能力时，第二个临界点出现了。有人称之为"奇点"。凯文·凯利认为这个名称不是很适合。他同意并引用了兰登·温纳关于技术是人类的第二自然的观点："作为整体现象的科技（也就是我们所说的技术元素）让人类的意识相形见绌，使人类难以理解他们将会操控的系统。借助这种超越人类控制但仍然按照自身内部结构良好运转的趋势，作为整体现象的科技构成了'第二自然'，超然于人类对其特定成分的欲望和预期之外。"②

"邮包炸弹客"卡钦斯基是当今极力反对技术的人中最有名的代表之一。虽然凯文·凯利同意卡钦斯基的某些论述，但认为卡钦斯基论点的初始公理是错误的。"邮包炸弹客断言科技剥夺人们的自由，可是世界际上大多数人认为相反。因为认识到技术可以给予他们更多自由，所以这些人被技术所吸引。他们（即我们）以现实的态度判断这一事实：是的，当人们采用新技术时，某些选择的确被排除在外，但是其他很多选择涌现出来，因此自由、选择和机会的净收益增加了。"③卡钦斯基混淆了自主权和自由。他在有限的选择中享受伟大的自由，但是，他错误地相信这种狭隘自由要比增加选择数量更好，尽管在后一种情况中也许单个选择的自主权会减少。选择圈迅速扩大，与只在有限选择中增加自主权相比，前者包含的自由远超后者。这就是数十亿人从世界各地的山间小屋移居到城市的主要原因。山民们可以体会到家庭的舒适和支持，小乡村中邻里团结的珍贵

---

① ［美］凯文·凯利：《技术想要什么》，熊祥译，中信出版社 2011 年版，第 199 页。

② 转引自［美］凯文·凯利：《技术想要什么》，熊祥译，中信出版社 2011 年版，第 201 页。

③ ［美］凯文·凯利：《技术想要什么》，熊祥译，中信出版社 2011 年版，第 209 页。

价值，享受清新空气，感受作为整体的自然界对心灵的抚慰。他们担忧会远离这些珍贵的事物，但不管怎样还是离开了自己的陋屋，因为他们的天平最终偏向文明社会的自由。

随着时间的流逝，开始时不具有强制性的技术会越来越成为社会的必需品。首先，某些技术，如污水处理、接种疫苗和交通信号灯，它们曾经是可选项，如今被社会强制执行并不断得到改进。问题是：这种自我强化的技术网络产生的选择、机会和自由的总收益，是超过它造成的损失，还是不如它造成的损失？尽管有少数人认为答案是后者，但自从人类社会诞生以来，大多数人以实际行动给出的答案是前者。反文明主义的真正困难在于可持续的有吸引力的文明替代物是无法想象的。文明（技术）有它自己的问题，但是，几乎所有方面都要好于文明仇恨者所回归的自然。面对技术存在缺陷这一事实，邮包炸弹客错误地决定将其摧毁。虽然卡钦斯基的理由很多，但他完全没有考虑到文明机器提供给我们的实际自由比替代物多得多。面对技术的这种那种负面效应，"我们自愿选择科技，连同它的重大缺陷和显而易见的危害性，是因为我们潜意识里看重的是它的优点。我们在心里对科技进行全面衡量，注意到其他人的沉迷，环境的破坏，自身生活的干扰，以及各种技术导致的个性模糊，然后把这些相加，与收益进行比较。"①

有两条完全不同的技术价值观：一个是使满足感最优化，一个是使选择最优化。这归结为两种对人类发展方向的完全不同的理念。只有相信人类本性是固定不变的，才有可能优化人类的满足感。极简约技术主义者坚持认为人性是不变的，凯文·凯利则认为，人类对人性的驯服一点不亚于对马的驯化。我们的本性是我们5万年前种下的有韧性的种子，今天仍然在对它精心培育。人性的领域从来就不是静止的。基因决定了我们的身体正在迅速变化，比过去100万年任何时期都要快。我们的大脑与文化正在对接。我们不是1万年前开始耕田的那批人。"可是对人类传统生活方式的忠诚忽视了这一点，即人性——需求、欲望、恐惧、原始本能和最崇高

① ［美］凯文·凯利：《技术想要什么》，熊祥译，中信出版社2011年版，第217页。

的理想——不断地被我们自己和我们的发明所改造，而且这种生活方式排除人性的新需求。我们需要新工作，部分原因是本质上我们已成为新人类。"①

人类的使命不仅是从技术元素中分离出完整的自我、获得充分的满足感，而且要为他人扩展机会。更先进的技术可以让我们施展才能，同时它也会无私地释放其他人的潜能，包括我们的后代，以及后代的后代。这就意味着当我们接受新技术时，我们是在间接地为未来的阿米什人和超简约主义者工作，即使他们的贡献比我们少。任何正在从事发明、探索、扩展机会的人都会间接地扩展他人的机会。在与阿米什人密切接触后，凯文·凯利这样写道："阿米什改造者给了我很大帮助，因为通过接触他们的生活，现在我可以非常清晰地看到技术元素的困境：为了使满足感最大化，在生活中我们力求技术最少化。可是为了使他人的满足感最大化，我们必须使世界上的技术最多样化。事实上，只有当其他人创造了足够多的机会可供选择时，我们才能找到自己需要的最少工具。科技的困境在于个人如何做到一方面使身边的物品最少，另一方面在全球范围内努力增加物品的种类和数量。"②

对于技术元素我们有很多选择，可是这些选择不再简单明了。历史上被禁绝的所谓"罪恶"发明的清单包罗万象，其中包括十字弓、枪、地雷、原子弹、电、汽车、大型帆船、浴缸、输血技术、疫苗、复印机、电视机、计算机和互联网这样重要的技术。技术的禁令本质上是延期令。技术可以被延期推广，但不会消失。这些禁令极少发挥效力的部分原因是，我们通常不能理解首次出现的新发明。每一种新理念都充满不确定性。不论原创者多么确信他的最新理念将会给人类带来什么，事实上没有人知道它会产生什么后果，如爱迪生留声机的发明。技术在进步中变化，在使用中改造。随着它们的传播，第二级、第三级效用出现了。当它们开始普及时，机会总是带给人们未曾预料到的效用。如汽车刚刚发明时人们的担忧和它现在所带来的负面效用完全不同。

---

① ［美］凯文·凯利:《技术想要什么》，熊祥译，中信出版社 2011 年版，第 239 页。
② ［美］凯文·凯利:《技术想要什么》，熊祥译，中信出版社 2011 年版，第 241 页。

　　在他人的基础上，凯文·凯利提出了新技术评估的五条主动原则。第一，预测。预测过程应当努力给予消极面和积极面同样多的关注。如果可能，设想普遍推广会出现什么情况。第二，持续评估，也就是始终保持警觉。借助于嵌入式技术，我们可以将技术的日常使用转变为大规模实验。持续的警醒是系统的内在要求。第三，优先考虑风险，包括自然风险。第四，危害的快速补救。第五，不要禁止，要改变方向。禁止和放弃可疑技术没有意义。"最有助于理解科技的比喻也许是把人类视为科技的父母。就像我们对待生物后代一样，我们可以而且应该不断为科技后代寻找技术'益友'，引导它们朝最好的方向发展。我们不能真正改变科技后代的本质，但是可以控制它们去承担与其能力匹配的任务和职责。"①

　　如何看待有害的技术呢？对于有害技术的合理反应，不是放弃研发或停止生产，而是开发更好的、更具生命亲和力的技术。对于技术来说，生命亲和力是一个恰当的表述，其含义为"与生命和睦相处"。所谓具有生命亲和力的技术，应该是能够给自主个体和原生群体作出贡献的技术。有些技术是具有亲和力的，而有些技术对于生命是具有破坏性的。生命亲和力不在于特定技术的本质，而在于它的用途、使用环境和人类赋予技术的表现形式。技术的亲和力是易于改变的。技术的生命亲和力表现为六个方面。合作性：它推动人和机构的合作。透明性：技术的来源明晰，使用方法简单。分散性：不会被某个专业精英垄断。灵活性：个人可以自由选择使用或放弃。冗余性：它不是唯一的解决方法，而是若干选项之一。高效性：一项技术找到自己在世界上的理想角色后，会积极地为其他技术增加自主性、选择和机会。人类的任务是引导每一项新发明培育这种内在的"善"，使之沿着所有生命的共同方向前进。"至少在未来一段时间内人类的作用是诱导科技沿着它的自然历程前进。"②

　　问题是：我们怎么知道技术想去哪里？如果技术元素的某些方面注定要出现，某些方面因为人类的选择才会出现，我们该如何区分？如何区分技术发展的必然过程和人类意愿决定的表现形式？凯文·凯利的方法

---

　　①　［美］凯文·凯利：《技术想要什么》，熊祥译，中信出版社2011年版，第262页。
　　②　［美］凯文·凯利：《技术想要什么》，熊祥译，中信出版社2011年版，第275页。

就是观察技术元素长期的宏观运动轨迹。"技术元素想要的是进化开创的世界。在每一个方向上，科技都是 40 亿年进化历程的延伸。"① 技术是生命的延伸，二者的共同需求包括：提高效率；增加机会；提高自发性；提高复杂性；提高多样性；提高专门化；提高普遍性；增加自由；促进共生性；增加美感；提高感知能力；扩展结构；提高可进化性。这份外熵趋势表可以作为一种备忘录帮助我们评估新技术，预测它们的发展趋势，还可以成为我们引导新技术发展的指南。

技术的复杂性有三种不同的表现形式。第一，与自然界的情况一样，技术的主体仍然是简单的、基础性的早期技术。低水平技术的作用是为少量上层技术打下基础。因为技术元素是各种技术组成的生态系统，所以大部分成分类似于微生物的层次。第二，技术元素的复杂性在某个时候会陷入停滞状态，其他一些之前我们没有注意到的特性将取而代之成为可观察到的主要趋势。第三，万物的复杂性能达到的程度是没有限制的。一切事物都在经历长期复杂性过程，向着极其复杂性的终点前进。"建筑物中的砖块将会智能化，手中的汤勺将配合我们抓握，汽车将像今天的喷气式飞机一样复杂。我们一天中使用的最复杂物品将超出任何人的想象。"②

技术元素未来的发展趋势是什么呢？技术元素准备操纵物质，重组它的内部结构，为其注入感知力。生成或插入思维似乎是必然的。这些新生的大脑开始时体积细小，傻头傻脑并且沉默不语，但它们会不断成长壮大。这些缺乏生命力的大脑正在全面渗透我们的生活：鞋子、门铃、书、灯、宠物、床、衣服、汽车、电灯开关、厨房电器，还有玩具。"如果技术元素继续行使它的统治权，某些层次的感知能力将融入它创造的一切事物中。最小的螺栓或塑料按钮包含的决策系统将和蠕虫的一样复杂，由毫无生气提升到生机勃勃。与自然界的数十亿个大脑不同，这些科技之脑中最优秀的（总体而言）每年都会变得更加聪明。"③

---

① [美] 凯文·凯利:《技术想要什么》，熊祥译，中信出版社 2011 年版，第 276 页。

② [美] 凯文·凯利:《技术想要什么》，熊祥译，中信出版社 2011 年版，第 286 页。

③ [美] 凯文·凯利:《技术想要什么》，熊祥译，中信出版社 2011 年版，第 330—331 页。

　　虽然技术加快了进化的速度，不过，技术只是一股 40 亿年连续不断的力量，追求更多的进化能力。技术元素发现了宇宙中未曾有过的事物，如轴承、无线电、激光，这些是有机体进化绝不可能发明的。同样，技术元素找到了全新的进化路径，这是生物无法掌握的方法。作为"利己主义者"，技术元素创造了数百万种器具、技术、产品和装置，以获取足够的物质和空间，不断提升进化能力。"这些宽广的洪流——不断增加的机会、自发性、复杂性、多样性等——回答了科技将去往何方。"[①] 在若干代人的时间里，这些趋势克服了人类的愚蠢、狂热和投资偏好造成的噪声干扰，推动着技术沿着不可改变的特定方向前进。扩展中的技术元素，它的宏观轨迹、它的持续创新、它的必然性以及它的自我繁殖功能，是一个开放性的起点，是一场召唤人类投身于其中的无限博弈。

　　人们有时之所以无法对技术元素的馈赠心存感激，原因是他们的技术观太狭窄了。他们受困于冰冷的、硬邦邦的无亲和力的物品，如蒸汽机、化学品和五金器具。这些物品将来会发展为更加成熟的事物，现阶段也许是它们唯一不成熟的阶段。从更广泛的视角看，蒸汽机只是整体的极小部分，技术领域中那些具有生命亲和力的形式能够给我们创造进步的机会。数十亿年间，宇宙过程创造出元素，元素孕育分子，分子组合成银河系，每一步都拓宽了可能事物的范围。"物质化的宇宙从虚无到丰富的旅程可以被视为自由、选择和明显机会的扩展过程。在起点处，没有选择，没有自由意志，除了虚无还是虚无。"[②] 从大爆炸开始，物质和能量的可能构成方式增多，最终生命的产生为可以实现的行为提供了更多的自由。总体而言，技术的长期趋势是提高人造物的多样性、增加科学方法和产生选择的技巧。进化的目标是维持可能性博弈继续。宇宙中有两种博弈：有限博弈和无限博弈。有限博弈要分出胜负，决出胜负博弈就结束。无限博弈的参与者将使博弈持续下去；它没有结束之时，因为无限博弈没有获胜者。有限博弈需要稳定的规则，如果在博弈过程中更改规则，有限博弈就无法进行。无限博弈要做到持续进行，只有更改规则。"进化、生命、思维和技

[①]　［美］凯文·凯利：《技术想要什么》，熊祥译，中信出版社 2011 年版，第 344 页。

[②]　［美］凯文·凯利：《技术想要什么》，熊祥译，中信出版社 2011 年版，第 353 页。

术元素都是无限博弈。它们的博弈就是让博弈持续下去，让所有博弈者尽可能地长时间参与。"①

三、《技术元素》：一种新的技术解释

"技术元素"（technium）是凯文·凯利所设想的一个概念。他认为，"技术元素（technium）在人类诞生之前就已存在。但是在大部分时间里，技术都被人们忽略了，直到近代它才有了名字。没有人确切地知道它是什么，它做了什么，以及它到底意味着什么。"②对于今天大部分人来说，"技术"这个词意味着炼钢厂、电话、化学制品、汽车等等一大堆冷冰冰的东西。但这并不是三千年前这个词产生出来的由来。"技艺"（techne）是古希腊人用来形容给事物以形状的动作的词。这有些像我们今天所说的"手工艺"（craft）。

柏拉图认为手工艺是低贱、不纯洁、有失身份的。即使一个木匠做出最舒适的床，这张床也比不上理念中的那张床。苏格拉底认为，一件艺术品经由手工艺人之手，并且被赋予生命，这在宇宙中属于小概率事件。亚里士多德认为，艺术是"生成"某物的行为。虽然亚里士多德对手工艺不太关心，但他第一次将"techne"和"logos"组合成了一个新词"technologia"。在随后的数个世纪中，学者们继续把做东西成为"手工艺"（craft），称发明创造为"艺术"（art）。整个手工艺被称为"有用的艺术"。即便是算上农业的漫长轨迹，技术元素的成形也仅仅需要不到地球陆地表面百分之一的原子。而质量与能量只有这一丁点的技术碎片给这个星球带来的影响与其大小极不相称。技术是世上最强大的力量。技术元素的巨大力量并非来自其规模，而是来自其自我增强的天性。一项突破性的发明，如字母表、蒸汽泵或电，能够引起更深刻的突破性发明，如书籍、煤矿和电话。凯文·凯利甚至认为道德进步也是一种技术：

---

① ［美］凯文·凯利:《技术想要什么》，熊祥译，中信出版社2011年版，第355页。

② ［美］凯文·凯利:《技术元素》，张行舟、余倩等译，电子工业出版社2012年版，第2页。

"进步乃或道德进步终究也是人类的发明。它是我们意志和头脑的产物，因而也是技术。"①

技术不仅是世上最强大的力量，它也可能是整个宇宙最强大的力量。如果胚胎级的技术的无心插柳都能如此影响一颗行星，从今天起苦心经营的同一种力量也许能够瞄准一颗恒星，再假以时日，目标就成了银河系。有朝一日，人类凭借技术可以把行星改造成类地行星，把恒星变成发电机。要对这些浩若星海的操作进行控制，我们的心智必须自我增强，方法就是创造比我们更聪明的人工心智，就像通过创造比我们更强壮的人工机器来增强我们的身体。"茫茫宇宙中没有一处原子能、核聚变、粒子炮、黑洞、白矮星、宇宙星云能够以技术的方式自我提升。技术元素肯定会继续演化。始于大爆炸而自我进化成持续进化系统，并且不断创造出更多复杂系统，这个伟大传奇一定还会继续。"② 第一个有持久活力的星球孕育出生命，生命提升自己以创造心智，心智又提升自己以创造技术，技术再自我提升创造更高水准的外熵。不管技术如何演化，它都会朝 140 亿年前迄今早已确定的方向继续进行：更大的复杂性、多样性、专门性、普遍存在性、社会性、协调一致性、能量密度和感知性。

技术还很年轻。"技术"这一概念直到 1829 年才被创造出来，大多数我们称为技术的东西 21 世纪才刚刚问世。技术最终将会具有比现在多得多的自主性。目前我们不仅是技术的父母，而且还是技术的性器官。从技术的眼睛来看，我们是四处游荡繁殖它们的神秘腺体。技术最终也许能够自行运转，但是它们需要我们来繁殖它们。不过这一情况今天有所改变。如今世界上大多数计算机芯片都部分地由其他计算机芯片设计出来。大多数机器人设备都部分地由其他机器人设备制造出来。在未来的某些时刻会完全由一些计算机设计其他计算机，完全由一些机器人系统制造其他机器

---

① ［美］凯文·凯利：《技术元素》，张行舟、余倩等译，电子工业出版社 2012 年版，第 11—12 页。

② ［美］凯文·凯利：《技术元素》，张行舟、余倩等译，电子工业出版社 2012 年版，第 18 页。

人系统。技术的自主繁殖似乎不可避免。不过，迄今为止，人类作为整体仍然否认自己居然有一个孩子。

技术虽然年轻，但可以给我们带来很多的好处。你能想象如果巴赫在钢琴技术发明之前出生，我们的世界将是多么不幸吗？或者凡·高在我们发明油画颜料之前来到这个世界？"我们有道义责任提高技术。当我们扩展了技术的种类和影响范围，我们就增加了选择。当我们扩展了可能性，我们也为每个人成为明星打开了机会之门。"[①] 技术悲观主义者担心，人类会依赖技术，而且由于技术有自己的资讯处理程序和自我强化功能，它会让我们变得不像我们自己。问题是：人或人性是尚未完成的；人性是一个进行时而非完成时。火、铜器、铁器、农业、工业、计算机、网络等等，由技术带来的是新身份；新人性带来的是新人类。

行星成分的物理形成要经历三个阶段。每个阶段都会出现一种新的力量，塑造星球上的大部分矿物。这三种力量分别是：物理过程、生命以及心智。物理现象对于矿物的影响显而易见。地球形成以来很长时间内物理过程被视作是地质学中唯一的力。化学反应、热、侵蚀、重量与压力等等一起创造并塑造了地球上的岩石。而最近的研究表明，生命直接或间接地影响了地球上现存的大多数矿物质。生命改变了大气和地下的化学环境。随着人类心智的增强以及科技的广泛兴起，第三个地质时代正在来临——"人类世"。从地质学角度来说，人类世还未完全诞生，现在更像的是受孕的那一刻。随着技术的不断发展，技术元素的心智不仅会改变我们的生活，也会改变地质时期，它会孕育新的矿物。人类创造的每一项新技术，都迫使人类一再追问：我们将会成为什么？为了回答这个问题，我们要深入到人类的本性、传统，以及最为重要的一项因素——新技术。"技术奇点，是根据技术发展史总结出来的一个观点，认为未来将要发生一件不可避免的事件：技术发展将会在很短的时间内发生极大的接近于无限的进步。一般设想技术奇点由超越现今人类并且可以自我进化的机器智能或者其他形式的超级智能的出现所引发。由于其智能远超今天的人类，因此技

---

① ［美］凯文·凯利:《技术元素》，张行舟、余倩等译，电子工业出版社 2012 年版，第 40 页。

术的发展会完全超乎全人类的理解能力，甚至无法预警其发生。"①

在达尔文之前，自然历史研究的不过是陈列于玻璃容器中数不清的标本。没有一个将生命纳入其中的组织框架。达尔文用进化论为这场无尽的有机体阅兵仪式引入了理解。如今，我们在技术上处在与达尔文当年相似的处境。尽管我们周围有数百万种不同的发明，我们却没有好的理论去理解它们。我们倾向于把技术世界看作数不清的新玩意。对于大多数人来说，技术仅仅是一个又一个物品。凯文·凯利试图提出一种关于技术的新理论，一个能为我们生活中的新事物大军提供逻辑和背景环境的框架。所有技术一道构成了一个相互影响的整体，这个整体很像"技术生态系统"。凯文·凯利把这个由相互依赖的发明形成的超级系统称为"技术元素"。就像生命本身一样，这个整体系统显示出其组成部分不具备的习性。"令我们倍感惊讶的是，技术元素极大地遵循了达尔文从整体上理解生命所遵循的相同模式：一个他称之为进化的模式。"②生物体在进化时突变和多样化所采用的模式与技术多样化日积月累的方式如此相似，以至于我们可以把技术元素看作"生命的第七王国"。技术是与打造生命的其他六个王国相同的进化力量的扩展和加速。在生命进化的漫漫长河里，复杂性、多样性和专门化日益增长，我们在技术中同样看到这样的长期趋势。

不过，凯文·凯利提醒我们，不要一厢情愿地认为技术元素对我们只有好处而没有坏处。"生命本身不是理想国，技术元素也不是。每一个新发明所带来的问题几乎与带来的解决方法一样多。实际上，当今世界的大多数问题都是由之前的技术造成的。"③虽然技术造成的问题和解决办法一样多（50% 对 50% 的平衡），但我们在发明一种新工具时，我们同时也至少创造了一个新选择，创造了一个新机遇。这种在工具发明前并不存在

---

①　［美］凯文·凯利：《技术元素》，张行舟、余倩等译，电子工业出版社 2012 年版，第 53 页。

②　［美］凯文·凯利：《技术元素》，张行舟、余倩等译，电子工业出版社 2012 年版，第 65 页。

③　［美］凯文·凯利：《技术元素》，张行舟、余倩等译，电子工业出版社 2012 年版，第 65 页。

的一点点自由意志选择，其本身是好的，尽管工具会造成伤害。有选择本身就有极大的好处。这个额外的好处让 50% 对 50% 的天平稍微向好的方向倾斜，虽然只是倾斜了一点点。然而事实证明，一点点就足够了。因为如果每年我们用技术创造的比破坏的多哪怕百分之一，这百分之一的差别经过千百年的累加将会孕育出文明。

技术是进步的。每一种新发明同样也为我们创造了不止一种新的道德选择，久而久之，这种自由意志的累积便为技术元素提供了正电荷。从长期来看，技术给了我们更多的差异、多样性、选择、机会、可能性，还有自由。这便是进步的定义。每当我们创造新技术时，我们同时也给世界增加了可能性、选择权和差异性。这对人类是一件好事，因为我们大多数人需要某种工具来帮助我们发现和表达我们自己的天才。如果凡高出生在发明油画和画布两千年前，技术的缺失对凡高将是多么巨大的损失！"这意味着，如今在世界的某个地方，有一个已经出生的男孩或女孩，他们这一代的莎士比亚，正等着我们发明他们的技术。直到我们创造了他们的工具，他们才能发现和分享他们的天才。因此我们有责任增加世界的技术数量。我们从赐予我们字母表、印刷术、书和报纸的内在可能性的前人那里受益匪浅，因此我们也应该竭尽所能创造技术，以期未来更多人会有选择的权利，并有可能人尽其才。"①

对技术我们有两种不同的道德取向。一是我们可以尝试设计不具有危害性的技术；一是在允许它存在危害的可能性条件下，我们可以设计偏向于做有益的事的技术。前者是不可能的，但究竟如何去做第二条尚不清楚。如何把道德观念设计到技术系统中去是一个非常困难的问题，因为在过去的几千年里，人类的文化一直都难以做到。"唯一不会成功的一件事是：创造出不会产生危害的技术。任何能被武器化的事物，迟早都会被武器化。"②

人们有种普遍感觉，认为技术以消耗不可替代资源、古老的自然环境

———————

① ［美］凯文·凯利:《技术元素》，张行舟、余倩等译，电子工业出版社 2012 年版，第 66—67 页。

② ［美］凯文·凯利:《技术元素》，张行舟、余倩等译，电子工业出版社 2012 年版，第 84 页。

和无数野生动物而壮大，回报生物圈的却只有污染、建筑材料和数不清的废弃垃圾。这仅仅是技术缺点的物质面。许多人认为技术与神圣感或灵性相违背。技术恣意妄为的物质主义使我们专注于物质，从而剥夺了生命更伟大的意义。凯文·凯利非常怀疑这种观点。不管是过去还是现在，我们这个物种都是如饥似渴、狼吞虎咽地吸收消化最新技术。这对于那些视技术为疾病的人来说恰恰如此。比如说，虽然一些新卢德分子猛烈抨击技术和文明是发生在这颗星球上和人类身上最糟糕的事情，但它们身边充斥着他们不打算放弃的先进技术。"我们心甘情愿地选择具有重大缺陷和明显危害的技术，只因为我们潜意识觉得它带来的好处稍多一点，即使不是多得多。换句话说，我们隐约觉察到新技术的成本，但我们欣然接受了它，并且为此付出代价。"[1] 所有的物质资源都是可以替代的。当资源开始耗尽或者制造成本变得昂贵时，我们会找到替代品。唯一不可替代的资源，即所谓终极资源，那是人类的智慧。

技术在不断地进化，对待技术的原则应该是"支持—行动原则"。目前测试新技术的默认计算法则是"预防原则"：在接受新的技术之前必须确定它是无害的。如果不能证明一个新技术是安全的，那么应该禁止、削减或者废弃它。问题是，预防原则并不总能提供完全可靠的保障。任何一个模型、实验室、仿真环境或者测试都会有内在的不确定性，评估新技术的唯一可靠的方式是让它在真实环境里面运行。一个技术诞生之后马上进行测试，测试的只是它的主要效果。通常大多数问题的根源是技术中始料未及的附属作用。附属作用在高密度、接近普遍使用的环境才会显现出来。比如早期汽车的主要关注点围绕着使用者：引擎会不会熄火、刹车会不会失灵。然而汽车带来的真正威胁是对于全社会的污染、车祸等等。"这些始料未及的后果，常常来自于这个新的技术与其他技术的互动。"[2] 我们无法建立可靠的模型来评估先进的技术创新。新兴的技术必须在行动中测试，并且

---

① ［美］凯文·凯利：《技术元素》，张行舟、余倩等译，电子工业出版社 2012 年版，第 285 页。

② ［美］凯文·凯利：《技术元素》，张行舟、余倩等译，电子工业出版社 2012 年版，第 306 页。

必须实时得到评估。对于一个新的想法，该有的反应是立即来试一下。

和预防措施相反，我们永远不可能宣称一种技术拥有"已经证实的安全性"。因为技术不停地被使用者重新设计，也不停地与周遭环境一同演化。和一百多年前的福特 T 型汽车相比，今天的汽车是一种不同的技术。引起这些变化的原因与其说是内燃机的变化，不如说是因为众多附属的发明。当一种技术被普遍使用而无处不在的时候，几乎都会产生完全未曾预计的效果。所以，技术必须在行动中被行动来评估。最初版本的"支持行动原则"是由技术永生党人马克斯·摩尔在 2004 年提出来的。凯文·凯利将这一原则简化，称之为"支持—行动原则"。其中包括五个方面的内容。第一，预想。在预想的过程中既需要想象光明的一面，也需要同样多地去想象不美好的一面。第二，持续评定。无论开始的时候进行了多少测试，它都需要在真实环境中不断重新被测试。第三，为风险包括自然风险进行排序。第四，迅速从损害中恢复。第五，引导而非禁止。对于技术而言，禁止是无效的，如核武器、转基因等等。"如果把技术看作儿女的话，社会就是技术的父母，需要不断地为技术寻找有益的伙伴，让他们组合起来，使每一个新发明最好的一面得以发展。通常我们为技术分配的第一个工作并不总是理想的，但是我们可以多试几次不同的工作，直到为这个技术寻得一个伟大的归宿。"①

四、结语：评价与启示

作为一位技术的预言家，凯文·凯利对未来技术的发展充满了乐观主义精神，对作为生命的基本形式之一的技术的进步充满了信心。"与其说生命是物质和能量产生的奇迹，不如说是必然产物。与其说技术元素是生命的对立面，不如说是它的延伸。人类不是科技轨迹的终点，而是中点，恰好在生命和制造品中间。"②技术元素扩展了生命的基本特征，在这个过

---

① ［美］凯文·凯利：《技术元素》，张行舟、余倩等译，电子工业出版社 2012 年版，第 309 页。

② ［美］凯文·凯利：《技术想要什么》，熊祥译，中信出版社 2011 年版，第 358 页。

程中，它还扩展了生命基本的善。生命不断增加的多样性、对感知能力的追求、从一般到差异化的长期趋势、产生新版自我的基本能力以及对无限博弈的持续参与，这些是凯文·凯利眼中的技术元素的真正本性和"需求"。技术元素的需求也是生命的需求。但技术元素不会止步于此。没有一个人能够实现人力可及的所有目标，没有一项技术能够获取技术能创造的一切成果。我们需要所有生命、所有思维和所有技术共同开始理解现实世界；需要技术元素整体（包括人类）去发明必需的工具，为世界创造奇迹。随着时间的流逝，我们将创造更多选择、过渡到机会、更多联系、更多思想、提高多样性和统一性，增强美感。这一切综合起来将产生更多的善。这就是技术所想要的。

对凯文·凯利的技术思想，人们存在着两种不同的评价。《长尾理论》的作者克里斯·安德森在《失控》出版 12 年后，称"这是 20 世纪 90 年代最具智慧的一本书"。支持凯文·凯利的人认为他是"世界上最优秀的科技哲学家之一"（沃尔特·艾萨克森）、"世界上最伟大的未来学家"（斯坦·戴维斯）。复杂性科学奠基人布莱恩·阿瑟也非常赞同凯文·凯利对技术的看法："技术思想家凯文·凯利（Kevin Kelly）称这个整体（技术的整体——引者注）为技术元素（technium）。我喜欢这个词。"[1] 也有人反对他，认为凯文·凯利在美国硅谷是一个极度边缘化的角色，不会被任何科技公司、机构和论坛的主办者，以及任何一位科技界"大佬"奉为偶像和座上宾。然而，不管我们认同还是不认同凯文·凯利对未来技术的预言，随着凯文·凯利的技术思想逐渐被人们了解，越来越多人关注未来技术的发展趋势，关注科技行业的发展。人们也开始从形而上的角度思考，思考技术与社会、技术与人文的关联。这反映当今世界的科技产业正逐步形成更广泛的文化基础。对于我国正处于快速追赶时期的科技产业来说，这无疑是一件值得鼓励和赞誉的事情。而中国和美国之所以能够成为世界上人工智能、互联网发展最快，把整个欧洲和日本远远抛在后面的两个国家，这与我们两个国家科技文化的方兴未艾有着莫大的关联。

---

① ［美］布莱恩·阿瑟：《技术的本质——技术是什么，它是如何进化的》，曹东溟、王健译，浙江人民出版社 2014 年版，第 27 页。

参考文献

一、经典著作

1. 马克思：《1844 年经济学—哲学手稿》，人民出版社 2000 年版。

2. 马克思：《资本论》，人民出版社 1975 年版。

3. 马克思：《机器、自然力和科学的应用》，人民出版社 1990 年版。

4. 马克思：《德意志意识形态》，人民出版社 1975 年版。

5.《马克思恩格斯全集》第 2 卷，人民出版社 1957 年版。

6.《马克思恩格斯选集》第 1—4 卷，人民出版社 1991 年版。

二、中文译著（以作者国别为序）

1. [波兰] 拉·科拉柯夫斯基：《柏格森》，牟斌译，中国社会科学出版社 1991 年版。

2. [德] 胡塞尔著，[德] 克劳斯·黑尔德编：《现象学的方法》，倪梁康译，上海译文出版社 1994 年版。

3. [德] 胡塞尔：《笛卡尔式的沉思》，张廷国译，中国城市出版社 2002 年版。

4. [德] 胡塞尔：《欧洲科学的危机和超越论现象学》，王炳文译，商务印书馆 2001 年版。

5. [德] 胡塞尔：《哲学作为严格的科学》，倪梁康译，商务印书馆 2002 年版。

6. [德] 马克斯·韦伯：《新教伦理与资本主义精神》，彭强译，陕西师范大学出版社 2006 年版。

7. [德] 马克斯·舍勒：《知识社会学问题》，艾彦译，华夏出版社 2000 年版。

8. [德] 黑格尔：《历史哲学》，王造时译，三联书店 1956 年版。

9.［德］海德格尔:《存在与时间》（修订本），陈嘉映、王庆节译，三联书店 1999年版。

10.［德］海德格尔:《林中路》（修订本），孙周兴译，上海译文出版社 2004 年版。

11.［德］海德格尔:《路标》，孙周兴译，商务印书馆 2014 年版。

12.［德］海德格尔:《尼采》，孙周兴译，商务印书馆 2014 年版。

13.［德］比梅尔:《海德格尔》，刘鑫、刘英译，商务印书馆 1996 年版。

14.［德］冈特·绍伊博尔德:《海德格尔分析新时代的技术》，宋祖良译，中国社会科学出版社 1993 年版。

15.［德］哈贝马斯:《交往行为理论》（第 1 卷），洪佩郁、蔺青译，重庆出版社 1994 年版。

16.［德］哈贝马斯:《合法化危机》，刘北成、曹卫东译，上海人民出版社 2000年版。

17.［德］哈贝马斯:《作为意识形态的技术与科学》，李黎、郭官义译，学林出版社 1999 年版。

18.［德］哈贝马斯:《重建历史唯物主义》，郭官义译，社会科学文献出版社 2000年版。

19.［德］哈贝马斯:《交往与社会进化》，张博树译，重庆出版社 1989 年版。

20.［德］哈贝马斯:《认识与兴趣》，郭官义译，上海学林出版社 1999 年版。

21.［德］斯宾格勒:《西方的没落》（第 1 卷），吴琼译，上海三联书店 2006 年版。

22.［德］斯宾格勒:《西方的没落》（第 2 卷），吴琼译，上海三联书店 2006 年版。

23.［德］吕迪格尔·萨弗兰斯基:《海德格尔——来自德国的大师》，靳希平译，商务印书馆 1999 年版。

24.［德］F.拉普:《技术哲学导论》，刘武等译，辽宁科学技术出版社 1986 年版。

25.［德］F.拉普:《技术科学的思维结构》，刘武译，吉林人民出版社 1988 年版。

26.［德］克劳斯·黑尔德:《世界现象学》，倪梁康等译，三联书店 2003 年版。

27.［德］阿诺德·盖伦:《技术时代的人类心灵:工业社会的社会心理问题》，何兆武、何冰译，上海科技教育出版社 2003 年版。

28.［德］汉娜·阿伦特:《人的条件》，竺乾威等译，上海人民出版社 1999 年版。

29.［德］汉娜·阿伦特:《极权主义的起源》，林骧华译，三联书店 2008 年版。

30.［法］让-伊夫·戈菲:《技术哲学》，董茂永译，商务印书馆 2002 年版。

31.［法］莫里斯·梅洛-庞蒂:《知觉现象学》，姜志辉译，商务印书馆 2003 年版。

32.［法］莫里斯·梅洛-庞蒂:《哲学赞词》，杨大春译，商务印书馆 2003 年版。

33.［法］笛卡尔：《第一哲学沉思集》，庞景仁译，商务印书馆 1986 年版。

34.［法］笛卡尔：《哲学原理》，关文运译，商务印书馆 1959 年版。

35.［法］笛卡尔：《谈谈方法》，王太庆译，商务印书馆 2000 年版。

36.［法］笛卡尔：《笛卡尔思辨哲学》，尚新建译，九州出版社 2004 年版。

37.［法］德勒兹：《康德与柏格森解读》，张宇凌、关群德译，社会科学文献出版社 2002 年版。

38.［法］德勒兹、加塔利：《资本主义与精神分裂（卷 2）：千高原》，姜宇辉译，上海书店出版社 2010 年版。

39.［法］柏格森：《创造进化论》，姜志辉译，商务印书馆 2004 年版。

40.［法］柏格森：《道德与宗教的两个来源》，王作虹、成穷译，贵州人民出版社 2000 年版。

41.［法］柏格森：《时间与自由意志》，吴士栋译，商务印书馆 1958 年版。

42.［法］柏格森：《材料与记忆》，肖聿译，译林出版社 2011 年版。

43.［法］斯蒂格勒：《技术与时间：艾比米修斯的过失》，裴程译，译林出版社 2000 年版。

44.［法］斯蒂格勒：《技术与时间 2：迷失方向》，裴程译，译林出版社 2010 年版。

45.［法］斯蒂格勒：《技术与时间 3：电影的时间与存在之痛的问题》，裴程译，译林出版社 2012 年版。

46.［法］斯蒂格勒：《技术与时间：艾比米修斯的过失》，裴程译，译林出版社 2000 年版。

47.［古希腊］柏拉图：《柏拉图全集》（第 1 卷），王晓朝译，人民出版社 2003 年版。

48.［古希腊］柏拉图：《柏拉图全集》（第 2 卷），王晓朝译，人民出版社 2003 年版。

49.［古希腊］柏拉图：《柏拉图全集》（第 3 卷），王晓朝译，人民出版社 2003 年版。

50.［古希腊］柏拉图：《理想国》，郭斌和、张竹明译，商务印书馆 1986 年版。

51.［古希腊］亚里士多德：《尼各马可伦理学》，廖申白译，商务印书馆 2005 年版。

52.［古希腊］亚里士多德：《物理学》，张竹明译，商务印书馆 2004 年版。

53.［古希腊］亚里士多德：《形而上学》，吴寿彭译，商务印书馆 1997 年版。

54.［古希腊］亚里士多德：《政治学》，吴寿彭译，商务印书馆 1965 年版。

55.［古希腊］亚里士多德：《亚里士多德全集》（第 5 卷），苗力田译，中国人民大学出版社 1997 年版。

56.［荷］E.舒尔曼：《科技文明与人类未来：在哲学深层的挑战》，李小兵、谢京生、张锋等译，东方出版社 1995 年版。

57.[美] 布莱恩·阿瑟:《技术的本质——技术是什么，它是如何进化的》，曹东溟、王健译，浙江人民出版社 2014 年版。

58.[美] 贾雷德·戴蒙德:《第三种黑猩猩:人类的身世与未来》，王道还译，上海译文出版社 2012 年版。

59.[美] 卡尔·米切姆:《技术哲学概论》，殷登祥、曹南燕译，天津科学技术出版社 1999 年版。

60.[美] 艾尔伯特·鲍尔格曼:《跨越后现代的分界线》，孟庆时译，商务印书馆 2003 年版。

61.[美] 赫伯特·施皮格伯格:《现象学运动》，王炳文、张金言译，商务印书馆 1995 年版。

62.[美] 马尔库塞:《单向度的人》，张峰等译，重庆出版社 1993 年版。

63.[美] 安德鲁·芬博格:《马尔库塞和海德格尔:历史的灾难与救赎》，文成伟译，上海社会科学院出版社 2010 年版。

64.[美] 罗伯特·默顿:《十七世纪英格兰的科学、技术与社会》，范岱年等译，商务印书馆 2002 年版。

65.[美] 梯利、伍德:《西方哲学史》，葛力译，商务印书馆 1995 年版。

66.[美] 凯文·凯利:《失控——全人类的最终命运和结局》，东西文库译，新星出版社 2010 年版。

67.[美] 凯文·凯利:《技术想要什么》，熊祥译，中信出版社 2011 年版。

68.[美] 凯文·凯利:《技术元素》，张行舟、余倩等译，电子工业出版社 2012 年版。

69.[日] 仓桥重史:《技术社会学》，王秋菊、陈凡译，辽宁人民出版社 2008 年版。

70.[英] 安东尼·肯尼:《牛津西方哲学史》，韩东晖译，中国人民大学出版社 2014 年版。

71.[英] 培根:《新工具》，许宝骙译，商务印书馆 1984 年版。

72.[英] 培根:《新大西岛》，何新译，商务印书馆 1959 年版。

73.[以色列] 赫拉利:《人类简史》，林俊宏译，中信出版社 2014 年版。

三、中文著作（以作者姓氏拼音为序）

1. 北京大学哲学系编写组:《西方哲学原著选读》上卷，商务印书馆 1981 年版。

2. 陈凡:《技术社会化引论——一种对技术的社会学研究》，人民大学出版社 1995 年版。

3. 陈昌曙:《技术哲学引论》，科学出版社 1999 年版。

4. 陈筠泉、殷登祥主编:《科技革命与当代社会》,人民出版社 2001 年版。

5. 杜澄、李伯聪主编:《工程研究——跨学科视野中的工程》,北京理工大学出版社 2004 年版。

6. 高亮华:《人文主义视野中的技术》,中国社会科学出版社 1996 年版。

7. 刘则渊、王续琨主编:《工程－技术－哲学》,大连理工大学出版社 2002 年版。

8. 莫伟民、姜宇辉、王礼平等:《二十世纪法国哲学》,人民出版社 2008 年版。

9. 倪梁康:《现象学及其效应——胡塞尔与当代德国哲学》,三联书店 1994 年版。

10. 乔瑞金:《马克思技术哲学纲要》,人民出版社 2002 年版。

11. 孙周兴选编:《海德格尔选集》,上海三联书店 1996 年版。

12. 尚新建:《重新发现直觉主义》,北京大学出版社 2000 年版。

13. 盛国荣:《西方技术思想研究:一种基于西方哲学史的思考路径》,中国社会科学出版社 2011 年版。

14. 舒红跃:《技术与生活世界》,中国社会科学出版社 2006 年版。

15. 吴国盛:《科学的历程》(第二版),北京大学出版社 2002 年版。

16. 吴国盛主编:《技术哲学经典读本》,上海交通大学出版社 2008 年版。

17. 王理平:《差异与绵延》,人民出版社 2007 版。

18. 王士舫、董自励:《科学技术发展简史》(第二版),北京大学出版社 2005 年版。

19. 文成伟:《欧洲技术哲学前史研究》,东北大学出版社 2004 年版。

20. 许良:《技术哲学》,复旦大学出版社 2004 年版。

21. 叶秀山:《思、史、诗——现象学和存在哲学研究》,人民出版社 1988 年版。

22. 邹珊刚主编:《技术与技术哲学》,知识出版社 1987 年版。

23. 周辅成:《西方伦理学名著选辑》(上卷),商务印书馆 1987 年版。

24. 张一兵:《无调式的辩证想象》,三联书店 2001 年版。

25. 张祥龙:《海德格尔思想与中国天道——终极视域的开启与交融》,三联书店 1996 年版。

26. 张汝伦:《现代西方哲学十五讲》,北京大学出版社 2003 年版。

四、英文文献（以作者姓氏字母为序）

1. Alfred North Whitehead. Science and the Modern World. New York: New American Library, 1963.

2. Albert Borgmann.Technology and the Character of Contemporary Life: A Philosophical Inquiry. The University of Chicago Press, Chicago and London, 1984.

3. Bergson, H.L.,Creative Evolution, Translation by Arthur Mitchell, Westport

Connecticut: Greenwood Press, 1911.

4. Bernard Stiegler, Technics and Time, 1. The Fault of Epimetheus. Stanford University Press, Stanford California, 1998.

5. Carl Mitcham. Thinking through Technology: The Path between Engineering and Philosophy. The University of Chicago Press, Chicago and London, 1994.

6. Don Ihde. Technics and Praxis. D. Reidel Publishing Company, Dordrecht, Holland, 1979.

7. Don Ihde. Technology and Lifeworld: From Garden to Earth. Indiana University Press, Blooming and Indianapolis, 1990.

8. Don Ihde. Technology and Lifeworld: From Garden to Earth. Indiana University Press, Blooming and Indianapolis, 1991.

9. Don Ihde. Instrumental Realism: The Interface between Philosophy of Science and Philosophy of Technology. Indiana University Press, Blooming and Inianapolis, 1991.

10. Don Ihde. Philosophy of Technology: An Introduction. Paragon House Publishers, New York, 1993.

11. Don Ihde. Postphenomenology: Essays in the postmodern Context. Northwestern University Press, Evanston, Illinois, 1993.

12. David Rothenberg. Hand's End: Technology and the Limits of Nature. University of California Press, Berkeley Los Angeles London, 1993.

13. Edited C. Mitcham. Philosophy and Technology, the Free Press, 1983.

14. Edited by Joseph C. Pitt.New Directions in the Philosophy of Technology. Kluwer Academic Publishers, Dordrecht / Boston / London, 1995.

15. Feenberg, Andrew. From Essentialism to Constructivism: Philosophy of Technology at the crossroads[Z] . www_ro_han.edu/facult/feenberg/talk4.

16. Hubert Dreyfus.What Computers Can't Do. New York: Harper and Row, 1972.

17. Jonas H. The Phenomenon of Life: Toward a Philosophical Biology, Evanston, Illinois: Northwestern University Press, 2001.

18. Jacques Ellul. The Technological Bluff. William B. Eerdmans Publishing Company, Grand Rapids, Michigan, 1990.

19. Maurice Merileau-Ponty. Phenomenology of Perception, translated by Colin Smith, London: Routledge and Kegan Paul, 1962.

20. Michel Foucault. The Order of Things: An Archeology of the Human Sciences. New

York: Vintage Books, 1973.

21. Michael E. Zimmerman. Heidergger's Confrontation with Modernity: Technology, Politics, and Art. Indiana University Press, Blooming and Indianapolis, 1990.

22. Mary Tiles and Hans Oberdiek. Living in a Technological Culture: Human Tools and Human Values. Routledge, London and New York, 1995.

23. M. Heidegger. The fundamental Concepts of Metaphyisics: World, Finitude, Solitude, trans by William McNeil and Nicolas Walker, Bloomington and Indianapolis: Indiana University Press, 1995.

24. Oswald Spengler. Man & Technics, A Contribution to a Philosophy of Life, Greenwood Press, 1976.

25. Peter-Paul Verbeek. Device of Engagement: On Borgmann's Philosophy of Information and Technology [Z] . Techne: Journal of the Society for Philosophy and Technology. Volume 6, Number 1: Fall 2002. Http://scholar.lib.vt.edu/ejounals/SPT/spts.

26. Phil Mullins. Introduction: Getting a Grip on Holding to Reality [Z] . Techne: Journal of the Society for Philosophy and Technology. Volume 6, Number 1: Fall 2002. Http://scholar.lib.vt.edu/ejounals/SPT/spts.

索　引

策划编辑：张伟珍
责任编辑：张伟珍
封面设计：吴燕妮

图书在版编目（CIP）数据

西方技术思想史 / 舒红跃　张清喆 著 . —北京：人民出版社，2019.6
ISBN 978 - 7 - 01 - 020521 - 2

I. ①西… II. ①舒… ②张… III. ①科学技术 - 思想史 - 研究 - 西方国家
IV. ① N095
中国版本图书馆 CIP 数据核字（2019）第 047543 号

西方技术思想史
XIFANG JISHU SIXIANGSHI

舒红跃　张清喆　著

人民出版社 出版发行
（100706　北京市东城区隆福寺街 99 号）

涿州市星河印刷有限公司印刷　新华书店经销

2019 年 6 月第 1 版　2019 年 6 月北京第 1 次印刷
开本：710 毫米 × 1000 毫米 1/16　印张：26
字数：397 千字　印数：0,001—2,000

ISBN 978 - 7 - 01 - 020521 - 2　定价：73.00 元

邮购地址 100706　北京市东城区隆福寺街 99 号
人民东方图书销售中心　电话（010）65250042　65289539